# 女性心理学

程　玮　李婧洁　主编

Wuhan University Press
武汉大学出版社

**图书在版编目（CIP）数据**

女性心理学/程玮，李婧洁主编. — 武汉：武汉大学出版社，2021.12

ISBN 978-7-307-22685-2

Ⅰ.女… Ⅱ.①程… ②李… Ⅲ.女性心理学 Ⅳ.B844.5

中国版本图书馆CIP数据核字（2021）第224527号

责任编辑：黄朝昉 责任校对：孟令玲 版式设计：文豪设计

出版发行：武汉大学出版社 （430072 武昌 珞珈山）

（电子邮箱：cbs22@whu.edu.cn 网址：www.wdp.com.cn）

印刷：三河市京兰印务有限公司

开本：710×1000 1/16 印张：28.25 字数：526千字

版次：2021年12月第1版 2021年12月第1次印刷

ISBN 978-7-307-22685-2 定价：88.00元

# 前 言

人类的历史，就某种意义而言是男女两性关系发展的历史。女性和男性就像左右手一样相互协调，共同推动社会向前发展。传统意义的女性角色伴随着社会组织结构的变迁，其自身定位和发展形态也在同时发生转变。女性在生理、心理方面有着与男性不同的特征，需要对女性问题做特殊的关注和重视。女性要充分发挥"半边天"作用，教育是重要的影响因素。女性的教育不仅是女性社会学的重要内容，也是各国经济发展水平、文化模式的一个重要指标，是妇女解放程度的衡量指标之一。女大学生是女性中文化素质较高的群体，她们在大学中的自我认知与定位、自我期望与追求，将对我国女性整体素质提升产生深远的影响，对实现女性更高水平的解放和发展起到重要作用。

女性心理学是心理学的新兴分支学科，以研究女性心理活动规律为内容。20世纪70年代以来，关于女性心理的发展与性别分化、女性的心理卫生、女性的情绪与成就动机等问题取得了一定的研究成果。20世纪90年代后，我国大学里关于女性、性心理或两性心理学的课程也在增加，但总体而言我国女性心理学方面的教学和研究还处于形成规模与体系建设的阶段。研究女性心理学不仅具有重要的理论意义也具有广泛的实际意义，不仅对女性本身有重要意义，而且对男性也具有重要意义，如可以建立科学的两性观、构建良性的两性关系和交往模式，确保亲密关系质量、促进婚姻幸福、有益身心健康等。

本书坚持"理论扼要系统、应用契合现实、资料翔实丰富"的编写原则，特点可概况为以下三点：一是科学性与实践性。本书系统阐述女性心理学的基本理论知识，力求内容简明严谨，数据考证可靠。实践性是应用心理学最重要的特色，也是本书内容特色的体现。本书结合理论知识，注重学习者能有效地学以致用，通过案例分析导入操作方法，有助于读者学习新思路、新方法，突出培养学习者的实践能力和自我潜能的开发。二是系统性与针对性。本书内容丰富，涵盖面广，资料充实，力求点面结合，系统性与重点突出有机统合，这对把握学习女性心理学领域的理论发展脉络和具体应用发展态势有积极作用，便于读者更好理解各知识层次的关系。此外本书力图贴近学习者和教育教学实践，启发读者思考、建构相关知识，培养其解决现实问题的能力。三是前瞻性与新颖性。本书力求突出"新"，补充新的理论和实践成果，积极关注国内外涉及女性心理学领域的研究动态，充分反映女性心理学教学与科研的新成果，阐述新见解，界说新概念，把握概念、思想和方法，掌握学科前沿知识。同时本书结构和内容新颖，融合了普通心理学、发展心理学、两性心理学等相关理论知识。

本书共有十三章内容，主要分为两大部分，第一部分介绍女性生理的发展特点和心理发展的基本规律，包括生理、感知觉、意识、注意和记忆、思维、言语、动机、意志、情绪和情感、能力和人格等内容；第二部分介绍女性在性、人际交往、恋爱、婚姻、职业发展以及心理障碍等方面的内容。

本书设置了每章导航、每章要点、资料卡、思考题等模块，便于读者对章节知识点的理解和掌握，并汇集了丰富的研究资料，涉及内容广泛，为广大读者查阅相关资料提供极大便利。本书具有较强的应用性和指导性，能够帮助女性更好地认识自己，从而改善学习、生活和工作质量，提高综合素养，促进身心和谐发展。

本书由几所高校心理学专业骨干教师齐心协力完成。本书由程玮、李婧洁担任主编，各章撰写分工如下：第一章、第六章、第八章及第五章部分内容由广东白云学院程玮编写；第二章由广东培正学院陈艳编写；第三章由广东培正学院何荣娟编写；第四章、第十二章及第五章部分内容由广东培正学院黄旖雯编写；第七章由广东外语外贸大学齐蕊编写；第九章由广东白云学院林川编写；第十章、第十一章由广东培正学院李婧洁编写；第十三章由广东培正学院高雪桐编写。本书主编程玮负责稿件整合通读任务。

本书在编写过程中，参阅了大量的国内外有关文献资料，在此表示感谢！由于编者水平和经验所限，部分英文文献翻译可能存在不确切之处，敬请各位专家和读者批评指正。

编　者

2021 年 9 月 10 于广州

# 目　录

1

# 第一章　绪　论

**本章导航**

女性问题是一个社会问题。女权主义思想在中西方历史发展中不断演进，西方女权主义流派的不同主张及西方女权主义运动的两次浪潮为女性心理学的研究奠定了基础。本章主要探讨中、西方女性问题的发展历史、女性心理学的基本内容及发展趋势。

## 第一节　女性问题发展历史

### 一、女性问题的由来与发展

女性问题是一个社会问题。早在 15 世纪，就有女权主义思想的声音，法国的女权主义者彼森就是当时具有代表性的人物之一。

16 世纪的欧洲，随着市场经济体制的出现，早期的性别分工模式开始出现，家庭和工作场所开始分离，男性外出工作，女性一部分在家庭生儿育女、料理家务，另一部分受生活所迫而进入工厂劳动，有了自主支配自己劳动、赚取独立收入的能力，逐渐成为独立生活的职业女性。

17 世纪，被称为最激进、最系统的英国女权主义者玛丽·艾斯泰尔提出了颇具影响力的观点：受过教育的女性应当避免被家庭奴役，女性的生活目标不应当只是为了吸引男性同自己结婚，更应当注重改进自己的灵魂，而不是一味追求貌美；男女具有同等的理性能力；两性应当受到同等教育。

18 世纪，随着 17 世纪英国资产阶级革命的成功，市场经济不断发展，经济基础和上层建筑的变革反映在意识形态领域，法国启蒙思想家卢梭以"天赋人权"思想为基础，产生了以《人权宣言》为代表的资产阶级革命纲领。中产阶级思想家在不满等级森严的封建制度的同时，表达了对女性的深切同情，提出了男女平等的主张，"天赋人权"思想为男女平等思想奠定了理论基础。

1789 年，在法国大革命中，女性表现出特有的英勇与顽强。与此同时，法国一些上层女性清醒地认识到，《人权宣言》是法国大革命的重要成果，但没有包含女性权利。她们通过各种方式，如结社、集会、创办报纸杂志，要求改革法律制度等，争取自己的权利。法国大革命的妇女领袖奥伦比·德·古日以《人权宣言》为蓝本，写成了著名的《女权宣言》，有针对性地提出 17 条"妇女权利"，主张女性与男性一样享有天赋的权利："妇女生来就是自由人，和男性一样有平等的权利。社会的差异只能建立在共同利益的基础上。"① 这部宣言被誉为历史上第一部要求妇女权利的宣言，对以后的妇女运动产生了积极影响。这些社会变革以及早期女权主义者和女权主义理论的出现，为女权主义第一次的兴起奠定了一定的思想基础和社会基础。20 世纪 60 年代，贝蒂·弗里丹出版了《女性的奥秘》一书，标志着现代女权主义运动在美国开始。

## 二、西方女权主义运动历史——女权主义运动

### （一）西方女权主义运动的第一次浪潮

18 世纪下半叶至 19 世纪初，美欧等国工业革命开始酝酿并得到迅速发展，由于劳动力短缺，大批女工进入工厂，成为工业化进程中一支不可忽视的主力军。但她们在为社会做出很大贡献的同时，也付出了沉重的代价。工作劳动强度大，但得到的报酬微薄，平均工资不到男工的一半。工厂缺乏必要的劳动安全保障，工作环境恶劣，女工不满残酷的剥削和压迫，奋起反抗。自 19 世纪中期起，英、法等国迫于压力相继通过了保护女工的立法，规定减少她们的劳动时间、改善工作条件、提高工资、保障福利。在此历史条件下，经过长期的酝酿，掀起了女性主义运动的第一次浪潮。

女性主义运动的第一次浪潮的时间段是 19 世纪中期至 20 世纪上半叶，在争取男女平等的各项权利的斗争中，最早奋起的是西欧和北美的女性。在法国资产阶级大革命时期，由中产阶级思想家掀起的启蒙运动在各国开展，以"自由、平等、博爱""天赋人权"等口号向封建专制统治发起挑战。受卢梭"天赋人权、自由平等"思想的影响，一部分先进女性走出家庭，投身到社会革命中，自觉地发起大规模的社会运动。女性运动的目标是争取与男子平等的公民权利、受教育的权利以及劳动权利。法国大革命之后，女权主义运动在欧洲迅速传播。19 世纪末，

---

① 闵东潮.国际妇女运动［M］.郑州：河南人民出版社，1991：28.

在北欧等国家，女性争取政治权利的运动广泛开展，并很快收到效果，20世纪初这些国家的女性在法律上得到平等的政治权利。[①] 美国女性受法国大革命的影响，为废除奴隶制开展了大规模的社会运动，争取参政权利。1848年，美国第一届妇女权利大会在纽约州举行，会上通过了《观点宣言》，呼吁"自然法则"，主张维护推翻（男权）专制的权利。19世纪60年代，英国女权主义运动广泛开展。杰出的思想家约翰·斯图亚特·穆勒发表了《女性的屈从地位》等一系列著作，批判了压迫、歧视女性的各种现象和思想，积极主张男女平等，认为女性参政议政是历史发展的趋势。

第一次世界大战期间，女性不仅活跃在后方，也在前线为本国军队提供各种服务，为国家建立了卓越功勋。这一时期，女性协会如雨后春笋般涌现，至此，女性主义运动的第一次浪潮进入高峰。值得一提的是克拉拉·蔡特金，她是一位革命者，也是一位重视女性问题的领袖人物。她在担任共产国际女书记处书记时提出吸引劳动女性参加革命和阶级斗争，积极倡导"三八"国际劳动妇女节，使全世界女性有了自己的节日。

女权主义运动的第一次浪潮表现出明显的特征，即一个目标、两个焦点和四个特点。一个目标是为女性争取选举权。两个焦点是女性受教育权利和女性就业问题。四个特点为：一是要求净化社会，赞同书刊审查、删改制度，反对卖淫；二是对家庭价值和女性道德水平的强调，认为女性的高尚道德可以改变男权制的政治世界；三是为女性争取婚后保留自己财产的权利、保留自己工资的权利、不受丈夫虐待的权利；四是为女性争取儿童抚育费，提高女孩同意性交的年龄线等。[②]

在女权主义运动的第一次浪潮中，女性在争取选举权、教育和就业方面取得了很大的成功，表现为有越来越多的女性获得选举权，女性教育广泛开展，女性就业人数增加。但是，传统的性别角色规范仍然没有得到根本改变。

（二）西方女权主义运动的第二次浪潮

20世纪六七十年代，女权主义心理学在女权主义运动中产生，试图对主流心理学中男性中心主义的偏见进行批判。女性主义心理学将社会性别作为一个重要的变量引入心理学研究。

第二次世界大战之后，随着世界经济、政治和文化的发展，特别是受到两次

① 周乐诗. 女性学教程［M］. 北京：时事出版社，2005：33.

② 王宇. 女性新概念［M］. 北京：北京大学出版社，2007：8.

科技革命的影响，20世纪60年代，西方女权主义运动又掀起新的高潮。女权主义运动的第二次浪潮起源于美国，很快传播到北美、欧洲以及其他国家和地区，其规模之大、范围之广，远远超过了女权主义运动的第一次浪潮。这一时期所谓"快乐的家庭主妇"之类的舆论导向，同当时女性的现实生活的冲突不断加剧，一些受生活所迫外出工作的女性，只能做些办事员、图书管理员等辅助性工作，待遇偏低，社会声望不高，而且当时的社会舆论还认为做职业女性违背女性的天性。

20世纪60年代中期，美国黑人运动和社会运动风起云涌，美国黑人争取民权运动对女性主义运动起到了极大的促进作用。运动首先由白人中受过良好教育的中产阶级女性发起，以女性知识分子为主力，她们从自身发展中深切感受到，女性在接受教育、寻找工作以及婚姻家庭等方面，经过斗争取得的诸如选举权等所谓的平等权利，并没有给她们带来平等的机会，女性的社会地位没有根本改变。在政治、经济和社会等领域，女性仍然面对不同程度的性别歧视，有些甚至是对她们权利的践踏和对她们劳动的剥削。

在第二次浪潮蓬勃发展时期，法国哲学家西蒙·波伏娃于1949年出版的名著《第二性》在女性之间广泛传播。"女性不是天生，而是造就的"这句名言，对女性主义运动的再次兴起起到了推波助澜的作用。

1966年，美国成立了全国女性组织，由美国杰出的女权主义者、《女性的奥秘》一书的作者弗里丹担任主席。这一组织成为西方最大的女性组织。她们的宣言是：献身于这样一种信念，即女性首先是人，是和我们社会中其他人一样的人，女性必须有机会发展她们作为人的潜能；立即行动起来，使女性充分参与到美国社会的主流中，享有真正平等伙伴关系的一切特权和责任。她们结合本民族、本阶级的实际情况，既批判白人中产阶级妇女活动家对少数民族女性和劳工女性的沙文主义态度，也批判本民族、本阶级内的大男子主义，争取和维护女性的权利。1977年，代表50个州和地方的1400多名代表举行了第一次全国女性代表大会，通过了争取女性平等权利的25项重要决议。截至20世纪80年代末，美国全国女性组织已拥有15万名成员、176个分会，极大拓宽了妇女运动的视野，增加了它的广度和深度。这些女性群众性组织，为推动女性解放运动做出了突出贡献。①

在这一时期，西方国家的妇女接受高等教育已经十分普遍，大量女性知识分

---

① 李银河.女性主义［M］.济南：山东人民出版社，2005：31.

子积极加入，参与女性自发组织的各种妇女小组，共同学习相关知识，交流生活经验，互相启发和提高觉悟，并通过开会、讨论、游行示威等方式宣传自己的政治主张，影响舆论，形成了新的大张旗鼓的妇女运动。大量女性知识分子的加入，既为妇女运动增添了理论色彩，也为这一运动从校园外走进校园内、走进课堂、走进研究领域奠定了基础。随着她们对妇女所面对的剥削和压迫的深层社会原因和政治原因的探索，20 世纪 70 年代初，有关妇女问题的出版物大量出现。到 1971 年，美国已经有超过 100 种与妇女解放运动有关的杂志，还出版了为数众多的女性研究理论著作。[①]

女权主义运动的第二次浪潮规模宏大，波及面广，由于各国国情不同，也表现出不同特点。其中，第三世界女权主义研究强调，女权主义应以来自不同国家、地区、阶级、种族的妇女为对象，给她们表达自己利益的政治舞台，多元化是讨论妇女之间不同需要和利益的保证，是妇女反抗性别压迫、争取男女平等的政治行动的起点。

伴随女权主义运动，女权主义思想日益明确，其对世界的基本观点是一致的，关心个人、机构和文化中的不平等。女权主义是女性的拥护系统。女权主义坚持女性必须有个人自主权，且能自由和有责任地指导自己生命的所有方向。女权主义倡导做女人的自豪感，强调不同文化和社会经济阶层的女性的共同经历。女权主义主张所有角色向所有人敞开大门，每位女性有权利、有机会充分发展她的潜能。[②]

### 三、中国女性发展历史——男女不平等的历史演变

（一）原始氏族社会女性的地位

人类的历史，就是男女两性的历史。在漫长的原始社会，人类征服自然的能力极为有限，个体无法应对恶劣的自然环境，只能采取群居的生活方式。男女在群体内部的地位是平等的，财产公有，人们过着原始共产主义的生活。当时人们取得生活资料的途径主要有两种，一种是由男子进行的狩猎活动；另一种是由女子进行的采集果实、根茎等活动，其劳动成果易于保存且比较稳定，成为氏族生活资料的主要来源，妇女因此更加受到尊敬。

---

①　王宇.女性新概念［M］.北京：北京大学出版社，2007：11.

②　［美］琼·C.克莱斯勒，卡拉·高尔顿，帕特丽夏·D.罗泽.女性心理学［M］.汤震宇，杨茜，译.上海：上海社会科学出版社，2007：1.

在母系氏族时期，由于实行群婚制，子女无法确定自己的父亲，只能确定自己的母亲，所谓"圣人无父，感天而生"。氏族内部是按照母系计算世系的，子女归母亲所在氏族所有，氏族的公共财产由女性管理，女性是生产劳动的主力，女性在原始农业、手工业等方面都做出了卓越的贡献。

在母系氏族的繁荣阶段，婚姻的形式是对偶婚。即一群姐妹与一群兄弟互为夫妻，这群姐妹和这群兄弟之间没有血缘关系，属于族外通婚。妻在众夫中有一正夫，夫在众妻中有一正妻，这样就形成了对偶家庭。在对偶家庭中，夫从妻而居，子女留在母亲的氏族里，世系仍按母亲的计算。这种对偶家庭没有独立的家庭经济，完全依附于以女方亲族为主体的母系家庭公社。这种对偶婚制较此前的婚姻形式的进步意义在于，子女不仅能确定自己的生身母亲，还能大致确定自己的生身父亲，是群婚制向一夫一妻制的过渡。

随着生产力的发展，劳动技术和工具的改进，加上中国特有的地理环境，农业生产逐渐成为氏族的主要生活来源。由于男子的体力较强，在劳动中逐渐占据了优势地位，能够创造和获得更多的劳动产品，而妇女则在劳动中退居次要地位，转而以照顾子女和家庭为主。男女在劳动中地位的消长，带来了男女在经济地位上的变化，从而导致了两性在社会地位上的变化。男子开始要求确定子女的权利，要求确认亲生的子女以便继承财产。而对偶婚的婚姻形式是男子嫁到妻家，不能带走氏族的财产，也不能带走自己的子女。为了打破这种限制，男子千方百计地把女子娶到自己的氏族，让子女留在自己的身边，他们采取的主要形式是买卖婚和抢婚。拥有较多私有财产的男子向女子所在的氏族赠送大量的财物，从而使女方氏族同意其将女子带回本氏族。在母系氏族公社向父系氏族公社过渡的过程中，女性进行了激烈的反抗，被恩格斯称为"人类所经历过的最激进的革命之一"。母系氏族和父系氏族曾长期并存，最后男子取得了胜利，妻从夫而居，按父系计算世系，子女留在父亲的氏族，父系获得了财产继承权，掌握了氏族和部落的权利。

由于要确定亲生的子女继承财产，男性不能容忍女性拥有多个丈夫，开始要求妻子保持对自己的贞操；而女性也对群婚时期不得不接受多个男子的事实感到屈辱，有与一个男子保持同居关系的要求，由此，一夫一妻制诞生了。

在一夫一妻制的家庭里，丈夫处于支配地位，妻子处于从属地位。一夫一妻制，是男性获得支配权的标志。在反映大汶口文化的男女合葬古墓中，有些墓室中的男子仰面直肢，而女子则侧身屈肢，面向男子，处于依附、从属的地位，这是女性屈从于男性的表现。

（二）奴隶社会女性的地位

私有财产的产生，父系氏族的发展，促进了奴隶社会的发展。奴隶社会是以父权家长制为基础而逐步发展起来的。"父"字的本义是用手举着木杖来表示父的权威。"父权支配着妻子、子女和一定数量的奴隶，并且对他们握生杀之权。"①

奴隶社会虽然有了一夫一妻制，但只是对女性而言的一夫一妻制，对男性而言，则是一夫多妻制。

夏朝，女性已沦为男性的淫欲工具。商朝建立政权后，由于商人部落的文化渊源不同，商人更多地保存了母系氏族的遗风，妇女拥有较高的社会地位。她们拥有私人财产，独立经营田产，尤其是贵族妇女拥有大量的私人财产，比如司母戊鼎、司母辛鼎等大型的青铜鼎都冠以女性的名字。女性还可以参与国家的政治活动，充任一定的官职，贵族妇女可以广泛地参与国家的政治生活，在国家政权中占有一定的地位，甚至可以率兵打仗。

西周时期妇女的地位开始下降，女性没有个人财产，也不能参与国家事务，只能以操持家务、侍奉丈夫、养育子女为己任。西周经历了分封制，这是一种血缘宗法制度，在这种制度下，男性在家庭中的地位日益上升，而女性的地位则日益下降，周人产生了重男轻女、多娶多生的观念，女性逐渐沦为男性的生育工具。

（三）封建礼教与贞节观的演变

1. 封建礼教对女性的压迫

战国末期，我国逐渐进入封建社会，封建礼教也开始形成。封建礼教是以儒家思想为基础形成的，是统治阶级用来束缚广大人民思想的封建礼仪和伦理道德。其总纲是"三纲五常"，其对于女性的要求是"三从四德"。"三从"最早见于《仪礼·丧服·子夏传》："妇人有三从之义，无专用之道。故未嫁从父，既嫁从夫，夫死从子。故父者子之天也，夫者妻之天也。""四德"语出《周礼·天官》："九嫔掌妇学之法，以教九御妇德、妇言、妇容、妇功。"封建礼教的核心思想是男尊女卑，女性应该自觉服从男性的统治。②

在婚姻方面，已形成"六礼"，即结婚须经过六道程序：纳采、问名、纳吉、纳征、请期、拜迎。在这六道程序中，准备结婚的男女没有发表意见的权利，完

---

① 马克思恩格斯选集：第 4 卷［M］.北京：人民出版社，1972：52.

② 王宇.女性新概念［M］.北京：北京大学出版社，2007：38.

全由双方父母来决定，婚姻制度开始向"父母之命，媒妁之言"过渡。女性成婚后，按照烦琐的礼节来侍奉舅姑（即公婆），夫妻关系是不平等的，妻子要服从丈夫，丈夫是家庭的核心。[①] 尽管春秋战国时期已产生了"三从"的思想，但总的来说，妇女还是有一定的自由的，民间女子尚可以自由恋爱，追求理想的爱情。

汉朝是封建礼教形成的重要年代。汉朝吸取秦亡的教训，董仲舒提出罢黜百家，独尊儒术。儒家思想强调人生的意义在于尽伦理义务和道德责任，主张通过教化，即通过教育的手段，改造人的思想，使其成为统治阶级的忠实奴仆，自觉践行统治阶级用来维护其封建统治、束缚人们思想的伦理要求和道德规范。董仲舒对儒家思想进行了神学目的的改造，要求人们各安天命，不能反抗，在男女关系上，强调妻受命于夫，只能顺从地接受夫的统治。这一时期，阴、阳这对哲学概念也被用来比附男女关系，男为阳，应刚，女为阴，应柔，阳尊阴卑，所以男尊女卑。

刘向所作的《列女传》和班昭所作《女诫》是女教形成的标志。《女诫》的核心思想是女性卑弱，强调女性的处世原则是顺从，女性应自知卑弱，谨修妇德，处处谦恭忍让，直不能争，曲不能讼，只有义务，没有权利，通过泯灭独立的思想和人格，来避免"黜辱"，光耀门楣。

其主要内容如下。①女性应自知卑弱，以顺从为第一要义，"敬顺之道，妇人之大礼也"，强调女性的卑弱地位。②对"妇行"（"四德"）进行了详细的解释，强调"此四者，女子之大德，而不可乏之者也"。"四德"即"妇德、妇言、妇容、妇功"，班昭对其内涵进行了阐发。③妇女应该专心事夫，一生忠贞不贰。

总之，班昭对封建社会男尊女卑、三从四德的伦理道德进行了总结，使之由散漫浮泛到理论系统，开女教之先河，成为后世训女书的经典。班昭的《女诫》对后世影响极其深远。此后，在封建礼教的训诫之下，温柔顺从一直被视为女性的首要美德。

唐朝是一个风气开放的时代，妇女在社会交往、婚恋方面拥有一定的自由。不过社会现实仍然是男尊女卑，关于束缚妇女的礼教的建构并没有停止。在法律上，女性不能获得与男性同等的权利；在生活中，女性可以被随便买卖，有的成为赌徒的赌本，有的成为战士的口粮，不能掌控自己的命运。而对于妇女的教化，仍然是以"柔顺"为主要内容，并比汉代有了进一步的发展。

---

① 王宁.女性新概念［M］.北京：北京大学出版社，2007：39.

宋朝是广大妇女的命运发生重大转折的时代，也是女性贞节观念迅速发展的时代。这一时期程朱理学兴起，促进了封建礼教的迅速发展，宋儒对妇女的贞洁强调到了极致，封建礼教的束缚愈益严酷。在宋朝前期，贞节观念还是比较宽泛的，但是到了后期，程朱理学"存天理、灭人欲"思想的提出，对妇女的贞节要求便日益严格并走向了极端。理学被称为新儒学，认为"理"（封建道德的"礼"）是自然界和社会的最高原则，是第一性的，这种哲学的实际意义在于用精神世界支配物质世界，把封建伦理道德说成永恒的"理"，从而达到"灭人欲"的目的。贞节观念也由此严酷起来，程颐提出"饿死事极小，失节事极大"的观点。保持贞节的重要性甚于生命，在家族的荣誉面前，女性的生命是无足轻重的，而且，男子不可以娶寡妇为妻，否则便如同自己失身一样，这样就彻底堵住了寡妇再嫁的路。为让女子保持贞节，便要限制男女的交往，"男女授受不亲"的观念古已有之，这种男女有别的观念在宋朝得到进一步加强。在这样的重重束缚之下，女性只能深居内室，与世隔绝，行动、心灵、思想完全被禁锢了。经过宋朝的强化，到了元明清三朝，贞节观念已深入人心，它不仅是社会对女性的天然要求，也成为女性自己的行动指南，进入了贞节观念的实践时期。

明清之际，中国封建社会已进入晚期，封建礼教由十分成熟开始走向极端，出现了一批女性伦理教科书，比较著名的有明朝仁孝文皇后的《内训》、吕坤的《闺范》、清朝王相母的《女范捷录》、陆圻的《新妇谱》等。

明清之际，妇女所受到的束缚到了无以复加的程度。在这一时期的女教著作中，对妇女的伦理道德规定得十分细致烦琐，理论已非常完备。封建礼教对女性的束缚已深入妇女生活的各个角落，女性的自由已被彻底剥夺，女子存在的意义完全取决于男子。

这一时期贞节观念得到不断强化，已到了登峰造极的地步。明清时期对妇女的教化也格外重视女性贞节观念的培养。清代王相母的《女范捷录》中有"贞烈篇"，提出"忠臣不事两国，烈女不更二夫。故一与之醮，终身不移。男可重婚，女无再适"。

2. 贞节观念的演变

明清两朝的政府，都大力提倡妇女守节，并给予节妇所在家庭以物质奖励。守节不仅是一种道德要求和社会风俗，而且得到国家法律的认可。明清两代不仅对于妇女守贞节有奖励制度，而且对妇女再嫁明令加以歧视与贬斥。明代规定因夫、子富贵而得到封赏的女子不能再嫁，如果再嫁政府就要追回封赏，还要治罪，而再嫁女子不能因夫、子富贵而受到封赏；清代也有类似的规定，并指明再嫁的女子不能受封是为了鼓励守节。受政府的影响，家族内部也对妇女守节提出了很高的要求，对妇女犯戒后的处置十分严厉。

明清时期对妇女贞节的重视已远远超过对妇女生命本身的重视。由于政府的提倡、家族的要求，更重要的是教化的深入，贞节观念深入人心，所以明代的节妇烈女数量急剧增多。贞节观念发展到明清，表现出两个比较突出的特点。一是广大妇女已经把节烈作为一种人生信条，自觉按照礼法的要求去做，把贞烈的名声看得比自己的生命还重要。封建社会的女性从小就被剥夺了与外界接触的权利，只能困守家庭，深锁闺阁，所接受的教育也只有"三从四德"、敬夫守节等封建道德的灌输，思想受到禁锢，没有接触其他思想的机会。社会上节烈妇女所受到的褒扬与奖励以及给家族带来的荣誉，不贞不节女子所受到的歧视与惩罚以及带给家庭的耻辱，也使广大妇女的思想受到了深刻的影响。妇女也和男子一样崇尚节烈，歧视再嫁的妇女，并以贞烈为荣，把贞烈作为一种人生志向。还有很多妇女在死节时十分慷慨从容，由此可以看出封建礼教对妇女思想的毒害之深。二是守节尽节的方式越来越惨烈。由于社会竞尚节烈，对节烈的追求近于狂热甚至变态，出现了守节越苦越好、尽节越烈越好的不良风气。那些尽节的妇女或自缢，或投水，或自焚，或跳楼，或绝食，一幕幕人间惨剧不断上演。

### ◀▶▶【学习专栏 1-1】封建礼教对女性精神和肉体的摧残

在封建礼教的强大重压下，女性的精神和肉体受到严重的摧残。女性处在社会的最底层，远离政治、经济、文化等现实社会活动，没有参与社会活动的权利和义务，而是退缩到家庭内部，又不能接受正规的教育，导致女性整体知识文化素质低下、思想保守、目光短浅，没有独立思考的能力和创造力。

女性在政治上没有权利，经济上不独立，不能参与社会和家庭的管理，按照礼教的要求"在家从父，出嫁从夫，夫死从子"，一生都要依附于男子，造成了女性的依附心理，没有独立人格，缺少自我意识，缺少对自身存在价值的思考和追问，把自己一生的幸福寄托于丈夫身上，夫贵妻荣是实现个人幸福的唯一途径。

生活环境的压迫，社会习俗的浸染，以"三从四德"为核心的封建思想的灌输，使女性接受了"男尊女卑"的思想观念，认同女子以柔为美的道德信条，产生了强烈的自卑感和奴性心理，她们自甘卑弱，听凭男子摆布，对丈夫千依百顺，认为男性对女性的压迫和奴役理所应当，缺少反抗意识，甚至充当男性压迫女性的工具。中国历史上有许多女性道德家，她们完全从男性的统治利益出发，宣传封建礼教，制定妇女的行为规范，束缚女性的行为和思想。

　　封建礼教对女性肉体的摧残集中表现在缠足上。关于缠足的起始,有多种说法,其中最流行的说法起源于南唐,南唐后主李煜宠爱宵娘,宵娘能歌善舞,生得十分纤丽,后主"乃命作金莲,高六尺,饰以珍宝,网带缨珞,中作品色瑞莲,令宵娘以帛缠足,屈上作新月状,着素袜行舞莲中,回旋有凌云之态"。这便是流传最广的缠足的起始。之后缠足之风风靡历朝历代,到了明清两代,缠足陋习愈演愈烈,连满族女子也入乡随俗缠起足来,社会上出现了一种小脚崇拜热,对女性外表美的评判标准已由容貌、身材转变为脚的大小,脚成为女性美的集中体现,身体其他部位的瑕疵可以容忍,唯独脚大不能容忍,可谓"一小遮百丑",而且是越小越好,理想的小脚只有三寸大小。男性对女性小脚的喜爱达到了无以复加的程度。男子娶妻无论容貌身材如何,先要看裙下的双脚,结婚之日,常有小孩去量新娘的小脚,新婚之夜,新娘坐于帘中,伸出一双脚供客人观赏,若有人说脚大,新娘和家人都会感到十分羞愧。

　　缠足风气的盛行,和男子的畸形审美观念是分不开的。在汉族男子的传统审美观念中,一直以柔弱纤细为女性美,如杨柳细腰、樱桃小口等,到了宋代以后,女人的脚成为寄托男性这种审美观的重要部位。然而缠足是一件十分痛苦的事,男子把他们的审美愉悦建立在女子的痛苦之上。缠足一般在女孩子四五岁时开始,需历经三年时间,经过试缠、试紧、紧缠、裹弯四个阶段,才能确定小脚的基本形状,其间伴随着溃烂、脓肿、流血和无休止的疼痛,之后要经历生长发育期的剧痛和一生裹脚的辛苦。脚,作为人体的行走器官之一受到了极大的摧残,行走的功能受到严重的限制,女性在辛勤操持家务之时,小脚的不便提高了劳动的强度。

　　既然缠足如此痛苦,女子为何对缠足趋之若鹜、母亲为何坚持为女儿缠足呢?这是因为,在封建社会里,女性没有独立的社会地位,也丧失了独立的人格,一生屈从依附于男子,习惯于一切以男性的是非善恶标准为自己的取舍标准,压抑自己,迎合男性的需求。由于男子爱"莲"成癖,女子是否缠足、缠得是否符合男性的审美标准,不但关系女性的婚姻成败,甚至影响她们一生的命运,所以广大妇女为取悦男子不得不努力缠足,而且在足和鞋的小、奇、巧上绞尽脑汁地玩花样。

　　实质上,缠足是以男性为本位的男尊女卑观念的产物,是将"男尊女卑"观念推向极致的表现。实际目的是加强对女性精神和肉体的束缚,使其甘于被奴役的命运,《女儿经》上说"为甚事,裹了足,不因好看如弓足,恐她轻走出房门,千缠万裹来束缚"，真是一语道破天机。[①]

（四）近代中国女性的觉醒与奋争

1. 维新变法时期：开始关注女性问题

在中国近代社会，封建礼教受到了质疑和批判，"三从四德"的思想受到了抨击，女性问题开始引起社会的关注，女性自身也开始觉醒。首先开始关注女性问题，要求妇女权利的不是女性，而是男性，是维新时期先进的男性知识分子。维新思想家受到西方妇女解放思想的影响，对女性受到的歧视、奴役和压迫给予深切的同情，主张"戒缠足，兴女学"。

维新派反对"女子无才便是德"的思想，主张"兴女学"。1898年5月，梁启超和上海电报局总办经元善等人在上海创办了中国人自办的第一所私立女学堂——经正女学，招收20名女生。不久又增办一所分校。维新派兴办女学，在当时具有进步意义，但女学的培养目标为"启其智慧，养其德性，健其身体，以造就其将来为贤母、贤妇之始基"。[②]这虽改变了"贤妻良母"的标准，但仍然是"贤妻良母"。变法运动失败后，女学被迫停办。

2. 辛亥革命时期：中国女性的初步觉醒

辛亥革命时期，中国的女性表现出初步觉醒的状态，以孙中山为首的资产阶级革命派在宣传民主思想的同时，主张妇女解放、男女权利平等。孙中山曾说："我汉人同为轩辕之子孙，国人相见，皆伯叔兄弟诸姑姊妹，一切平等，无有贵贱之差，贫富之别……"

邹容在所著的《革命军》中提出男女一律平等；金天翮在《女界钟》中主张男女平等，要求女子摆脱受奴役的地位，做有人格的人，他认为妇女应争取与男子同等的权利。同时以反映欧美资产阶级革命的历史论著和重要文献，在先进知识分子的译介下开始在中国广泛传播。其中表现在妇女解放领域，一方面是斯宾塞《女权篇》的翻译和出版，以及西方一些著名的妇女活动家的介绍；[③]另一方面在中国学界《女界钟》（1903年）、《女子新世界》（1903年）和《女界泪》（1908年）等妇女研究著作的出版，以及女权主义学术思潮的兴起，都为近代中国的妇女解放和社会变革提供了有力的理论武器和丰富的思想资源。因此辛亥革命的酝酿为妇女解放运动奠定了思想理论基础。

① 王宇．女性新概念［M］．北京：北京大学出版社，2007：43.
② 刘巨才．中国近代妇女运动史［M］．北京：中国妇女出版社，1989：27.
③ 学者谈辛亥革命：为妇女解放奠定思想理论基础［N］．中国妇女报，2011-10-10.

随着妇女解放运动的深入开展，女性自身开始觉醒，这种觉醒首先体现在以秋瑾为代表的知识女性中。其感于时事，胸怀报国之志，不愿意像传统女性那样生活，又不满丈夫的纨绔习气，1904 年，秋瑾只身赴日求学，并改名竞雄，以表示她追求男女平等的目标，并身体力行，付诸实践。在刻苦求学的同时，秋瑾积极参与社会活动，1906 年，秋瑾返回祖国，随着民主思想的发展，秋瑾逐渐认识到只有参加改造社会的政治斗争，才是争取自身解放的出路，她加入光复会，在绍兴大通学堂主持办学，宣传反清和妇女解放的思想，锻炼青年的体魄，为起义做准备。她是我国近代妇女解放运动的先驱之一。辛亥革命时期，许多像秋瑾一样拥有爱国热情的女性积极投身革命，参加了武装斗争，她们不但负责运输、联络、掩护、筹集款项等任务，有的还与男性一起冲上前线，有的在军中担任了领导职务。广大妇女积极参与革命，推动了中国革命的发展，也充分展示了女性的力量。

这一时期妇女解放运动的重点是争取参政的权利，兴起了女权运动。为宣传妇女解放思想，在辛亥革命开始之后的 10 年间，共创办妇女刊物 30 种，其中较有影响的是陈撷芬 1902 年创办的《女学报》，丁初我和陈志群 1904 年创办的《女子世界》，张展云与其母亲 1905 年创办的《北京女报》，燕斌 1907 年创办的《中国新女界杂志》，秋瑾 1907 年创办的《中国女报》，唐群美 1911 年创办的《留日女学生会杂志》等。[①] 这些妇女刊物积极探索妇女自身解放的各种问题，宣传西方资产阶级革命时期的妇女运动成就，觉醒的知识妇女用西方资产阶级民主思想反观自己的命运，投身民主革命，为妇女解放而不懈努力，这标志着中国妇女已经开始主动挣脱命运的枷锁，是中国妇女觉醒的开端。

辛亥革命时期，"禁缠足"运动有了深入的发展，强大的思想舆论宣传使"禁缠足"的思想深入人心。为了尽快唤起广大妇女的觉醒，大量妇女刊物经常发表文章痛陈缠足之弊端，为妇女解放呐喊。当时，还出现了专门反对缠足的妇女刊物，如《天足女报》《天足会报》《天足会年报》等。至民国前，缠足这一社会风俗渐趋瓦解，后经新文化运动的荡涤，渐趋根除。

3. 五四时期：妇女在争取自身解放的斗争中成长

五四运动，揭开了我国新民主主义革命的序幕，使民主与科学的思想在中国广泛传播。这一时期的妇女开始了真正的觉醒，妇女运动突破了以往资产阶级上层妇女活动的小圈子，成为以劳动妇女为主体的解放运动，掀起了空前的妇女解

---

① 王宇. 女性新概念 [M]. 北京：北京大学出版社，2007：54.

放浪潮。广大妇女反抗封建礼教，反对旧家庭的专制，批判节烈观念等封建思想，积极争取参政、教育、就业、社交、婚姻等方面的权利与自由，并取得了一定的成就。

首先是男女社交公开。在长达 2000 多年的封建社会里，一直强调"男女之大防"，受封建礼教的压制和束缚，女子只能深藏闺中，活动的范围仅限于家庭，不能像男子一样参与公开的社交活动，这是男女不平等的一种表现，是对妇女的一种歧视。所以，要争取平等的权利，就要男女社交公开。

五四爱国运动中，男女同学并肩作战，已用实际行动打破了男女社交的禁忌，许多革命志士，因为共同的理想和抱负而团结在一起，主张男女共同学习、工作。长沙的新民学会和天津的觉悟社是在组织上突破男女界限、实现男女社交公开的典范。觉悟社是以天津南开中学和直隶第一女子师范的进步男女为主体的青年进步组织。该社在宣言中提出：改革男女不平等状况，铲除顽固思想及旧道德、旧伦常。邓颖超就是觉悟社最早的 10 名女会员之一。一种平等互助、相互尊重的新型人际关系，在该社的男女会员之间建立起来。

虽然男女社交公开的问题得到了广泛的关注，但在当时要实现彻底的男女社交公开，还有很大的阻力，但是封建礼教的坚冰已开始松动。

其次是争取平等的受教育权，大学开放女禁。封建时代，由于"女子无才便是德"的思想根深蒂固，女子没有受教育的权利。维新变法时期，资产阶级维新派积极兴办女学，使女性受教育的状况有所改善，但教育的目的仍是培养贤妻良母。五四运动时期，随着思想启蒙的深入，广大青年学生和进步人士意识到：女性必须获得同男性平等的受教育的权利，才能与男性一起平等地参与社会的管理活动。因此，"大学开放女禁""实行男女同学"的呼声日益高涨，并得到进步人士的支持。大学开放女禁，还促进了中学女子教育制度的改革，打破了女子中学以培养"贤妻良母"为目标的旧的教育体制，使女子中学的课程设置与男子中学基本相同。"五四"运动的先驱周炳琳认为大学开放女禁有三点好处：一是可以实现男女教育平等；二是可以提高妇女的社会地位，打破男子轻视女子的陋习；三是用知识武装起来的女性可以更好地开展妇女解放运动。[①]大学开放女禁是中国教育史上的一次革命，是中国女子教育史上的一座里程碑，具有划时代的意义。

最后是争取婚姻自由和人格独立。封建婚姻，不是以男女双方的感情为基础的，家庭的组成也不依据男女双方的自愿，而是"父母之命，媒妁之言"，指腹

---

① 王宇. 女性新概念 [M]. 北京：北京大学出版社，2007：59.

为婚、童养媳等现象十分普遍。结婚是两个旧家庭为了维护和扩大自身的利益而做出的选择，而不是男女双方的自由结合，青年男女在婚姻上没有自由可言，这种包办的婚姻当然也就难以产生爱情。五四时期，许多进步人士对封建婚姻和家庭进行批判，主张婚姻自由。同时广大男女青年为反对封建包办婚姻，争取婚姻自由进行了不懈的斗争。

总之，五四时期广大妇女接受了思想启蒙，以积极的姿态投入争取自身权利和自由的斗争中去，妇女解放运动风起云涌，参与的主体由资产阶级上层女性扩大到社会的各个阶层，尤其是女工的斗争，揭开了劳动妇女争取自身权利的序幕。五四时期是中国妇女真正的觉醒期。

# 第二节　女性心理学简史、学科性质及发展趋势

## 一、女性心理学的简史

女性心理学是心理学的新兴分支，是一门边缘学科，不仅涉及心理学，而且涉及生理学、社会学、妇女运动史等学科。随着妇女运动和女权主义的兴起及科学家对两性脑的比较研究，女性心理学逐渐得到重视。20 世纪 70 年代，美国女性心理学在学科化与体系化方面已初具规模，在 20 世纪 60—70 年代之前女性心理研究缺乏独立的地位，妇女心理问题从未得到充分的科学关注，女性心理研究处于边缘化状态。第二次世界大战后，欧美社会经济的迅速发展、第三产业的突飞猛进，为妇女就业提供了大量的机会。此外，第二次世界大战后妇女受教育程度显著提高，受高等教育的人数激增，主体意识与女性意识不断增强。第二次妇女运动在美国蓬勃开展之际，美国心理学界开始关注女性心理的学术研究，1969年美国心理学界第一个妇女学术组织"心理学妇女联合会"正式成立。1973 年，美国心理学会下属第三十五分支——妇女心理学分会正式诞生，这也是女性心理学在世界上作为一个合法领域得到承认的标志。[1] 1978 年底，纽约的心理学专业出版公司出版了《妇女心理学》，代表了美国妇女心理学界的水平，是 20 世纪 70 年代末美国妇女心理学领域最重要的学术成果。随即，其他国家如苏联、日本等国也开始研究和发展女性心理学，出版了各种女性心理学图书，我国也翻译了一些相关图书，为我国女性心理的研究提供了丰富的参考资料。20 世纪 90 年

---

[1]　黄爱玲.女性心理学［M］.广州：暨南大学出版社，2008：8.

代后，我国大学里关于女性、性心理或两性心理学的课程也在增加，但我国的女性心理学的教学和研究还没有形成规模和体系。①

目前女性心理学问题涉及的范围十分广泛，研究成果迅速增长，有 4 种专门刊载相关文章的刊物：《女性心理学》《性别角色》《女权主义和心理学》和《加拿大女性研究》。② 同时，一个相关的研究发展是心理学家逐渐意识到诸如种族、社会级别和性别定向的因素是如何复杂地与性别问题相互作用的。当然，女性心理学的研究相对年轻，许多重要问题需要深入研究和澄清。

总体而言，女性心理学早期研究特别关注性别的差异性，强调突出女性的优势，以及性别公平的研究。20 世纪 70 年代在美国和加拿大出现了妇女心理学这一学科，女性心理学的研究内容逐渐扩展，但研究者没有预料到问题的复杂性和动态性，对女性社会地位、心理发展、职业能力等与男性相比存在的显著差异，往往归因为女性自身的问题，加之早期研究者多数是男性，以及研究者自身在开始研究之前就已经有了偏见的倾向性，这些偏见会影响到理论假设、定位以及研究内容的解析。当前女性心理学研究广泛开展，内容十分丰富，涉及的主题越来越多，且呈现多元化、本土化的发展趋势。

## 二、女性心理学的学科性质

女性心理学作为心理学的一门新兴学科，发展历史相对较短。尽管女性心理问题从人类诞生起就存在，但长期以来，女性在政治、经济上没地位，思想上受歧视，教育受限制，女性心理的研究在 20 世纪 50 年代以后才逐渐得到重视。

女性心理学是一门交叉学科，既与心理学的某些分支交叉，也与其他相邻的学科交叉。女性心理学既有自然科学的性质，又具有社会科学的性质。

女性心理学与医学有一定程度的交叉。医学心理学研究的心理疾病、心理卫生等内容为女性心理学提供启示。女性心理学与性心理学、婚姻心理学的交叉程度很大，性的问题与婚姻的问题都是男女双方的问题，因此性心理学、婚姻心理学的研究对丰富女性心理学的内容有重要意义。女性心理学与妇女学、人才学有密切关系，妇女学的研究为女性心理学的研究提供了重要的理论原则，人才学的研究成果为女性心理学研究女性心理有很大的启示。

---

① 巴莺乔，洪炜.女性心理学［M］.北京：中国医药科技出版社，2006：2.

② ［美］玛格丽特·W.马特林.女性心理学［M］.6 版.赵蕾，吴文安，等译.北京：中国人民大学出版社，2010：12-13.

女性心理学与犯罪心理学关系密切。犯罪心理学关于女性犯罪的研究将推动女性心理学关于女性犯罪心理的研究。

生理心理学研究心理现象的生理机制，心理生理学研究心理或行为如何与生理变化相互作用，都为女性心理学的身心中介机制提供了许多基本理论依据。

心理咨询学对正常人处理婚姻、家庭、教育、职业及生活习惯等方面的心理学问题提供帮助，也对身心疾病、神经症和恢复期精神病及其亲属就疾病诊断、护理、康复问题进行指导，咨询心理学与女性心理学有很大的重叠和交叉。

变态心理学的研究成果是女性心理学某些理论和证据的重要来源。

综合上述分析，逐步系统起来的女性心理学是综合吸收国外有关学科中的各部分精华内容而建立起来的新型交叉学科或课程，是一门理论性学科，还是一门临床应用性学科，也是一门边缘科学。

### 三、女性心理学的主要内容和发展趋势

（一）女性心理学研究的内容及意义

在社会发展的不同时期，由于社会环境背景的不同，女性心理学的研究内容也各不相同。另外，由于各国的社会制度、文化系统差异，女性心理学研究的内容侧重点也有所不同。早期的女性心理学研究受女权主义的影响较大，主要集中在社会性别的研究上，强调男女的同质性，认为男女心理不同主要由后天社会影响。

1. 女性心理学研究的内容

（1）性别异同的心理分析是女性心理学研究的核心内容。女性心理学家通常会从性别相似性或差异性角度来研究女性问题。在此问题上有两个角度：一是强调性别的相似性角度，认为男性和女性在智力和社会能力方面基本相同，并认为造成他们暂时性区别的可能是社会因素，即社会建构的结果，注重从社会建构主义理论解析女性问题，认为用个人社会经历和文化以及信仰来建构或形成自己对现实的理解，从而形成身份的识别和社会角色的整合；二是主张差异性观点，一些女性心理学家持差异性观点，认为男性和女性在智力和社会能力方面存在差异，注重强调女性有更多的优势，比男性更加关心人际关系，善于照顾他人，社会利他性更强，注重从本质主义的理论视角解释性别差异性，认为所有女性都有不同于男性的心理特征，一些特征是与生俱来的。

（2）女性的性心理、恋爱心理、婚姻心理与家庭心理是女性心理生活的重要内容，恋爱、婚姻与家庭是女性生活永恒的主题，因此，女性的性心理、恋爱心理、婚姻心理与家庭心理都是女性心理学研究的基础内容。女性的性心理主要

包括女性性心理含义、性成熟心理、性心理因素与性功能、性行为变态、生育、性侵犯及性教育；女性的恋爱、婚姻家庭心理主要包括择偶心理、少女早恋、大龄未婚女性心理、失恋心理、婚前性行为心理、婚外恋及离婚心理、家庭生活心理、婆媳关系心理以及家庭暴力等问题对女性心理的影响。

（3）女性的身心健康与保健也是女性心理学研究的主要内容，主要包括女性身心的发展特点及影响因素，心理疾病以及生理疾病引发心理疾病等。女性特殊的心理与其特殊的生理特点是紧密相联的，这些特殊的生理特点包括月经、怀孕、流产、分娩、哺乳、更年期等，这对女性的心理会产生一定的影响，进而影响女性的身心健康。女性的心理健康保健主要探讨女性心理健康标准与原则、心理保健方法以及心理健康的社会保障等。

（4）女性教育与职业发展是现代女性心理学研究的拓展性课题，主要探讨男女智力差异、女子教育、家庭教育和职业发展，以及职业角色和家庭角色的双重角色的冲突与平衡等。

（5）女性感知觉、人格特质、能力结构特殊性。从两性差异的角度分析女性在感知觉、人格特质以及能力结构上的特殊性。

（6）人际交往是现代女性心理学研究的热点问题。人际交往活动是一种文化现象，人际互动行为是与人们的观念文化密切相关的。观念文化是社会文化的内核或深层次结构，它包括价值观念和价值取向、社会意识、精神追求、精神境界、理想信念、伦理道德、传统习俗等社会心理。现代女性的行为方式及准则、价值观念、社会心理，都是对现代社会的反映。在当代社会，人际交往不但具有全球化背景的多元文化的交融特色，同时也是各国传统文化的心理积淀。

2. 女性心理学研究的意义

研究女性心理学不仅具有重要的理论意义，也具有广泛的实际意义。研究女性心理学不仅对女性本身有重要意义，而且对男性也具有重要意义。国内大量的离婚案例研究证明，女性是否拥有健康的心理素质，良好的恋爱、婚姻、性心理以及家庭关系中应具备的心理品质等，是影响家庭生活和谐与否以及婚姻牢固性高低的一个重要心理因素。因此，学习女性心理学能帮助人们建立科学的家庭亲密关系观念，不仅有助于增进女性的个人幸福，也有助于促进家庭美满和社会稳定。

（1）确保恋爱成功。研究女性心理学有助于了解两性正确的恋爱心理，树立正确的恋爱观和择偶观，促进恋爱顺利发展，避免和克服恋爱中的挫折，帮助调适恋爱过程中的不良情感和关系。

（2）促进婚姻幸福。婚姻是靠感情维系的，感情是一个重要的心理现象，研究女性心理学有助于巩固与发展夫妻之间的感情，使婚姻生活美满，体验和理解爱情的真谛。

（3）有助于家庭生活和谐。家庭和睦是良好人际关系在家庭中的反映，也是女性人际关系中的重要组成部分，是属于人类经历的核心关系——亲密关系，亲密关系能够满足人们对归属和爱的基本需求。了解女性与家庭成员关系处理的原则和方法，有助于女性在家庭中处理好与各成员的关系，进而形成良好的人际互动关系，使女性在和谐的大家庭中愉快生活。

（4）有益于心理健康，预防女性心理障碍。女性积极的情绪对身心健康的作用是任何药物都不能替代的。注重心理卫生和保健，能保证与增强女性的心理健康和身心的良好发展，有助于预防女性心理障碍。心理问题在女性群体中较多见，这种脆弱心理与婚姻、工作和社会中的多元角色有关。女性易引发抑郁症、恐惧症、强迫症等，妇女在受孕、妊娠、分娩阶段均可发生躯体和情绪问题，甚至引发产后抑郁症等。这与童年家庭体验、月经期的心境障碍、婚姻带来重大生活变化，以及生育带来的生理变化等因素有关。

（5）防止女性犯罪。女性犯罪受社会客观环境、自身生理和心理因素的影响较大，往往是多种负向因素综合作用的产物。学习女性心理学能帮助把握女性犯罪的心理征兆，加强对女性的法治观念教育，采取预防妇女犯罪的心理学对策，维护女性正当合法权益，并防止与减少女性犯罪。

（6）有助于教育子女成才。一个家庭的教育职能发挥得如何，既同这个家庭的婚姻基础、经济状况、教育理念、心理气氛有关，又与父母亲的文化素养、思想品德、心理素质、法纪意识有着更为直接的关系。大量研究表明，在影响孩子成长的众多家庭因素中，家长是最重要、最具决定性的因素。[1] 其中，母亲的性格特质、心理品质、亲子关系的依恋风格等对儿童早期的健康发展至关重要。女性心理学能帮助女性了解生儿育女的规律以及儿童身心发展阶段性特征。掌握儿童的心理发展规律，有助于在子女成长关键期促进其身心健康成长，特别是女孩的健康成长与发展。

（二）女性心理学的发展趋势

女性心理学发展过程中一个重要的标志是在 20 世纪 70—80 年代北美高校开

---

① 汤姆育儿说·家庭教育. 为培养子女良好心理品质，家长应具有健全的心理素质 [EB/OL]. (2018-11-15) [2021-09-10]. https://baijiahao. baidu. com/s？id＝1617185081515523836.

设女性心理学课程以及出现大量关于女性的研究项目。这些课程对大学生的生活产生了重要影响，既影响到人们的态度、自信和批判性思维，又可以改变女性的生活，以及她们通过家庭教育来影响子女的生活价值观。"从女性的角度出发使我们更能够从一个全新的或者更加深刻的角度了解自己的生活经历和婚姻生活……女权运动致力于提高女性的生活，建构一个强调男性和女性价值的公平社会。"①

1. 女性心理学将以其独特的学术地位与贡献不断发展，并将产生重大的社会效应

女性心理学是心理学中首次从性别角度出发构造而成的知识体系。女性心理学建立在性别主义（sexism）研究的基础上，即男性与女性有显著的性别差异。这种差异不仅由先天性的生理特征决定，也由文化决定，在这样的背景下，20世纪六七十年代，在女权主义运动中产生的女权主义心理学，试图对主流心理学中的男性中心主义的偏见进行批判。女权主义的心理学将社会性别作为一个重要的变量引入心理学研究，使女性与女性经验成为心理学的合法的研究范畴。正是由于性别角度的介入，才引发一系列的深层次问题，使我们能够充分认识到性别的社会文化内涵，从而完善对人本身的认识。在这一点上，女性心理学并非简单地将传统心理学的材料以"女性"的名义加以拼凑，而是更系统地探讨这门学科的规律，具有独特的学术地位与价值。

从大量资料来看，女性心理学也是全方位的研究实践，"女性"的内涵本身就是一个历史演进的过程，社会的发展成为这门学科不断前进的现实源泉与动力。因此，女性心理学的研究成果也将反作用于社会领域，以切实改善女性的生存发展条件并成为女性自觉指导生活与工作的必需。

2. 女性心理学将全面整合女权主义的研究路线，并沿着它所开辟的道路不断发展

女权主义是一种视角与立场，反对所谓的"母性"之类的本质主义观念，强调运用历史话语、社会结构的观点去看待性别角色和"女性气质"问题，反对把男性视角的性别角色标准普遍化，而主张解构传统的性别角色关系，倡导女性角色的自主性和独立性，它力图以女性的视角来矫正各种学科中的性别偏见，从而健全人类的认识方式，丰富人类的认识成果，使女性独特的思维方式与心理体验

---

① ［美］玛格丽特·W.马特林.女性心理学［M］.6版.赵蕾，吴文安，等译.北京：中国人民大学出版社，2010：328.

得到反映。女权主义的观点可以归纳为：认为性别角色分工反映了男性对女性的权力控制；性别角色社会化是各种文化力量作用的结果；性别、种族和阶级相互作用，共同影响着个体的行为；关于性别的知识和认识都是由社会构建的。① 女性心理学正是在这一思想的指导下展开研究的，无论在内容上还是方法上都始终遵循女权主义的研究路线。

3. 性别差异研究和性别偏见问题是女性心理学的一个核心问题

只要两性存在，这个研究主题便有生存与发展的基础，而只有通过两性对照研究，才能深入认识女性心理学领域中的问题。对性别差异的研究，在如今的学术领域已经非常活跃，随着社会性别概念和因素的研究不断深入，性别研究的范围将逐步扩大，成为研究的重点。社会性别（gender）是 20 世纪 70 年代以后，随着女权主义的发展而提出的概念，既是当代女权主义理论的核心概念，又是女权主义学术的中心内容，是带有心理学意义和文化意义的概念，是一种社会的标签，用来说明文化赋予每一性别的特征和个体给自己安排的与性别有关的特质。它表示社会基于男女两性生理差异而赋予他（她）们的不同的期望、要求与限制，是由社会文化形成的有关男女角色分工、社会期望和行为规范等的综合体现，是通过社会学习得到的与男女两性生物性别相关的一套规范的群体特征和行为方式。② 与此同时，今后的性别差异研究将在充分认识差异的基础上寻求共性，抛弃异同的一般性与绝对性，阐明其具体性与相对性，并将加大对差异成因的研究力度。

4. 女性心理学将与社会心理学产生越来越多的融合

性别作为一种社会的产物，一直根深蒂固地存在于人类文化认知架构中，从婚姻宗族法律制度、政治经济资源的继承与分配，到个体生活方式、科学文化艺术神话的表达，无不对性别的差异性展现产生了广泛而深刻的影响。因此，作为男性或女性，都包含着对性别的个性体验和主观理解，以及扮演着社会文化所定义的性别角色。女性心理学的一个重要线索是生理性别与社会性别的交织与分离，而其中更为重要的便是性别的社会内涵，社会性别将成为今后引导女性心理学发展的主线。然而，社会心理学的许多领域仍然处于"无性别"的状态，女性的社会生存状态，在权力关系中的实际地位以及群体中的边缘状态等，都缺少社会心理学家的关注。但是，避而不谈女性的社会问题就无法从根本上解决女性的心理

① 方刚.性别心理学［M］.合肥：安徽教育出版社，2010：31.
② 方刚.性别心理学［M］.合肥：安徽教育出版社，2010：11.

问题，社会因素对女性心理的发展具有极为复杂而重要的作用。从心理学的整体发展趋势来看，相互融合已势不可当。因而，将性别与社会因素综合加以考察才是女性心理学研究的核心所在。

5. 女性心理学的跨文化研究即群体研究是今后的发展方向

在不同历史时期、不同政治和经济条件、不同社会和地域环境以及不同阶级的女性，她们之间的差异往往比相似历史境遇的女性之间的差异更大。在世界各国的不同民族之间，女性可以分为许多群体，她们的生存状况多元化，因此女性群体问题的研究将是女性心理学的研究方向之一。目前，女性心理学中主要以白人为研究对象的结论正在受到来自其他种族研究者的质疑，种族、文化传统、意识形态等方面的差异势必决定了心理上的差异性。为了矫正目前"欧美中心"的现状，大力发展跨文化研究势在必行。其研究主要包括对文化特征重要性的认识；对女性群体的深入研究；通过跨文化研究寻找不同群体女性之间的共同点；女性之间存在很大的群体差异。

6. 女性心理学的本土性和实践性将成为关注的热点问题

本土化是指把外来理论转变为适合本国家、本民族、本地区所需要的理论。所谓女性心理学本土化，就是要把有关世界各国女性学的理论、框架、内容、方法、经验、体会等，根据本国社会文化，转变为本国女性所需的理论。在此过程中，既要借鉴外来理论，又要注重结合本土经验，构建鲜活的、具有创新精神和变革力量的本土女性心理学体系，为本国女性服务。女性心理学具有鲜明的实践特点，它来源于社会发展实践，从妇女运动中汲取精神力量和提炼丰富的理论内容。女性心理学具有男女平等的社会进步目标或理想。女性心理学的研究不仅仅是学术研究，也是行动研究，不仅研究问题或主义，而且力图付诸行动，变革社会现实。女性心理学的研究者具有促进社会公平、正义的社会责任感和历史使命感。此外，从西方心理学的总体发展趋势来看，应用研究的比重越来越大，应用研究的文献量增幅较大，而基础研究的文献量则没有增加很多。从女性心理学自身发展来看，实用性的研究日趋增多，集中体现在教育、医疗及政策制定等方面，这也反映出女性研究强烈的实践性色彩，从而最终促进女性健康发展并更好地为社会做出贡献。

## 本章内容提要

1. 女性问题是一个社会问题。15世纪之后的社会变革以及早期女权主义者和女权主义理论的出现，为女权主义运动第一次浪潮的兴起奠定了一定的思想基础和社会基础。

2. 女权主义运动第一次浪潮表现出明显的特征，即一个目标、两个争论焦点。一个目标是为女性争取选举权。两个争论焦点是女性受教育的权利和女性就业问题。女权主义运动的第二次浪潮规模宏大，波及面广，但由于各国国情不同，表现出不同特点。

3. 中国女性发展历史中男女不平等的历史伴随着贞节观念的演变。

4. 女性的性心理、恋爱心理、婚姻心理与家庭心理是女性心理生活的重要内容。

5. 女性心理学是一门交叉学科。它既与心理学的某些分支交叉，也与其他相邻的学科交叉。女性心理学既有自然科学的性质，又具有社会科学的性质。

6. 研究女性心理学不仅具有重要的理论意义，也具有广泛的实际意义。研究女性心理学不仅对女性本身有重要意义，而且对人类另一半的男性也具有重要意义。

7. 女性心理学是心理学中首次从性别角度出发构建而成的知识体系。女性心理学建立在性别主义（sexism）研究的基础上，即男性与女性有显著的性差别。

8. 性别差异研究是女性心理学的一个核心问题。心理学家在此问题上持有两种观点：一是性别相似性观点，通常和社会建构主义相结合；二是性别差异性观点，通常与本质主义相结合。

## 思考题

1. 比较分析中西方女性问题发展的历史特点。
2. 女性心理学的内容和意义。
3. 分析媒体广告和新闻报道中的性别偏见。

## 微课题

1. 收集媒体广告和新闻报道中的性别偏见材料，并分析影响因素。
2. 分析现代社会生活对女性教育、职业发展及婚恋家庭生活产生的积极和消极影响，对女性心理学研究将会产生哪些重要作用？

# 第二章　女性的生理

**本章导航**

　　女性承担着人类种族的繁衍重任，随着社会经济发展、人口结构的变化，其生理健康及安全保健成为人类关注的焦点。生理是心理的基础，女性不同发展阶段的生理状况直接影响其心理健康水平。本章主要从基因层面和生理发展层面揭示女性性别的形成、女性生理发展的阶段性特点，同时，对女性青春期、成熟期及更年期的生理变化及常见问题进行详细阐述，从而为女性的自我认识、自我生理保养和自我心理保健提供参考。

## 第一节　基因与荷尔蒙

◀▮▮▶【资料卡 2-1】哪些遗传病人不宜结婚生育？

　　遗传病在人类全部疾患中占有一定的比例，其种类有 4000 种之多。从优生学角度看，遗传病患者的病态基因会遗传给后代，对后代的健康不利。如果父母一方携带显性致病基因，后代大约半数会出现遗传病，严重的显性遗传病有视网膜母细胞瘤、强直性肌营养不良、遗传性痉挛性共济失调、软骨发育不全等；如果父母一方携带隐性致病基因，其子女一般只带有致病基因，并不患病，但如果双方都携带隐性致病基因，则子女可能会全部发病，这类严重的隐性遗传病有先天性全色盲、小头畸形、糖原积累症、苯丙酮尿症等。因此，有些遗传病人不宜生育，最好在婚前先做绝育手术。[①]

### 一、基因

（一）基因与性别分化

基因（gene）是有遗传效应的 DNA 片段，是最基本的遗传单位，它决定着

---

　　① 秦瑞利.怀孕知识百科［M］.北京：中国纺织出版社，2006：20-21.

父辈与子辈之间的相似性，决定着生物的各种性状表现，其主要载体是成对存在的染色体。

人类的染色体主要由蛋白质和DNA组成，每个细胞都含有23对46条染色体，其中，22对为常染色体，1对为性染色体。女性的性染色体为XX型，男性的性染色体为XY型。人类性别的分化就是由性染色体的差别所决定的。

人类的生殖细胞由男性的精子和女性的卵子构成，精子和卵子经过减数分裂都只含有23条染色体，精子和卵子结合，构成具有46条染色体的受精卵。卵子带有22条常染色体和1条X型性染色体，而精子的性染色体具有两种类型：带1条X型性染色体和带1条Y型性染色体。当带有X型性染色体的精子与卵子结合，胎儿就是女性；当带有Y型性染色体的精子与卵子结合，胎儿则为男性，如图2-1所示。

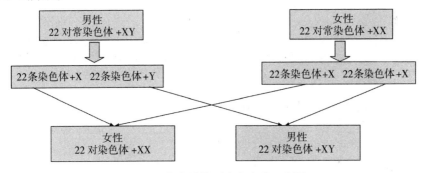

图2-1　人类的性别决定方式示意图

然而，性别分化除与性染色体有关外，还与诸多基因有关。实验证明人类性别的形成实际上是以性别决定基因（sexdetermining region Y, SRY）为主导的、多基因参与的、有序协调表达的生理过程。[1]

人类的原始性腺最初呈中性，大概在胚胎第7周时形成。若胚胎核型为46，XY，则胚胎逐渐发育成男性。若胚胎的核型为46，XX，则胚胎逐渐发育成女性。[2]

（二）染色体异常导致的性别畸变

人类性别的分化是在多种因素的共同作用下完成的，性染色体的结构或数目的异常、与性别形成有关的基因突变、性别表达中性腺的分化、生殖管的形成、生殖器的发育以及第二性征的形成中任何一个环节出现问题，都可能导致性别畸变。以下就是几种典型的由性染色体畸变或基因突变而引起的性别畸变。

---

①　张淑玲，于海涛，张春晶.人类的性别与性别畸形［J］.生物学通报，2006（8）：7.

②　张淑玲，于海涛，张春晶.人类的性别与性别畸形［J］.生物学通报，2006（8）：7.

表2-1　典型的性染色体畸变或基因突变而引起的性别畸变类型

| 性别畸变类型 | 特征 | 发病原因 |
| --- | --- | --- |
| 1.Turner综合征 | Turner 综合征也称先天性卵巢发育不全症，患者外貌为女性，成人身高一般不超过150 cm。患者外生殖器呈幼女型、性腺不发育，子宫及输卵管小，卵巢呈条索状，原发性闭经，无生育能力。乳房发育差或不发育，阴毛、腋毛稀少或缺失。尿中雌激素明显减少而含大量的促性腺激素 | 其发病的主要原因有以下两种。①X染色体数目异常。多数患者是由于亲代的卵母细胞减数分裂时X染色体不分离。约有10%是由于早期卵裂时X染色体不分离。②X染色体结构畸变。父母中的一方生殖细胞在减数分裂时受不良因素的影响，X染色体发生断裂，断裂后的染色体片段丢失或重接，形成染色体结构畸变，从而导致患者出现相应的症状 |
| 2.多X女性综合征 | 患者为女性，身材矮胖，骨骼发育迟缓，鼻梁扁平，眼距宽，睑裂上斜、斜视，耳廓畸形，关节松弛，膝外翻，平底足，颈短，部分患者早期卵巢功能减退或初潮延迟、月经减少、继发性闭经、过早绝经，个别有生育能力，部分患者有智力障碍和行为异常，且X越多，智力损害越大，畸形越严重① | 其发病的主要原因是患者母亲的卵母细胞在减数分裂时X染色体没有分离，致使其染色体发生异常 |
| 3.真两性畸形 | 患者既有男性睾丸，又有女性卵巢，40%的患者内生殖器一侧为卵巢，另一侧为睾丸；40%的一侧为睾丸或卵巢，另一侧为卵巢睾；20%的两侧均为卵巢睾 | 这可能是由胚胎早期细胞分裂时某一子细胞内Y染色体丢失而形成或者是由基因突变所致② |
| 4.假两性畸形 | 1）女性假两性畸形（46，XX）患者性腺为卵巢，外生殖器却有两性的特征。外观为女性或男性，喉结不明显，无胡须，皮肤细腻，可有双侧乳房发育，但无周期性胀痛 | 2/3的患者是由于载有SRY基因的Y染色体片段移位到X染色体或常染色体上，导致睾丸发育，10%～25%的患者是由于基因突变，XX胚胎男性化；也可能是受多囊卵巢或母体异常激素的影响 |
| | 2）男性假两性畸形（46，XY）患者性腺为睾丸，外生殖器或第二性征却具有两性的特征。外观为男性或女性，青春期乳房发育，阴毛与腋毛稀少，幼稚型女性生殖器，无子宫与卵巢。阴茎小，睾丸隐在腹腔或阴唇内，曲细精管萎缩，间质细胞增生 | 其发病原因可能是患者体内除了具有46，XY染色体外还具有部分46，XX染色体；也可能是Y染色体上的SRY基因缺失或者发生突变，从而导致了睾丸发育异常 |

① 张淑玲，于海涛．张春晶．人类的性别与性别畸形［J］.生物学通报，2006（8）：8.
② 张淑玲，于海涛．张春晶．人类的性别与性别畸形［J］.生物学通报，2006（8）：8.

基因是存在于染色体上的 DNA 片段，人类的染色体包括常染色体和性染色体，其中，性染色体上的基因的遗传方式与性别是紧密联系的，因此，这类与性别相联系的基因遗传方式称为伴性遗传（sex-linked inheritance）。当有关基因存在于 X 染色体上时，称为 X 连锁遗传；当有关基因存在于 Y 染色体上时，则称为 Y 连锁遗传。[①]

1. X 连锁遗传

红绿色盲是一种对红色和绿色不能加以辨别的视觉障碍。红绿色盲的遗传就是由 X 性染色体上的红绿色盲致病基因（多用符号"b"来表示）所控制的典型的隐性伴性遗传。女性色盲的染色体类型为 XbXb，男性色盲为 XbY，由此可见，只要男性的 X 染色体上携带致病基因，就会表现出色盲的症状；而对于女性而言，只有两条 X 染色体都携带致病基因才表现出色盲的症状。在母方所具有的染色体类型中（XbXb，XBXb，XBXB），含 b 基因的性染色体占 50%；在父方所具有的性染色体中（XBY，XbY），含 b 基因的性染色体占 25%。根据孟德尔遗传法则，其后代中男性色盲患者则有 50%×50% 即 25% 的概率；而女性色盲患者的可能性为 50%×25%，即 12.5%。因此，男性红绿色盲患者要多于女性患者。[②]

2. Y 连锁遗传

由于 Y 连锁遗传的基因只存在于男性的 Y 染色体上，因此，由基因决定的性状仅由父亲传给儿子，不能传给女儿，呈现限性遗传现象（holandric inheritance）。例如，人的毛耳（hairy ears）就是父子相传的。[③]

总体来看，人类性别的决定与分化是由生物遗传决定的，染色体数目和种类的变化或者染色体上基因性质的变化都会对性别分化产生直接的影响。因此，由遗传决定的染色体上基因的不同是造成性别差异的最根本的原因。

## 二、女性激素

激素，旧称荷尔蒙，是由内分泌腺分泌的一种化学物质。由内分泌腺或内分泌细胞分泌的高效生物活性物质，在体内作为信使传递信息，其中对机体生理过程起调节作用的物质称为激素。它能保证身体的正常发育及机能的正常运转，是我们生命中的重要物质。它对机体的代谢、生长、发育、繁殖、性别、性欲和性

①　刘祖洞．遗传学［M］．北京：高等教育出版社，1979：119.

②　王毅彰．红绿色盲的伴性遗传［J］．殷都学刊（自然科学版），1997（1）：77.

③　刘祖洞．遗传学［M］．北京：高等教育出版社，1979：127.

活动等起重要的调节作用。一旦体内的某种激素量发生变化，身体会马上出现异常。若这种情况长时间持续，身体的某个部位或系统就会产生障碍或疾病。

（一）激素的种类及其作用

激素包括很多种，激素的成分不同，功能也不相同，在人体中扮演着不同的角色。其中，与女性息息相关的激素是由卵巢分泌的雌激素、孕激素、雄激素和抑制素。

表2-2　荷尔蒙的种类及生理作用

| 种类 | 生理作用 |
| --- | --- |
| 1.雌激素<br>人类的雌激素主要包括雌二醇（E2）、雌酮和雌三醇（E3） | 1）促进女性生殖器官的发育。雌激素可促进子宫发育，促进输卵管上皮增生、分泌及输卵管运动，有利于精子与卵子的运行。雌激素还可协同FSH（促卵泡素）促进卵泡的发育，诱导排卵前夕LH（促黄体生成素）峰值的出现，从而诱发排卵，因此，雌激素是卵泡发育、成熟、排卵不可缺少的调节因素。此外，雌激素还可使阴道分泌物呈酸性而增强阴道的抗菌能力<br>2）促进女性第二性征产生。雌激素可促进乳房发育，刺激乳腺腺管和结缔组织的增生，促使乳头、乳晕着色；也可促使脂肪沉积于乳房、臀部等部位，音调较高，出现并维持女性第二性征<br>3）对基础代谢的影响。雌激素可促进钙盐和磷盐在骨质中的沉积，促进骨骺愈合。还可促进生殖器官的细胞增殖分化，加速蛋白质的合成，促进生长发育，并有一定的抗动脉硬化作用 |
| 2.孕激素<br>孕激素主要由孕酮（P）、20α-羟孕酮和17α-羟孕酮构成。其中，孕酮的生物活性最强[①] | 孕激素的生理作用主要是使子宫内膜和子宫肌为受精卵着床做准备，并维持妊娠<br>1）影响生殖器官的发育和功能活动。在雌激素作用的基础上，孕酮可使处于增生期的子宫内膜进一步转化为分泌期内膜，从而为受精卵的生存和着床提供适宜的环境。此外，孕酮还可使子宫肌肉松弛，降低妊娠子宫对缩宫素的敏感性，从而减少子宫收缩，利于安宫保胎<br>2）促进乳腺泡的发育。在雌激素作用的基础上，孕酮可促进乳腺腺泡的发育和成熟，为分娩后乳汁的分泌做准备<br>3）调节腺垂体激素的分泌。排卵前，孕酮可协同雌激素诱发LH（促黄体生成素）分泌出现高峰，而排卵后则通过对丘脑下部的负反馈作用，抑制黄体生成激素及卵泡成熟素的分泌<br>4）影响女性基础体温。女性的基础体温在卵泡期较低，排卵日最低，排卵后可升高0.5℃左右，直至下次月经来临。排卵影响基础体温的机制可能与孕酮和去甲肾上腺素对体温中枢的协同作用有关 |

---

① 朱大年.生理学［M］.北京：人民卫生出版社，2008：385.

（续表）

| 种类 | 生理作用 |
|------|----------|
| 3.雄激素 | 女人的卵巢、肾上腺素和身体的其他组织，都会制造雄激素，它是女人体内不可或缺的配角，其主要作用是刺激女性阴毛与腋毛的生长及蛋白质的合成，青春期少女生长迅速就与雄激素有关。但是，雄激素过早出现会造成女性生殖器官的发育异常。女性体内雄激素分泌过多时，可能会出现阴蒂肥大、多毛症等男性化特征 |
| 4.抑制素 | 抑制素可抑制促卵泡素的合成与释放。在黄体期，抑制素的浓度增高，可明显抑制促卵泡素的合成。在妊娠期，抑制素可通过诱导促卵泡素受体的表达，促进卵泡内膜细胞分泌雄激素，抑制颗粒细胞分泌孕激素等多种方式，调控卵泡的生长发育① |

（二）荷尔蒙的调节

1.加强锻炼

有研究表明：常运动的女性相对于长期静坐不动的女性，其体内激素分泌水平更高；早年经常参加体育运动的女性，罹患乳腺癌及其他生殖系统肿瘤的比例要比一般女性低50%以上。

2.保持心情愉快

心情好坏是影响激素分泌量的重要因素，在生活中应尽量保持心情愉快。

3.保持营养的平衡

多补充B族维生素和维生素E及钙、铁、磷等元素。精细食品有碍女性激素的分泌，多食用粗粮及植物纤维丰富的食物。

4.多吃黄色食物

从中医理论来说，人体有肾、肝、脾、心、肺五脏，而与激素分泌关系最为密切的是肝、脾、肾。肾脏具有调节激素分泌平衡的作用；肝脏是在激素分泌失调时，对身体起支撑作用的关键；而肝和肾之所以能正常运作，完全要归功于脾。因此，要改善激素分泌失调导致的不良症状，首先要从健胃健脾开始。而黄色食物有利于健脾，进而缓解女性激素分泌衰弱的症状，其代表食物有豆腐、南瓜、夏橘、柠檬、玉米、柿子、香蕉等。

---

① 朱大年.生理学［M］.北京：人民卫生出版社，2008：385.

◀▮▮【学习专栏 2-1】激素失调带来的影响

| 现 象 | 具体表现 |
| --- | --- |
| 肌肤恶化 | 女性体内激素缺乏会使肌肤失去光彩，变得松弛、粗糙、毛孔粗大、面色暗淡无光泽，脸上可能出现色斑 |
| 情绪不稳定 | 激素的分泌影响着女性的情绪。如果女性体内激素分泌不足，就会表现为心慌气急、呼吸困难、易激动、爱发脾气、情绪变化反复无常等 |
| 新陈代谢紊乱 | 表现为月经紊乱，无规律或月经量多，经常有大血块，或月经淋漓不尽，严重者可导致失血性贫血 |
| 乳腺疾病 | 激素分泌失调很容易引发乳腺增生及乳腺癌等病症 |
| 妇科疾病 | 激素失调会导致阴道松弛干涩，分泌物减少，阴道自洁能力下降，抵抗力变弱，妇科疾病随着机能的衰退，也会逐步显现 |
| 肥胖 | "喝凉水都长肉"是许多人的感慨，据内分泌科医生介绍，这与激素的分泌失调有关 |

# 第二节　幼儿、儿童及青春期

## 一、幼儿、儿童期女孩生理特征

### （一）幼儿期

婴幼儿期是指个体 0～6 岁时期。根据一般年龄特征发展的特点，婴幼儿期女孩的心理发展可以细分为以下三个阶段：婴儿期（0～1 岁，新生儿时期）；幼儿前期（1～3 岁，幼儿早期或先学前时期）；幼儿中后期（3～6 岁，学前时期）。[①] 这一时期是儿童生理（见表 2-3）、心理飞速发展的时期，其心理特征的发展尤其显著。

---

① 黄爱玲. 女性心理学［M］. 广州：暨南大学出版社，2008：146.

表2-3 婴幼儿期女孩生理特征

| 阶 段 | 大脑重量 | 生理发育 |
|---|---|---|
| 新生儿期<br>0～1岁 | 脑重约390 g，1岁时达到900 g | 这一时期，婴儿的脑重迅速增加，脑细胞体积不断增大，突触和神经纤维的数量、长度不断增加，而且从各个方向向大脑皮层各层次深入，神经元之间的突触联系不断增多，为婴儿建立复杂的暂时性神经联系提供物质基础 |
| 幼儿前期<br>1～3岁 | 脑重增加至900～1011 g，约相当于成人脑重的2/3 | 神经细胞体继续增大，神经纤维增长，髓鞘化过程迅速进行，大脑皮层的功能也不断发展、完善。最突出的特点是内抑制的发展，条件反射建立日益迅速而稳定，但此时皮层的抑制过程仍弱于兴奋过程 |
| 幼儿中后期<br>（3～6岁） | 6岁时达1280 g，相当于成年人脑重的90%以上 | 神经纤维向各个方向分支、延长，形成广泛的、复杂的脑神经联系。神经纤维髓鞘化进一步发展，到此期末，髓鞘化过程基本完成，神经冲动的传导更加迅速和精确。据研究发现，5～6岁的幼儿大脑皮层发育正处在出生后第一次显著加速期，幼儿大脑结构与功能发育已经接近成熟水平，兴奋和抑制过程加强。兴奋的增强使幼儿的睡眠时间渐渐较前减少，觉醒时间延长，使其有更多的时间和充沛的精力去接触外界事物，获取更多的知识和经验。皮层的抑制过程加强表现在幼儿逐步学会控制自己的行为，能综合分析外界复杂的事物。大约从4岁起，内抑制的发展更为迅速，但兴奋过程仍占优势，因此，幼儿还不能长时间地控制自己的行为，不能从事很精细的活动 |

（二）儿童期

6～12岁是童年期。这一时期是进入小学学习的阶段，是女孩心理发展的一个重要转折点。这一阶段，女孩从以游戏为主转入以学习为主，在教育的影响下，她们的认知能力、个性特征都在不断地发生变化，并且得到了质的飞跃。

童年期的儿童脑重量已经接近成年人。与随意运动和言语发展有密切关系的大脑额叶显著增大，表明大脑结构已经有了充分的发育。在大脑皮层功能方面，儿童的兴奋和抑制过程进一步加强，兴奋性条件反射和抑制性条件反射容易形成，而且不易泛化。第二信号系统随着学习活动和成人复杂化交际而日渐发展，并占据主导地位，从而改变了两种信号系统的相互关系。大脑的发育为儿童的抽象思维、心理过程的随意性以及行动的自觉性奠定了物质基础。

出生时，大脑重量相当于成年人脑重的29%。到十一二岁时，脑的重量基本上接近成人的脑重量，达99%以上。大脑皮层的褶皱迅速增多，神经系统的机能不断完善，神经细胞的分化技能基本上达到成年人的水平。第二信号系统的作用也显著提高了。这些都为童年期女孩大量吸收知识、对事物敏感而且快速地做出反应提供了重要的基础。

**二、女性青春期的生理变化**

青春期是一个人由儿童期向性成熟期过渡的重要阶段，是人的第二生长高峰期，也是人一生中成长与发育的黄金期，生理和心理方面都发生显著的变化。在性器官发育的同时，人的形态也迅速发育，主要表现在身高和体重的迅速增加。此时，人的骨骼和肌肉显著增长，脂肪增多，身体的组织成分和分布也有变化，中枢神经系统和内分泌系统也都产生了相应的变化。其中，性发育成为青春期发育的主角。青春期是一个快速生长却较脆弱的时期，青春期的男生女生往往由于缺乏对青春期身心发展特点的了解和认识而出现各种各样的问题。尤其是女性，青春期的发育在其整个人生发展中起着关键性的作用，因此，了解青春期的身心发展特点、做好青春期的卫生保健是十分必要的。

（一）身体外型的变化

1. 身高的变化

女孩子在青春期以前身高每年只增长 3 ~ 5cm，进入青春期后，身高增长达到高峰，在月经初潮前的 2 ~ 3 年内即 10 ~ 12 岁，每年可增高 5 ~ 7cm，最多的可达 9 ~ 10cm。月经初潮后，身高增长的速度会逐渐减慢，在 17 ~ 18 岁就不再生长了。

2. 体重的变化

体重的增加在青春期发育的第一阶段与身高的增长同步，但在第二阶段，体重的增长速度较身高更快，平均每年增长 5~6 kg，多则达 8 kg。体重的增加不仅是由于内脏、骨骼等器官组织的发育，更主要的是体内脂肪组织的增长，如胸部凸起、臀部变圆，身体逐渐显得丰满，曲线日趋明显，呈现女性特有的体态美。[①]

（二）生殖器的发育

青春期性器官发育的主要原因是，这一时期内垂体分泌的促性腺激素促进了性器官的发育。青春期是男女生殖器发育的高峰期（见图 2-2），女性的生殖器发育可分为外生殖器和内生殖器两部分。

---

① 北京市 101 中学. 中学生心理健康指导丛书——青春期 [ M ]. 北京: 科学普及出版社，1996: 83.

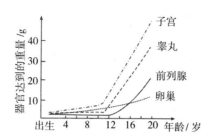

图2-2　男女部分生殖器发育趋势

1.外生殖器的发育

女性的外生殖器主要由大阴唇、小阴唇、阴蒂、阴阜、阴道前庭、处女膜等组成。进入青春期后，女性的外生殖器产生明显的变化，大阴唇、阴阜脂肪沉着，阴阜隆起，大阴唇色素沉着、丰满，遮盖小阴唇，处女膜增厚，阴道口增大，阴蒂明显。阴道组织受雌激素的影响，变得宽而长，阴道黏膜亦由薄变厚，阴道上皮复杂化、含糖原、pH变酸性，有阴道杆菌生长。

2.内生殖器的发育

女性内生殖器的发育包括卵巢、阴道、子宫和输卵管的发育。

表2-4　女性内生殖器发育发展基本情况

| 发育器官 | 特征 |
| --- | --- |
| 1）卵巢 | 卵巢是女性重要的生殖器官，外形像两颗白色的扁栗子，位于子宫两侧、骨盆上端入口处，上端对着输卵管，具有分泌功能和生殖功能。卵巢主要分泌孕激素和雌激素，孕激素可以保证妊娠期胎儿的正常发育；雌激素主要是促进女性第二性征的发育，也可影响女性骨骼的形成，改善乳腺和子宫供血等。此外，卵巢可以产生卵细胞，为生殖繁衍提供了可能性。青春期女性卵巢开始逐渐增大，出生时卵巢直径约1 cm，重约1 g，至青春期卵巢发育成熟时要达4 cm×3 cm×1 cm，重5~6 g[1] |
| 2）阴道 | 阴道为性交器官，也是经血排出的通道及胎儿娩出的产道。青春期阴道的长度及宽度增加，阴道黏膜增厚，出现褶皱；发育成熟时，前壁长7~9 cm，后壁长10~12 cm。青春期后，阴道黏膜受性激素影响有周期性变化，青春期前，阴道分泌物是碱性的，青春期变为酸性[2] |
| 3）子宫和输卵管 | 青春期子宫逐渐增大，子宫内膜的厚度也随月经初潮的来临而发生周期性改变。儿童期输卵管细长、弯曲，青春期后输卵管增粗，管腔内有纤毛和分泌细胞，随月经周期而发生变化 |

①　北京市101中学.中学生心理健康指导丛书——青春期［M］.北京：科学普及出版社，1996：83.

②　李增庆.青春期科学——青春期生理、心理、行为与保健［M］.武汉：华中科技大学出版社，2004：32.

（三）第二性征的发育

性征是对男女性别特点的表达。第一性征又称主性征，是指男女两性在生殖器结构方面的差异，是区分男女性别的根本标志。第二性征又称副性征，是指除生殖器以外，男女两性在身体外形上的区别。第一性征在胚胎时期就已确定，待胎儿出生时就已基本完备。而第二性征只有进入青春期才会出现。对女性而言，第二性征的出现标志着卵巢及肾上腺功能开始趋向成熟。以下将具体介绍女性青春期第二性征的发育情况。

1. 乳房的发育

一般而言，女性约在 10 岁时乳房开始发育（Kaplowitz et al., 1999），其发育过程从乳头突出，乳核形成，再到乳腺萌芽、乳晕增大直至乳房成熟，大致分为五个阶段（见表 2-5）：

表2-5　乳房发育的各阶段　　　　　　　　　　（单位：岁）

| 分 期 | 特 征 | 开始时间 | |
| --- | --- | --- | --- |
| | | 平均年龄 | 范 围 |
| 1） | 青春期乳头突出 | | |
| 2） | 乳腺萌芽，乳晕增大，在其下面出现乳腺胚芽，乳房及乳头隆起 | 11.2 | 9.0 ~ 13.3 |
| 3） | 乳房及乳晕发育迅速，呈圆形隆起，类似成人类型但较小 | 12.2 | 10.1 ~ 14.3 |
| 4） | 乳头及乳晕增长较其余部分迅速，因而突出在增大的乳房之上 | 13.1 | 10.8 ~ 15.3 |
| 5） | 成熟期，类似正常成人乳房，仅乳头突出，乳晕回缩到乳房结构内 | 15.5 | 10.9 ~ 18.8 |

（资料来源：巴莺乔，洪炜. 女性心理学[M].北京：中国医药科技出版社，2006：45）

2. 阴毛

阴毛出现的年龄稍晚于乳房发育的年龄，有些女孩阴毛出现与乳房发育的时间相差很长，也有极少数人终身无阴毛。阴毛发育可分为五个阶段（见表 2-6）。

表2-6　女性阴毛生长的阶段　　　　　　（单位：岁）

| 分　期 | 特　征 | 开始时间 | |
| --- | --- | --- | --- |
| | | 平均年龄 | 范　围 |
| 1） | 青春期前无阴毛 | | |
| 2） | 主要沿阴唇生长，稀疏，色素淡，柔软细直或轻度卷曲 | 11.7 | 9.7～14.1 |
| 3） | 逐渐稠密，有少数扩展到阴阜，但较稀疏，色加深，增粗，更卷曲 | 12.7 | 10.2～14.6 |
| 4） | 阴阜上已密布卷曲阴毛，具成人特征分布，范围较窄 | 13.0 | 10.8～15.1 |
| 5） | 成人型阴毛分布 | 14.4 | 12.2～16.7 |

（资料来源：巴莺乔，洪炜. 女性心理学 [M]. 北京：中国医药科技出版社，2006：45）

3. 嗓　音

进入青春期后，女孩的喉部甲状腺软骨片以钝角相交，不形成喉结，在整个性成熟过程中，女孩的声音在音色和深度上有所变化，使她们的声音变得明亮而清晰。这是女性特有的性别特征，也是对男性产生吸引力的砝码。

（四）月　经

1. 月经的形成

从青春期开始，下丘脑—脑垂体—性腺轴系统的活动变得十分活跃。下丘脑可以分泌促性腺激素释放激素，这种激素可以促使脑垂体分泌促性腺激素。促性腺激素包括促卵泡激素（FSH）及促黄体生成素（LH），促卵泡激素可以促进卵泡的发育和成熟；而促黄体生成素可以促进排卵，使排卵后的卵泡变为黄体，并促进黄体分泌孕激素和雌激素，从而使子宫内膜发生周期性变化，即产生月经。从子宫出血的第一天算起，一个月经周期包括四个阶段，即卵泡期、排卵期、黄体期、行经期，共28天。

表2-7 月经周期的阶段和特点

| 周期 | 特点 |
| --- | --- |
| 卵泡期 | 在行经后的6~14天,下丘脑刺激脑垂体释放促卵泡激素(FSH),从而使卵巢雌激素分泌量增加,并促进一些卵泡和卵子的发育与成熟。雌激素促进子宫内膜的发育,以便接收受精卵,同时雌激素发信号给脑垂体,使之停止产生促卵泡激素,并开始产生促黄体生成素,而促黄体生成素可抑制另一个卵泡和卵子的发育 |
| 排卵期 | 行经后第14天前后,当黄体生成素的分泌量达到高峰水平时会引起卵泡的破裂和输卵管周围卵子的释放 |
| 黄体期 | 促黄体生成素促使卵泡组成一个微黄的细胞群,即黄体,黄体会分泌大量的孕激素和雌激素,并在月经周期的第20或第21天前后达到顶峰,精子与卵子结合后在子宫内膜着床。如果卵子没有受精,那么黄体的分泌会减少。在第28天,黄体分解,雌激素和孕激素水平急剧下降。 |
| 行经期 | 当卵子没有受精时,雌激素和孕激素的分泌量急剧下降,子宫内膜血管发生持续性收缩,使内膜功能层缺血,引起组织坏死,随后螺旋动脉弛张,使毛细血管急性充血,而使坏死的内膜剥脱并与血液一同排出,从而形成月经。之后,新的月经周期将重新上演。但如果卵子受精成功,雌激素和孕激素将维持在一个较高的水平,新的月经周期就不会发生[①]。 |

卵巢和脑垂体的激素水平在月经周期中的变化见图 2-2。

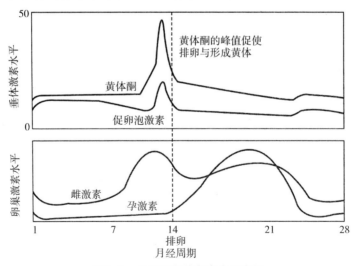

图2-2 月经周期的激素水平变化

(资料来源:[美]埃托奥、布里奇斯. 女性心理学[M]. 苏彦捷,等译. 北京:北京大学出版社,2003:94)

---

① [美]埃托奥,布里奇斯. 女性心理学[M]. 苏彦捷,等译. 北京:北京大学出版社,2003:93.

2. 月经的特性

月经的第一次来潮称为初潮，初潮时间为 11 ~ 18 岁，多数集中在 13 ~ 16 岁。初潮 1 ~ 2 年内，由于卵巢发育不完善，激素分泌不规律，月经周期间隔不稳定。月经周期的正确计算方法是自月经来潮的第一日算起至下次月经的第一日，一般为 28 ~ 30 天，提前或延后 3 天左右均属正常。[①]

行经期一般为 3 ~ 7 天，平均出血量为 50 mL，范围在 20 ~ 100 mL。经血颜色一般呈暗红色，黏稠，有血腥味，内含子宫内膜碎片、宫颈黏液及脱落细胞。另外，由于子宫内膜中的激活因子使血液中的纤溶酶原转换成纤溶酶，故经血不会凝固。

3. 经期的表现

行经期间女性常出现情绪上及身体上的一些不适，这都是由经期体内性激素不稳定，引起自主神经功能紊乱所致，经期过后，会自然消失，因而不必过于担忧，适当加以注意即可。

◀▮▶【学习专栏 2-2】月经异常主要表现

| 类　型 | 解　释 |
|---|---|
| 月经量过多 | 指在周期正常的情况下，出血量过多或经期延长。月经量过多的原因可能是：内分泌功能失调；卵巢机能失调；骨盆腔炎、子宫肌瘤、子宫内息肉、子宫内膜异位或子宫内膜结核病等器官性疾病等 |
| 月经量过少 | 周期正常，但行经天数少于 3 天，经血量过少，经血过淡或过浅。原因可能是：内分泌功能失调；子宫本身病变或内膜发育不良；贫血或营养不良以及体质弱等 |
| 月经过频 | 周期规律，但前后两次月经的间隔短于 20 天，长时间月经过频会引起继发性贫血。可能是精神、环境因素引起的，可通过中药调理改善 |
| 月经过稀 | 周期不规律，前后两次月经的间隔在 45 天以上 |
| "倒经" | 有些人月经来潮时或月经前后 2 ~ 3 天，爱流鼻血，俗称"倒经"。这与经期激素水平变化引起的血管脆性增强有关 |

---

① ［美］埃托奥，布里奇斯. 女性心理学［M］. 3 版. 苏彦捷，等译. 北京：北京大学出版社，2003：94.

4. 经期的卫生保健

表2-8　经期的卫生保健

| 注意事项 | 具体要点 |
|---|---|
| 1）注意经期卫生 | 经期一般使用卫生巾。要做到勤换勤洗，即勤换卫生巾、勤换洗裤头，另外，每日要用清水清洁外阴一次，忌坐浴 |
| 2）经期要注意保暖 | 受寒冷的刺激，子宫、盆腔内血管因过度收缩会发生痛经或月经失调。在生活中因经期不注意保暖而引起痛经病的例子屡见不鲜 |
| 3）运动要适量 | 经期要避免重体力劳动或剧烈运动，否则会造成经血过多、经期过长，甚至出现痛经。但适当的劳动或体育活动反而有利于盆腔血液循环，使经血流畅 |
| 4）注意饮食卫生 | 经期禁食酸辣生冷等刺激性较强的食物，多吃清淡易消化食物，多喝温开水 |
| 5）保持精神愉快 | 经期情绪的波动（尤其是负性情绪）会对月经产生影响，从而引起闭经、经血量过少等现象，因此，应注意保持心情愉快，避免焦虑、愤怒、伤心或抑郁 |

（五）白　带

女性的子宫颈和子宫内膜的腺体以及阴道壁都能不断地向外分泌黏液，加上阴道上皮细胞在雌激素的作用下有周期性地脱落，脱落的上皮细胞和分泌的黏液混合在一起，就成了连绵不断的白带。女性从青春期开始，白带如同月经一样陪伴女性，就如一对"孪生姐妹"，它们既反映了女性生理健康的程度，又是某些妇科疾病的征兆。

1. 白带的构成

白带主要由子宫颈黏液和阴道壁黏膜渗液构成，内含阴道上皮细胞、阴道杆菌和少量白细胞。正常的白带呈白色，乳状，似蛋清，无特殊气味，一般在排卵期分泌量多。

2. 白带的分泌

白带的分泌是有规律的，不同时期其分泌的量和成分有所不同。月经来潮前的白带略显浑浊稠厚。在排卵期的白带亮且透明，似蛋清，具有黏性。

3. 白带的作用

白带是女性阴道的天然自洁剂，所含的阴道杆菌可以产生乳酸，保持阴道内的酸性环境，抑制各种细菌的滋长，从而避免某些妇科病。

◀◀▶【学习专栏 2-3】白带与常见阴道炎症状

白带的异常往往是某些阴道炎症产生的信号。

表2-9　阴道炎类型与症状

| 类型 | 症状 | 传播途径 |
|---|---|---|
| 1）滴虫性阴道炎 | 滴虫性阴道炎是阴道毛滴虫侵入阴道而引起的妇科炎症。阴道毛滴虫是一种适应能力极强的单细胞原虫。最适宜生长繁殖在温度为25℃～40℃，pH值为5～6的潮湿环境中。它属于厌氧寄生原虫，适合寄生于缺氧的阴道内。潜藏在腺体或阴道黏膜皱襞中的滴虫易在月经后繁殖，从而引起炎症发作<br>滴虫性阴道炎的主要症状是外阴瘙痒、尿频、尿痛、性交痛，白带多且稀薄，呈淡黄色或黄绿色，有脓性泡沫状分泌物，腥臭，阴道内外有灼热感 | 滴虫性阴道炎一般是由传染而来，其主要传播途径为性交直接传染。但间接传染，如使用公共浴池和毛巾，在污染的游泳池游泳，使用公共坐便器、器械等，也是常见的传播方式 |
| 2）念珠菌阴道炎 | 念珠菌阴道炎主要是由于白色念珠菌的感染，此类细菌最适宜繁殖在pH值为4.0～5.0的阴道环境里，是女性从青春期到绝经期前阴道炎的主要致病菌。白色念珠菌通常存在于人的口腔、呼吸道、肠道、阴道黏膜等处。<br>念珠菌阴道炎的主要症状是阴道瘙痒、灼痛，严重时坐卧不宁，白带增多且呈豆渣或凝乳状，有时呈黄绿色并略带有臭味，有白色小片或块，有时小片附着在阴道壁上且不易擦下，阴道内有灼痛感，严重者会伴有尿频、尿痛及性交痛 | 念珠菌寄养在人的阴道、口腔、肠道内，这三个部位的念珠菌可互相自身传播，当局部环境条件适合时易发病，还可通过性交直接传染或接触感染的衣物间接传染。此外，有些女性过度讲究卫生经常使用药用洗液来清洁阴道，这样容易破坏阴道的酸性环境，反而容易感染念珠菌 |
| 3）细菌性阴道病 | 细菌性阴道病也称为嗜血杆菌阴道炎，是由正常寄生在阴道内的细菌生态平衡失调而引起的。主要症状有阴道分泌物增多，有恶臭味，可伴有轻度外阴瘙痒或烧灼感。分泌物呈灰白色，均匀一致，稀薄，黏度很低，容易将分泌物从阴道壁拭去，但阴道黏膜无充血的炎症表现① | 间接接触传染也是细菌性阴道炎的一条传播途径。接触被细菌患者传染的公共厕所的坐便器、浴盆、毛巾，使用不洁卫生纸，都可能造成传播。性传播也是导致发生的原因之一。大量服用抗菌素改变了阴道的微环境，致病的细菌病原体就可能繁殖，最终导致局部的细菌性阴道炎发作。此外有些女性过度讲究卫生，经常使用药用洗液来灌洗阴道，这样很容易破坏阴道的酸性环境，反而容易传染细菌性阴道炎 |

①　乐杰.妇产科学［M］.北京：人民卫生出版社，2000：287

### 三、青春期常见生理疾病

青春期是性功能逐渐成熟的重要时期，初潮是女性青春期开始的重要标志，因此女性青春期的疾病大多与月经有关，若不及时防治会直接影响健康和生育。

#### （一）功能性子宫出血

正常月经周期为 25 ~ 35 天，经期 3 ~ 7 天，出血量 30 ~ 80 mL。青春期功能性子宫出血表现为无规律的子宫出血，在出血前往往有一段时间闭经（间隔6 周至 1 年称闭经），继之突然阴道大出血，也可能是小量淋漓不尽以至数日甚至数月。[①]

功能性子宫出血主要是下丘脑—垂体—卵巢这一内分泌系统的功能尚未发育完善以致不能产生规律的排卵周期造成的。待子宫发育完善后，病症会自然好转，因此不必过于担忧。但是，如果长期患功能性子宫出血，会因失血过多而导致贫血，要积极治疗。

#### （二）闭　经

正常女性初潮年龄在 11 ~ 18 岁，若年满 18 岁仍未行经者称原发性闭经，若初潮后已形成规律性的月经周期，而 3 个月以上未来月经者称为继发性闭经，但是，有的女性可能会 1 年来 1 次月经，叫年经，属于正常现象。[②]

生殖器官疾病、内分泌失调以及精神因素都可能引发闭经。

第一，生殖器官疾病引起的闭经。这类女性会出现周期性腹痛，检查可见处女膜无孔；卵巢或子宫发育不良、卵巢肿瘤会导致卵巢不能分泌雌激素和孕激素或两种激素水平急剧下降，从而使子宫不能产生周期性变化或子宫内膜对卵巢性激素无正常反应而产生闭经。

第二，内分泌失调引起的闭经。例如，若垂体前叶肿瘤压迫垂体分泌细胞，影响促性腺素的分泌，不仅会产生闭经，还会影响其他内分泌腺的功能；若下丘脑功能失调，会影响垂体和卵巢的功能，从而产生闭经。

第三，精神因素引起的闭经。精神紧张、恐惧、劳累、环境改变、寒冷等因素均可促使中枢神经与下丘脑之间功能紊乱从而导致闭经。因此需要患者减缓自身的精神压力，合理安排工作与生活才可自动恢复。

---

① 董自梅，张群芝.女性青春期卫生及保健［J］.濮阳教育学院学报，2002，15（2）：35.
② 郭连芬.女性青春期疾病［J］.综合临床医学，1990（2）：65-66.

（三）痛　经

在行经期间，大部分女性因盆腔充血而出现下腹坠胀、腰酸等，属正常生理现象。但不适症状异常严重，例如，下腹阵发性绞痛、腰酸、手脚发凉、冒冷汗、面色苍白、恶心呕吐、昏厥等症状，甚至只能卧床休息，影响正常的生活和工作，这种现象称为痛经。一般发生于行经初期，持续数小时或 1 ~ 2 天，待经血流畅后，腹痛可得到缓解。

根据有无生殖器官病变可把痛经划分为两种，即原发性痛经和继发性痛经。生殖器官无器质性病变的痛经称为原发性痛经，生殖器官的器质性病变导致的痛经称为继发性痛经。未婚少女多属于前者。

引发痛经的原因比较复杂，一般认为是子宫过度倾曲、宫颈口狭窄、经血排出不畅引起的，但有些女性在行经期间进行剧烈运动，引起子宫强烈收缩也会引发疼痛。有研究表明：子宫内膜和血液中的前列腺素（尤其是 PGF2a）含量增高是造成痛经的决定性因素。

精神因素也是引起痛经的重要原因之一，对痛经本身的恐惧与焦虑反而会使疼痛加重。

### 四、青春期的卫生保健

（一）注意青春期营养

青春期的营养状况影响着少女的身心发育。为防止营养缺乏，青春期女孩的营养物质摄入量应根据以下标准：一般 10 ~ 12 岁的女孩每天摄入热量 2350 kcal（注：1 cal ≈ 4.2 J），13 ~ 15 岁为 2490 kcal，16 ~ 18 岁为 2810 kcal。热量来源于食物中摄取的糖、蛋白质和脂肪。青春期少女应以优质蛋白质为主，还应注意维生素和矿物质的摄入。除动物肉类食品外，还要多吃蔬菜和水果，注意补充锌、钙等微量元素。初潮后，少女容易患缺铁性贫血，应注意适当多食动物内脏及其他富含铁质的食物，以满足身体对铁的需要。[1]

（二）做好乳房保健

青春期乳房开始发育时，不宜过早戴乳罩。乳房充分发育后可戴乳罩，但宜松紧适当。乳房发育过程中，有时会出现轻微胀痛或痒感，不要用手捏挤或搔抓。青春期女性应认识到：该时期乳房发育属正常生理现象，应加倍保护，使之丰满

---

① 李江. 女性青春期的自我保健［J］. 现代养生，2002（2）：27.

健康。平时要抬头挺胸走路；要挺胸端坐，不要含胸驼背；睡眠时要仰卧或侧卧，不俯卧。在劳动或体育运动时，要注意保护，避免乳房受撞击或挤压。加强胸部的肌肉锻炼。坚持早晚适当按摩乳房，促进神经反射作用，改善脑垂体的分泌。

（三）注意外阴的清洁卫生

女性的外生殖器构造复杂，必须保持外阴的清洁卫生，养成常清洗"下身"的习惯。清洗外阴要用清洁温水；用具（毛巾、盆）要专用；顺序是先内后外、从前向后，动作要轻柔、仔细。而且要经常更换内衣、内裤，尤其是被分泌物污染的内裤和月经用具。

# 第三节　避孕、妊娠与分娩

## 一、避　孕

### （一）受孕的过程

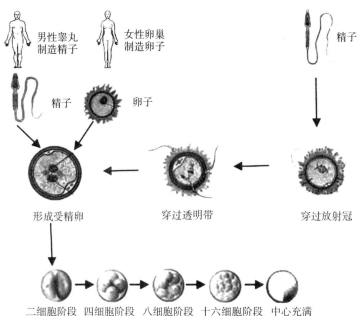

图2-3　受孕过程流程图

大约在受精后36小时，受精卵开始分裂，先是分裂为两个，然后四个、八个，以此类推。最后，受精卵发展成一个充满液体的囊胚（见图2-3），并准备在子宫内膜上着床。

（二）避孕的方法（表2-10）

表2-10　主要避孕方法

| 方　法 | 可能的副作用和缺点 |
|---|---|
| 禁　欲 | 对身体无不利影响 |
| 体外射精 | 不太安全，可能会造成避孕失败 |
| 安全期避孕法 | 很难做出准确的判断，必须有专业人员的指导 |
| 口服避孕药（女性服用的人造激素） | 偶尔会导致血液黏稠度升高（尤其对于35岁以上的女性和吸烟者）；可能伴有其他副反应；必须定期服用 |
| 避孕套（佩戴在男性阴茎上） | 必须在性交前佩戴；可能会减少男性的快感 |
| 子宫帽和外用避孕药 | 必须在性交前使用；可能会刺激阴部 |
| 杀精药膏 | 必须在性交前使用；可能会刺激阴部 |
| 宫内节育器（避孕环） | 生殖器官炎症者慎用；可能会引起子宫内膜炎而出现不规则出血和下腹痛、腰疼，甚至不孕症，故未生育女性不宜使用 |
| 女性输卵管结扎法（切断女性输卵管） | 轻度手术风险；典型不可逆性对心理可能有负面影响 |
| 男性输精管结扎法（手术阻断精子通过） | 轻度手术风险；典型不可逆性对心理可能有负面影响 |

## 二、妊　娠

当一个精子与一个卵子在输卵管中相融合时，就形成了受精卵。受精卵会向子宫游动，同时开始分裂。一般经过3～4天的游程，受精卵最终到达子宫，并将自己植入子宫壁，此时，妊娠便开始了，妊娠期一般从最后一次月经的第一天算起，足月的妊娠大约为280天，即40个孕周或10个妊娠月，由此可推算出预产期。妊娠期大概可分为三个阶段，即妊娠早期、妊娠中期、妊娠晚期。

（一）妊娠早期

妊娠早期是胚胎组织分化和胎儿中枢神经系统和各种器官开始形成的重要时期。此时，母体子宫体增大，心血管系统及全身都会发生一系列变化，具体见表2-11。

表2-11　妊娠早期母体变化与胎儿的发育

| 时间 | 母体变化 | 胎儿发育 |
| --- | --- | --- |
| 妊娠0~4周（第1个月） | 妊娠0~2周时，母体没有变化，孕妇子宫大小与未怀孕时基本相同，一般察觉不到自己已怀孕。妊娠2~3周时，基础体温会升高，比较敏感的孕妇能感觉到低热、疲倦、嗜睡等。有些孕妇会误以为自己感冒了 | 妊娠期是从最后一次月经开始日算起，一般情况下，排卵发生在月经后的第14天，所以，在0周和1周还未受孕。大约2周后，母体卵巢排出的卵子与精子结合，形成受精卵。经过2~3周受精卵在子宫内着床，进入胚胎期，此时，受精卵还不具人形，长0.5~1 cm，体重不足1 g，外形似小鸡蛋 |
| 妊娠5~8周（第2个月） | 月经推迟使大部分女性开始怀疑自己是否怀孕，如果测定基础体温，发现停经后出现高温期持续3周不下降，应该怀疑可能怀孕了。如果出现呕吐、恶心、疲劳、乏力、尿频、乳房发胀等早孕反应，妊娠的可能性就更大了。为了进行早期妊娠诊断，应到妇产科接受检查 | 此时，仍处于胚胎期，胚胎长2.5 cm，体重约4 g，胎儿身体各种器官开始发育生长，肝脏、心脏、胃、肠等内脏和脑部器官开始分化。在妊娠7周末，手、脚、口、耳等器官已长出。胎盘形成，脐带出现，胎儿与母体的联系更加密切 |
| 妊娠9~13周（第3个月） | 大多数孕妇能判断自己怀孕了，腹部隆起还不明显，子宫已经增大至拳头大小，并开始压迫膀胱，小便次数增多，直肠受子宫的压迫，出现便秘，有时也会有腹泻感。孕妇大多在这个时期出现早孕反应，其症状因人而异。随着妊娠时间的延长，早孕反应症状大多会缓解，直至消失。这个时期是妊娠期最难受的时期，孕妇应注意休息并保持乐观的情绪 | 从胚胎期开始正式进入胎儿期，胎儿已初具人形，身长7.5~9 cm，体重20 g，胎儿的手、脚、眼、鼻、口等器官清晰可辨，外生殖器官分化，并可鉴别性别。肾脏及输尿管已经形成，并开始发挥排泄作用 |

◀◀◀【学习专栏】2-3 流产

妊娠不足28周、胎儿体重不足1000 g而终止者称为流产（abortion）。流产发生于妊娠12周前称早期流产，发生在妊娠12~28周者称晚期流产。[①]

---

① 乐杰.妇产科学［M］.北京：人民卫生出版社，2000：125.

1）流产的症状

流产的主要症状是阴道流血和腹痛。早期流产的全过程均伴有阴道流血。随着子宫颈的扩张，还伴随出现下腹疼痛、子宫内胚胎及其附属物排出的现象。

晚期流产时，胎盘已形成，流产过程与早产相似。其特点往往是先有腹痛，再出现阴道流血。如果发生不完全流产，则胎儿已从母体排出，胎盘仍残留在宫腔内，导致阴道不断流血。但是，出现阴道流血，并不等于就会流产，胎儿还有可能保住，大约有20%的孕妇在妊娠早期出现阴道不正常流血，其中，50%的孕妇可以继续妊娠，并生下健康的婴儿。一般在妊娠1～3个月期间最容易发生流产，应特别注意。

2）流产的原因

导致流产发生的原因很复杂，大致可分为两种：胎儿方面的原因和母体方面的原因。

从胎儿方面来讲，多数专家认为，胚胎发育异常是导致流产的主要原因。早期自然流产中，染色体异常的胚胎占50%～60%。从母体方面来讲，母体的疾病、强烈的精神刺激、跌倒或腹部受到撞击以及在妊娠早期，对乳房的按摩刺激和性生活过度都可导致流产。此外，子宫畸形、子宫发育不良及子宫疾病均可导致流产。宫颈口松弛也是流产的原因之一。

3）流产的预防

有些流产是不可避免的，大多数流产是由疏忽造成的。因此，当怀疑自己可能怀孕时，应及时到医院进行妊娠检查，如果确诊已怀孕，则在生活和工作上需做相应的调整。避免承担过重的家务劳动和较多的工作任务，不进行剧烈的运动，注意休息。同时，应尽量减少外出，不要去人多拥挤的公共场所。保持平和的心态，放松心情，避免紧张、焦虑、惊吓等。

（二）妊娠中期

妊娠中期是指妊娠第4～7个月这段时期。此时，早孕反应消失，食欲也慢慢恢复，腹部逐渐隆起且明显，进入了妊娠的稳定期。具体见表2-12。

表2-12　妊娠中期母体变化与胎儿的发育

| 时 间 | 母体变化 | 胎儿发育 |
|---|---|---|
| 妊娠13~16周<br>（第4个月） | 大部分孕妇早孕反应已消失，食欲开始恢复正常，基础体温下降，胎盘已经形成，流产的可能性降低，开始进入安定期。子宫增大至新生儿头一样大，腹部稍显隆起，但穿上外衣仍不易觉察 | 在妊娠15周末，胎儿身长16~18 cm，体重达到120 g，开始长出胎毛，骨骼和肌肉日渐发达，手脚也已经开始做些轻微的活动，心脏跳动活跃，内脏器官都已基本发育完成 |
| 妊娠17~20周<br>（第5个月） | 子宫体如同成人头大小，子宫底高度为15~18 cm。孕妇食欲大增，体重增加，皮下脂肪开始累积，身体变得丰满，乳腺发达，乳房增大。由于内脏受子宫挤压，饭后胃部时常会有不消化的感觉，有时还会感到腰酸背痛。此时，有些孕妇可以感觉到微微的胎动，但不太明显。妊娠中期，胎儿迅速生长发育，母体要向胎儿提供各种营养物质，所以孕妇应注意饮食的营养平衡，预防贫血 | 进入妊娠中期，胎儿生长迅速，身长18~27 cm，体重250~300 g。胎儿开始长胎毛、胎发、眉毛、指甲。这一时期，胎儿的头部较大，约为身长的1/3，大小如鸡蛋。胎儿皮下脂肪开始沉积，骨骼和肌肉较以前更结实，可在羊水中自由活动，因此，母亲可以感觉到胎动，并可听到胎心音 |
| 妊娠21~24周<br>（第6个月） | 子宫底高度为18~21cm，下腹部隆起明显，孕妇体重急剧增加，比孕前增加5~6kg。因此，下半身容易疲劳、出现水肿，常常有麻木和腰酸背痛的感觉。孕妇乳房增大，有时分泌出像乳汁一样的淡色初乳。这时，大部分孕妇都能清晰地感觉到胎动，这是胎儿健康发育的标志 | 胎儿身长28~34 cm，体重600~700 g，头发、眉毛、睫毛变浓，舌头发育成形，骨骼发育清晰，已完全是人的模样。皮肤构造逐渐增厚，皮下脂肪渐渐增加，皮肤表层薄且多皱，开始覆有胎脂。胎脂是胎儿的保护膜，在分娩时，有润滑狭窄产道的作用。胎儿在母体中可以进行开闭眼睑的动作，并可以运用感觉器官对外界刺激做出反应 |
| 妊娠25~28周<br>（第7个月） | 子宫底高度为21~24 cm，上升至肚脐上方，不仅下腹部，而且连上腹部也明显隆起。此时，孕妇身体重心前移，为保持平衡，肩、胸后仰，背部肌肉处于持续紧张状态，所以有腰酸背痛的感觉。有时也会出现小腿抽筋、头晕等现象。由于增大的子宫压迫下腔静脉，所以下肢和外阴部可能会出现静脉曲张。另外，子宫压迫盆腔，肠蠕动减弱，有些孕妇易产生痔疮或便秘 | 胎儿身长35~38 cm，体重1000~1200 g。脑部发育完全，开始有记忆、思考、感情等能力，眼、耳、口等机能全部发育完成，眼睛逐渐可看到光，耳朵开始可听到声音，是进行胎教的好时机。胎儿的脸也开始像人样，但由于皱纹多，看起来像个小老头。皮下脂肪继续沉积，皮肤增厚，全身长满细软的胎毛。从外生殖器已能明显区分胎儿的性别，男性胎儿的睾丸还未下降至阴囊，但女性胎儿的小阴唇、阴蒂已明显发育 |

2. 妊娠中期的不适症状

在妊娠中期，往往会出现各种身体不适症状，常见的有眩晕、小腿痉挛、浮肿、腰痛、妊娠纹和皮肤瘙痒等。

表2.13　妊娠中期的常见不适症状与表现

| 症状 | 表现 |
|---|---|
| 眩晕 | 在妊娠中期，由于血管自主神经功能失调，极易造成眩晕或脑缺血，因此孕妇要注意尽量休息，不要突然站立或站立过久，更不要急速改变身体的体位，要避免过度疲劳、睡眠不足等。发生眩晕时，应立即坐下来，身体前倾，头部尽量放低，但应注意不要压迫腹部，短时间内就会缓解。如果眩晕严重，则应卧床休息 |
| 小腿痉挛 | 妊娠中期，随着孕妇食欲的恢复，体重也开始上升，腿部和脚部的负荷量增加，肌肉更容易疲劳。因此，夜晚睡觉时，小腿有时会抽筋、疼痛。另外，钙的不足也会引起小腿肚的痉挛。因此，孕妇应注意避免疲劳，多食用牛奶、鱼、海藻等含钙量高的食物。另外，进行小腿按摩也可以对预防痉挛起到一定的作用 |
| 浮肿 | 妊娠期间，孕妇由于体重增加造成体内水分增加，经常会出现浮肿的情况。为了预防水肿，应限制盐分和水分的摄入，夏天时水分的摄入量应把握到位。浮肿多数与妊娠高血压综合征有关，应及时向医生咨询，以接受饮食和孕期生活指导 |
| 腰痛 | 腰痛也是妊娠中期常见的症状之一，这是由腹部增大，重心后移，致使腰、背肌肉负担加重造成的。因此要避免腰部肌肉疲劳，使腰部肌肉放松。腰痛时，可做适度的按摩，也可贴止痛膏。但是，剧烈腰痛时，应请医生检查耻骨联合部，确诊后对症治疗 |
| 妊娠纹和皮肤瘙痒 | 从妊娠中期到晚期，孕妇胸部、腹部、足部等处的皮肤会出现瘙痒和妊娠纹。可能是妊娠期间激素的变化使肌肤变得更加敏感的缘故。这种情况会在产后消失，但如果情况较严重，就要进行检查治疗。保持清洁是预防妊娠纹和皮肤瘙痒的重要手段 |

◀▮▮▶【学习专栏2-4】妊娠中期的饮食健康

1）注意营养平衡

进入妊娠中期，早孕反应消失，食欲恢复。但这时并不能一味地增加食量，更应注意营养平衡，要多吃一些富含优质蛋白质、维生素和矿物质的食物。为了保证营养平衡，孕妇每天的食物种类要尽量丰富，孕妇必须纠正自身的偏食习惯，实在难以改变的饮食习惯，可以利用代替品，以保证妊娠期充足的营养需求。

2）预防便秘

妊娠期间，由于胃肠道蠕动减少，消化功能减弱，会导致便秘。长期便秘会诱发痔疮，使排便更困难，恶性循环。为防止便秘的出现，孕妇应多吃一些富含维生素的蔬菜，也可多吃一些水果来补充水分和多种维生素。如果通过饮食无法治愈便秘，应及时去医院就诊。

3）避免营养过剩

妊娠中期，孕妇的食欲恢复，每日的进食量增加，有些人误以为此时是补充营养的最好时机，不加限制地吃，造成营养过剩，最终导致肥胖。妊娠期间，肥胖不仅会增加母体的负担，而且可能诱发妊娠高血压综合征。因此，妊娠中期应十分注意体重的增加，在饮食方面应注意少吃高热量的淀粉、脂肪类食物，少吃含糖量高的食物，以食用含优质蛋白质的食物为主。

4）注意低盐饮食

妊娠期间，摄入盐分过多，可能出现水肿、蛋白尿、高血压、体重急剧增加等妊娠高血压综合征症状。因此，妊娠期间的孕妇应注意适当调整自己的饮食习惯，控制盐分的摄入量。

（三）妊娠晚期

表2-14　妊娠晚期母体变化与胎儿的发育

| 时　间 | 母体变化 | 胎儿发育 |
| --- | --- | --- |
| 妊娠29~32周（第8个月） | 子宫底高度为21~27 cm，增大的子宫将内脏推向胸部上方，心、肺、胃受到压迫，孕妇易出现心悸、气喘、食欲不振等各种不适状状。另外，孕妇腰部更容易感到酸痛，下肢可能会出现浮肿、乏力、静脉曲张等，此时孕妇容易疲劳，行动不便。由于子宫不断增大使腹壁绷紧，皮下组织出现断裂现象，从而出现浅红色或暗紫色的妊娠纹。有的孕妇由于体内黑色素分泌增多，下腹部、乳头四周及外阴部等处开始出现妊娠褐斑 | 胎儿身长约40 cm，体重1500~2000 g。内脏器官和全身发育完全，肌肉发达，能眨眼、吸吮拇指，且可伸长手脚和踢动。胎儿皮下脂肪不足，脸部皱纹较多，皮肤娇嫩。神经系统、听觉能力发育完全，对外界的强烈声响有反应，这可以从胎心音的变化中反映出来。胎儿在母亲腹中更加活跃，孕妇会感觉到胎儿踢腿的动作。胎位逐渐稳定下来，呈头部朝下的"头位" |
| 妊娠33~36周（第9个月） | 子宫底高度为28~30 cm，增大的子宫上升到心窝下，使胃、肺和心脏受到压迫，从而引起心悸、气喘、胸闷，感到非常难受，而且容易发生便秘及痔疮。腰和下肢易疲劳，腰部、背部、大腿根部等处都感到沉重，有压迫感。此时，孕妇身体较笨重，行动不方便，易疲倦，要注意休息，饮食少食多餐，并停止性生活，以免早产和感染 | 胎儿继续生长发育，身长约45 cm，体重约2500 g。循环、呼吸、消化及性器官功能发育成熟。皮下脂肪增厚，脸、胸、四肢等全身皮肤柔软，身体变圆。脸部皱纹减少，全身呈粉红色。手脚指甲快速长长，头发也长出很多 |

（续表）

| 时　间 | 母体变化 | 胎儿发育 |
|---|---|---|
| 妊娠37～40周<br>（第10个月） | 临近分娩时，胎儿下降进入骨盆内，所以子宫高度也下降。子宫底高度为30～35 cm，对心脏和胃的压迫减轻，孕妇感到呼吸顺畅，食欲增加。但是，子宫对膀胱及直肠的压迫增强，导致排尿困难、尿频，小便后总有未排干净感。此外，由于腹部越来越隆起，身体重心前移，下肢乏力，容易跌倒，所以要特别小心 | 胎儿身长约50 cm，体重3000 g左右，外观机能发育完全，内脏器官的机能已成熟，已有能力在母亲体外独立生存。皮下脂肪丰满，胎儿身体比例正常，胎头大小为身体的1/4，头骨也变硬。由于胎头进入骨盆，胎位固定，此时胎动减少，但仍维持一定频率的胎动 |

◀◀▶▶【学习专栏2-5】妊娠晚期的不适症状

　　妊娠晚期，随着胎儿的生长，子宫逐渐增大并开始压迫到胃、心脏、肺等内脏器官，此时，孕妇可能会出现各种生理性不适症状，这些症状在分娩后会自然消失，因此，不必过分担心与焦虑。

表2-15　妊娠晚期的不适应症状

| 症状 | 表现 |
|---|---|
| 1）胃部的不适 | 妊娠晚期，由于增大的子宫压迫到胃部，将胃上举，孕妇会出现胃胀、不消化、吐酸水、烧心等不适症状。此时切忌服用药物帮助消化，可以通过改变进食方式、采用少食多餐的办法促进消化 |
| 2）心脏及肺部的不适 | 增大的子宫压迫心脏和肺脏会引起心悸、气喘。孕妇平时应尽量减少体力的消耗，避免疲劳。当感到非常难受或十分疲劳时，应进行心电图检查，以确诊是否患有心脏病 |
| 3）水　肿 | 孕妇增大的腹部压迫下腔静脉，使下肢的血液循环不畅，体液中的物质平衡失调，因此，很多孕妇的小腿和脚面会出现水肿的现象。当出现水肿时，孕妇应尽量卧床休息，并把下肢垫高，使血液循环流畅，水肿便可自然消失，不必过分担心。如果长时间水肿，休息后仍不能缓解，手按压下肢有凹陷并很久才恢复或出现蛋白尿，则可能是妊娠高血压综合征的早期症状，应及时就医 |
| 4）腿部抽筋 | 在妊娠晚期，因腹部不断增大，下肢负担过重，所以晚上睡觉时，经常会出现小腿肌肉抽筋的现象。在整个妊娠期都可能会出现这种情况，孕妇不必过于担忧。可在临睡前用温水洗脚并由下向上按摩下肢，以改善血液循环，或者多吃一些富含钙和维生素B的食物以预防腿部抽筋 |

（续表）

| 症状 | 表现 |
|---|---|
| 5）静脉曲张 | 增大的子宫压迫下腔静脉使血液回流受阻，加之激素分泌的变化，会使下肢、下腹部的静脉隆起或形成瘤状肿块，即导致静脉曲张。孕妇应避免长时间站立，或长时间端坐，晚上睡觉时，可以将脚垫高。若孕妇出现了静脉曲张的部位，应注意不要碰撞，以免血管破裂出血 |
| 6）腰背疼痛 | 妊娠晚期，孕妇腹部隆起较高，身体重心前移，脊椎前弯，行走时，腰部和背部的肌肉负担加重，同时增大的子宫会压迫骨盆和神经，使骨盆关节松弛，从而引发腰背疼痛。<br>为减缓腰背疼痛症状，孕妇可以系腹带或穿紧腰衣，支撑腰背部肌肉，也可做适度的运动。另外，晚上睡觉时，可采用蜷曲的侧卧睡姿减轻疼痛 |
| 7）仰卧时出冷汗、晕厥 | 妊娠晚期，睡觉采用仰卧的姿势会使增大的子宫压迫下腔静脉，从而回心血量减少，导致血压下降、出冷汗、晕厥，严重者还会出现休克，因此，睡觉时最好采用侧卧睡姿 |

### 三、分 娩

分娩是随着子宫的激烈收缩开始的。成熟的胎儿及其附属物从母体子宫产出体外的过程，称为分娩（parturition）。[①]

（一）分娩先兆

虽然，并不是所有的孕妇都会出现分娩先兆，但如果出现以下症状就预示着在 3 周至数日内要分娩了。

1. 子宫底下降

子宫底下降，孕妇胃部的压迫感消失，感到如释重负，呼吸也变得较轻松，食欲增加。

2. 胎动减少

由于胎儿头部下降至骨盆而被固定，胎儿身体活动受到限制，因此，胎动明显减少。

3. 分泌物增加

由于子宫和阴道变软，子宫颈口扩张，所以分泌物增加。分泌物一般为透明的白色黏液。如果出现茶色状的血性分泌物，就要特别注意了，这预示着分娩即将开始。

① 姚泰 . 生理学 ［ M ］. 北京：人民卫生出版社，2005：417.

4.子宫无规律地收缩

子宫每天有几次无规律的收缩，感到腹部发胀、发硬，同时有疼痛感，这叫假阵缩。如果每隔 10～15 分钟出现有规律的子宫收缩，就预示着分娩即将开始。

5.尿　频

由于胎儿下降到骨盆，压迫膀胱，导致尿频现象。尤其是夜间，孕妇小便次数增多，小便后总感觉没有排干净。

（二）分娩的过程

分娩的过程大致可以分为三个阶段（见表 2-16）：第一产程（宫颈扩张期）、第二产程（胎儿娩出期）以及第三产程（胎盘娩出期）。

表2-16　分娩三个阶段

| 产程期 | 平均时间 | 产妇与胎儿 |
| --- | --- | --- |
| 第一产程（宫颈扩张期） | 初产妇一般要经历 10～12 h，经产妇为 5～6 h | 第一产程是指从正式临产到子宫口开全这段时间。这一段时间是分娩过程中最难受的时期。产妇可采用呼吸法和按摩法等助产动作，以缓解阵痛。在此过程中，产妇尽量不要大声喊叫，以免因体力消耗而在进入第二产程时出现体力衰竭 |
| 第二产程（胎儿娩出期） | 初产妇约需要 2～4 h，经产妇约需要 1 h | 第二产程是指从子宫口开全到胎儿娩出这段时间。胎儿下降至产道后，产妇产生排便感，不由自主地憋气，向下用力。这时，要听从医生或助产师的指导用力。胎头先露后，改用短促呼吸，使腹壁肌肉松弛，使胎头缓慢娩出，以免导致会阴撕裂。胎头娩出后，胎肩、胎体及四肢相继娩出 |
| 第三产程（胎盘娩出期） | 初产妇平均需要 15～30 min，经产妇一般需 10～15 min | 第三产程是指从胎儿娩出到胎盘娩出的这段时间 |

（三）影响分娩的因素

分娩的顺利进行会受到多种因素的影响，其中，产道、产力、胎儿以及产妇的心理状态是极为重要的四种因素，在分娩过程中如果这四种因素没有异常，并能够相互适应、配合，分娩就可顺利进行。

1.产道

产道包括软产道与骨产道两部分。其中，软产道是由子宫下段、宫颈、阴道和骨盆底软组织构成的弯曲管道，软产道外壁的骨盆下部称为骨产道。

临盆时，骨盆与耻骨结合处松弛，并稍微张开，为胎儿顺利通过提供有利条件。软产道也同时变得柔软，容易扩张。一旦分娩开始，羊水及分泌物则起着润滑剂的作用，使胎儿更容易通过产道。

2. 产力

将胎儿及其附属物从母体子宫内向外推出的力量称为产力。产力包括子宫收缩力（阵痛）、腹肌及膈肌收缩力。[①]

子宫收缩力为分娩的主要产力，临产时，子宫肌肉会不受意志控制地进行收缩，宫缩可使子宫向下降落、子宫颈口张开，有利于胎儿的顺利娩出。腹肌和膈肌收缩力是重要辅助力，通常称为用力。当宫颈口全开后，胎儿先露的部分降至阴道时，引起腹肌和膈肌强烈收缩，腹压增高，促使胎儿娩出。腹肌和膈肌收缩力可以受意志控制，因此产妇合理地用力，可使分娩轻松顺利。

3. 胎儿

胎儿的大小、胎位以及胎儿发育是否畸形也会影响胎儿的顺利娩出。胎儿过大或畸形都会导致难产。胎头是胎儿身体中最大且最硬的部位，胎头先露会更容易通过产道，因而分娩前应先确定胎位。此外，为适应母体骨盆和产道的形态，胎儿身体会一边旋转，一边娩出。

4. 产妇的心理状态

产妇在分娩前以及分娩过程中的心理状态也是影响分娩顺利进行的重要因素，产妇在分娩前应了解有关分娩的相关知识以做好充分的心理准备，在分娩过程中，应听从医师或助产师的指导，避免过度紧张。

（四）难　产

分娩是产道、产力、胎儿和产妇精神心理状态四个因素相互适应的过程，其中任何一个因素异常均可能引起产程进展迟缓或停滞，造成异常分娩（即难产）。但是，如果医生能够恰当地处理，使异常因素得以纠正，便可变为正常分娩。在分娩的过程中，如果出现以下情况，往往会使分娩的进展受阻从而导致难产。

1. 产力异常

产力异常的临床表现为子宫收缩异常及腹肌收缩异常。子宫收缩异常，主要表现为子宫收缩乏力或过强。子宫收缩乏力，胎儿无法娩出；子宫收缩过强，可使胎盘血循环受阻，致使胎儿急性缺氧而窒息死亡，或因分娩过快而导致胎儿颅内出血。

---

① 　[日]雨森良彦.初次妊娠·分娩·育儿 [M].陶芸，王炎，译.长沙：湖南科学技术出版社，2001：209.

2. 产道异常

产道是胎儿娩出时必经的通道。若母体骨盆狭窄，胎儿娩出就会受阻，从而发生难产。另外，孕妇的子宫、阴道发生异常时，也容易导致难产。

3. 胎儿异常

胎儿异常引起的难产包括胎位异常及胎儿发育异常两种情况。在胎儿娩出时，正常情况下是头先露，如果是臀先露或肩先露等都会影响产程的进展，导致母婴损伤，甚至危及生命。此外，胎儿畸形、胎儿过大或多胎妊娠都会导致孕妇生产困难。

为预防难产的发生，在临产前要做好产前检查。

（五）剖宫产术

剖宫产术是指通过切开产妇的下腹部和子宫直接取出胎儿的手术。若产前检查发现胎儿过大、胎位不正或母体自身患有某些疾病，采用自然分娩会对母亲和胎儿造成危险，或在分娩过程中出现难产等危险紧急情况，而必须迅速取出胎儿时，就会采用剖宫产。

因剖宫产术对产妇自身以及婴儿均可能带来一些不利的影响，因此，如没有特殊情况，孕妇最好选择自然分娩。

# 第四节  更年期

## 一、何谓"更年期"

更年期在医学上一般是指一个人从性成熟期向老年期过渡的一段时间，女性一般在 45 ~ 55 岁，男性一般在 65 ~ 75 岁。许多人把女性的更年期与绝经期等同，实际上二者并非同一个概念。更年期包括：绝经前期、绝经期、绝经后期三个阶段。绝经前期是指从卵巢功能逐渐衰退出现月经紊乱到绝经的一段时间，临床上以出现月经紊乱和血管舒缩症状的出现为标志，一般持续 2 ~ 4 年；[1] 绝经期是月经完全停止 1 年以上，绝经期间常出现心悸、潮红、潮热、出汗、易激动、焦虑、失眠、月经紊乱等症状；绝经后期指月经停止后至卵巢内分泌功能完全消失的时期，这一时期短则 2 ~ 3 年，长则 6 ~ 8 年。[2] 因此，绝经只是女性进入更

① 孙爱军.绝经过渡期治疗的新视角——抗雄激素治疗［J］.中国实用妇科与产科杂志，2007，23（2）：151-152.

② 徐红，肖萍.更年期妇女的健康问题及社区保健［J］.社区医学杂志，2001，9（2）：66.

年期的一种现象，绝经期只是更年期的一个阶段。

女性更年期的开始年龄和持续时间没有一个固定值，通常通过女性的绝经年龄进行判断。女性绝经年龄存在着个体差异，会受到生活地区的海拔高度、气候、遗传、社会及家庭经济状况、营养等因素的影响。营养充足、生活习惯良好者更年期起始年龄往往会推迟，母亲绝经年龄及生产次数也可能影响女儿的绝经年龄。反之，长期营养不足、有切除子宫史、体重低、生活在高原地区者绝经年龄常常会提前。总体来看，绝经的年龄范围为 45 ~ 55 岁。[①]

### 二、更年期的生理变化

（一）激素的变化

女性进入更年期后，卵巢功能快速衰退，雌激素和孕激素分泌量显著下降，从而导致月经从正常走向紊乱，直至停经。绝经的出现意味着女性生育能力的丧失。此外，雌激素浓度的变化会使血管产生不规则的舒张而出现头、颈、胸部皮肤潮红、出汗等现象，其持续期由几个月至数年不等。

（二）神经系统的变化

进入更年期后，女性身体常常会出现一些不适症状，主要以神经系统居多，如头痛、头晕、耳鸣、目眩、失眠、四肢麻木、疲乏、注意力不集中、记忆力减退等。

（三）生殖系统的变化

绝经后，女性的卵巢功能逐渐衰退，子宫和子宫颈均开始萎缩。大小阴唇皮下脂肪减少，阴道口萎缩，阴道黏膜上皮逐渐变薄，皱褶消失，起润滑作用的分泌物减少，从而导致性交不适或疼痛。此外，进入更年期后，女性阴道里原有的酸性环境也会发生改变，抵抗力下降，极易受外界细菌侵入而产生炎症。

（四）身体外貌的变化

1. 皮肤的变化

受雌激素的影响，女性进入更年期以后，皮肤变薄，弹性减弱并出现皱纹，其中脸部、颈部和手的皱纹尤为明显。皮肤的小汗腺萎缩，分泌减少，使皮肤失去滋润变得干燥粗糙，甚至会出现老年斑。

---

① 宋乃光，李菲．解读更年期——给心情放假［M］．北京：昆仑出版社，2003：13.

## 2. 五官的变化

更年期女性常会有口干、舌燥、口味异常等感觉；更年期女性的声音也会发生变化，声调变低类似男声；眼部常有灼热、刺痛、干燥及怕光的感觉，出现溢泪现象；虽未感冒，却常流鼻涕。[①]此外，脂肪重新分布，脸部、腿部、大腿处和前臂处的脂肪减少，而腹部、臀部和上臂处的脂肪增加，大约从 40 岁起，人的椎间盘开始压缩，骨密度开始降低，变得易脆而多孔，有时导致椎骨倒塌，并且背部上方会呈现"驼背"的形态（Etaugh，1993b）。

### 三、更年期年龄的预测

更年期年龄存在着个体差异，它是多种因素作用的结果，具体可以从以下几个方面进行预测。

#### （一）家族遗传

遗传因素与更年期年龄有一定的关系，祖母、母亲、同胞姐姐出现更年期的年龄可以作为孙女、女儿、妹妹进入更年期年龄的预测指标。然而，除此之外，更年期起始的早晚还与后天的生活条件、环境、气候、社会因素、药物、疾病等因素有关，这些因素也会造成更年期的提前或推迟。[②]

#### （二）初潮年龄

根据临床观察，月经初潮年龄与更年期年龄呈负相关，即初潮年龄愈早，更年期年龄愈晚。反之，初潮年龄愈晚，更年期年龄则愈早。

#### （三）更年期先兆

女性在进入更年期之前，会出现一些预兆性的症状，例如，平时月经周期比较规律，经前也无特殊不适，而突然在某次月经前产生乳房胀痛、情绪不稳定、失眠多梦、头痛、腹胀、肢体浮肿等，或出现烦躁不安、焦虑、多疑等情绪方面的症状。[③]

#### （四）月经的改变

月经的改变是更年期的典型症状之一，主要表现为月经周期紊乱、稀发月经及突然绝经等。因此，月经的变化也可作为预测更年期的指标。

---

① 董英.更年期及更年期综合征［M］.北京：人民卫生出版社，1989：49.

② 宋乃光，李菲.解读更年期——给心情放假［M］.北京：昆仑出版社，2003：14.

③ 宋乃光，李菲.解读更年期——给心情放假［M］.北京：昆仑出版社，2003：15.

### 四、更年期综合征

更年期综合征包括女性更年期综合征和男性更年期综合征，在医学上，一般将女性更年期综合征直接称作更年期综合征；而对于男性，则要称作男性更年期综合征。更年期综合征是一种常见的妇科病，指女性在更年期出现的或轻或重的以自主神经功能紊乱为主的综合征。临床主要表现为月经周期紊乱、潮热、潮红、出汗以及一些精神上的症状等。[①]

（一）更年期综合征的临床症状

1. 月经紊乱

月经紊乱是更年期综合征最典型的症状之一，主要表现为：月经不规律，月经周期逐渐延长，行经期逐渐缩短，经血量越来越少，直至绝经；或者月经周期逐渐缩短，行经期逐渐延长，经血量增多，甚至阴道大出血，有时淋漓不净，持续 1～2 年，到月经逐渐减少直至停经；或者平时月经周期非常规律，突然月经停止，但这种情况比较少。

2. 精神症状

更年期综合征的精神症状主要表现为自主神经功能紊乱，如情绪波动、烦躁不安、抑郁多疑、焦虑恐惧、记忆力减退、注意力不集中、失眠健忘，严重者甚至会产生自杀的念头等。在与人相处时，表现得敏感、多疑，不信任别人或对别人有敌意，人际关系较差。

3. 心脑血管症状

经常会有阵发性的发热感，出汗多，并在头、颈、胸部出现弥漫性或片状皮肤发红，即潮红，如果只有发热感、出汗而无皮肤发红，则为潮热。血压不稳定，波动明显，心跳心慌、头晕、耳鸣以及感觉周围血管功能失调等。

4. 骨骼系统症状

表现为严重的骨质疏松，肌肉酸胀疼痛、乏力，尤其是受寒或劳累时疼痛加重；关节变形、足跟疼痛、变矮、容易骨折、抽筋等。以上症状均与雌激素的缺乏有关。

（二）更年期综合征的诊断

更年期综合征的诊断主要依据以下几个方面。[②]

---

① 宋乃光，李菲. 解读更年期——给心情放假［M］. 北京：昆仑出版社，2003：22.

② 吕肖锋，岳玉文，叶雪清. 更年期综合征［M］. 北京：科学出版社，1995：56.

（1）年龄在 45 岁以上，出现月经不规律或闭经、阵发性潮热、出汗、心悸、抑郁、易激动、失眠等症状。

（2）第二性征有不同程度的退化。

（3）生殖器官有不同程度的萎缩，有时并发老年性阴道炎。

（4）血、尿 FSH 及 LH 明显升高。绝经前期表现为 FSH 升高，而 LH 正常，雌二醇下降。

（5）骨质疏松。

除以上五个方面之外，还可以通过女性更年期综合征自我诊断表进行初步鉴定（见表2-17）。

表2-17 女性更年期综合征的自我诊断表

| 症状 | 0分 | 1分 | 2分 | 3分 |
|---|---|---|---|---|
| 潮热出汗 | 无 | 每日发生3次 | 每日发生5~9次 | 每日发生10次以上 |
| 感觉障碍 | 无 | 有，与天气有关 | 常有冷、热、痛、麻木感 | 冷、热、痛感丧失 |
| 失眠 | 无 | 偶尔发生 | 经常发生，服安眠药有效 | 因失眠影响工作，安眠药常无效 |
| 易激动 | 无 | 偶尔发生 | 经常发生而自己还不觉察 | 明知自己易激动，但不能自控 |
| 抑郁并多疑 | 无 | 偶尔发生 | 经常发生，但能自控 | 因抑郁多疑而失去生活信念 |
| 眩晕 | 无 | 偶尔发生 | 经常发生，但不影响生活 | 因眩晕而影响生活 |
| 疲乏 | 无 | 偶尔发生 | 上四楼会感到困难 | 因疲乏使日常生活受限 |
| 骨关节疼痛 | 无 | 偶尔发生 | 经常疼痛，但不影响功能 | 因疼痛形成功能障碍 |
| 头痛 | 无 | 偶尔发生 | 经常发生，但能忍受 | 头痛时非服药不能忍受 |
| 心悸 | 无 | 偶尔发生 | 经常发生，但不影响生活 | 心悸达到非要治疗不可的程度 |
| 皮肤瘙痒蚁行感 | 无 | 偶尔发生 | 经常有，但能忍受 | 瘙痒到必须治疗的程度 |
| 性生活 | 正常 | 性欲减轻 | 性生活困难 | 性欲丧失 |
| 尿路感染 | 无 | 偶尔发生 | 每年有3次及以下感染，但能自愈 | 每年感染3次以上，必须服药才能治愈 |

（资料来源：宋乃光，李菲. 解读更年期——给心情放假 [M]. 北京：昆仑出版社，2003：27）

将以上每项症状的程度所得分数相加，得出总评分，总评分大于9分，说明很可能得了更年期综合征，请尽快去医院检查，如确诊需接受治疗。

（三）更年期综合征的病因

引发女性更年期综合征的因素非常复杂，主要有以下几个方面。

1. 身体健康状况

更年期女性的身体健康状况是影响更年期综合征的重要因素。更年期女性身体状况欠佳，身体素质降低，使疾病发生率升高。在心理上，他们自我感觉状态欠佳，影响生活态度，身心不能处于比较健康的状态，从而加重更年期症状。

2. 精神和心理因素

更年期女性在家庭生活和事业上都会经历或多或少的变化，如退休、下岗、儿女离家求学或成家立业，家中形成"空巢"等。面对这些变化，她们往往会因失去寄托而产生孤独感和失落感。有些女性也会遭遇家庭纠纷、亲人过世等负面生活事件，从而使她们产生紧张、焦虑、伤感等情绪，消极的情绪和精神状态会使她们的更年期症状加重，从而导致更年期综合征。

3. 婚姻状况

有研究表明，更年期女性的婚姻质量与更年期症状的发生有很大的相关性。婚姻紧张、离婚、丧偶、独居生活，对更年期女性都会形成较大的心理刺激，从而造成内分泌失调，使更年期症状加重。[①]

4. 职业、文化教育和生活习惯

从事非体力劳动者更年期综合征更加明显。临床工作中发现，64例患者中从事管理和服务行业的人数占80%，文化教育程度越高发病率越高，这可能与从事的职业有关。长期生活无规律、饮食不科学、营养不均衡、休息欠佳，会导致各种机能障碍，从而可能引发或加重更年期综合征。[②]

5. 人际关系状况

处于更年期的女性情绪不稳定，烦躁、易怒、敏感、多疑，需要家人、同事、朋友等给予宽容、支持和理解。良好的人际关系能够塑造强大的社会支持系统，有利于更年期的顺利度过；相反，人际关系状况不佳，会使更年期女性的情绪状态恶化，加重其临床表现。

---

① 桑海静，陈长春，李淑杏，等. 女性更年期综合征及其影响因素的研究［J］. 中国妇幼保健，2010，25（6）：809.

② 朱凤红. 自我调护和指导女性更年期综合征［J］. 医疗论坛，2010（23）：121.

### 五、女性更年期的卫生保健

（一）注意个人卫生，定期检查

处于更年期的女性体内雌激素减少，阴道黏膜变薄，阴道酸性降低，抵抗力削弱，易受致病细菌的感染，因而需要特别注意阴部的清洁卫生。为预防各种妇科疾病的发生，更年期女性最好每隔 3 ~ 6 个月做 1 次妇科检查。

（二）调整日常饮食，合理摄入营养

更年期女性基础性代谢逐渐下降，能量的消耗逐渐减少，因此更年期的保健还应包含饮食的合理调整。更年期女性不宜摄入过多热量，以免造成肥胖和高血脂而诱发冠心病，碳水化合物应占每天总热量的 55% ~ 60%，以谷类为主，限制甜食；脂肪摄入应控制在 30% 以下，并以植物油为主[①]；多食用含钙量高的食物，如大豆和牛奶；须保证一定量的优质蛋白的摄入；注意多食富含维生素及微量元素的食物。

（三）坚持体育锻炼，增强体质

选择适当的方式进行运动，并持之以恒，不但可以促进血液循环、增加新陈代谢、降低骨质疏松的发生率，还可消除忧郁的心情，使身心愉悦。

（四）注重心理状态的调整

更年期女性除了会经历身体上的一些变化之外，还会遭遇精神上的困扰，如焦虑、抑郁、易激惹、紧张、烦躁以及失眠等，在人际交往中也往往会因不相信别人或对别人产生敌意从而造成人际关系紧张，生活和工作能力下降，因此，心理状态的调节也是更年期女性进行卫生保健至关重要的部分。

首先，更年期女性应该了解一些更年期的生理、心理卫生知识，认识到这是一种自然规律，坦然地接受伴随更年期而出现的身心变化。其次，更年期的身心变化，容易使个体产生焦虑、烦躁、抑郁等负性情绪，而这些心理反应又会导致或伴随生理反应，形成恶性循环，因此，更年期女性需要保持一种平和的心态，学会针对自身的负性情绪进行自我调节和疏导，保持精神愉悦、心情舒畅。假若自己无法控制或调整，可求助于心理咨询。再次，要避免过重、过累、过度紧张的工作或劳动；避免精神过度紧张，尽可能避免不良精神刺激，给自身创造一个

———————

① 赵卫青，张艳芬，杨丽娜 . 更年期女性心理健康的社区干预 [J]. 中国临床康复，2002（3）：403.

2

060 女性心理学

轻松愉快的环境。最后，家庭成员、邻居、朋友、同事也应了解更年期的主要表现，在工作上、生活上给予她们关怀和体谅。

（五）维持和谐的性生活

有规律、和谐、适当的性生活可以刺激女性卵巢及肾上腺分泌雌激素，弥补因卵巢功能减退而引起的机体内雌激素不足，对更年期女性来说，不但可以预防阴道炎、子宫内膜炎等多种妇科疾病的发生，还可以减轻精神恐惧、神经衰弱、失眠及心理障碍等更年期中的不适症状。因此，更年期女性应正确面对绝经后的性生活，消除社会心理因素对性生活的影响，并积极治疗影响性生活的疾病，维持性生活的和谐状态。

## 本章内容提要

1. 基因（gene）是有遗传效应的DNA片段，是最基本的遗传单位，它决定着父辈与子辈之间的相似性，决定着生物的各种性状表现，其主要载体是成对存在的染色体。

2. 激素包括很多种类，激素的成分不同，功能也各不相同，它们在人体中扮演着不同的角色。其中，与女性息息相关的激素是由卵巢分泌的雌激素、孕激素、雄激素和抑制素。

3. 青春期是一个人由儿童期向性成熟期过渡的重要阶段，是人生长的第二高峰期，在这一时期儿童无论是身体上还是心理上都产生了巨大的变化。

4. 妊娠是指子代新个体的产生和孕育的过程，包括受精、着床、妊娠的维持及胎儿的生长。妊娠期大概可分为三个阶段，即妊娠早期、妊娠中期、妊娠晚期。成熟的胎儿及其附属物从母体子宫产出体外的过程，称为分娩。产道、产力、胎儿以及产妇的心理状态是影响分娩顺利进行的重要因素。

5. 更年期综合征是一种常见的妇科病，指女性在更年期（一般为45～55岁）出现的或轻或重的以自主神经功能紊乱为主的综合征。临床主要表现为月经周期紊乱、潮热、潮红、出汗以及一些精神上的症状等。

## 思考题

1. 什么是激素？简述几种与女性关系密切的激素。
2. 青春期会出现哪些生理上的变化？

3. 简述影响分娩顺利进行的几种因素。

4. 什么是更年期综合征？简述更年期综合征的主要症状表现并说明如何顺利度过更年期。

## 判断题

1. 研究人员认为痛经无法从身体角度进行解释。

2. 怀孕中的女性通常会产生更多积极和消极的情绪。

3. 在胎儿发育的前几周，男婴和女婴有着相似的性腺和外部生殖器。

4. 与男性相比，妇女更容易产生伴随一生的健康问题。

5. 大部分的女性在孩子离家后会感到一定程度的抑郁。

（答案：1. 错；2. 对；3. 对；4. 对；5. 错）

## 微课题研究

1. 选择10~20个青春期女性开展青春期生理与心理变化状况的访谈，提出青春期生理和心理保健的方法。

2. 选择2~5个孕妇开展妊娠期生理和心理的变化状况的访谈，提出妊娠期生理和心理保健的方法。

# 第三章 女性的信息加工

**本章导航**

心理活动，是人类或动物（具有心理现象）在进行语言、行为、表情等活动前所进行的思维。人类的心理活动，既有共同的规律性，也有人与人之间的个体差异。一般而言，在不同的环境下每个人各自的心理活动是不一样的，可以说心理活动没有完全相同的，多是相似，或是具有共同的出发点。心理活动包括哪些内容呢？总体来说，只要是在人们或动物（具有心理现象）意识之中的一切事物（包括现实与虚拟的）都会成为心理活动的内容。这种差异表现在认知、情感、能力和言语等方面。认知包括感觉、知觉、记忆、想象和思维等环节。无论在语言方面，还是在思维方面，男女两性的心理差异，从根本上说是性别社会化的结果。本章通过讲述两性在信息加工过程中各个环节的生理和心理差异，以便更好地发挥女性的性别优势。

## 第一节　感知觉

如果要研究人类行为的起因，感觉和知觉是非常重要的课题。感觉和知觉涉及的范围很广，包括我们如何对外界的物理刺激做出反应；我们怎么看见东西、听到声音、体验到疼痛。

### 一、什么是感觉

日常生活中，我们常常会说到"感觉"这个词，如"我对她的感觉不太好""我感觉完成这项工作十分困难"等，这里的"感觉"的意思是"觉得"，与心理学的专有名词"感觉"的意思并不相同。在心理学中，感觉指人脑对直接作用于感觉器官的事物的个别属性的反映，所反映的是事物的个别属性。[1]

---

[1]　彭聃龄. 普通心理学［M］. 北京：北京师范大学出版社，2004.

人们常说人有五种感觉，分别对应五种感觉器官，包括视觉、听觉、嗅觉、味觉和肤觉。例如，我们可以通过眼睛反映物体的颜色，这属于视觉；通过耳朵听到声音，这属于听觉；通过鼻子闻到气味，这属于嗅觉；通过皮肤接触感受到一定温度或物体的软硬程度，这属于肤觉。同时，感觉也反映有机体本身的活动状况。例如，人们感觉到自己的身体姿势，感觉到饱胀或饥渴等内部身体器官的活动状况。感觉是最简单的心理过程，是各种复杂的心理过程的基础。

我们所有的感觉都是为了帮助我们生存而进化的。首先，感觉是人们认识世界的开端。通过感觉，人们既能认识外界事物的颜色、明度、气味、软硬等属性，也能认识自己机体的状态，如冷、暖、饥、渴等，从而有效地进行自我调节。借助于感觉获得的信息，人们可以进行更复杂的知觉、记忆、思维等活动，从而更好地反映客观世界。其次，感觉是维持正常心理活动的重要保障。人们从周围环境获得必要的信息是保证机体正常生活所必需的，信息超载或不足，都会破坏信息的平衡，给机体带来严重的不良影响。例如，有人认为大城市由于信息超载，会使人产生"冷漠"的态度，而信息不足可通过"感觉剥夺"。实验表明，在动物个体发育的早期进行感觉剥夺，会使动物的感觉功能产生严重缺陷，甚至会影响动物的繁衍。人类也无法长时间忍受全部或部分感觉被剥夺。感觉剥夺会使人的思维过程混乱，出现幻觉，注意力不能集中，甚至还会有严重的心理障碍。

感觉剥夺实验说明在人们的日常生活中，漫不经心地接受各种刺激，以及由此而形成的各种感觉是很重要的。大脑的发育，人的成长、成熟是建立在与外界环境广泛接触的基础之上的。只有通过社会化的接触，更多地感受到和外界的联系，人才可能拥有更多的力量。

（一）嗅　觉

虽然许多动物感受气味的能力远比人类灵敏，但是我们也能闻出一万多种气味。一项闻味测试的结果显示：女性的嗅觉灵敏度要高于男性。美国科学家曾做过这样的研究，给 7 名月经不规律的女受试者的鼻子下面涂上从男性腋窝下采集的汗液，3 个月后她们的月经周期全部准确而有规律。这种化学物质的存在也有助于解释，在宿舍里共同居住的年轻女子，她们的月经很容易自动同期进行。[1] 女性还能通过气味认出她们刚生下几小时的婴儿，婴儿的气味能给母亲带来幸福感。婴儿刚出生后，只要母亲与婴儿进行短暂的接触，母亲就会记住自己孩子的气

① 郑立.男性汗液中分泌挥发出一种气味——"外激素"[J].生物学通报，1988（1）.

味。美国的范德堡大学曾经进行过一项研究：让母亲与刚出生的婴儿进行短暂的接触，然后让母亲通过气味从 3 个同日出生的婴儿中找到自己的宝宝，结果准确率为 61%。如果母子之间未进行短暂的接触，而是盲目地寻找，那么准确率只有 33%。另外，让父亲用同样方法寻找自己的孩子，结果准确率只有 37%，基本上相当于母亲盲目寻找的水平。[①]

（二）视　觉

眼睛是我们了解世界的窗口，由于眼睛的存在，我们才能感受到色彩缤纷的世界。视觉的原理是光作用于视觉器官，使其感受细胞兴奋，光信息经视觉神经系统加工后便产生视觉。通过视觉，人和动物感知外界物体的大小、明暗、颜色、动静，获得对机体生存具有重要意义的各种信息。人类至少有 80% 的外界信息经视觉获得，视觉是人和动物最重要的感觉。

一般认为男性的视觉能力较强，特别是在视觉的空间知觉能力方面，男性明显优于女性。但在视觉的时间判断方面，男性测定值的散布范围却不如女性大（Feldman，2006）。

（三）味　觉

舌头是靠表面的味蕾辨别味道的。正常成年人有一万多个味蕾，绝大多数分布在舌头背面，尤其是舌尖部分和舌侧面，口腔的腭、咽等部位也有少量的味蕾。味蕾所感受的味觉可分为甜、酸、苦、咸 4 种基本刺激。其他味觉，如涩、辣等都是由这 4 种融合而成的。除了味蕾以外，舌和口腔还有大量的触觉和温度感觉细胞，在中枢神经内，把感觉综合起来，特别是有嗅觉参与，就能产生多种多样的复合感觉。

国内的研究结果显示，新生儿味觉反应确实存在性别差异。试验中男女新生婴儿出生时情况相似，而男女婴儿对甜味和苦味的反应强度明显不同，即所有的女婴对甜味出现表情，男婴仅有 87.1% 的对甜味出现表情，100% 的女婴对酸味出现敏感的面部表情，而男婴尚有 16.13% 的出现不敏感表情，男女婴儿对咸味反应的面部表情接近。[②]

（四）肤　觉

刺激作用于皮肤引起各种各样的感觉，叫肤觉。我们每个人都有通过皮肤感

---

① 郑立.男性汗液中分泌挥发出一种气味——"外激素"［J］.生物学通报，1988（1）.
② 陈建国，沈福民.味觉的生理学研究进展［J］.生理科学进展，1998，29（2）.

知外界气候冷热的体验。肤觉的基本形态有四种：触觉、冷觉、温觉和痛觉，肤觉感受器在皮肤上呈点状分布，称触点、冷点、温点和痛点。身体的部位不同，肤觉点的分布及其数目也不同。肤觉对人类的正常生活和工作有重要意义，人们对事物的空间特性的认识离不开触觉的作用。人的触觉不仅能够认识物体的软、硬、粗、细、轻、重等属性，而且它和视觉及其他感觉联合，还能认识物体的大小和形状。在视觉、听觉损伤的情况下，肤觉起着重要的补偿作用。一项研究发现，失去听觉经验的先天聋人，在他们大脑中负责感觉综合的脑区会因为触觉经验而得到更多激活（Auer et al.，2007）。盲人用手指认字、聋人靠振动觉欣赏音乐，都利用了肤觉来补偿视觉和听觉的缺陷。肤觉对维持机体与环境的平衡也有重要的作用。如果人们丧失痛觉、温觉和冷觉，就不能避免各种伤害人体的危险，也不能实现对体温的调节。

1. 触压觉

触压觉是指非均匀分布的压力在皮肤上引起的感觉。触压觉分触觉和压觉两种。外界刺激接触皮肤表面，使皮肤轻微变形，这种感觉叫触觉。外界刺激使皮肤明显变形，叫压觉。另外，振动觉和痒觉也属于触压觉的范围。但痒觉的刺激不仅有机械刺激，而且有化学刺激，如被蚂蚁叮咬后，由于蚁酸的作用引起痒觉。

肤觉中的触觉，对人具有特殊重要性。有研究指出，婴儿出生后，最早出现的是皮肤觉（触、痛、温、冷觉），它们对新生儿的生命具有直接的生物学意义。刚出生的新生儿的触觉已经很发达，当他（她）的皮肤各部分受到刺激时，就会发生不同的反应，特别敏感的部位是婴儿的嘴唇、手掌、脚掌、前额和眼睑等。[①] 例如，刺激婴儿嘴唇时，就发生食物性反射——张嘴要吃、产生吸吮动作等。当刺激身体其他部位时，就会发生防御性反射。新生儿的冷觉、温觉也很发达，对冷和热的感觉已很灵敏。这种早期肤觉的发达，对保护生命和认识世界具有重要作用。

触觉也是人们社会交际过程中的重要行为方式。从人与人之间的交往方式来讲，肌肤接触是婴儿早期与成人交往的一种方式。正常婴儿出生后，触摸婴儿是父母对新生儿行为的重要部分。有科学家进行过观察，母亲在刚生完孩子后是如何接触她们的宝宝的，发现最早是用手指触摸和摆弄孩子的肢体、亲吻他、轻轻摇动他，这就是最早的肌肤接触。以后，婴儿吃奶时，躺在母亲怀里，头枕着母

---

① ［日］筱原之一 婴儿信息：宝宝啊，你想"说"什么［M］．郭勇，译．北京：国际文化出版公司，2007.

亲的胳膊，被母亲宽阔的手臂护着，被母亲的体温温暖着，也达到了一定的肌肤接触，这很有利于母子依恋感情的建立（Feldman，2006）。安扬[1]对2008年1—12月在天津妇幼保健所分娩的初产妇及新生儿各200例进行了调查，探讨产妇对婴儿进行抚触，对婴儿及其自身产后恢复的影响。结果证明产妇抚触婴儿的这种触觉刺激，会引起母体激素反应，促进母乳量的增加，有助于母乳喂养。抚触还能促进子宫恢复。通过与婴儿情感的交流，产妇心情愉悦，有利于提高睡眠质量，这种母子之间的亲密接触对母亲和新生儿都相当重要，尤其是产后数星期内亲子间的互动，对往后亲子关系的建立有深远的影响。

另外，有科学家在研究的基础上提出，触觉满足是儿童健康发展的重要因素，没有它，婴儿可能不会活得很好。有资料表明，19世纪早期，在美国社会福利院里生活的婴儿，几乎得不到触摸抚爱，尽管他们的其他基本需要得到了满足，但这种触觉的不满足对其身心发展造成了很大影响，当他们年龄渐长时，性格上就会出现不愿让人触摸、适应力较差、社交能力欠佳等特点，与正常环境中成长的、得到触觉满足的孩子相比，在生活中会有更多焦虑和紧张，社交上有更多的退缩，积极主动性欠缺。[2]

2. 痛觉

痛觉是肤觉中研究最多的领域，疼痛对于有机体生存具有重要的作用，有助于保护有机体免受伤害。疼痛是人人都能感受到的一种不愉快体验。男性和女性的感觉是有差异的，这种差异甚至是悬殊的，男性总是很坚强，而女性总是很脆弱。因为，女性在一生中体验的疼痛比男性多，疼痛发生的频率更高，有更多的身体部位产生疼痛。过去人们一直以为这是两性心理因素使然，但科学家们发现，男女两性的生理差异才是最主要的原因。

（1）女性的第一个独特性是月经，这会造成不少女性疼痛，包括原发性痛经和继发性痛经。前者的比例多于后者。但原发性痛经的一个特点是，结婚育子后女性的原发性痛经往往会消失。而继发性痛经则有多种原因，如子宫内膜异位症，这就需要对症治疗。

（2）女性疼痛的第二个特殊原因是乳腺增生疼痛，这类人群以未婚未育的女性居多，包括已婚女性也有这样的疼痛。因此，乳腺增生疼痛是女性不可避免

[1] 安扬.产妇抚触婴儿对母婴的影响［J］.中国性科学，2010（3）.

[2] ［日］筱原之一.婴儿信息：宝宝啊，你想"说"什么［M］.郭勇，译.北京：国际文化出版公司，2007.

的特有疼痛现象。

（3）女性疼痛的第三个特点是分娩时的特有之痛。过去的疼痛是因自然分娩，是女性一生必经的阶段，也是人类赖以生生不息必须付出的成本和代价。从这个意义上说，经历了这样的疼痛才是成熟的女性，其忍痛力和耐力也是男性所不能比拟的。而在今天，由于相当多的女性不能耐受自然分娩之痛，往往采用剖宫产。尽管这种方式能减轻分娩时较长时间的痛苦，但产后的手术创口的疼痛仍难以避免。因此，这也成了现在的女性必经的痛苦体验。

（4）女性的疼痛还在于随着年龄增长，由骨质疏松而产生的骨盆和全身性疼痛。由于孕育孩子的付出和雌激素分泌的减少，女性在45岁后就开始了全身的退行性变化，50岁以后开始出现骨质疏松产生的疼痛，到了六七十岁则产生腰骶部的疼痛和全身性的疼痛。

（5）60岁以后，大部分女性体内因缺乏维生素D，无法有效地帮助身体吸收钙质，储存于体内的钙质则开始大量释放，造成全身骨骼的骨量降低。另外，女性绝经后雌激素水平降低，骨代谢会由年轻时的正平衡转为负平衡，即从骨（钙质）生成转为骨（钙质）释放，骨量降低，骨质疏松形成。再加上女性孕育孩子时全身在骨质和其他物质上的超量新陈代谢，造成骨质疏松比男性严重，于是全身和骨盆疼痛也重于男性。

那么，是什么原因造成了这种两性差异呢？现在，科学家们认识到，男性和女性感觉敏感性的差异，主要是由激素、生殖状况和解剖学结构的不一样引起的。同一种疼痛，所产生的生物化学反应、神经传递和大脑对疼痛信息的处理方式，在两性之间都存在着相当大的差别。

激素的不同是导致两性疼痛感不同的主要原因。在怀孕和分娩时，女性耐受疼痛的能力远远强于男性。在经历月经周期时，女性的疼痛耐受力也很强。研究人员认为，这要归因于女性的雌激素和孕激素分泌量的增加，尤其是月经周期的变化和妊娠期雌激素和孕激素水平的增高。女性的疼痛敏感性在月经周期中的不同时间总是波动变化的，在经期的前一段时间，痛觉敏感性会突然下降。这是因为，雌激素是一个促进因子，它促进了疼痛在周缘神经系统、脊髓和大脑中的传递。而孕酮的作用与雌激素的作用几乎相反，孕酮能够钝化神经系统对不良刺激的反应，表现最明显的是在怀孕期。怀孕期间，孕酮水平不断提高，到了怀孕的第三期（9个月），孕酮产生强烈的麻痹作用，妊娠痛觉迟钝现象最为强烈，为分娩做好了准备。除了孕产期间，女性在其他时期对疼痛的忍耐力都不如男性。当然，同样有证据证明，男性的雄激素，如睾丸激素也能增强男性对疼痛的耐受能力（Fillingim et al., 1996）。

对疼痛原理和两性疼痛差异的解释大多集中在生物学机理上，例如遗传和激素差别。然而，疼痛的性别差异还和社会心理因素相关，两性对生理信号的敏感性不同、从小抚养方式的不同、职业的不同、既往疼痛经验的不同以及两性所承受的社会心理压力种类和水平的不同等各种社会心理因素，都会影响两性对疼痛的感知差异。其中一个差异就是男性和女性应付疼痛的方法不同。女性容易集中于她们所经历的疼痛的情感方面，但男性则容易聚焦于疼痛的生理感受上，比如他们经受的具体的身体部位的疼痛。

研究证明，男性采用的感受疼痛的聚焦方式有助于帮助他们提高疼痛阈值（能承受更大的痛苦，或不会轻易产生痛苦感觉），但是这种方法对女性却没有任何好处。女性集中于疼痛的情感方面可能让她们经受了更多痛苦，因为与疼痛相关的情绪可能是负面的（Fillingim et al., 1996）[1]。

◀▮▶【资料卡 3-1】忍痛实验

有一个简单的试验可能说明问题。研究人员请志愿者把非优势胳膊（一般是左胳膊）浸入温水（37℃）池中 2 min，然后让他们把胳膊抬出来再浸入 1℃ ~ 2℃ 的凉水中。这就能让研究人员观察到不同的人的疼痛阈值（人们最初感受疼痛的那一点）以及疼痛的忍耐度（能忍痛多长时间）。在这类研究中，人们能忍耐疼痛时间的最高上限是 2 min。在疼痛阈值和疼痛的忍耐度上，女性都要低于男性，因而她们感受的痛苦更多。在这方面，也许性格和意志也起了作用。大致而言，女性的"娇气"也是其疼痛阈值低和忍耐力差的原因之一。

资料来源：Fillingim, R B, Keefe F J, Light K C, et al.The influence of gender and psychological factors on pain perception[J]. Gender Culture Health, 1996（1）：21-36.

## 二、什么是知觉

### （一）知觉

任何一种感觉，反映的都是事物的个别属性，当我们把对事物的不同个别属性加以综合时，就产生了对事物的全面的反映，这就是知觉。知觉是人脑对直接作用于感觉器官的事物整体的反映，是对感觉信息的组织和解释过程。

感觉和知觉的关系在于，它们是不同的心理过程，感觉反映的是事物的个别属性，知觉反映的是事物的整体，即事物的各种不同属性、各个部分及其相互关系；感觉仅依赖个别感觉器官的活动，而知觉依赖多种感觉器官的联合活动。可见，知觉比感觉复杂。[①]

(二) 知觉的特征

知觉的特征有：整体性、恒常性、意义性（理解性）、选择性。人在知觉客观世界时，总是有选择地把少数事物当成知觉的对象，而把其他事物当成知觉的背景。有关归因认知过程的研究表明，人们对特定目标事件的解释和他们提取出来与其比较的相反的背景事件有关。这种假设的基本含义是人们为目标事件做出的归因不取决于目标事件本身的性质，而取决于与之比较的背景事件。

由此引申出来的一个重要问题是人们是如何提取或选择与目标事件进行比较的背景事件的。关于这个问题，目前的实验研究还很少。一种观点认为人们一般把头脑中已有其脚本的预料之中的事件作为背景事件，与多少有点异常的目标事件进行比较（Hilton & Slugoski，1986）。另一种观点来源于 Kahneman et al.（1986）有关社会认知的"标准理论"，第一，它假定标准（背景事件）是由刺激事件（目标事件）本身唤起或激活的，而不是预先存在于头脑中的；第二，刺激事件本身的"易变性"影响它所唤起或激活的标准。

刘永芳和周仁来（1998）[②]的研究拟在有关对男女性别角色知觉差异的范围内考察上述哪一种观点更符合实际。男性任务包括障碍赛跑、射击和推销产品；女性任务包括缝衣、打字和看孩子。具体设想是，对于通常由女性完成的任务，人们一般期望女性获得成功；对于通常由男性完成的任务，人们一般期望男性获得成功。因此，如果上述第一种观点正确的话，那么，当要求被试对特定个体在女性任务上取得的成败结果进行归因时，他们就应该将其与其他女性进行比较。当要求被试对特定个体在男性任务上取得的成败结果进行归因时，他们就应该将其与其他男性进行比较，不管成功或失败的个体是女性还是男性。相反，如果上述第二种观点正确的话，被试在进行归因时就会更多地考虑成功或失败者的性别，不管任务是男性的还是女性的。

以上研究结果证实了 Kahneman 等的"标准理论"观点。被试并不是根据任务的性别选择背景事件的，而是根据活动者的性别角色来为其成功或失败选择背景事件。另外，研究从归因的侧面证明了人们对于男女两性知觉的差异，显然认

① 彭聃龄.普通心理学［M］.北京：北京师范大学出版社，2004.

② 刘永芳，周仁来.对性别角色知觉差异的一项归因研究［J］.心理科学，1998（21）.

为男性是稳定的、不容易变化的。正因如此，无论在男性或女性任务上，成功或失败的男性都被与其他男性进行比较，因此男性无论在何种任务上都要对自己的成败结果负责。其性别角色本身不能作为他失败后逃避责任的托词；而女性显然被视为柔弱的、易于变化的，所以在为她们的成败选择背景事件时，被试不仅受到了成败结果本身的影响，而且受到了任务性质的影响，因此女性只在女性任务上要对自己的成败结果负责，在男性任务上其性别角色本身就可以作为逃避责任的托词。在这种任务上，人们似乎有一种将女性的成功渲染夸大而对其失败不予重视的倾向：女性成功了是由于她的优秀品质，失败了则由于她是女性。这反映了人们关于女性柔弱易变和能力较低的一般信仰。人们似乎认为女性是不会、至少是不易获得成功的，所以当女性获得成功时是应该加以赞扬和夸奖的，而当女性失败时则不足为奇了。

上述研究和大量有关性别知觉差异的研究的发现是一致的。这些发现具有重要的理论和现实意义：如果人们确实是根据目标事件的特征选择背景事件的，而且人们对男女两性的知觉确实存在上述差异，那么就可以得出一般性结论，即人们对男性和女性活动者的行为将会做出不同的归因。这个结论不仅可以被看成一种一般的归因现象，而且对于理解日常生活中人们的归因活动以及指导人们实际的社会生活都具有重要的现实意义。

（三）空间知觉

空间知觉是对物体的空间关系的认识，包括对物体的形状、大小、远近、方位等空间特性获得的知觉。对个体生活而言，空间知觉显然是一种必不可少的能力，因为个体生活在三维空间内，在一切活动中，必须随时随地对远近、高低、方向做适当的判断，否则就难免发生困难甚至遭遇危险。空间知觉是多种感觉器协同活动得到的产物，包括视觉、听觉、触觉、运动觉等的活动及相互联系，其中视觉系统起主导作用。空间知觉包括形状知觉、大小知觉、距离知觉、深度知觉（立体知觉）、方位知觉等。

Maccoby 和 Jacklin（1973）指出，空间能力男性优势出现在青少年时期，并保持到成年。但也有些人认为男性优势出现的年龄更早。Maccoby（1966）和 Newcobe（1982）均指出，空间能力的性别差异出现在青春前期。而 McGuiness（1976）认为，空间能力的性别差异可能源于婴儿时。Edward 和 Meade（1987）使用了 7 种空间能力测试，对 6 ~ 18 岁的被试进行了大样本测试，发现男生优势从 10 岁开始出现，并一直保持到 18 岁，而在幼儿园儿童中没有发现性别差异。Linn（1986）对大量空间能力研究资料进行分析，结果显示，年龄越大，空间能力的性别差异越明显。但不同的空间能力其性别差异显现的年龄也不同，在空间知觉方面，7 岁左右出现男孩优势，而心理旋转能力则在 10～11 岁时才显现。总之，大部分西方研究结果表明，男孩在空间能力上占一定的优势，这种优势随着年龄增大而增大。[1] 在空间定位上，男性更多使用构型策略，女性更多使用标记策略。[2]

# 第二节  意识、注意和记忆

## 一、意 识

意识是对我们自身、对行为、对周围世界的觉知，是人所特有的心理现象。简言之，意识是人脑对大脑内外表象的觉察，是人的头脑对于客观物质世界的反映，也是感觉、思维等各种心理过程的总和。意识可以从不同角度理解：第一种认为意识是一种觉知，意味着"观察者"觉察到了某种现象或是事物。第二种认为意识是一种高级的心理官能，意识对个体的身心系统起统合、管理和调控的作用。意识有三种官能：注意（通过注意，意识决定觉察什么和觉察不到什么）、推理（在头脑中运用符号进行操作）、自我控制（它类似一个内部争论的仲裁者，具有决策控制的作用）。第三种认为意识是一种心理状态，它可以分为不同的层次或水平，如从无意识到意识到注意，是一个连续体。另外，意识还存在一般性变化，如觉醒、惊奇、愤怒、警觉等。[3]

## 二、注 意

### （一）注 意

注意是和意识紧密联系的一种心理现象，但它既不同于意识，也不同于对某一事物反映的感知、思维等认知过程。注意是心理活动或意识对一定对象的指向与集中。[4]

注意的指向性是指人在每一瞬间，他的心理活动或意识总是选择了某个对象，

① 钱红.空间能力性别差异研究进展［J］.宁波大学学报（教育科学版），2002（6）.
② 李月.空间定向能力的性别差异研究［D］.北京：北京师范大学，2012.
③ 彭聃龄.普通心理学［M］.北京：北京师范大学出版社，2004.
④ 彭聃龄.普通心理学［M］.北京：北京师范大学出版社，2004：186.

而忽略其他对象。例如，一个人在音乐厅欣赏独唱会，他的心理活动或意识选择了舞台上演员的动作、表情和声音，而忽略了音乐厅里的观众。指向不同，人接收的信息也不同。注意指向的对象，可以是外部的事物，如外部的人或物，这种注意称为外部注意或环境注意；也可以是个体内部的思想、情感和体验等，这种注意称为内部注意或自我注意。

注意的集中性是指，当心理活动或意识指向某个对象时，它们就会在这个对象上集中起来，从而抑制与此不相关的对象，保证认识活动得以顺利开展。如当你在自习室里专心致志地读书时，室内有人走动，你可能视而不见；同学的嬉笑，你也可能听而不闻。如果说指向性是指心理活动或意识朝向某个对象，那么，集中性就是指心理活动或意识在一定方向上活动的强度或紧张度，它是一种在意识加工过程中阻止无关信息进入意识的能力。心理活动或意识的强度越大，紧张度越高，注意力也就越集中。

（二）注意的两性差异

有研究发现，男女两性注意力的差异主要表现在注意的品质上。男性的视觉注意范围比女性广，但是女性的听觉注意范围却高于男性。女性注意稳定性的保持明显好于男性；女性的注意分配能力比男性略占优势。男性转移注意力比女性更加迅速和容易。[1]

三、记 忆

（一）记 忆

记忆是人脑对过去经验的反映，是在头脑中积累和保存个体经验的心理过程。从信息加工的观点来看，记忆就是人脑对外界输入的信息进行编码、存储和提取的过程。人们在生活中感知过的事物、思考过的问题、体验过的情绪、经历过的事件、做过的动作、学习过的知识，都可以成为人的经验而保持在头脑中。我们能够记住它们，在后来的日子里还能够回想起来，或者把它们再认出来，这就是记忆[2]。

记忆是保持个体经验的重要形式。个体经验包括两部分：直接经验和间接经验。直接经验是个体亲身经历后的结果，间接经验是人类在长期历史实践中形成

① 宋岩，崔红丽，王丽.男女有别的心理观察——女性心理学［M］.武汉：华中师范大学出版社，2008：36.

② 彭聃龄.普通心理学［M］.北京：北京师范大学出版社，2004.

的，有时又叫作社会文化历史经验。人类保存个体经验的形式多种多样，如通过图书、雕塑、图画、建筑物、电脑光盘等也可以保存经验。但是，只有在人脑中保存经验的过程才叫记忆。

（二）记忆的两性差异

男性和女性之间的心理差异一直是一个令人感兴趣的问题。目前，研究者普遍认为，男性和女性尽管在总体认知能力（如智力）上不存在显著差异，但某些特殊认知能力方面确实存在差别。例如，男性的空间能力优于女性，而女性的言语能力优于男性。

人具有很强的面孔再认能力，甚至对于多年不见的朋友，往往一见面就可以马上认出。这种能力对于社会交往甚至生存都起到至关重要的作用。许多研究表明，与人对一般物体的心理加工相比，对面孔的加工存在一定的特殊性。

吕勇、刘亚平和罗跃嘉（2011）[①] 的研究结果发现，无论男性被试还是女性被试，都对女性照片的再认成绩更好，表明男性不存在自我性别偏见，而女性存在自我性别偏见。此外，男性和女性再认面孔成绩的差异达到了边缘显著水平，很可能女性比男性更擅长记忆面孔。研究者认为，经验的作用既可以导致产生面孔记忆中的种族效应，也可以产生性别效应。在中国，婴幼儿在家庭中的主要看护者是女性，幼儿教师和中小学教师也以女性居多，虽然随着年龄的增长，儿童的玩伴逐渐过渡为以同性为主，但年幼时期与女性面孔较多的接触可能会对其面孔加工系统产生长久的影响。从青春期开始，人们对于异性的兴趣增加，但由于社会文化和性别角色的作用，男性可能比女性更多、更公开地观察异性，这也可能导致人们加工女性面孔的经验多于男性面孔。因此，虽然目前尚缺乏直接证据，但人们在日常生活中（尤其在幼年时期）接触女性面孔很可能多于男性面孔，较多加工经验导致对女性面孔记忆能力更强，从而造成在本实验中对女性面孔的记忆成绩更好。

情感的产生与大脑结构有关。与情绪情感产生有关的大脑结构主要有以下几种：杏仁核、前额叶、腹侧纹状体、岛叶和扣带回。研究显示，当人们观看引发某些情绪的电影时，杏仁核能够对腹侧前额叶皮质区产生"积极影响"，增强其他与情感唤起事件记忆相关的大脑区域的沟通联系。在情绪化的情境设置中，男女的杏仁核活动性都会增强。对男性而言，杏仁核与增强外部刺激反应的区域联

---

① 吕勇，刘亚平，罗跃嘉.记忆面孔，男女有别——关于面孔再认性别差异的行为与ERP研究［J］.科学通报，2011，56（14）.

系密切，比如视觉皮层；对女性而言，杏仁核与监控和调节机体内部反映的区域联系密切，比如下丘脑。在对情感唤起性图片进行编码和记忆时，女性的左侧杏仁核最活跃，而男性的右侧杏仁核最活跃。[①]

这种解释称作认知风格假设，认为男女两性在如何编码、复述和考虑情感经历方面，或记忆测验如何反应方面，存在差异。按照这一假设，仅仅控制编码时的情感强度，情绪事件记忆的性别差异并不会消失。Canli 等（2002）根据事件相关 fMRI 技术，估计记忆情绪刺激上的性别差异是否与男女两性之间不同神经系统的启动相互联系。[②] 他们要求 12 名男性和 12 名女性被试在四点量表上对 96 张中性和负性情绪图片的情绪唤醒程度进行评价。他们记录了被试评定期间大脑启动的情况。三周之后他们让被试完成再认测验。结果发现，对高情绪唤醒图片，被试记忆得更好。此外，这类图片的记忆成绩，女性高于男性。当数据分析仅限于男女两性评定为情绪唤醒程度相同图片的时候，他们仍然发现，为了将情绪刺激有效地编码到记忆当中，两性启动了不同的神经通路，在包含右侧杏仁核的网络中，男性比女性显著地启动了更多的结构，而在包含左侧杏仁核的网络中，女性比男性显著地启动了更多的结构。此外，同男性相比，女性的启动既与正在进行的情绪评定也与后来对情绪唤醒值最高的图片相关。显然 Canli 等的发现支持认知风格假设。

男女也似乎通过不同的神经通路将刺激转换成记忆。比如实验中，女性对高度情绪唤起性的图片记忆能力要好于男性。还有一项研究显示，女性在观看情绪唤起性的图片时，大脑有 9 块情绪相关的区域被激活，而男性只有 2 块区域被激活。一般来说，在回忆悲伤痛苦的事件时，女性大脑要比男性大脑更加活跃。当女性被试被问及过去令她们感到愤怒的事件时，她们大脑边缘系统的中隔区域变得活跃，这一区域在男性大脑中并无任何反应。相反，男性大脑的边缘系统在识别快乐或悲伤的表情图片时变得比女性更加活跃。男性和女性在分辨悲伤的女性面部照片时也存在差异，男性能够分辨出 70% 的悲伤照片，而女性则能分辨出 90% 的悲伤照片。[③]

另外，记忆编码的水平除了受知识和经验的影响之外，有时候也取决于信息的重要性。例如，同情绪中性刺激相比，人们对情绪唤醒（令人愉快或令人厌恶）

① 徐红红.解读两性之情绪情感［J］.中国性科学，2011，20（1）.
② 陈烜之.认知心理学［M］.台北：五南图书出版股份有限公司，2007.
③ 徐红红.解读两性之情绪情感［J］.中国性科学，2011，20（1）.

刺激的记忆更好。这可能与情绪唤醒刺激同中性刺激相比更加重要有关。此外，情绪事件的记忆，女性好于男性。例如，在限时测验中，同男性相比，女性能回忆出更多的情绪自传事件，回忆得更快，情绪强度更高。同配偶相比，女性对第一次约会、上一次度假和最近一次争吵的记忆更为清晰。对此研究者有两种解释。其中一种解释称作情感强度假设，认为女性对生活事件的更强烈的体验，使得她们能够更好地把这些事件编码到记忆中。这样，如果控制编码时的情感强度，情绪事件记忆的性别差异应该消失。

# 第三节 思 维

◀▶【资料卡 3-2】两性思维差异

Guyon（2005）的一项研究发现，男女看问题的方式不相同。男人做决策更趋"非黑即白"，而女人做决定更多表现为"灰色区域"。新研究中，为了探究两性在选择和决策方面的差异，英国华威大学的研究人员要求 113 名参试者对 50 种物件进行归类判断。判断选项包括"部分属于""完全属于"和"完全不属于"三种。这些物件及其归类很容易引起争议和分歧。结果发现，男性更多会选择"非黑即白"的"完全属于"或"完全不属于"的选项，而女性选择更具灵活性的"部分属于"选项的可能性，比男性高出 23%。

新研究负责人、心理学专家扎加里·埃斯蒂斯博士表示，两性在归类方面表现出的巨大差异，并不能说明一种思维比另一种思维更强。在很多情况下，更开放的思维方式或许对分类或诊断更有效。

〔资料来源：Guyon J. The Art of the Decision[J]. Fortune，2005，152（10）：144.〕

## 一、思维的概念

在我们的日常生活中，我们每时每刻都离不开思维，我们用它学习知识、解决问题，用它探索新知、创造未来。思维是借助语言、表象或动作实现的，对客观事物概括的、间接的认识，是认识的高级形式。[1] 例如，我们经常见到刮风、

---

① 彭聃龄.普通心理学［M］.北京：北京师范大学出版社，2004.

下雨，这还只是对这些自然现象的感知觉，即仅仅是对直接作用于感官的一些事物表面现象的认识；但如果我们要研究为什么会刮风、下雨，并把这些现象跟吹气、扇扇子、玻璃窗上结水珠、壶盖上滴下水珠等现象联系在一起，会发现它们都是"空气对流"的表现或"水蒸气遇冷液化"的结果，这就是深入事物的内里与把握因果关系的思维了。在认识过程中，思维实现着从现象到本质、从感性到理性的转化，使人达到对客观事物的理性认识，从而构成了人类认识的高级阶段，人的思维以感知觉为基础，但比感知觉更复杂、更高级。

## 二、思维的过程

思维是高级的心理活动形式，人脑对信息的处理包括分析、综合、比较、分类、抽象、概括、具体化和系统化的过程。这些是思维最基本的过程。

分析和综合是思维的基本过程。分析是把一个事件的整体分解为各个部分，并把这个整体事件的各个属性都单独地分离开的过程。综合是分析的逆向过程，它是把事件里的各个部分、各个属性都结合起来，形成一个整体的事件。例如，在简单的认识里，分析与综合是认识的开端。玩游戏时，小孩子把泥团掰成小块就是分析，把几块积木摆在一起形成一个"塔"，就是综合。

比较是把各种事物和现象加以对比，确定它们的相同点、不同点及关系。比较是以分析为前提的。

比较与分类。比较是在头脑中把事物或现象加以比较，确定它们之间的异同点的思维过程。当事物或现象之间存在着性质上的异同、数量上的多少、形式上的美丑、质量上的好坏时，我们就常常运用比较的方法来认识这些事物和现象。为了比较某些事物，首先，要对这些事物进行分析，分解出它们的各个部分、个别属性和各个方面。其次，再把它们相应的部分、相应的属性和相应的方面联系起来加以比较（这实际上就是综合）。最后，找出和确定事物的相同点和差异。所以说，比较离不开分析与综合，分析与综合又是比较的组成部分。教学中常用的比较有两种形式。一种是纵向比较，即遇到难以理解的材料时，把它与以前学习过的材料进行比较。另一种是横向比较，即同时交错地把两种材料进行比较。分类是依据事物或现象的本质特征，把它们归入适当的类别中去的思维过程。分类是在比较的基础上，将有共同点的事物划为一类，再根据更小的差异将它们划分为同一类中不同的属，以揭示事物的从属关系和等级系统。在教学中运用分类有助于学生明确某些概念的含义，掌握事物和现象的本质特征及事物和现象之间的从属关系。例如，学生掌握数概念时，把数分为实数和虚数；又把实数分为有理数和无理数；有理数又可分为整数和分数；等等。

抽象和概括。抽象是把事件的相同点、共有的属性都抽取出来，并对与其不同的、不能反映其本质的内容进行舍弃。在抽象的基础上，人们就可以得到对事物的概括的认识，概括是在头脑中把同类事物的本质属性综合起来。[1]

具体化与系统化。具体化是在头脑中把抽象、概括出来的概念、原理、理论运用到某一具体对象上去的思维过程，也是利用一般原理去解决实际问题的思维过程。具体化是认识发展的一个重要环节，它能把抽象的理性认识同具体的感性认识结合起来，帮助人们更好地理解一般的原理和规律，使认识不断地得到扩大、丰富、深入和发展。具体化可以检验已概括出来的原理的真实性和可靠性，避免理论与实际的脱节现象。系统化是在头脑中根据事物的一般特征和本质特征，按一定的顺序和层次把事物组成一定系统的思维过程。如生物学家按界、门、纲、目、科、属、种的顺序，把世界上千千万万的生物进行分类，同时揭示各类生物之间的关系，这就是人在头脑中对生物系统化的过程。系统化是在比较和分类的基础上实现的，在学生的学习中有十分重要的意义。一方面，系统化的知识有利于学生本身认知结构的顺利构建，有利于学生理解知识、融会贯通和顺利实现知识的迁移；另一方面，系统化的知识有助于提高记忆效率，便于人们迅速地检索、提取所需要的信息。

综上，分析、综合、比较、分类、抽象、概括、具体化和系统化等思维过程，相互区别又相互联系，辩证统一地贯穿于思维活动之中。这些思维活动过程的有效进行，使我们对客观事物的认识由简单到复杂，由感性到理性，实现着认识活动的飞跃和升华。[2]

### 三、思维的种类

#### （一）动作思维、形象思维和抽象思维

根据思维的形态我们可以把思维分为动作思维、形象思维和抽象思维（见表 3-1）。[3]

① 彭聃龄.普通心理学［M］.北京：北京师范大学出版社，2004：248.
② 彭聃龄.普通心理学［M］.北京：北京师范大学出版社，2004.
③ 彭聃龄.普通心理学［M］.北京：北京师范大学出版社，2004.

表3-1　思维形态的划分

| 类　别 | 定　义 | 示　例 |
|---|---|---|
| 动作思维 | 以实际动作为支柱的思维过程，它们面临的思维任务具有直观的形式，解决问题的方式依赖于实际的动作 | 3岁前的幼儿只能在动作中思考，他们的思维基本属于直观动作思维。幼儿将玩具拆开，又重新组合起来。当动作停止，他们的思维也就停止了 |
| 形象思维 | 以直观形象和表象为支柱的思维过程，它是指人们利用头脑中的具体形象来解决问题 | 我们要去某个地方，会事先在头脑中想出可能到达的道路，经过分析与比较，最后选择一条用时短而方便的路 |
| 抽象思维 | 也称逻辑思维，是人类所特有的一种思维形式，是以概念、判断和推理的形式来进行的思维活动 | 学生运用数学符号和概念进行数学运算或推导；科学工作者根据实验材料进行某种推理、判断等 |

（二）聚合思维和发散思维

根据思维探索目标的方向，可把思维区分为聚合思维和发散思维（见表3-2）。[1]

表3-2　思维探索目标的方向的划分

| 类　别 | 定　义 | 示　例 |
|---|---|---|
| 聚合思维 | 又称求同思维、集中思维、辐合思维，是指把问题所提供的各种信息聚合起来，朝着同一个方向得出一个正确答案或最佳解决方案的思维 | 甲>丙，甲<乙，乙>丙，乙<丁，其结果必然是丙<丁 |
| 发散思维 | 又叫求异思维、分散思维、辐射思维，是指从一个目标出发，沿着各种不同的途径去思考，探求多种答案的思维 | 让人们找出"刚刚出门又返回"的原因，就可以做出各种各样的回答："突然想起忘记带应带的东西""突然想起家里的门没关好"等 |

　　聚合思维其主要特点是求同；发散思维的主要特点是求异与创新。发散思维和聚合思维又是紧密联系在一起的，共同参与到解决问题的整个思维过程中。当我们在解决某一问题时，往往要根据所涉及的诸多条件进行分析，产生许多联想，做出种种判断和假设，这就是发散思维；通过调查、检验，并一一放弃一些假设，

---

[1]　彭聃龄.普通心理学［M］.北京：北京师范大学出版社，2004.

最后找到一个唯一正确的最佳解决方案，这又是聚合式思维。

（三）经验思维和理论思维

根据思维凭借的概念不同，可分为经验思维和理论思维（见表3-3）。[①]

表3-3　思维凭借的概念不同的划分

| 类别 | 定义 | 示例 |
|---|---|---|
| 经验思维 | 凭借日常概念进行的思维活动 | 学前儿童根据他们的生活经验，认为"果实是可以吃的植物""鸟是会飞的动物"等 |
| 理论思维 | 根据科学概念和论断进行的思维活动 | 人们利用马列主义、毛泽东思想、邓小平理论的基本观点，运用"建设有中国特色社会主义"及"我国正处于社会主义的初级阶段"等科学论断来分析、认识目前我国社会主义现代化建设的现状及特点 |

（四）直觉思维和分析思维

根据思维是否有明确清晰的思维过程，可分为直觉思维和分析思维（见表3-4）[②]。

表3-4　思维是否有明确清晰的思维过程的划分

| 类别 | 定义 | 示例 |
|---|---|---|
| 直觉思维 | 是一种非逻辑思维，是指不经过复杂智力操作的逻辑过程而直接迅速地认识事物的思维活动 | 古希腊学者阿基米德在浴缸中洗澡时突然发现浮力定律；魏格纳在看地图时突然闪现出"大陆漂移"观念等 |
| 分析思维 | 也称逻辑思维，是严格遵循逻辑规律，通过一系列的分析、综合、比较、抽象、概括、具体化和系统化的思维过程，最后得出合乎逻辑的正确答案或做出合理的结论 | 学生通过多步的推理和论证解决数学难题；教师帮助学生掌握概念，引导学生进行分析、推导的思维过程 |

在一定程度上，直觉思维是逻辑思维的凝聚或简缩。它具有敏捷性、直接性、简缩性、突然性等特点。直觉是创造性思维的生命所在，在社会实践中有着极其重要的价值。直觉并非毫无根据、不合逻辑，它与掌握牢固的科学知识、丰富的知识经验及积极地从事实践活动有密切关系。

---

① 彭聃龄.普通心理学［M］.北京：北京师范大学出版社，2004.
② 彭聃龄.普通心理学［M］.北京：北京师范大学出版社，2004.

（五）常规思维和创造思维

根据思维的创新程度，可分为常规性思维和创造性思维（见表 3-5）。[1]

表3-5　思维的创新程度划分

| 类别 | 定义 | 示例 |
|---|---|---|
| 常规性思维 | 也称再造性思维，是指人们运用已获得的知识经验，按现成的方案和程序，用习惯的方法、固定的模式来解决问题的思维方式 | 学生运用已学过的公式解决同一类型问题的思维 |
| 创造性思维 | 是重新组织已有的知识经验，提出新的方案或程序，并创造出新的思维成果的思维活动 | 鲁班因为被野草锋利的小齿刮破手指，发明了锋利的锯子 |

常规性思维往往缺乏新颖性和独创性，创造性水平低，对原有的知识不需要进行明显的改组，也不会创造出新的思维成果。创造性思维是一种具有开创意义的思维活动，即开拓人类认识新领域、开创人类认识新成果的思维活动。

◀▮▮▶【学习专栏 3-1】创造性人才

从心理学的角度来分析，创造性是人类在创造性活动中表现出来的思维品质。林崇德（1999）认为具有创造性的人才在智力上有以下四个方面的特点及表现。

创造性活动表现出新颖、独特且有意义的特点。

（1）思维加想象是创造性的两个主要成分。

（2）在创造性思维过程中，新形象和新假设的产生带有突然性，常被称为灵感。

（3）在思维意识的清晰性上，创造性是分析思维与直觉思维的统一。

（4）在创造性思维的形式上，它是发散思维与聚合思维的统一。

具有创造性的人才在人格（或个性）上有如下八个方面的特点（吉尔福特，1967）。

（1）有高度的自觉性和独立性，不肯雷同。

（2）有旺盛的求知欲。

（3）有强烈的好奇心，对事物的运动机制有深究的动机。

（4）知识面广，善于观察。

---

[1]　彭聘龄.普通心理学［M］.北京：北京师范大学出版社，2004.

（5）工作中讲求理性、准确性与严格性。

（6）有丰富的想象力、敏锐的直觉，喜好抽象思维，对智力活动与游戏有广泛兴趣。

（7）富有幽默感，表现出卓越的文艺天赋。

（8）意志品质出众，能排除外界干扰，长时间地专注于某个感兴趣的问题之中。

| 资料来源：林崇德．培养和造就高素质的创造性人才 [J]．北京师范大学学报（社会科学版），1999（1）：5-13.}

### 四、思维的性别差异

#### （一）大脑两半球的两性差异

人的大脑是思维的物质载体，主要由左右两个半球组成，两半球通过其间的胼胝体的几十亿条神经纤维相连接。在正常情况下，左侧大脑半球主管右侧身体，右侧大脑半球主管左侧身体。

美国加利福尼亚理工学院教授、神经生理学家罗杰·斯佩里（R. W. Sperry）用测验的方法研究了裂脑病人的心理特征，证明大脑两半球的功能具有显著差异，提出"两个脑"的概念。他认为两个半球的功能是高度专门化的。斯佩里在获诺贝尔奖的讲演稿中写道："使人们多年来产生了所谓神经学上的传统观念，即有优势的或主要的，左侧的语言半球及从属的或次要的，非语言半球。次要半球除了无言语能力、无书写能力以及患语聋症和患字盲症以外，而且由推测推论出，还典型地缺乏与语言和符号处理联系在一起的更高级的认识能力。"[1]

近年来对大脑的研究表明，两半球各自有一套完整的智力和体力功能，大脑两半球的功能是不对称、有差异的，但又是相互配合的。功能的不对称即大脑侧化主要表现在加工对象的性质和加工方式上。[2] 左半球，擅长对有规则控制的序列做分析性加工，侧重认识过程的理性阶段；右半球，擅长对视觉—空间方面的信息做整体加工，侧重认识过程的感性阶段。

20 世纪 70 年代以来的研究发现，女孩的大脑发展较男孩早一年半至两年，

---

[1] Roger Sperry，张尧官，方能御．分离大脑半球的一些结果 [J]．世界科学，1982（9）：1-4.

[2] 李蔚，祖晶．大脑两半球功能的传统观念与斯佩里观点 [J]．中国教育学刊，1999（1）：18-20.

尤其是大脑左半球很早就开始成熟，这种生理上的成熟使大脑左半球控制的言语中枢得到较早发展，女性的大脑左半球的语言认知能力要比男性更早确立和发达，但脑左右两半球的功能发达没有特殊化倾向。因此，女孩的语言能力具有优势。但是近年来的研究推翻了这种见解，即与男性相比，女性的大脑左半球所具有的非语言能力更强，而右半球的语言能力则比男性更优。此外，从左右手的灵巧、脑的血流量方面检测到，女性的脑左右半球结构的非对称性超过了男性。研究者利用脑功能核磁共振成像技术（fMRI）和脑 CT 等检测方式发现，右手灵巧的女性之中，97% 的人的大脑左右半球呈现不对称性，其程度超过了同龄的男性和幼龄的孩子。[1]

对于大脑右半球来说，由于左半球较早发展，从而对右半球的发展产生了抑制作用，而支配空间想象能力的中枢恰恰位于右半球。所以女孩的空间想象能力的发展就落后于语言能力的发展。男孩的情况则与此不同，男孩大脑两半球的发展不存在明显的早迟现象，因此和女孩相比，虽然在语言能力上男孩显得稍逊一筹，但他们的空间想象能力却超过女孩。

（二）两性在思维表现上的差异

男女两性思维是否有差异，一直是心理学和教育学中的一个重要课题。在中国科学院和中国工程院的院士中，女性有 70 多名，占两院院士总数的 7% 左右。从 1997 年到 2001 年，获得国家自然科学奖、国家技术发明奖、国家科技进步奖三个国家奖项的女性只占获奖总人数的 16%。其他的资料也不断地表明，男性在数学和科学领域占据绝对优势，女性的位置明显地不如男性[2]。

目前的研究表明，男女思维能力是有差异的，但这种差异表现在男女思维能力的各自特色上，而从总体水平上看，则可能没有显著差异。例如，全国青少年推理能力协作组的研究成果认为，在我国青少年中，男女学生的逻辑推理能力出现"互有高低，互有接近的状况"，在形式逻辑推理能力的发展中，男生的推理能力高于女生，这主要表现在演绎推理方面，而在归纳推理方面则是没有差异的。在逻辑法则运用能力方面，女生运用矛盾律、同一律的能力要高于男生，排中率的运用能力无性别差异。此外，男女生的辩证逻辑思维的发展是同步的，没有显

① 徐光兴.性别差异的脑半球功能特殊化及其认知模块观［J］.华东师范大学学报（教育科学版），2007（2）.

② 徐冠华.落实科学发展观，全面提高我国妇女的科技素质［N］.中国妇女报，2005（3）.

著差异。①

国外的研究表明，女性偏于形象思维，男性则偏于抽象思维。阿普罗伯赫（Aplerbach）认为，男性在判断和认识问题方面比女性进一步，男性的思维在判断问题时有较高的逻辑性，能客观地理解事物的本质；女性的思维则逻辑性不太强，往往具有比喻性和故事性，判断问题时带有强烈的主观色彩，极易受外界暗示的影响，也易受自己感情的影响。

除了思维方面的差异之外，思维的性别差异还表现在不同年龄阶段两性发展的不同上。学龄前儿童思维的性别差异并不明显，特别是婴儿时期，几乎没有什么差异。幼儿时期虽然已经显示出差异，其表现是女孩的思维发展略优于男孩，但差异并不明显。1992 年，方富熹、方格对初入学儿童逻辑推理能力的研究也未发现性别差异。在图形创造性思维测验上，中、德双方儿童均表现出性别差异，除中方超常组外，都是女孩成绩更佳。但进一步的分析表明，这些差异未达到显著水平（周林等，1995）。在数字、图形和实用创造性思维方面，中国儿童和德国儿童都不存在性别差异，而在心理折叠、学习爱好 / 技术问题理解和科学活动方面，中、德儿童都存在性别差异，表现为男生得分高于女生（施建农等，1999）② 。

从 20 世纪 80 年代开始，我国的一些学者陆续针对这一问题进行研究。

朱智贤和林崇德（1991）的研究表明，女性思维发展的速度和抽象逻辑能力的水平明显优于男性，但思维品质的灵活性却低于男性。

申继亮和师保国（2007）③ 采用修订后的《青少年科学创造性测验》考察创造力的性别差异，结果表明：高中生创造性显著高于初中生，初中生在创造性得分上无性别差异，高中男生在独创性上得分显著高于女生；在流畅性、灵活性上无性别差异。从思维发展的特点来说，独特性反映的是思维的独创性、深刻性；从个性发展的特点来说，独特性反映的是敢于打破常规、强烈的冒险精神和挑战性。这些都与创造性的本意紧密契合。因此，可以说独特性方面所体现出来的性别差异很好地反映了创造性的性别差异，这一结果也是与科学领域男性占优势的实际现状相符合的。

---

① 马国义 . 浅谈两性思维差异［J］. 教育实践与研究，2002（9）：9-10.

② 施建农，徐凡，周林，等 . 从中德儿童技术创造性跨文化研究结果看性别差异［J］. 心理学报，1999，31（4）.

③ 申继亮，师保国 . 创造性测验的性别与材料差异效应［J］. 心理科学，2007，30（2）.

王福兴、沃建中等（2006）[①]的研究表明，在图形概括性、言语概括性和概括性以及聚合思维总分这四个维度上存在显著的性别差异，男生和女生在聚合思维能力的其他维度上并没有呈现出显著的差异。具体来说，在这些维度上，均是男生显著地高于女生。

总之，男女在思维方面表现出总体的平衡性，可以说男女的思维是相当的，只是特色各不相同，女性更擅长形象思维，男性更擅长抽象思维，两种思维对人类具有同样的作用，不可厚此薄彼。当然，不同的时代有不同的侧重，不同的领域有不同的要求，但就思维本身来说并没有高低之分，具有同样的价值，具有不同思维倾向的人，都可以取得同样的成就。

（三）两性在思维上存在差异的原因

两性思维的差异引起心理学界的广泛关注，与此同时，心理学家还对造成这种差异的原因进行了分析，提出了不同的观点。

表3-6　两性在思维上存在差异的原因的主要观点

| 观点 | 主要内容 |
|---|---|
| 1.强调生物性因素的作用观点 | 此观点认为，造成儿童认知能力性别差异的主要原因是激素（主要是雄激素）的作用。这种性激素在胚胎时期就对个体大脑的某些微观结构的形成产生影响，进而影响个体在出生后的大脑功能以及信息加工的方式。激素在青春期通过影响儿童的发育速度和生理成熟水平再次对个体的认知能力产生影响。例如，受到母亲在怀孕期间服用药物以及先天性疾病的影响，一些女性自胎儿期起，就分泌高水平的雄激素。对这些女性的认知测验发现，她们在空间思维能力上的表现要优于其他许多女性。在对正常女性荷尔蒙分泌情况的检测中发现，当雌激素和黄体酮的水平升高时，这些女性在语言和手工任务上的表现会更好，当雌激素水平降低时，他们在空间任务上的表现会更好。但值得注意的是，这项研究结果虽然显示激素对认知能力的影响作用，但是辩护的数值是非常微小的，几乎不对日常生活造成影响（Brannon，2005）[②] |

①　王福兴，沃建中，林崇德.言语、图形任务条件下青少年发散性思维的差异研究［J］.心理科学，2009，32（1）.

②　［美］Brannon L.性别：心理学视角［M］.影印版第4版.北京：北京大学出版社，2005.

（续表）

| 观点 | 主要内容 |
|------|---------|
| 2.强调经验和环境的作用观点 | 此观点认为，由于男、女儿童在活动的兴趣和水平上均存在着差异，因而他们的知识经验背景存在着质和量的区别，最后表现为思维上的差异。<br>社会、学校及家庭对男、女儿童在发展模式上的不同期望也使男、女儿童在不同的思维行为上获得不同程度的鼓励或限制，这也必将导致儿童在某些思维领域表现出性别差异。现实社会中表现出的女性劣势是个社会问题而不是能力本身的问题。持这种观点的人认为，社会陈规及性别角色的影响、家长对子女期望的影响和因此产生的个体发展中自我期望因素的影响，造成了现实社会中的女性劣势。不同的性别角色和社会期望必然会影响个体的能力发展和活动绩效，包括创造性表现在内，并且随着年龄的增长，社会化程度的提高，性别角色对创造性的影响就越明显。反之，性别角色的影响则越不明显。例如，Barry在美国对110个社区的孩子抚养进行了人类学研究，结果发现，80％的人鼓励女孩子学会持家，而对男孩子进行自信心和成就训练。同时，研究表明，在2岁以前，不同性别的儿童所接受到的指导并没有明显差异，但是在2岁后，人们提供给不同性别的儿童玩具和指导语，以及活动类型都出现了明显的差异。[①]<br>一些跨文化研究指出，社会在性别平等方面的进步是减少性别差异的一个重要原因。Raina等人研究得出的结论是：在主张男女平等的社会中，男女差异较小，即使有，也只不过在创造方式上各具特色而已。随着现代社会的进步，性别平等观念日益深入人心，我国自实行计划生育制度以来，生男生女都一样的观念得以加强和普及，父母对独生子女的要求更具有现代意识、适应意识和竞争意识，父母的性别角色期望和对孩子的成就期望比以往更加平等，人们不再因为是女孩子就希望她们服从、乖巧，而是同样有意识地培养其大胆、独立、自信、敢于表现自我的个性，这些品质十分有利于创造性地解决问题。现在的教师对儿童的性别角色要求和期待也越来越趋于平等。消除传统性别角色观对青少年的消极影响，使男、女儿童不受性别角色标准的局限，从而更加自由地发展他们与生俱来的创造潜力 |
| 3.心理—生物—社会的交互作用观 | 方刚（2010）根据Halpern（1997）提出了一种心理—生物—社会的交互作用观，解释了思维能力的性别差异。该观点认为，在胎儿期，雄性或雌性激素就已经开始影响大脑的生长发育，它会导致男孩的大脑在空间思维上更灵活，使女孩的大脑对言语交流更加敏感。出生以后，这种大脑活动的倾向性会使男孩更喜爱并拥有更多空间思维活动的经验，使女孩更关注并尝试更多的言语交流活动。由于智力是创造性思维的基础，智力的发展为创造性思维的发展提供了条件。在思维的灵活性上青少年男性要明显优于青少年女性。青少年男性在处理问题的过程中善于随机应变，用多种方法处理同一个问题；而女性则更容易受思维定式的束缚。更多的认知活动经验又会刺激和塑造大脑，使它在相应的脑皮层形成更多的神经元通路，从而进一步促进男性和女性各自偏向的认知活动能力[②] |

①　胡平.思维的性别差异［J］.中国青年科技，2003（3）.

②　方刚.性别心理学［M］.合肥：安徽教育出版社，2010：109.

# 第四节　语　言

语言是一种社会现象，是人类通过高度结构化的声音组合，或通过书写符号、手势等构成的一种符号系统，同时又是一种运用这种符号系统来交流思想的行为。"早在20世纪70年代初期，男性和女性讲不同语言的观点就开始获得语言学家、心理学家和交际研究者的重视"（Mary Crawford，1995），于是就出现了所谓的"女性语言"（Lakoff，1973）、"女性语域"（Crosby & Nyquist，1977）等专门指称这种语言现象的术语。但是不管学者们用什么样的术语来定义自己的研究对象，不管是把女性语言看作偏离男性语言的变异，还是把女性语言看作一种有别于男性语言的语言变体，也不管他们从什么角度用什么方法进行各自的研究，总的来说，他们推动了语言和性别研究的发展，也加深了人们对这种现象的认识和关注。

语言学界对于语言与性别研究的重视始于 Robin Lakoff。她在 1973 年提出的"女性语言"以及在 1975 年出版的《语言与女性的位置》一书激发了语言学家们对这个研究课题的兴趣。

◀▮▮▶【资料卡 3-3】Lakoff《语言与女性的位置》

Lakoff 的研究中指出女性在词汇、句法和语用方面的差异构成了女性语言的独特的风格：顺从、消极和不确定等。提出"妇女语体"有几大主要特征。

第一，在词汇方面，女性常用强化词和只表达情感而不含信息的形容词；比如同男性相比，女性往往使用更加具体的颜色词汇。另外，这种使用具体化词汇的倾向也表现在其他与女性的生活紧密相关的许多方面。

第二，语调的差异，女性倾向于在陈述句内使用升调，其结果就是表达了女性的优柔寡断和不确定。

第三，在句法方面，女性倾向采用反义疑问句、闪避词、模糊修饰语和过度礼貌的形式。尽管男性和女性在某些场合下都会使用反义疑问句，但是女性有一个比较特殊的反义疑问句用法，即她们在表达自己的观点时还会使用反义疑问句。

第四，弱化的咒骂语，女性使用的咒骂语一般比男性所使用的同类词语的语气要弱。这也许是受社会规约的限制。

第五，过度礼貌的形式的应用，女性较男性而言更容易使用复合的间接请求方式。

第六，过分正确的语法（hypercorrect grammar），女性无论是在语法还是在语音方面都会使用非常正规的形式，比如她们不会使用"ain' t"，也不会把"going"讲成"goin"。

第七，没有幽默感，女性无论是在创造幽默还是在理解幽默方面都有着先天的不足。

此外，许多语言学家的研究（Zimmerman & West，1975；Edelsky，1981；Tannan，1990）结果表明，男女两性在说话方式与策略方面存在着差异，有着各自不同的风格。具体体现在话题的控制（control of the topic）、话语打断（interruption）、重叠（overlaps）和沉默（silence）等方面。其他的语言学家则提出男女在交际中，在发言、提问、打断、反馈和应答五个方面存在差异。女性在说话的时候通常是抱一种合作的态度，给对方平等的机会来交流。女性很少会单独控制话题而不给对方任何的发言机会。通常情况下，她们会先提及别人刚刚说过的话题，表示自己一直是在认真听并且在努力使这个话题进行下去。在这样的情况下，双方比较容易将这个话题通过一来一往的方式进行下去。但是男性在说话时则不太会顾及对方的感受，容易变成一个人的长篇大论。特别是在公开场合，一般是男性控制发言，他们发言、提问和打断别人均多于女性，而且更倾向于发起挑战和提出异议。他们喜欢以一个权威者的身份对人讲话，而且似乎表现出懂得多，对自己所讲的内容很在行，喜欢滔滔不绝地高谈阔论，给人一种说教或讲演的感觉，使他人很难参与其中。但是在非正式场合中，他们则表现得少言寡语。与之相反，女性在非正式场合中表现得较为积极主动。她们总是采用支持鼓励性的语言，更多地表示赞同而不是反对，更多地表扬而不是批评，努力寻求与对方的一致性关系，从而使谈话顺利进行下去。由此可见，谈话的控制权多在男方。女性在讲话时习惯较多地使用"we""you"这类可以把听者包括在内的人称代词和以"Let's"开头的祈使句。同时，在别人说话时也习惯用点头或者发出"mm""hmm""yeah"等表示自己在注意倾听。而且她们会使用一些比较婉转的语言，显得比较犹豫或者含蓄，因而她们的男性听者往往会认为她们缺乏主见或者自己的看法，其实这是一种误解。相比之下，男性在交谈时表现出较强的竞争意识，倾向于按照自己的思路去展开谈话，而且有垄断话题的欲望，不肯轻易地放弃自己的话语权，并且有向对方展现自己才华的欲望。

（资料来源：语言性别差异的表现形式及形成性别差异的原因。http：//blog sina com cn/ s/ blog __ 4e15d10901000d0m html，作者整理）

## 一、性别差异在语言中的体现

### （一）语音层面

音高是声音的高低，取决于发音体振动的快慢。人类的发音体是声带，声音的高低和声带的粗细、厚薄、长短、松紧有关。声带振动频率越高，声音越高；反之，声带振动频率越低，声音越低。男性的声带长而厚，振动频率比女性低，因此在说话时声音比女性低。语音层面的性别差异，男女两性受发音器官等生理因素的影响，其性别言语模式体现在语音上有以下特点（见表3-7）。

表3-7　语音的性别言语模式差异

| 音高 | 女性音高高于男性，说话速度（语速）比男性快，语言流畅度也较男性好 |
|---|---|
| 音域 | 男性音域宽于女性，言语停顿次数多于女性，强音使用频率多于女性 |
| 语调 | 女性说话时多用升调，音调变化多，富有表现力，对各项语言规则更习惯于循规蹈矩，趋向于使用标准、权威的发音方式 |

由于当今社会发展，女性的社会地位不断提高，思想不断改变，蔡晓斌和李新（2006）[1]对中国女性在语气音调上的研究发现，中国女性开始趋向于深沉的语调，语气的抑扬顿挫有所减少，话语韵律较为平和，降调使用频率增高，句尾疑问句和升调的运用相对减少，在群体范围内的交际中语气肯定，注重言语分量，参与讨论的话题由小变大，这些变化在一定程度上显示了女性言语风格的男性趋势化、成熟化，更确切地说是"中性化"，因为它抛弃了部分原来女性所特有的风格而增添了部分男性风格，从而形成了另一种全新的综合风格，而这种"中性风格"已经在当今社会广泛传播并为大多数女性所接受。

### （二）语法方面

在语法方面，女性更喜欢附加疑问词、回避词或模糊修饰语，也会更偏向使用复合祈使句和附加疑问句；而男性则更多使用单纯的祈使句。曹志赟（1987）[2]对口述实录文学《北京人》中语气词的使用频率进行了量化研究，在篇幅字数基本相等的男女话语材料中，女性在疑问句和祈使句中使用"吗、呢、吧、啊"的频率高于男性。女性这么做的主要目的是尊重对方，以此建立一种和

① 蔡晓斌,李新.中国女性言语风格探微[J].华北电力大学学报(社会科学版),2006(1).
② 曹志赟.语气词运用的性别差异[J].语文研究,1987(3).

谐的交际气氛,而男性较少运用疑问句。即便使用,也主要是为了获得信息,有时也用来表达消极评价、分歧、批评甚至反对意见。男性也更多使用祈使句表示命令的语气。女性喜欢使用复合祈使句和附加疑问句,优点是显示了女性的细心与礼貌,降低了与他人发生冲突的可能性,同时也隐含了女性鼓励他人发表想法、进行意见交流的意味。但是,虽然较为礼貌,强调对对方的尊重,但也会造成女性在语言表达上的不确定性,缺乏主见与信心。如:"可能的话,你是不是或许可以尽量爱干净一点会更好?"常用留余地的言辞作为陈述的开端,削弱了女性口语沟通的果断程度,想法或意见容易被忽略。

男性运用单纯的祈使句,优点在于果断的沟通方式,虽然显得很有力量,也很有主见,但是常常让女性觉得这种说话方式不够礼貌,忽略了他人的感受,因此会有不愉快的情绪反应。

(三)交谈风格

女性属于"感受型"风格,倾向于在谈话中营造友好的气氛,目的在于建立友谊、消除隔阂。所以,女性在会话中更喜欢使用"好的""嗯""是的"等来表示"我理解",给予对方回应,使双方的会谈继续下去,以免陷入沉默的尴尬中。同时,女性在谈话过程中,期待听到一连串倾听者的声音,她们把静静地听理解为根本没有注意听。

而男性则是"信息型",喜欢竞争性的谈话,希望在信息的发布交流中展示个人能力、建立自我地位。男性期望的是静静地注意听,他们将一连串倾听者的声音理解为过头的反应或是不耐烦。

所以,有时候,男性的对话习惯使女性感到失望;同样,女性的对话习惯也使男性感到失望。此外,当女性在一个私密、舒适的环境里交谈时,常常互相搭话,说完对方未说完的句子,并且能够预料到对方要说什么。这种做法叫作"参与式倾听",男性往往将此理解为干扰、冒犯和缺乏注意力。

女性比男性更容易附和或同意对方的观点,而男性则喜欢提出异议,甚至对对方不予理睬,明显流露出对所谈的话题缺乏兴趣或根本没听,因而显得极不礼貌。男性往往对别人的话语表示不赞同或不以为然,很多男性认为,谈话时指出问题的另一面才是他们的责任。例如,有些时候丈夫会向妻子抱怨:"她只想表达她的观点。如果我向她表达另一种不同的观点,她就对我生气。"在女性看来,这样做是一种不真诚的表现,是拒绝给予必要的支持。这不是因为女性不想听到别的观点,而是因为女性更喜欢将这些观点以建议或询问的言辞表达出来,而不是以直截了当的挑战形式表达出来。换句话说，男性似乎追求一种建立在"权力"基础上的相互交流的风格，而女性却追求另外一种建立在"团结一致"和"相互支持"基础上的交流风格。

交谈风格的另一项性别差异是女性更多使用不确定性动词。女性很多时候说话犹豫、不自信或者含糊其词，常使用"也许""可能""我觉得"这类词语，或者使用提问句。例如，"这本书看起来很有趣，是不是？"而男性则会说"这本书很有意思"。对这种差异的一个解释是女性有时候出于礼貌，给对方以表达自己观点的余地，让交流保持开放，鼓励他人参与，使会话顺利进行下去。然而，另外的解释表明，女性的试探性可能并非源于她们的不确定性，而源于较低的地位。权力较弱的个体不论自身对所说的内容的自信程度如何，都有可能使用试探性的话语。

1. 话题范围

男女两性在话题范围上也存在明显差异。女性谈论的话题一般局限于个人的感受及朋友间的交往、家庭事务或日常生活琐事等方面。而男性则往往喜欢谈论时事政治、汽车、体育等。

中国女性的谈论话题多为生活、情感类的话题。这与她们的地位、工作、社会声望、女性特有的性格等方面是密不可分的。而且两性在话题范围上的差异主要是由两性在社会及家庭中所扮演的不同角色决定的。即使女性的社会地位不断提高，大量女性走出家庭，走向社会，也摆脱不了中国传统观念的影响，家庭仍然是女性最主要的活动场所。因此，她们的话题多与家庭生活有关。例如，女性一些永久性的话题，如着装、爱情、家庭、生活琐事、某事的经历、感悟等，这些和女性天生细腻的情感和思维是分不开的。甚至背后的议论或闲聊也可以成为女性交谈的话题，这种议论或闲聊指的是一种非正式的社团交际，它的目的不在于要交谈什么有实在意义的内容，而是女性维持本社团的团结的一种方式。因为通过谈论或闲聊，成员间可以互动从而达到维持平等、和谐、一致关系的目的。

男女确实有不同的话题。男性扮演的社会角色使他们的话题偏重与社会生活相关的政治、经济、体育等。但是，女性的话题着重在家庭范围这一现象呈现出缩减之势。丰富的社会生活内容极大地丰富了她们的生活，从而给她们的话题填充了大量的社会问题和工作问题。在社会潮流的影响下，女性注重理性话题，谈论经济、职业，积极关注最新动态并和自身的发展结合起来，提前规划未来，闲谈议论大量减少，注重话题的多样性与选择性结合。但与男性不同的是，她们仍以女性的情感关心社会，对儿童、恋爱、家庭等给予更深的感情和更高的热情。

同时，作为女性，出于对美的喜爱，也以化妆、美容、服装等为话题，从而使她们的话题更为丰富多彩。

总之，女性话题的形成具有多方面的因素，社会是大环境，个人是小环境，在这些环境中生活的女性以各自不同的生活圈形成不同的话题——社会的职业共同话题、爱好共同话题、年龄共同话题等，并在五彩缤纷的话题中尽展女性风采，从而赢得更广泛的交际对象。

2. 委婉语的使用

委婉语是人们在社会交往中为谋求理想的交际效果而创造的一种适当的语言表达形式，即用漂亮的词语或文雅的谈吐，用无害的或悦耳的词语来替代直接、冒昧、唐突的言辞。

委婉语作为一种交际手段在人际交往中运用极为广泛，不仅使语言生动活泼，又能留出一定的交际余地，以达到良好的交际效果。委婉是女性语言风格的重要特征，也是女性人格特征的反映。这种委婉间接的表达方式恰好符合女性经常使用的含蓄、模糊和试探的话语风格。女性倾向于使用这种负面效应较小的委婉方式进行言语交际，以获得良好的交际效果。同时，也反映女性在社会某些领域较低的社会地位，故委婉语被广泛运用于女性语言当中。

在日常生活中，女性语言比男性语言更为礼貌，更能满足人们对面子的需求，女性比男性对于可能会损伤别人面子的语言更为敏感。女性更喜欢使用文雅、委婉的词语，而男性则不然。男性更多使用诅咒和禁忌语，借之表达阳刚之气的性格。汉语中，男性更多使用"他妈的"，而女性更多使用"讨厌""可恶""有毛病"等。女性把粗语当作禁忌，因此选择使用委婉语来回避。女性在交际过程中也常常运用"我想""我认为""我觉得"等句式委婉地表达自己的见解。

3. 颜色词汇和感情色彩词汇的使用

女性对色彩词的分辨能力较强。许多语言学家认为，女性使用感情色彩强的词目的是抒发感情。这是由男女情感差异引起的。女性较男性更易产生情绪波动，并将这种情感溢于言表，更易于感染对方。

加拿大语言学教授洛科德博士在 1981 年对约克大学的学生做过一次测验。测验包括两项内容：一是把 20 种颜色板挂在黑板上，让学生写出颜色名称，结果，女生能写出 71% 的颜色名称，男生只能写出 46%；二是提供五组相近的颜色，每组包括两种，让学生写出两种颜色的区别，结果，女生能写出颜色差异的占 63%，男生只占 40%。结论是，女生比男生掌握更丰富的颜色词汇。[①] 这种情况得益于女性角色的社会因素。女性在孩提时期就被各种式样、花色、颜色的衣服包围，长大的女孩，由于对外表的重视而更加注重色彩。随着受教育程度的加深、审美能力的提高，对颜色的敏感性、辨别力就更强。在众多女性的作文和作业中，随处可见形形色色的色彩词，如描写景物、说明物体等。她们不仅可以用微小差别的色彩词形象地绘物叙事，而且可以用色彩词来表现心情、描绘情感。

造成两性差异的原因在于男女情愿从各自的语库中选用彼此有别的表达方式，男性想通过色彩词来表现他们粗犷、豪放的性格；而女性则意在通过色彩的精确描绘体现其爱美、情感细腻和触景生情的本质。

（四）话语量大小方面

一些刻板印象认为女性总是在交谈，她们比男性说得更多。长期以来人们对女性的普遍看法是"多嘴多舌"，其实女性的话多只是在人际交往相对私人化的场合，在正式或者重要场合，女性的话量比男性少得多。很多研究发现，在会议、男女分组讨论等情况下，男性比女性更健谈，有学者从研究七所大学员工会议的录音发现男性不仅说得多，说的时间也长。[②] 在小学教师、大学教师和大学生的谈话中的研究资料显示，男性比女性更健谈。在大多数场合，包括街头、家庭、朋友聚会、社交活动、各种会议、电视讨论、体育比赛等，男性说的话往往比女性多，他们讲话更频繁、持续时间更长（Wood，1994）。而且这种性别差异在学龄前就很明显，一直持续到成年期。特别是在男女之间的对话中，无论是夫妻之间，还是朋友、同事或同学之间，基本上男性说话的时候多于女性。

为什么研究显示男性比女性爱说话呢？对话理论认为，社会中男性比女性的地位高，所以在谈话中男性会显得更有优势。一般来讲，在会话中女性处于服从的地位，所以她们经常使用模糊修饰语，尽量避免与别人意见相反或直接对立，这主要还是出于谦虚礼貌的考虑，多赞同而少反对。同时，男性在公共场合比女性更注重展示自己的能力，所以常常以专家的姿态讲话，话语风格是"信息型"或"报告型"的，其任务倾向行为需要更多的交谈，因为给他人提出建议比起同意某人的观点需要更多话语。[③]

---

① 王丽琴. 女性语言相容因素分析［J］. 中华女子学院学报，2002，14（1）.

② 罗娟. 对英语中女性言语行为特点及其原因的探究［EB/OL］(2012–11–12)[(2021–09–10]. https：//www.doc88.com/p-9909424285041.html.

③ 方刚. 性别心理学［M］. 合肥：安徽教育出版社，2010：154.

男女谈话时，男性打断女性的次数比女性打断男性的次数多。一般来说，在交际的过程中，话轮的交替是交际者应遵循"你一言，我一语"的规则，在这个过程中存在着彼此的默契。想维护这个过程的正常进行就需要交际者的合作。研究表明在异性交际中男性常常违反关系准则，岔开或打断自己不感兴趣的话题，以打断对方的方式破坏话轮转换的规则。女性在交际当中较男性更加合作，更能自觉地遵守话轮交替的规则。① 男性打断、岔开女性的话题比女性打断、岔开男性的话题要多得多，但在同性之间的交谈中，男性、女性几乎一样，很少岔开对方的话题。女性一般很耐心地等着对方把话讲完，不随意打断对方的话。根据观察，当谈话者被打断时，男性更容易感到不满，他们采取反击措施的可能性较大，而女性因为比较保持合作准则，所以对话题的控制权的欲望较低。但这并不代表女性被打断时总是默默无言，在日常生活当中我们也常常听到女性对对方说"你急什么，先听我说"等这类话语，这是女性被打断时不满的表现。

那么，为什么人们总是觉得女性说得比较多呢？在类似正式场合会谈的过程中，男性喜欢控制谈话的内容，而女性更倾向于倾听他人的谈话并给予支持，所以男性比女性说得多。同时，受到传统的社会文化规范的约束，女性不能像男性那样"夸夸其谈"，但是在非正式场合里女性话语量就会上升，因为非正式的谈话中常常涉及更多的社会情感行为和更少的任务行为，男性的谈话优势会变小，多数的女性喜欢较随意的私下交谈。因为对于多数男性来说，言语交际是主要用来保持独立、维护地位和权利，而女性则更倾向于通过谈话来建立和保持彼此之间和谐友好的关系。

## 二、性别语言差异的原因

为什么语言中会因性别的不同而出现差异呢？作为思维工具、交际工具、文化体裁的语言受到社会、文化等外在因素，同时也受到语言使用者的思想、情感、心理等内在因素的影响。语言中的性别差异是语言使用者出于社会、文化、心理、生理等方面的综合因素所表现出来的一种语言现象。

造成语言性别差异的原因很多，往往是各种因素交织在一起形成的。探讨语言性别差异是一项复杂的工作，因为涉及男女两性生物特征、心理、社会等多种因素。性别语言的成因可分为生理、心理、社会与文化四个主因。

---

① 王丽琴.女性语言相容因素分析［J］.中华女子学院学报，2002，14（1）.

（一）生理因素

两性在生理方面的差异是显而易见的。男女两性在生理上的差异使他们在语言上也产生差异，如女性在视觉反应（包括辨色、分辨表情等）、情绪感知、语言能力上的优势可以用来解释女性对颜色词的把握、对谈话气氛的良好把握以及表达流畅度较高的现象。根据哥伦比亚大学的研究，男女两性的生理差异主要表现在两个方面。第一，两性在音频上存在着明显的差异。语音的高低与声带的长短、厚薄、松紧有关。女性声带比男性短，声调比较高等，于是言语交际中，女性大多擅用温和、惊讶和富有感情色彩的语调，而男性的语调一般倾向于低沉、平稳。第二，女性负责语言活动的大脑左半球较男性更活跃。这是女性语言能力较男性更高的原因。人类大脑的左半球具有高级的、抽象的语言作用，支配着说话与把信息顺利译成词语的处理过程的功能。性差异心理学研究一致表明，女性大脑的发育比较早，尤其是大脑左半球很早就开始成熟，占据主导地位，有利于言语机能的发展。因此，女性在语言能力上占有一定优势。[①] 在婴儿时期，女孩比男孩开始说话的时间早一个月，写字也较快。在上学前，其词汇量比男孩大。女孩开始灵活运用句子的时间和会用较长复杂句子的时间也比男孩早。在发音方面，女孩达到完全清晰发音的年龄比较早。在日常生活中也可发现，小女孩在发音准确、学习新发音以及讲故事等口头表达方面胜过男孩。而中小学时期，在作文方面女孩占据优势。随着年龄的增加男性才慢慢地赶上。到了成年，两性的语言能力的差异并不明显，但总的来说女性的语言能力优于男性。

（二）心理因素

男女两性之间存在着不同的心理特点，这是公认的事实。男性和女性不同的心理特点对语言的运用会产生一定的影响，决定了两者在语言上出现某些差异。心理学家对男女两性特征早就有不少论述，他们指出两性不同的心理特征主要表现在思维、情感、意志、兴趣、性格等方面。心理学的研究表明，早在童年时代，男性就学会了抽象思维，并且重视行为，而女性更倾向于具体思维，更重视情感和与他人的关系。

青春发育期前，女性较男性在理解人际关系、义务感、责任感、认真态度等心理品质上成熟得更快。青春发育期后，两性的心理特征差异更加明显。女性的

---

① 徐光兴.性别差异的脑半球功能特殊化及其认知模块观［J］.华东师范大学学报（教育科学版），2007（2）.

兴趣容易倾向于与人生有关的内容和对象，她们较男性对住宅、家具、服装等更感兴趣，因此在话题选择上也倾向于谈论家庭、服装或日常生活琐事等。男性则对体育、军事、政治等更感兴趣，因此他们在话题选择上更多谈论政治、体育、经济等。

可以说，性别的形成是一个社会过程，女性意识到自己在社会上的弱势处境、从属地位。对大多数女性来讲，交谈是建立和维持亲密社会关系的基本方式。要显示自己的身份地位、所受的教育、文化背景以及价值观，她们会竭力避免用忌讳语，尽量用委婉语，特别讲究语言的文雅风度以显示自己的修养来保护自己。因此，女性在交际过程中考虑更多的是"自我保护"。通过修饰自己的语言，使用规范文雅的语言来获得社会的尊重和良好的评价，因此，女性较遵守社会规范、较少违反语言规则等。此外，女性喜欢使用表达强烈情感的形容词与她们感情丰富有关；喜欢使用委婉词，避免使用粗俗语，与她们文静、怯弱、温柔、纤细有关；喜欢使用反义疑问句与她们信心不强与依赖性较强有关。

（三）社会因素

1. 男女在语言使用上的差异最主要的是由社会因素造成的

言语行为的差异是男女社会地位不平等的一种表现，而不是由女性生理方面的不足造成的。在生物特性不变的情况下，社会背景的不同将导致男女两性在语言使用上的不同。语言性别差异由男女两性在社会上的不同地位而造成。[①]法国作家西蒙·波伏娃说过："从古至今妇女的身份低于男性，成为次于男性的第二性，并不是由于天生的女性特征，而是长期以来男性为中心的社会力量和传统势力造成的。"另外，莱科夫认为，社会赋予男性的权利影响男女的谈话方式，而且会在男女谈话中得到反映，社会对女性的歧视使得女性必须靠她们的仪表、谈吐博得人们的欢心；相反，言语行为方面的差异又会保证男性在社会中的统治地位。[②]所以，女性委婉语是社会化过程的产物。从阶级社会的初始起，女性就一直处于低一等的社会地位。在社会上男性总是处于支配的地位，而女性则是顺从的、从属的。女性在许多领域总是处于劣势，所拥有的社会地位和经济主导权也相对较弱。这种男尊女卑的现实必然会影响女性自身的社会心理状态，并直接影响她

---

① 郭鹏. 女性言语特点的成因分析［J］. 赤峰学院学报（汉文哲学社会科学版），2013，34（7）：224-226.

② 吕鸿礼. 俄语中的性别语言变体及其成因探微［J］. 解放军外国语学院学报，2004，27（5）.

们的交际语言。

2. 社会角色促使两性展示不同的语言风格

性别角色是指社会按照人的生理性别而分配给人的社会行为模式，即一定社会认可的、符合一定社会期望的品质特征，包括男女两性所持的不同态度、人格和社会行为模式的总和，包括语言。社会性别角色理论认为我们对于男性或女性的行为的期望是基于我们对男性和女性所持的不同的社会角色的刻板印象而产生的。一般来说，社会期望女性温柔细腻，以家庭为中心，关心丈夫和孩子等；而对男性，期望他们自立、有抱负，表现领导行为，有支配性，关心政治、体育等。这些期望在很大的程度上影响着男女两性的性别角色的行为，包括语言行为。所谓"男主外、女主内"，曾有调查统计，广告片中，女性在家中的场景占70%，男性仅仅占34%。因此，女性在话题选择上多为家庭之事而男性更倾向于体育、政治与此有关[①]。

由于性别身份的不同，在交际过程中，男女两性所展现出来的语言风格自然具有差异性。现代社会，男女平等，女性既要照顾家庭又参加工作，她们在扮演母亲教孩子说话和劳动者为人处世的角色中应该更加注意使用礼貌语言和规范语言，因此在日常交际中，女性更倾向于使用间接、委婉的表达方式，而男性则倾向于使用直接、明确的表达方式。

3. 性别语言差异是人们在语言习得过程中获得的

性别差异是各种语言中的普遍现象，但语言本身是不分性别的，它是后生而不是天生的。这种语言差异主要受语言环境的影响。

儿童不管是男孩还是女孩最初接触的多为女性。孩子的母亲，保姆、幼儿园的老师几乎都是女性，在这种语言环境下接触到的语言较多带有女性的语言特点。到了五六岁时，男孩开始从父亲、哥哥及同性伙伴习得具有男性特点的语言，而女孩继续从周围环境习得女性特点的语言。不同类型的谈话分别进入男孩群体中和女孩群体中进而导致了语言的性别差异。在环境的影响下，男孩与女孩的不同语言特点不断加强和巩固并保存下来。父母自身的语言对孩子的语言有着重要的影响。长期与母亲在一起生活的孩子，其语言的男性度小，女性度大。相反，长期与父亲在一起生活的孩子，其语言的男性度大而女性度小。男孩子看到交谈中总是由父亲掌控着整个谈话过程，不断打断对方，自然会意识到两性在交谈中的行为规范是不同的，进而有意识地效仿，以强化自身的性别身份。

---

（四）文化因素

语言是人类的主要交际工具，思想、信息、情感等都是通过语言表达出来的，因此语言自然地反映着语言使用者的文化和思想意识，折射出社会的文化价值观念。由于男女两性在社会上的不同角色与地位形成了人们对两性的一种固定的模式，人们习惯于认为男主外，女主内；男性心胸开阔，谈吐大方，而女性心胸狭窄，轻言细语。所以，男性使用新奇的或是粗鲁的词语似乎能表现男性对社会固有标准的独立和挑战精神，从谈吐中体现男性的男子汉气概，而一名女性使用粗俗语将被认为不符合文雅、柔美的女性标准。这一大多数人所认可的女性标准，由于社会偏见的存在，即使男女从事相同的职业，人们也往往用不同的词语或句法结构来描述她们，如一个男性商人精明强干、进取心强，一个女性商人争强好胜、好出风头。社会的传统观念造成女性必须注意自己的言行举止，尽可能使用规范、文雅的语言，这样才被视为受过良好的教育或有教养。这就是造成女性语言柔声轻语、注意细节、彬彬有礼的语言特征。

汉文化中，男性是社会的主体，处于弱势的女性，她们的语言表达趋于委婉含蓄。中国的儒家思想深远地影响着中国文化。儒家思想以"和"为贵。这种和谐思想具体化为阴阳相分、柔刚定位的原理，以此推出社会中的人与人（君臣、父子、夫妇等）关系之间的尊卑与贵贱，严格规定了阳尊阴卑、刚上柔下的等级秩序。汉文化中的这种男性该有阳刚之气、女性该有阴柔之美，使得男性说话时掷地有声，而女性则温言细语。如果女性的语言表达显得如同男性那样气大声粗、直言不讳，将被看成缺乏教养的表现而受到轻视。

社会的影响与制约，加上个人的不同的性格、思想、文化程度、道德修养等，种种因素将不可避免地反映在人们所使用的语言上。语言中的性别差异是无法消除的，这是由男女两性的生理、心理、社会、文化的不同引起的。只要在这些因素上还存在着差异，男女之间的性别差异就自然而然地反映在语言中。

当今社会的迅速发展，中国女性的地位不断提高，她们的思维、思想也在不断改变，现代女性的"个性"被提上一个新的议程。因此，女性的语言风格将会朝着"个性化"的方向发展，女性的自我中心意识加强，重视个性的自由发展，试图从语音、语调、语法等各个方面建立一种个人语言，从而形成个人言语格调。从这个角度看，语言和个性紧密地联系在一起了，个性可以通过语言表现出来；同时，通过观察某人的言语，我们又可以透视其性格特征。

## 本章内容提要

1. 感觉和知觉的差异在于，它们是不同的心理过程，感觉反映的是事物的个别属性，知觉反映的是事物的整体，即事物的各种不同属性、各个部分及其相互关系。

2. 记忆包括三个基本过程：识记、保持和再现。男性的空间能力优于女性，而女性的言语能力优于男性。

3. 男女在思维方面没有显著性差异，只是特色各不相同，女性更擅长形象思维，男性更擅长抽象思维。

4. 委婉是女性语言风格的重要特征，也是女性人格特征的反映。

5. 交谈风格的差异，女性属于"感受型"风格，倾向于在谈话中营造友好的气氛；而男性则是"信息型"，喜欢竞争性的谈话。

6. 造成语言性别差异的成因可分为生理、心理、社会与文化四个主因。

## 思考题

1. 两性言语风格有哪些方面的差异，对你具有怎样的启发意义？

2. 两性在感知觉方面有哪些差异，对你有何启发意义？

3. 结合实际谈谈如何开发你的思维。

## 判断题

1. 知觉是人脑对客观事物部分属性的反映。

2. 学前儿童根据他们的生活经验，认为"果实是可以吃的植物""鸟是会飞的动物"等，这种是理论思维。

3. 注意是一种有限的资源。

4. 在生物特性不变的情况下，社会背景的不同将导致男女两性在语言使用上的不同。男女在语言使用上的差异最主要是由社会因素造成的。

5. 男女思维能力是有差异的，这种差异表现在男女思维能力的各自特色，而从总体水平上看，则可能没有显著差异。

（答案：1. 错；2. 错；3. 对；4. 对；5. 对）

## 微课题研究

1. 通过观察方法，探析在人际交往中两性在语言和肢体语言上差异的表现形式及其原因分析。

2. 设计一份两性的思维差异的调查问卷，探讨两性思维是否存在差异以及表现形式。

## 英文参考文献

1. Crawford M. Talking Difference：On Gender and Language[M]. London：Sage Publication，1995.

2. Crosby M. & Nyquist, L. The Female Register：An Empirical Study of Lakoff's Hypothesis[J]. Language in Society，1977（6）：313-322.

3. Feldman R. Understanding Psychology[M]. Publisher：McGraw-Hill Humanities／Social Sciences／Languages，2006.

4. Fillingim RB.，Keefe FJ.，Light KC.，Booker DK.，and Maixner W. The Influence of Gender and Psychological Factors on Pain Perception[J]. Gender Culture Health，1996（1）：21-36.

5. Guyon J. The Art of the Decision[J]. Fortune，2005，152（10）：144.

6. Lakoff R. Language and Women's Place[J]. Language in Society，1973（2）：45-79.

7. Torrance E P. Torrance Tests of Creative Thinking：Directions Manual and Scoring Guide[J]. Bensenville，IL：Scholastic Testing Service，1974：3-5.

8. Ani oara Henrieta Mitrea-erban. Gendered Speech in Society and the Academy：A Consideration of the "Principle of Reversibility"and Its Application[J]. Higher Education in Europe，2000，25（2）.

9. Kcasey McLoughlin，Jim Jose. The Politics of the Public and Private Spheres：the High Court's Decision in Monis and the Gendered Privileging of Free Speech[J]. Australian Journal of Political Science，2017，52（4）.

10. Robert Jean LeBlanc. Managed Confrontation and the Managed Heart：Gendered Teacher Talk through Reported Speech[J]. Classroom Discourse，2018，9(2)

# 第四章　女性的动机、意志与成才

**本章导航**

人为什么对某些事物有兴趣，而不喜欢别的事物？是什么力量让我们在十分艰苦的条件下，仍能坚持学习、工作和生活？回答这些问题，需要我们了解人类动机、意志以及紧密相伴的各种各样情绪情感的体验。通俗地说，动机就是为什么要这么做、这么想，动机是起源，但是这个事情的完成与否则要看能否坚定动机和坚持行为，可见动机是前提，而意志是关键。意志更具有选择性和坚持性，可视作人类特有的高层次动机。本章将重点阐述作为两性世界里的另一半——女性，在动机、意志方面与男性的差异性。

## 第一节　动机和意志

### 一、动　机

（一）动机概述

动机（motivation）是发动、指引和维持个体活动的内在心理过程或内部动力。[1] 动机是一种内部心理过程，不能直接观察，但是可以通过任务选择、努力程度、活动的坚持性和言语表示等行为进行推断。[2] 在有特定目标的活动中，动机涉及活动的全部内在机制，包括能量的激活，使活动指向一定目标，维持有组织的反应模式，直到活动完成。[3] 人的一切活动总是受动机的调节和支配，动机是推动和维持人们活动的内部原因或动力。

动机的功能见表4-1。

---

① 张积家. 普通心理学 [M]. 广东：高等教育出版社，2004.
② 彭聃龄. 普通心理学 [M]. 北京：北京师范大学出版社，2004：360.
③ 张积家. 普通心理学 [M]. 广东：高等教育出版社，2004.

表4-1  动机的功能

| 类型 | 内容 |
|---|---|
| 1.激活功能 | 动机能推动有机体产生某种活动，使个体由静止状态转向活动状态，具有发动行为的作用。有些动机能被人们意识到，也有些可能让人意识不到，但没有动机，人就不会有行为。动机的强度与激活量的大小有关。一般认为，中等强度的动机有利于活动完成。动机虽然能激活活动，但动机本身不属于行为活动，只是促进活动产生。行为活动的内在因素太强，反而会阻碍活动的完成。如强烈希望考试通过，可能会造成考试失败 |
| 2.指向功能 | 动机使人的行为指向一定目标，而放弃其他选择。动机越强烈，行动目标也就越明确。例如，在交往动机支配下，会让你想尽一切办法去接近你心仪已久的女孩子。动机不同，有机体活动的方向及指向对象也有差异 |
| 3.维持和调节功能 | 动机引起活动后，人能否将活动进行到底，受动机的调节和支配。当活动指向个体追求的目标时，活动也会一直坚持下去；而当活动与人们追求的目标不同时，相应的活动动机就被减弱，活动的积极性也随之降低，甚至完全停止活动 |

（二）生理性动机

生理性动机主要包括饥饿、渴和性。饥饿是由体内缺乏食物引起的一种生理不平衡的状态。当这种状态产生时，个体心理上会产生一定程度的紧张不安，甚至感觉到受折磨和苦楚。饥饿的意义在于告知有机体关于营养的缺乏状况，使有机体产生求食活动，适时进食，补充营养，维持生命。渴是由体内水分不足引起的一种生理上的不平衡状态，它能推动有机体产生找水活动。与饥饿相比，渴具有更强的驱动力。水的平衡是生死攸关的问题，一个人可以几天不吃食物，但不能几天不喝水。性是人和动物一种强有力的动机或驱力，它在性需要的基础上产生。性需要不像食物和水分那样对个体生存起关键作用。饥、渴需要如不能获得满足，将危及个体生命；性需要只在人生的某一段时期发生。

（三）社会性动机

1.兴 趣

兴趣（interest）是人探究某种事物并与肯定的情绪态度相联系的心理倾向。兴趣使人对某种事物给予优先的注意，并具有向往的心情，表现出巨大的积极性。

关于对各种事物的兴趣，性别倾向和兴趣的强弱之间存在一定关系。男性度高的男性，一般来说会对旅行、运动、机械、政治、科学、文学、社会实践等表现出强烈的兴趣；男性度低的男性，一般对宗教、美术、艺术、音乐等方面的兴趣较高。女性度高的女性，一般对宗教、家庭、社会生活等感兴趣；女性度低的女性，则会对科学、机械、运动、政治等表现出强烈的兴趣。

2. 信　念

信念（belief）是坚信某种观点、思想或知识的正确性，并调节、控制个体行为的心理倾向。[①]它是行为的稳定的、核心的动机，是人们所遵循的行为准则。

信念是认识、情感和意志的升华，也是认识转化为行动的中介。信念表现为人们对自然和社会的理论原则、见解和知识的真实性确信无疑，而且产生了浓厚的热情，在行动中接受它们的指导，力求维护它们、实现它们。有信念的人，理想明确，意志坚定，个性鲜明，具有积极性、主动性、创造性和自我牺牲精神。

3. 交往动机

交往动机（affiliation motivation）是在交往需要的基础上发展起来的。交往需要是指人愿意与他人接近和合作。这种需要，促使人们结交朋友，密切感情，沟通信息，隶属于某一团体并参加这一团体的活动。

一般认为，女性比男性更喜好交际，即比男性具有更大的合群倾向。心理学家加雷和斯金菲尔德提出："在心理发展中，从婴儿起，男性就展示了对物及对物操作的更大的兴趣，而女性显示出了对人的更大的兴趣及建立人际关系的更高的能力。"美国心理学家约翰逊和推孟分析过多名大专学生的资料，认为女性的社交欲望虽然强烈，但实际行为并不比男性更社会化，因为女性对社交兴趣的公开展示，常由于畏怯和缺乏自信以及特殊文化的禁忌而受到抑制。[②]

4. 成就动机

成就动机（achievement motivation）是想要很好地完成困难的工作、创造出优异业绩的动机。这种动机使人希望从事对其有重要意义的活动，并在活动中取得成功。北京大学中外妇女研究中心佟新副教授说："有研究表明，小学阶段女生的独立性远远高于男生，其成就动机也高于男生。但从初中开始，女生的成就动机低于男生，而且差距越来越大，在大学达到非常显著的水平，这说明女性在逐渐放弃自我发展的追求去顺应社会已有的性别期待。"

1968年，美国心理学家霍纳提出女性有一种害怕成功的倾向，有"避免成功的动机"。当出现可能成功的线索时，想获得成功的动机就被唤起。但对多数

---

①　韩继明. 护理心理学［M］. 北京：清华大学出版社，2006：51.

②　何一粟，李洪玉. 成才始于动机［M］. 天津：百花文艺出版社，2009：66.

女性来说，同时还唤起了一种避免成功的动机。这些动机产生于一些恐慌心理，害怕"成功"会导致"做人的失败"，并会引起社会非议。解决这种"获得成功—避免成功"矛盾的一种方法，就是要在思想和行动上摆脱竞争的气氛；另一种方法就是要降低自己的热情，而这种方法的实质是否认自己有获得成功的责任。[①]霍纳认为，女性害怕成功的主要原因在于性别角色和社会文化的影响。害怕成功指个人对其行为获得成功结果感到恐惧，是一种与性别角色和习惯有关的稳定人格特征，而且传统文化观念认为女性是不应具有坚强独立并富于竞争精神的，因此女性担心成功会给自己带来一些负面影响，如失去女性魅力等。霍纳同时发现，女性害怕成功的比例明显高于男性，在竞争情境中，尤其是面对男性竞争对手时，女性更容易害怕成功。后来一些学者对霍纳的观点进行进一步研究，大量证据表明女性和男性在恐惧成功方面没有区别。

女性成就动机的形成受社会性别结构等因素的影响，而她们的成就动机水平又影响了她们的社会角色扮演，一定程度上巩固了社会性别结构。目前，研究者们认为女性和男性具有同样的获得成功的动机。然而，女性和男性的社会性别结构能够塑造他们成就目标的方向，即男女性成就动机的差别是方向性的差别。社会塑造的男女性的成功方向不同，女性的成功方向往往被引导到家庭生活和传统上被定义为女性工作的方面；另外，有些女性的成就动机依赖于一种替代性的成功体验，即丈夫和孩子有所成就。而男性成功的方向似乎更符合社会的标准，因此在社会人看来，女性的成就动机水平低于男性，女性成功的机会也少于男性。

此外，由于社会刻板印象等因素的影响，女性对自己能力的信心以及对成功和失败的认识出现歪曲或疑惑，而这些对于女性的成就动机有非常大的影响。

5. 权力动机

所谓权力动机（power motivation），是指个体在行为上的所作所为，其背后隐藏着一种内在力量；而这种内在力量受个人所怀的一种强烈地影响别人或支配别人的欲望所驱动。[②]这种说法有点像一般人指的"权力欲"，但在心理学上的含义，两者并不完全相同。美国哈佛大学教授麦克里兰是当代研究成就动机的权威心理学家。在他多年的研究中发现一个奇怪现象：凡是对工作成就动机高的人，对人事问题均无兴趣。换句话说，对工作成就动机高者均无领袖欲。这一现象显示的

---

① ［美］玛格丽特·W.马特林.女性心理学［M］.6版.赵蕾，吴文安，等译.北京：中国人民大学出版社，2010.

② 肖旭.社会心理学［M］.成都：电子科技大学出版社，2008：99.

意义是：虽然一般人将社会上追求权力而且位居要职也视为一种成就，但这种人行为背后的动机，并非心理学家所指的成就动机。因此他把这种动机称为权力动机。心理学家研究发现，凡是对社会事务有浓厚兴趣，而且极愿以其影响大众的人，其行为背后均存有强烈的权力动机。从个人的外显行为去观察分析可能会发现权力动机分为两种：一种是个人化的权力动机；另一种是社会化权力动机。前者的动因为自己，后者的动因为他人。[1]

6. 自我效能感

自我效能感是指个体以自身为对象的一种思维形式，是个体在执行某一任务之前对自己能够在何种水平上完成该任务所具有的信念、判断或自我感受。自我效能感直接影响着个体执行活动时动力心理过程的功能发挥，在自我调节系统中起着重要的作用。职业自我效能感是自我效能感在职业领域的具体体现，即个体对自己能否胜任与职业有关的任务或活动所具有的信念。[2]职业自我效能感高者往往会对自己的职业生涯更有信心，不会因为信心不足而妨碍选择职业的范围，同时会有积极的求职行为，更容易成功地做出职业决策并成功就业。

由于性别角色特性构成的关系，女性对自己相对于男性的那些价值，很可能做出一种消极否定的评价，即一部分女性总是对自己低估。女性低估自己可能有两个原因：一是内在的、本质的，即女性确实在某些方面无能或能力低下；二是外在的、社会强加的，即女性不是无能或能力低下，而是她们不得不表现得合乎她们的性别角色或身份。女性的自我尊重，是由她们从其他重要任务那里得到的信息形成的，而不是通过对自己具有的各种能力的检查形成的。[3]这也体现了女性比较倾向于接受外界评价。女性过多地关注周围人眼中的自身言行、思想，缺乏成熟的自我意识，没有形成正确的自我认识、恰当的自我评价和有效的自我控制，特别是从源头——自我认识上就出现偏差，导致自我评价和自我控制也随之变化。

职业自我效能感对女性的选择行为影响很大。诸多此类研究表明，在一般职业选择中，两性的职业自我效能并无显著差异，无论是对于传统上被认为是女性从事的职业或男性从事的职业，男性都有着较好的自我效能感。相比之下，女性

① 肖旭. 社会心理学［M］.成都：电子科技大学出版社，2008.

② 狄敏，黄希庭，张志杰.试论职业自我效能感［J］.西南师范大学学报（人文社会科学版），2003，29（5）.

③ ［美］J. A. 谢尔曼，F. L.登马克. 妇女心理学［M］.高佳，高地，译.北京：中国妇女出版社，1987.

对于传统上由男性从事的职业自我效能感明显偏低,尽管她们实际上具有的相关能力丝毫不比男性差。也就是说,男性认为自己有能力干好传统上由女性从事的职业,而女性则对自己从事传统上由男性从事的职业感到没有信心。[①]这就意味着女性在选择职业或进行职业设计时,在不知不觉中将自己限制到了比男性狭小得多的范围内,从而丧失了更好的发展机会。这就导致在很多情况下,即使是条件不错的职业,她们也会因为自我效能感低而放弃尝试的机会。总之,在性别角色获得社会化的过程中,职业性别的刻板印象对女性的职业自我效能感的形成影响更大。也正是低职业自我效能感限制了女性的职业兴趣、职业决策与选择范围,在很多情况下,即使面对条件不错的职业,她们也不敢涉足,放弃尝试,放弃了更好的发展机会。而在从事某职业时,职业自我效能感又影响着她们职业行为的努力程度和坚持性。

职业自我效能感对职业决策的影响主要体现在个体对自身某种职业能力和职业决策能力的效能感上,因为影响职业决策的因素不仅包括职业决策技能的发展,还包括对一些具体的职业决策能力的信心。并且后者更为重要,低职业自我效能感会使职业决策者因信心不足而低估自己的职业能力,也因此会回避自己认为没有能力从事的职业,从而阻碍了他们的职业探索行为和职业决策技能的发展。因此,相当一部分女性无法做出有效的职业决策,低职业自我效能感使她们放弃对那些与自己实际能力相匹配或略高于自己能力的工作的努力与探索,而理所当然地选择参与一些低于自己实际能力的工作。

### ◀▶▶ 【学习专栏 4-1】母性动机

20 世纪 20 年代,美国哥伦比亚大学的几位心理学家通过一项实验比较了几种驱力的相对强度。实验装置是一种障碍箱,箱内由接通电流的格栅把大鼠与它想要得到的目标物隔离开来,这些目标包括食物、水、异性以及幼鼠。大鼠为了趋近目标物而撞击格栅,每撞一次就承受一次电击。以大鼠在一定时间内撞击带电格栅的次数作为驱力强度的行为指标,实验发现,渴和饿的动机强度在需要剥夺后很快达到最高水平。然后随着生理剥夺的延续,动机反而呈现减弱的趋势,表现为一条倒"U"曲线。对许多动机的研究所得到的结果都符合这种倒"U"形的模式。然而,性驱力和母性驱力的结果却与上述情况不同,遭受性剥夺的大鼠在头几个小时就达到最高动机水平,然后维持不变;与幼鼠分离的母性大鼠表

---

① 孙宁成. 培养女性职业自我效能感的思考［J］. 淮阴工学院学报,2004,13（6）.

现出最强烈的动机，其撞击格栅的频率最高。这就表明，母性动机是最强有力的动机。

母爱是一种母性动机的体现，被视为一种非常强烈的生理性动机，会受到生理因素的影响。上述实验研究表明，脑垂腺分泌的泌乳激素是母性行为的基础，怀孕期间泌乳激素的状况逐渐使母亲变得敏感，进而为分娩时母性行为的出现做好准备。

## 二、意志

### （一）意志的概述

人脑的构成方式，使得人不仅能够通过感觉、知觉、记忆、想象和思维等心理过程认识客观规律，而且能够制订行动计划，积极地控制自己的行为。意志是个体自觉地确定目的，并根据目的调节、支配自己的行动，克服困难以实现预定目的的心理过程。[①]

意志是意识的能动方面，它表现为人的意识对行为的调节和控制。如果说人的认知是外部刺激向内部意识的转化，是内化过程，那么，意志就是内部意识向外部行动的转化，是外化过程。意志会推动人们从事达到目的的行动，也会制止与目的不相干的行动。这两个方面在实际生活中相互联系，有所不为才能有所为。坚强的意志可以促使人们对所能成就的事业进行不懈的追求，这也是人类的一种精神需要和高尚思想品德的展现。事业是创造出来的，创造事业的人，必须有坚定的意志品质。正如宋代大文人苏轼所言，"古之立大事者，不唯有超世之才，亦必有坚忍不拔之志"。

### （二）意志行动

意志行动是指与自觉确定目的、主动支配调节个体活动、努力克服困难相联系的行动，是个体经过深思熟虑、对行动目的有了充分认识之后所采取的行动。个体行动都是由动作组成的。动作可以分为不随意运动和随意运动两种。不随意运动是指不受意识支配的不由自主的运动。随意运动是指在不随意运动的基础上，通过有目的的练习而形成的条件反射。它受个体意识的调节和控制，具有一定的目的性，[②] 如专心听讲、认真完成作业等。随意运动是意志行动的必要条件，如

---

① 梁宁建. 心理学导论［M］. 上海：华东师范大学出版社，2013：215.

② 张积家. 普通心理学［M］. 广州：广东高等教育出版社，2004：514.

果没有随意运动，意志行动就不可能实现，而克服困难是意志行动的核心。

意志行动有其发生、发展和完成的历程，它可以分为两个阶段，即采取决定和执行决定。采取决定是意志行动的准备阶段，它决定意志行动的方向和轨道，是意志行动不可缺少的开端。这一过程又包括动机斗争、确定目的、选择方法和制订计划等环节。目的是指意志行动所要达到的目标和结果。一般来说，目的越明确、越高尚、越具有社会意义，对行动的推动作用就越大。将准备阶段已做出的决定付诸实施称为执行决定，它是意志行动的关键环节和完成阶段。

（三）意志品质与女性意志健康

人的意志品质是衡量意志健全的主要依据。人的意志品质包括意志的自觉性、果断性、坚韧性和自制性。意志是人在完成一种有目标的活动时，所进行的选择、决定与执行的心理过程。人在进行有目的的活动时，总会遇到一些困难，因此人的意志行动总是与克服困难相联系的。意志在女性的学习、工作和生活中占有重要地位。因此，意志健全与否也成为衡量一个女性心理健康程度的标准。女性意志健康的标志包括以下四点。①

1. 意志行动具有自觉性

自觉性是指个体在行动中具有明确的目的，能认识到行动的社会意义，并主动调节、支配自己的行动以服从于社会要求的心理品质。善于自觉地调节自己的行为，使它服从于一定的目的，而不是靠外力督促。可见，这一品质的前提条件是坚定而自觉的目的性，即一个人在行动中有明确的目的性和自觉的行动。自觉性是女性对自己的行动目的有着正确的认识，并能够自觉主动和独立地支配自己的行动，以达到预期的目标。如果女性的意志行动经常表现出盲目性、被动性和依赖性，那就说明她的意志是不健全的。

2. 意志行动具有果断性

果断性是指个体根据变化的情况，迅速而合理地采取决定并实现所做决定的心理品质。果断性以正确的认识和勇敢的行为为特征。在日常生活中，当面对始料不及的紧急或危急情况时，具有果断性品质的人往往能沉着冷静，明辨是非，当机立断，及时做出决定并敢作敢为。缺乏果断性的人则瞻前顾后，患得患失，拖泥带水。具有果断性的女性往往能够全面地认识自己行动的目的，以及达到目的所采取的手段，并且能够清晰地预料到她行动的后果。如果某位女性的意志活

① 傅荣. 现代女性的自我塑造——女性心理揭秘［M］. 北京: 科学普及出版社，1994: 92-93.

动经常表现为优柔寡断或草率决定的话，那么说明她的意志不健全。

3. 意志行动具有较强的自制能力

自制性是指个体善于根据预定目的或既定要求，自觉地控制自己的心理活动和行为的心理品质，是个体自我控制的能力。自制性表现在两个方面。一是善于促使自己去执行已经采取的决定，战胜对执行决定有妨碍的一切因素（如犹豫、恐惧、羞怯、懒惰等），例如有的学生为了按时完成作业，任凭家人说说笑笑、观看电视，仍能旁若无人地集中精力学习，表现出高度的自制力。二是善于在实际行动中抑制消极情绪和冲动行为。与自制性相反的意志品质是任性和怯懦，前者表现为不能约束自己，经常感情用事，为所欲为；后者则表现为胆小怕事，遇到困难惊慌失措，畏缩不前。

自制力主要表现在两个方面：一方面表现在应该行动的时候，善于促使自己坚定地执行决定；另一方面表现在善于在行动中抑制冲动行为，有效地克制自己。如果某位女性在行动中经常不能控制自己，经常表现出冲动行为，也是意志不健全的表现。

4. 意志行动具有坚韧性

坚韧性是指在实现预定目的的行动中，坚持不懈、不达目的誓不罢休的心理品质。坚韧性又称毅力。具有坚韧性品质的人，面对困难和挫折，不屈不挠，善于从失败中总结经验教训，并且能够坚定不移地把已经开始的行动进行到底；善于抵御不合目的的种种主客观诱因的干扰，做到千纷百扰不为所动。坚韧性是人们取得学业、事业成功的不可缺少的意志品质，正所谓"锲而不舍，金石可镂"。与坚韧性相反的意志品质是顽固性和动摇性。顽固性表现为只承认自己的意见和论据，并以此来拟订计划、付诸行动。即使有些论据是错误的或计划行不通时也不能正视现实，依旧我行我素、固执己见，"不见棺材不掉泪"。

如果某位女性在意志行为过程中经常遇到困难，但困难并未使她半途而废，那么表现她意志健全。

意志的各种品质并非彼此孤立，而是密切联系的，它们之间相互渗透、相互影响。如缺乏自觉性的人由于没有明确的目的，所以也绝不会有真正的自制力；缺乏自制力的人由于自我约束力差，所以也不可能将行动坚持到底。

（四）女性的意志异常

人们通常把女性同软弱联系在一起，有的女性意志极为薄弱，经不起意想不到的强大的不良刺激，经受不了一些突如其来的打击和生活的考验，往往表现为意志异常。

意志薄弱，虽然属女性心理发展上的某种缺陷，但经过教育、引导，完全可以使她们坚强起来。我们一般不把它看作病态的表现。女性的意志行动异常一般有如下表现。

意志缺乏的女性的行为带有很大的盲目性，不知道自己做什么和为什么做，更不知道怎样做；在行动过程中，哪怕一个很小的决定也难以做出，显得手足无措，缺乏决断的能力。

有自我强迫性行为的女性常常会在某种心理冲动的作用下，不由自主地反复去做一些不必要的、无意义的行为。如刚洗过手又去洗，本想去买东西，但一到商店门口就一遍又一遍地数起该店窗子的数目来，反倒把买东西的事忘得一干二净。其他如"自我强迫性盗窃""自我强迫性纵火"等，明明知道所盗之物非她所需，所烧之物对她没有好处，但她自己不能控制这种不合理的行为。

行为固执的女性为了达到预定的目的，坚持不懈地努力，哪怕遭受暂时的失败和挫折，也阻挡不住她继续前进，这是具有坚韧、顽强的意志品质的表现。但是，有的女性往往不顾主客观条件的变化，明知原来的决定是错误的，仍然固执己见，坚持错误，甚至不顾一切后果，这是意志异常的表现。

有拒他性和排斥性行为的女性往往不愿与他人合作，具有极为典型的拒他性。她们不能接受别人的正确的、建设性的意见，一意孤行，甚至有意做出与别人的意见或建议完全相反的反应。

有的女性受到生理疾病或心理疾病（如情绪障碍）的影响，常常会产生不能支配运动的现象。在正常情况下，人的躯体和四肢的运动是受人的意志支配的，想举起手来就把手举起，想走路就抬起脚来。运动障碍的表现形式很多，如活动亢进、坐卧不安、过度紧张；运动迟滞、僵硬、瘫痪；四肢活动不协调、不由自主地颤动、痉挛等。

# 第二节　女性的成才

女性人才是指能以其创新思维、才能智慧和技术专长为经济发展、社会进步做出突出成绩和较大贡献的女性。女性人才的内涵和外延是相当广泛的，并且有多层次性。

## 一、女性人才的类型

人才类型可以根据不同的标准、从不同的角度去分类，一般可做如下分类：根据人才成长和发展过程可分为准人才、潜人才、显人才；根据人才的才能高低和贡献大小可分为一般人才、杰出人才、伟大人才；根据人才的才能表现时期可分为早熟型、晚器型；根据人才的才能表现形成可分为多才型、多产型；根据不同的职业（专业）可分为政治人才、经济人才、军事人才、科技人才、文学人才、艺术人才、体育人才；等等。①

关于女性人才的类型可以从不同的角度和不同的标准去归类划分。例如，按才能表现的倾向分为一般才能和特殊才能。在内在才能与性格的表现倾向方面，女性有着自己的优势，比如女性的语言表达能力强，观察细腻、耐心、想象力丰富、形象再造能力强、机械记忆能力强、心灵手巧以及性格上的细心和吃苦耐劳的优良品质。因此，极有利于她们内在才能的充分表现。按创造性的程度可分为通才和开拓性人才。通才，指具有较广博的知识，并能迅速运用于所从事的实践活动中，无论让她们做哪项工作，都能较常人更为顺利和圆满地完成任务。开拓性人才，是指能够创造性和主动性地完成活动任务的人才。这类人才勇于创新，不满足于现状，不受旧的传统模式的束缚，善于创新局面；她们的思维敏捷，想象力丰富，思路开阔，发散式思维能力较强。在竞争性极强、讲求经济效益的企业里，尤其需要这种开拓型人才。

### ◀◀▶【资料卡 4-1】女性人才的分布②

由于女性自身所固有的生理与心理特点，她们往往云集于某些行业中，并在实践中取得成功。因此，女性人才的分布往往有着如下突出特点。

一是轻体力劳动行业居多。女性就业，适合轻体力劳动工作，如轻工、纺织、电信、财会、行政事务等行业。究其原因，一方面是生理原因，女性骨盆底构造较男子薄弱，因此，女性的负重能力天生比男子差得多。加上女性体格单薄，又有月经与生育的损耗与折磨，因而，更适合轻体力劳动；另一方面是心理原因，如耐力强、感情与兴趣比较稳定、专一、勤劳、心灵手巧、机械记忆能力强，对声音与颜色的辨别能力强等。因此，上述的轻体力劳动行业成为女性云集之地。

二是直接面对人的工作。女性的才能适合直接面对人的工作。因此，医生、护士、教师、行政事务、秘书、导游、服务、饮食等职业和行业，也是女性云集之地。这些行业有利于女性特有心理的表现。她们的感情丰富细腻，观察力强，善解人意，性格温和，耐心倾听诉说，以慈母般的心灵去教育人、护理人、服务

① 女性人才，360 百科. https://baike.so.com/doc/9055404-9386213.html
② 陈波静. 妇女心理学［M］. 广东：暨南大学出版社，1994：165-166.

于人，做人的思想工作效果较好。

三是在文艺领域中占优势。近年来，我国在小说、戏剧、电影、电视创作与演出等方面成名的人才中，女性占半数以上，女性在声乐界的成功率也比较高。这些与女性的形象思维发展优势、语言能力优势、感情丰富细腻、模仿再造能力强等心理特征有很大的关系。

四是抽象思维领域较少。据统计，我国女性在哲学、经济学领域的分布中占1%；在自然科学领域分布中占3.4%。

### 二、女性成才的心理影响因素

一般而言，女性成才过程中的心理因素包括智力因素和非智力因素。

1. 智力因素

智力因素是指直接参与认知过程的心理因素，它包括人的感知觉、记忆、思维等。有人认为男性比女性聪明，理由是在事业上的成功者，男性多于女性，尤其是高层次的领导、专家，男性比女性多。许多研究结果证明，人与人之间是存在智力的个别差异的。但男女两性的智力，从本质上及综合平衡方面看，是趋于相等的。美国心理学家推孟的实验证明，女性的平均智力不亚于男性，女性智力水平趋于平均，男性智力悬殊。心理学家曾对苏格兰儿童进行了智力测验，结果男孩的平均智商与女孩的相比只有微小的差别。美国心理学家也曾对某大学毕业生的学习成绩进行统计，结果也发现，成绩优秀的男生多于女生，但成绩差的男生也多于女生，女生平均成绩居于中等水平，所以与男生平均成绩并无多大差距。[1]

2. 非智力因素[2]

非智力因素指不直接参与认知过程的心理因素，包括动机、兴趣、意志、人格、价值观等。非智力因素对女性成才是非常重要的。美国心理学家唐纳德根据多年研究指出，个人智力只要达到掌握某一领域的知识所要求的最低限度，那么他的成才与否，都是由其非智力因素决定的。据研究136位名人（其中女性为26人）的传记，可以看出独立性、自信心以及顽强的意志力这些特点对于一个人成才是至关重要的。而女性在这方面所处的劣势使得女性成才的道路比男性更为艰难，她们所需付出的努力比男性更大。[3]

---

① 贺正时. 妇女心理学［M］. 长沙：湖南出版社，1993：77.

② 贺正时. 妇女心理学［M］. 长沙：湖南出版社，1993：78-82.

③ 贺正时. 妇女心理学［M］. 长沙：湖南出版社，1993：78-82.

◀▌▶【学习专栏 4-2】影响女性成才的非智力因素

1）成就动机

研究证明，成就动机存在性别差异，发现女性在一般情况下具有较高的成就动机；而在逆境或竞争情况下，她们的成就动机则表现得不那么强烈。此外，女性的成就动机与自身发展的不同阶段相联系，表现出不稳定性（见表 4-2）。

表4-2　女性不同阶段的成就动机及其表现

| 特　点 | 具体表现 |
| --- | --- |
| 女性成就动机强弱呈阶段性 | 女性成就动机的强弱受女性角色发展阶段的影响。从女性生理特点看，女性的耐力比男性差，尤其女性在一生中要经历怀孕、生育、哺乳等几个关口，在这些成就低谷中，女性如果没有持之以恒的成就动机，就会因生理上的困难的影响，以致不能继续成才 |
| 女性回避成功动机 | 女性回避成功动机是指在一些功名成就的女性中存在一种由成功导致焦虑的现象。她们对即将到来的成功产生一种消极的冲动，想打退堂鼓，不想成为成功者。产生这种现象的直接原因是信心不足，害怕受到异性的排斥、同性的忌妒和害怕丧失"女性气质" |
| 女性存在不正确的成败归因 | 归因是指利用有关资料对人的行为进行分析，从而推论其产生原因的过程。女性往往容易把成功归因为外在因素（如环境、机遇等），而把失败归因于内在因素（如能力、品质、动机等）。而男性的成败归因刚好与女性相反。女性的这种成败归因模式自然会增加失败的可能，她们认为失败是因为自己能力低，而对成功失去自信心，这无疑对成功动机有消极影响 |
| 女性存在替代性成功目标 | 成功目标是指人们所期望达到的成就和结果。许多女性认为自己能力差，或者认为条件不允许自己成功，往往寻求一种补偿，将自己的成功动机转移方向，如通过丈夫或子女的成功来达到自己的满足，因而为了保住丈夫、子女的事业而自觉退场，放弃对自己事业的追求，把精力过多放在家庭管理上，从而使自己的成就动机减弱 |

2）兴趣

兴趣是人们对客观事物的选择性态度，是由客观事物的意义引起肯定性的情绪和态度而形成的。由于生物学遗传、自然分工以及后天教育的作用，男女两性的兴趣和爱好有明显的不同。

职业兴趣方面。国外心理学家研究中学生对职业的选择，发现也存在两性差异，男孩普遍希望从事一种有权力的和独立性的工作，如喜欢机械、新闻报道和科学研究等；而女孩则大多选择社会性和有趣的工作，如喜欢文学、艺术、音乐及社会服务和文秘工作。

兴趣指向方面。男性多指向物，而女性多指向人际关系。她们喜欢团体游戏，注重别人对自己的看法；而男性中孤独者的比例高于女性。男性的团伙组织大而松散；女性常常能形成亲密的小团体。

从上述男女不同的兴趣特点来看，女性的成才道路和方向与其兴趣爱好范围、兴趣度有密切的联系。因为只有对某一工作产生兴趣，人的积极性、创造性才会得到积极发挥。因此，必须重视女性广泛兴趣的培养。同时，对于儿童不宜过早地进行性别化教育。

3. 意志力

意志力对于女性成才尤为重要，然而，优良的意志品质不是天生的，而是在长期的生活实践中经过培养和教育形成的。受女性特有的生理特点和社会历史原因的影响，女性的意志力具有自觉性和易变性。成功女性的意志自觉性较强，她们在行动中能积极主动地完成既定的目标任务，自觉地履行自己的职责，克服困难。但许多女性由于行动缺乏明确的目的性，易为他人的暗示所左右，易听信别人的意见而改变自己的行动计划，对自己的行动缺乏自信心。而且由于社会历史原因和生理特征差异，如女性生理有经期、婚后妊娠、生育、哺乳等生理因素，加上女性更年期反应比男性强烈，往往表现出意志薄弱性和波动性，给女性成长带来更多的男性体会不到的特殊困难，因此，女性要在事业上取得成功和发展，需要有更坚韧的意志和顽强的毅力。

4. 价值观

价值观也是影响女性成才的重要因素之一。我国女性的价值观是复杂、多重的。社会对女性提出多种要求：孩子们要妈妈生活上像保姆，学习上像老师，感情上像朋友；丈夫们要求妻子事业上是内助，生活上是依靠，感情上是寄托；工作单位要求女职工好学上进，工作上做出突出成绩。女性面临着多重的价值标准，包括认为追求崇高的事业是人生的最大幸福，也是人生的最高价值；认为人生的幸福和价值在于建立一个和睦温暖的小家庭，把家庭幸福当作人生最高追求目标，愿把全部心血投入家庭中；认为人生的价值既在于家庭幸福，又在于事业成功等。这些价值观存在某些不利于成才的因素。

◀▮▶【资料卡 4-2】性别和学生的行为——男生更受关注

在课堂上，通过观察传统的学生和老师的行为，我们发现老师更关注男性而非女性。玛拉和大卫·塞德克总结了自 20 世纪 80 年代早期以来的大量研究（包括他们自己的和别人的），发现男孩比女孩更容易在课堂上被叫出来，更有可能要求帮助或获得老师的关注（Sadker & Sadker，1994）。男孩倾向于比女孩获得更多的赞扬和谴责，相比，女孩主要在安静和顺从方面受到强化，虽然这些性别差异或许正在消失。

塞德克报告了一个历时 3 年的研究，这个研究是在 20 世纪 80 年代早期进行的，被调查的对象是 100 多个四年级、六年级和八年级的学生。在所有年级、大量的社团和所有的学科领域，男生一直且明显支配着课堂的互动。老师倾向于叫男生，对男生的鼓励比女生多。如果一个女生提供错误的答案，老师可能转移到另一个学生，而如果一个男生提供错误的答案，老师可能帮助他发现正确的答案然后表扬他。即使女生提供了正确的答案，她可能会受到简单的认同（"好的"）而非赞扬（"很好"）。这样，男孩容易获得更具体和更强烈的教学互动。此外，当一个男孩在课堂上没有举手而大声叫喊时，老师可能会认同他的答案。然而，当一个女孩在课堂上大叫后，她可能受到谴责。老师的行为传递出的信息是，女孩应该保持安静，成为被动的学习者，而男孩应该在学术上自信和积极（Sadker & Sadker，1994）。

许多作者挑战了这种男性是更好的参与者及老师更关注男生的观点。理由之一是，研究结果会因观察者的立场而不同。学生通常发现老师给女生比男生更多的关注（Kleinfeld，1998），而客观的观察者和老师通常报告相反的结果。

产生不一样结果的另一个原因或许是课堂教授不同的学科内容中有不同的性别模式。近几年，课堂上男生作为更积极的参与者模式在传统的男性学科领域最明显，如数学和科学领域。奥特麦特和她的同事发现，在科学课堂上，五年级的男生比女生更自愿回答老师的问题（Altermatt，Javanovic & Perry，1998）。男生比女生更容易成为科学积极分子。完成学校学习后，这种积极的参与性提高了学生对自己科学能力的认知。而女生的低参与性会导致在某特定学科领域的低自信，这或许能帮助我们理解为什么女性在科学和数学相关领域的人数一直不多。

我们应该看到，虽然在美国女孩正在赶上男孩，但是国际情况仍是不对称的。在全球，女孩比男孩更少接受教育，尤其在一些如南亚、撒哈拉以南非洲及阿拉伯国家文化中，女孩结婚就成为家庭主妇，超过 66% 的男孩注册入学，而女孩只有 54%。此外，几乎在世界的各个地方，女性的文盲率都比男性高；与 18% 的男性文盲率相比，35% 的女孩是文盲（联合国教科文组织，2002）。

▶▶▶【资料卡 4-3】职业女性性别角色认定态度与成就动机研究

陆慧从女性角色态度狭义概念出发，即女性个体对这些规范的内化和认同，设计了女性角色态度量表，对上海、江苏、浙江的职业女性进行了较为全面的女性角色态度测查，从工作角色与家庭角色两方面了解她们对女性角色的态度。同时引入与成就的关系，研究成果供职场中正在奋斗、渴望成功的女性参考与借鉴。研究结果显示：职业女性成就动机随其自身家庭角色认定态度增强而下降，随工作角色认定态度增强而提高；职业女性追求成功的动机随其自身家庭角色认定态度增强而下降，随工作角色认定态度增强而提高；职业女性避免失败的动机则随其自身家庭角色、工作角色认定态度增强表现出增强的趋势；职业女性追求成功的动机随经济发展水平提高而增强，避免失败的动机则欠发达地区的水平高于经济发达的地区；职业女性追求成功的动机、工作角色认定态度随着年龄变化呈现倒"U"形变化趋势，在 45 岁之前，随年龄增长而增强，45 岁之后，则随年龄增长而减弱，职业女性避免失败的动机、家庭角色认定态度则随着年龄增长而增强。

## 本章内容提要

1. 动机（motivation）是发动、指引和维持个体活动的内在心理过程或内部动力。具有激活功能、指向功能、维持和调节功能。

2. 交往动机（affiliation motivation）是在交往需要的基础上发展起来的。交往需要是指人愿意与他人接近和合作。一般认为，女性比男性更喜好交际，即比男性具有更大的合群倾向。

3. 成就动机（achievement motivation）是想要很好地完成困难的工作，创造出优异业绩的动机。有的研究提出，女性的生活目标侧重追求社会性赞同或认可，而不是事业上的发展和自我实现，女性的交往动机较成就动机占优势。

4. 母爱（maternal love），又称母性驱力（maternal drive），是人和动物十分强烈的生理性动机。母爱是一种母性动机的体现，被视为一种非常强烈的生理性动机，会受到生理因素的影响。

5. 意志是个体自觉地确定目的，并根据目的调节、支配自己的行动，克服困难以实现预定目的的心理过程。

6. 女性意志健康的标志包括意志行动具有自觉性、果断性、坚韧性、有较强的自制能力。

7. 女性成才过程中的心理因素包括智力因素和非智力因素。非智力因素包括动机、兴趣、意志、人格、价值观等。非智力因素对女性成才非常重要。

### 思考题

1. 女性成才受哪些因素的影响？
2. 女性的成就动机与男性有何不同？
3. 意志行动有哪些特点？

### 判断题

1. 动机是发动、指引和维持个体活动的内在心理过程或内部动力。
2. 女性成才过程中的心理因素只有智力因素。
3. 女性意志健康的标志包括意志行动具有自觉性、果断性、坚韧性、有较强的自制能力。

（答案：1. 对；2. 错；3. 对）

### 微课题研究

1. 假设你看到一篇报道说"研究显示男性比女性更有创造性"，请查阅相关研究文献和自己的观察研究，撰写一篇是否支持这一结论的报告。
2. 假设一名小学老师说"女生的语言能力比男生的好"，根据所学的内容，你应该怎样回答？并提出理由。
3. 开展一项女性和男性的成就动机的差异性表现形式与影响因素的研究。

### 英文参考文献

1. Sadker M. & Sadker D. Failing at Fairness：How America's Shcools Cheat Girls[J]. NewYork：Scribner，1994.

2. Kleinfeld. The Myth that Schools Shortchange Grils：Social Science in the Service of Deception[J]. Prepared for the Women's Freedom Network，1998.

3. Altermatt E R，Javanovic J & Perry M. Bias or Responsivity？Sex and Achievement-level Effects on Teachers Classroom Questioning Practices[J]. Journal of Educational Psychology，1998（90）：516-527.

# 第五章　女性的情绪和情感

**本章导航**

　　情绪和情感都是对客观事物评价、态度、决策的体验。情绪是和人的生理需要相联系而产生的体验，情感则是和人的社会需要相联系的体验。情绪和情感是十分复杂的心理现象，它们既是在有机体的种族发生的基础上产生的，又是人类社会历史发展的产物。情绪具有两极性，良好的情绪状态对个体的学习生活会产生积极的影响，而且有利于个体潜能的发挥；相反，不良的情绪状态对个体身心发展会产生消极的影响。本章重点阐述情绪和情感的特点，以及两性情绪和情感方面的差异性。

## 第一节　情绪和情感

### 一、情绪和情感

（一）什么是情绪和情感

　　俗语说："人非草木，孰能无情？""世界上没有无缘无故的爱，也没有无缘无故的恨。"我们的生活里充满着情绪和情感，有时悲痛欲绝、肝肠寸断，有时如沐春风、眉开眼笑。人们对自己所接触到的事物并不是无动于衷，而是随着周遭的变化产生喜、怒、哀、惧等不同的情绪体验。情绪和情感是十分复杂的心理现象，它们既是在有机体的种族发生的基础上产生的，又是人类社会历史发展的产物。它们是人脑对客观事物与主体需要之间关系的反映，是人们对客观事物的态度体验及相应的行为反应。主要由以下三个成分组成。

　　1. 主观体验

　　主观体验（subject experience）是指个体对不同情绪和情感状态的自我感受。"体验"是情绪和情感区别于认识的重要方面。情绪、情感和认识都是心理反应的过程，但认识通过概念反映事物，情绪和情感则通过感受和体验反映事物。情绪和情感作为人对客观事物的态度体验，具有主观性。一方面，个人所产生的情绪和情感，只有当事人自己才能体验到，个人对每一种情绪和情感，如快乐或悲哀等，都有不同的体验形式；另一方面，由于人对客观事物的态度不同，不同的人对同一事物可以有不同的体验。没有主观体验，个体就不知道何谓喜、怒、哀、惧，就不知道是否产生了情绪和情感。

2. 外部表现

表情（emotional expressions）是情绪和情感非常明显的外部表现形式，表情主要通过面部肌肉、身体姿势和语音语调等方面的变化表现出来。如高兴时眉飞色舞、手舞足蹈、语调高昂，沮丧时两眼无光、垂头丧气、语调低沉。表情在情绪和情感活动中具有独特作用，它既是传递情绪和情感体验的鲜明形式，也是情绪和情感体验的重要发生机制。

3. 生理唤醒

生理唤醒（physical arousal）是指情绪和情感活动所产生的生理反应。研究表明，中枢神经系统的脑干、中央灰质、丘脑、杏仁核、下丘脑、蓝斑、松果体、前额皮层以及外周神经系统和内外分泌腺等都与情绪和情感活动密切相关。

（二）情绪和情感的关系

感情包括情绪与情感，是同一过程与现象，只是强调不同的两个方面。情绪、情感和感情在日常生活中的区分并不严格。情绪是客观外界事物是否符合人的生物需要而产生的暂时性较剧烈的态度体验。情感是外界客观事物是否符合人的社会性需要而产生的态度体验。在心理学上，情绪和情感相互区别又相互联系（表 5-1）。

表5-1　情绪和情感的区别和联系

| | 情　绪 | 情　感 |
|---|---|---|
| 区别 | 主要指感情过程，即个体需要与情境相互作用的过程，也就是脑的神经活动的过程，通常有着较明显的生理唤醒和外部表现，如喜笑颜开、怒发冲冠等 | 主要指人的内心的体验和感受，指感情的内容，经常用来描述那些稳定深刻的、具有社会意义的感情，如对真理的热爱、对爱情的向往和对美的欣赏等 |
| | 常与有机体的生理需要（如饮食、睡眠、繁殖等）相联系，为人和动物所共有。例如，饥肠辘辘时感到焦灼难耐，酒足饭饱后觉得心满意足，都属于情绪。动物在生理需要获得满足或未获满足时也会表现出一定情绪，如狗见到主人时，会摇动尾巴，表现出开心的情绪 | 是外界客观事物是否符合人的社会性需要而产生的态度体验。通常与个体的社会性需要（如交际、友谊、劳动等）相联系，如爱国主义、人道主义、集体感、荣誉感、责任感等，是人类所特有的心理现象 |

（续表）

| | 情 绪 | 情 感 |
|---|---|---|
| 区别 | 具有情境性和不稳定性的特点，如花香会引起个体愉快的情绪体验，噪声会引起不愉快的情绪体验，一旦以上情境不存在或发生了变化，相应的情绪体验就随之消失或改变，如儿童经常"破涕为笑" | 具有较大的稳定性、持久性及深刻性，一经产生，就比较稳定，一般不随情境的变化而变化 |
| | 具有冲动性，并带有明显的外部表现，如悔恨时捶胸顿足，愤怒时暴跳如雷。情绪一旦发生，其强度往往较大，有时个体难以控制 | 经常以内隐的形式存在或以微妙的方式流露，并且始终处于意识的调节支配之下 |
| 联系 | 一方面，情感离不开情绪。稳定的情感在情绪的基础上形成，又通过情绪反应得以表达；另一方面，情绪也离不开情感。情绪的变化受情感支配，情感的深度决定着情绪表现的强度。人的许多情感可以以鲜明的、爆发式的形式表现出来。情绪是情感的外部表现，情感是情绪的本质内容 | |

## 二、情绪和情感的功能

情绪和情感的功能见表 5-2。

表5-2 情绪和情感的功能

| 类 别 | 含 义 |
|---|---|
| 适应功能 | 情绪和情感是个体适应环境的工具，能调动人的心理能量，使人处于激活状态，以适应环境的变化。情绪和情感能反映生存状态的好坏。通过观察他人的情绪和情感反应来了解其自身或他人的处境或状态，可以对自己的行为进行调整，以求得良好的适应 |
| 动机功能 | 情绪和情感是激发个体心理活动和行为的动机。情绪和情感作为一个基本的动机系统，它激励个体去从事某些活动，并提高活动效率。适度的情绪兴奋可使个体身心处于活动的最佳状态，进而推动其有效地完成任务 |
| 组织功能 | 积极的情绪和情感对活动具有协调和促进作用，消极的情绪和情感对活动具有瓦解和破坏作用。情绪和情感的强度影响活动效果。中等强度的愉快情绪提高活动效率，痛苦、恐惧等负面情绪降低活动效率，情绪和情感的强度越大，活动效果越差。在某种情绪状态下记忆的材料，在同样的情绪状态下也容易回忆起来。在愉快情绪下，人的积极行为较多；在负面情绪下，消极及攻击行为较多 |
| 信号功能 | 情绪和情感是人际交流的重要手段，它主要通过其外部表现——表情来传递信息、沟通思想，实现其信号功能。表情可以传情达意。在某些场合，特别是当个体的思想或愿望只可意会不可言传时，表情信息便可通过其所具有的"此时无声胜有声"的作用，实现彼此的沟通与交流，如微笑可表示容忍或赞赏，点头可表示认可或赞成 |

### 三、情绪和情感的种类

（一）情绪的分类与形式

由于情绪复杂多样，故有多种分类。在我国古代，将喜、怒、哀、惧、爱、恶、欲七种情绪称为"七情"。普拉切克（Plutchik）认为，人类具有八种基本情绪，即狂喜、悲痛、警惕、恐惧、狂怒、惊奇、接受、憎恨。还有的学者将情绪分为基本情绪（basic emotion）和复合情绪（complex emotion）。基本情绪为人和动物所共有，复合情绪则是由基本情绪的不同组合派生出来的。一般认为，情绪具有快乐、悲哀、愤怒、恐惧四种基本形式。

（二）情绪状态

情绪状态是指在某个事件或情境影响下，在一定时间内所产生的情绪，其中，较典型的情绪状态有心境、激情和应激。

心境是一种具有感染性、持续性的、比较平稳的、能够影响整个人心理活动的情绪状态。当人处于某种心境时，其言谈举止和心理活动都会蒙上一层相应的情绪色彩，往往以同样的情绪状态看待一切事物。例如，当心情不好时，会看什么都不顺眼，如"感时花溅泪，恨别鸟惊心"；心情好时，会觉得一切都很美好。平稳的心境可以持续几个小时、几周甚至几个月。

女性的心理感受性较高，心境持续的时间较长，对自身行为、表现的影响更大，比男性更容易产生心境。女性一旦产生不良心境，情绪"迁移"的范围就更大。忧郁时，凄风苦雨；悲观时，人情茫然。相对来讲，男性产生的心境持续的时间较短，良好的心境比不良的心境更易产生，男性控制心境的能力优于女性。

激情是一种强烈的、爆发式的、为时短暂的情绪状态，如狂喜、暴怒、绝望、恐惧等。如果把心境比喻为"和风细雨"式的情绪现象，那么激情便可描绘成"暴风骤雨"式的情绪表现，如中大奖时的欣喜若狂、被欺骗时的暴跳如雷。在激情状态下，总是伴有激烈的内部器官活动变化和明显的表情动作。例如，愤怒时全身发抖、紧握拳头；恐惧时毛骨悚然，面如土色；狂喜时手舞足蹈、欢呼雀跃。

应激是由出乎意料的紧张状况所引起的情绪状态，是人对意外的环境刺激所做出的适应性反应。在不寻常的紧张状况下，人体把自身各种资源都动员起来，以应付紧张的局面，这时所产生的复杂的生理和心理反应是一种应激状态。例如，突然遭遇火灾、地震、歹徒袭击或面临重大比赛或考试时，个体必须集中自己的经验和智慧，动员自己全部的精力和体力，迅速做出抉择，采取有效行动，此时人的身心处于应激状态。

女性处于应激状态时，思维易于抑制和紊乱，易于不知所措；而男性较为清醒理智，能采取相应的应激措施。当男性和女性受到同等严重的意外精神刺激时，女性往往会当场昏厥或不顾场合地失声痛哭，男性则很少出现这种现象。女性的情感常为细微的事件所动，一句玩笑常会使她耿耿于怀，一句奉承话会让她铭记于心；在与异性交往中易产生爱情错觉，易受暗示。而男性往往不如女性心细，"马大哈"常常与男性相伴。

（三）情感的种类

情感是与个体的社会性需要相联系的主观体验，是人类所特有的心理现象之一。一般认为，人类高级的社会性情感主要有道德感、理智感和美感（表5-3）。

表5-3　情感的种类

| 种　类 | 含　义 |
|---|---|
| 道德感 | 是个体根据一定的道德标准，在评价自己或他人的思想、意图或行为时所产生的情感体验。如果自己的言行符合一定的道德标准，个体就会产生自豪、幸福、欣慰等肯定的情感体验；反之，则产生不安、羞愧、内疚等否定的情感体验 |
| 理智感 | 是个体在智力活动中所产生的情感体验。理智感是在个体的智力活动过程中产生和发展起来的，反过来又给智力活动以巨大的推动。深厚的理智感，如热爱真理、摒弃偏见、解放思想等都是完成学习和工作任务的重要条件 |
| 美　感 | 是根据一定的审美标准评价事物时所产生的情感体验。美感包括自然美感、社会美感和艺术美感三种。游览桂林山水、昆明石林、泰山日出时所产生的美感属于自然美感；目睹坚强、勇敢、善良、淳朴、诚实、坦率等行为和品质时所产生的美感属于社会美感；欣赏绘画、音乐、戏剧时所产生的美感属于艺术美感 |

女性的情感比男性更深沉，情感的体验受观点和想法的影响更大，具有细腻温柔和虔诚单纯的特点；而男性的感情相对粗浅些，虽然情感体验的外部表现有时十分强烈，但内心体验程度未必深沉。男性的情感转变较快，如刚刚为某事而懊恼不已，一旦听到喜讯，往往欣喜万分，懊恼和阴影就消失得无影无踪。女性情感转变的速度较慢，情感转瞬即逝的现象并不多见。女性的情感一般不仅仅停留在体验上，常常伴随相应的具体行动，因而情感的效能性较高；她们的乐观情感往往通过对美好生活的追求而表现出来，常给人以情真意切、温和真诚、含情脉脉的温暖感觉。男性的情感易于停留在体验上，并不一定付诸行动：他们热爱父母，并不像女性那样表现为撒娇，而易于将情感隐藏于心底；悲伤时不会轻易落泪。

### 四、情绪的外部表现

表情是情绪和情感发生时身体各部分的动作变化模式。它既是人际思想交流和信息传递的重要手段，也是了解个体情绪和情感体验的客观指标。人类丰富多彩的表情归纳起来主要有面部表情、姿态表情和语调表情三大类。

（一）面部表情

面部表情（facial expression）是情绪外部表现最主要的方面，它是通过眼睛、额眉、鼻颊、口唇等肌肉的变化所表现出来的各种情绪，是情绪表达的最重要的方式。一般说来，个体在不同情绪状态下其面部各部位的变化特点也各不相同。例如，愉快时眼睛眯小、两眼闪光、额眉舒展、鼻孔扩张、嘴角上翘；悲哀时两眼无光、额眉紧锁、嘴角下拉等。据统计，人的面部有 80 块肌肉，可表达 7000多种不同情绪。苏联心理学家雅可布松曾作了一幅画（见图 5-1），画中的每一张脸因其眼睛、口唇、眉毛的配置不同，所传达的表情也不相同。个体的面部表情基本上取决于口唇、眉毛和眼睛部位的变化以及眼睛的光泽。

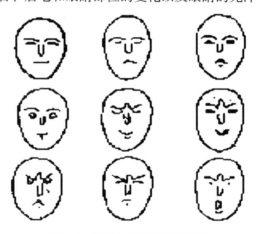

图5-1 雅可布松画的面部表情

（资料来源：张积家.普通心理学 [M].广东：高等教育出版社，2004：488.）

（二）女性的面部表情

发育中的少女在社交中的表情极为丰富。而且成年女性在我们文化中比男性更加富于面部表情并且更生动。

女性面部表情丰富是经过科学测量的。瑞典乌帕萨拉大学的心理学家莫妮卡·通贝格和莫妮卡·乌芬蒂贝格报告说，在激发情绪的场合，比如给女性看升旗的照片或实验室的蛇，女性会做出更大的面部肌肉运动。她们的面部运动比男性多。也许是女性洞察力更敏感，反应更强烈，即她们更善于解读肢体暗示，在表达这些暗示时可能更加活跃。①

面部表情和与之相伴的情绪具有感染力。女性常常会因为笑得太多或不适度地笑而陷入麻烦，患上笑脸综合征，就像《爱丽丝梦游仙境》中的开士尔猫，它总是乐，甚至当它身体消失了，微笑仍然存在。微笑可以用来抵消或弱化语言的含义。尽管过分地笑在我们社会中是女性特有的，但研究表明，笑脸综合征在非洲裔女性中没那么普遍，通常她们不像白人女性那样爱微笑。人们如何对自然的或过分的微笑有意识呢？一般来说，女性只有真正高兴时才会微笑。如果陷入冲突境地，而且不快、心烦意乱，最好用脸、噪声和手势表达真实的情感，这样效果更好。②

女性在交往中的一个优势是她们有镜像的能力——用肢体语言把意思再次翻译。女性也许不能一字一句地重复一个人的面部表情，但她们的表情是相似的，并且能传递共鸣。③比如，如果一个女生失去了男朋友后很悲伤，她的好朋友可能带着悲伤的表情；如果朋友为自己的父母去世而哭泣，她也会哭泣。在女性中，这是无意识的、自发的行为。因为是自发的，所以被认为是真实的。当母亲和她们的婴儿交流时，婴儿高兴，她高兴并低语；当婴儿哭泣，她也会忧虑。

有研究发现，女性表达情绪的能力更强，她们的表情更生动、更真实。以后的研究进一步指出，成对的女人相互了解情绪状态的情况比成对的男人要好。研究者分析说，之所以会有这种差异，是因为女人有更大的表现情绪的自由，社会对女性的各种情绪表现，不论在什么场合，都很少予以限制；而对男人则不同，从小就鼓励他们把感情放在心里，不要那么喜形于色，表现情绪的机会就少得多。④

---

① ［美］奥德瑞·尼尔森，苏珊·K.戈兰特.不言不语——两性之间的非语言交流［M］.蒋育红，译.北京：民主与建设出版社，2005.

② ［美］奥德瑞·尼尔森，苏珊·K.戈兰特.不言不语——两性之间的非语言交流［M］.蒋育红，译.北京：民主与建设出版社，2005：66.

③ ［美］奥德瑞·尼尔森，苏珊·K.戈兰特.不言不语——两性之间的非语言交流［M］.蒋育红，译.北京：民主与建设出版社，2005：77.

④ 刘翔平，葛鲁嘉.男女差异心理学［M］.长春：北方妇女儿童出版社，1988：168.

（三）姿态表情

姿态表情是指除颜面以外身体其他部分所表达的表情动作，头、手和脚是表达情绪的主要身体部位，可分成身体表情（body expression）和手势表情（gesture expression）两种。身体表情是个体表达情绪的重要方式。个体在不同的情绪状态下，其身体表情也各不相同。例如，从头部活动来看，点头表示同意，摇头表示反对，低头表示屈服，垂头表示沮丧，摇头晃脑表示扬扬自得。从身体其他部分的动作来看，捧腹大笑表示高兴愉悦，暴跳如雷表示怒不可遏，双肩紧缩表示惊慌恐惧，步履蹒跚表示痛苦悲伤。

手势也是个体经常使用的情绪表达方式。手势通常和言语一起使用，以补充言语所表达的情绪和情感信息，如赞成或反对，喜欢或厌恶，接纳或拒绝。手势也可以单独表达某种思想或情绪情感。例如，拍手鼓掌表示兴奋、支持，双手掩面表示羞怯、悲伤，连连摆手表示否定、反对，竖大拇指表示肯定、赞赏，两手一摊表示无可奈何。同一手势，在不同的民族或团体中可表达不同的情绪。例如，右手拇指和食指组成的圆圈，欧美人表示"OK"，而中国人中则表示考试的"零分"或行动一无所获。

（四）语调表情

语调表情是指个体通过语言的语音、语调、节奏、速度等所表现出来的情绪状态。语调表情有时又被称为副语言。一般说来，一个人高兴时，他讲话会语调高昂，节奏轻快，声音连续，语音高低差别较大；而悲哀时，他的讲话语调低沉，节奏缓慢，声音断续，语音高低差别不大。有时同一句话，由于语气、语调不同，含义也不同。如"怎么了"，既可以表示疑问，也可以表示生气、惊讶等不同的情绪。

女性和男性具有使用某些不同语调的倾向，女性大多喜欢使用惊讶、温和、富有感情色彩的语调，男性的语调一般倾向于低沉、稳重。此外，研究还发现，女性的音调比男性高，而低音和中音又与男性不相上下，所以女性的语调高低变化大，有助于她们表达各种情感。[①]

**五、情感的性别差异**

一些心理学的实验研究证明，男女两性在情感和意志方面存在某些差异。一是女性感情丰富，敏感多情。二是女性的情感比男性更深刻、细腻、隐忍；男性

---

① 刘翔平，葛鲁嘉. 男女差异心理学［M］. 长春：北方妇女儿童出版社，1988.

则比较肤浅、外露。例如，女性不管是遇到高兴还是痛苦的事情，尽管内心的体验深刻，仍能不露声色；而男性表面上情绪激昂，内心的体验却不见得深刻。三是女性的情感比男性更为稳定和持久，她们产生某种情绪或情感以后往往会保持相当长的时间而不消失。四是女性比男性更富有同情心。美国心理学家霍夫曼曾把录有婴儿哭喊声的磁带放在实验室的隔壁让被试去听，结果发现女性被试比男性被试反应强烈，她们表情痛苦，要求去安抚婴儿。实验表明，女性更倾向于为他人设身处地地着想，更能准确地感受他人的情绪。五是男女两性在依赖感上也存在着差异。婴儿时期的依赖感尚未表现出性别差异，三四岁的儿童开始有所不同。在解决不了问题、不知所措的情形下，男孩倾向于闹情绪、烦恼、无纪律，多数寻求大人的帮助；而大多数女孩则不懂就问，继续独立完成任务，这时女孩比男孩的独立性更强。有些对小学生的研究表明，女孩的独立性显著高于男孩，尤其是非独生的女孩，其独立性最高，而独生与非独生的男孩之间无显著差异[①]。男女依赖感的稳定性也表现出差异，儿童时期依赖感强的女孩长大后仍具有较强的依赖感；而男孩却并非如此，一个依赖感强的男孩长大后可以成为一个独立性很强的男子汉。男女的这一差异，可能与父母对男孩独立性的培养和对女孩依赖感的强化有关。

### ◀▮▶【资料卡 5-1】自尊的性别差异

有研究认为，自尊是个体对自我所持有的肯定或者否定的态度，即觉得自己是一个成功、有能力的人的程度。对自尊概念的界定存在两个问题，首先，我们对自己的评价随着情境的不同而不同，也就是说，我们的自我评价随着自我价值感有一个上下波动的趋势；其次，我们的整体自尊并不是各部分自尊之和，有些人觉得自己的英语成绩好，却不擅长数学，那么他们在这两个领域对自己的评价就会存在一定差异。

很多研究表明，自尊水平与个体的成就行为有密切的关系。关于自尊的性别差异研究并没有一致的结果，有些研究认为存在性别差异，而另一部分研究显示并不存在性别差异。虽然上述研究多以大学生作为研究对象，但是用同样的测量工具对青少年和成人进行研究也得出类似的结论。对这一结论的解释是，虽然他们的侧重点不同，但是男性和女性都有不同的获取自尊的方式，所以在总体水平

① 钱铭怡，苏彦捷，李宏. 女性心理与性别差异［M］. 北京：北京大学出版社，1995.

上不存在显著的差异。比如男性将独立性、才能个性与自尊相联系，但是女性则将关系与自尊联系起来。

相互依存对女性的自尊有重要的意义，她们通过与他人的依存关系获得自尊；男性则从独立性和与众不同中获得自尊。Josephs 等人于 1992 年进行了一项研究。他们向大学生呈现一个词语，然后要求他们根据这个词造一个句子。结果发现女性更多地提到朋友或者团队，而男性则更多提到自我才能或者成功。

女性无法取得高成就，是由于她们的自尊心没有男性那么高。这是对两性成就性别差异的一种解释。

其实，自尊的性别差异很大程度上受到年龄因素的影响。对成人和老年人的研究发现，性别差异并不显著，但是青春期白人女孩的自尊心却明显低于男孩。这个时期的女孩更加看重别人对自己的看法，并且在面对社会性别角色的时候，有更多的消极评价和态度。对自我身体的自我形象的看法尤其显著，女孩们非常关注自己的外表，比起男孩，女孩更多地对自己的身体形象不满意，更担心自己的体重。

### 六、人际交往中女性的情感

人是有感情的动物，人们之间相互交往，总是抱着这样或那样的态度，或喜欢，或厌恶，或淡漠。在我们认识的人中，我们自己也会喜爱某些人，而不喜欢一些人。对于我们喜欢的人，自然是更愿意与之交往；对于那些自己不喜欢的人，则不愿意花太多的精力与他们交往。情绪作为人际交往中基本的情感表现形式，主要体现在人际交往中的感情过程方面。

人与人交往，交流的是感情。感情是人们之间相互联系的重要纽带。一个在工作和生活中处处体现出感情的人容易被人认同。人与人之间从相识、相交到相知的过程，正是对各自许许多多的动情点捕捉追寻的过程。在这个过程中，真诚、温暖或者安慰都会让人们的心贴得更近，而女性的情感更加特殊和丰富，在人际交往中表现出鲜明的特点和优势。

#### （一）丰富的情感成为人际交往的纽带

女性丰富而细腻的情感是与生俱来的。人际交往中有一个十分重要的条件就是参与双方情感的沟通，它是人际交往得以维持并更加亲密的重要条件。女性不同于男性，女性的情感丰富而细腻，对于情感的渴求是巨大的。女性在人际交往中往往不吝惜自身情感的输出。性格开朗的人更容易表达内心的感情，而富有感情的人更能引起别人的共鸣，情感交流促进了人际关系的发展。

女性在生活和工作的人际交往中更是突出地表现出寻求情感的意愿。女性以自然的情感力量建立的人际关系往往比通过权力的制衡而建立的人际交往关系更为强大。在交谈中，男性较女性更喜欢插嘴、打断别人的话；女性比男性更喜欢凝神注视谈话的对象，而男性只从对方的言谈中寻求理解；男性注重控制谈话的内容，以显示自己的力量，女性则注重维持对话的延续；女性比男性更容易将个人思想向别人诉说，男性自认为是强者，所以较少暴露自己的情感；女性的谈话方式较男性生动活泼，男性则只注重语言力量的表达；一般而言，女性显露笑容的机会较男性多。[1]

在人际交往中，面部表情起着关键作用，而微笑是热情友好的表示，是人际交往中最简单、最积极、最容易被人接受的一种方法。一般来说，男性习惯在人际交往中保持严肃，而女性富有情感，喜欢释放，如微笑。微笑代表友善、亲切和关怀，是社交中最一般的礼貌和最基本的修养。微笑不用花费什么力气，却能使人感到舒服。行动往往比语言更能传递感情，一个微笑所包含的意义是"我很高兴见到你，你带给我快乐，我愿意和你做朋友"。对方在接收到这样的信号时，也会产生相应的感觉，回应一个微笑，交流就变得更加顺畅。[2]

（二）敏锐细腻的洞察力是女性良好人际交往的第一步

观察是大脑对当前客观事物的整体反映，是人类最为高级的感知觉水平。从科学的角度而言，观察是一种交往感知特定对象而组织的有目的、有计划、必要时需采用一定方法的高水平的感知过程。观察力被认为是智力的重要组成部分。女性丰富而细腻的情感决定了她们能够并且愿意细致入微地观察事物。人们对事物的认识和了解首先是从观察开始的。观察是认识和了解事物的第一步，在没有对事物进行深入调查的情况下，直觉往往成为判断事物的依据。[3]

（三）坚韧的意志是优化人际关系的钥匙

女性所特有的细腻决定了她们在人际交往中能够抓住时机开拓人际关系。女性处世很具有韧性，往往比男性更具有坚忍不拔的意志，一旦发现契机便会锲而不舍地追求，这在人际交往中不失为一种优势。坚韧是优化人际关系的钥匙，它

① 胡近，舒培丽. 女性与情感［M］. 上海：上海教育出版社，2003.

② 胡近，舒培丽. 女性与情感［M］. 上海：上海教育出版社，2003.

③ 胡近，舒培丽. 女性与情感［M］. 上海：上海教育出版社，2003.

可以使人们成就一切事情。女性或许缺乏良好的素质，或许有许多弱点，然而坚韧的意志是她们事业和生活取得成功的关键，特别是在人际关系上。

（四）喜欢"群居"的特性使女性乐于人际交往

女性尤其渴望真挚的友情。女性由于缺乏安全感而特别喜欢"群居式"的生活，如同女友聊天、逛街、参加各种"非正式群体"的活动等，这种集体的归属需要反映了女性的交往需求。人们都渴望将自己归属到某个集体中去，为自己所归属的集体服务、贡献力量，维护和提高这个集体的利益和荣誉，从而得到这个集体的承认和容纳，因自己成为这个集体的成员感到光荣和自豪，进而完全融入集体之中。这些都体现了女性对人际交往的向往，至少不予排斥；并且，相当多的女性能够在人际交往中获得认同感和成就感。女性的这种情感特征在人际交往中发挥了很大的促进作用。

◀▌▶【学习专栏 5-1】情感对女性人际交往的障碍

女性虽然在社交方面具有种种优势，但由于自身性别上的特点及社会环境的影响，女性在人际交往中同样存在或多或少的问题。

1）波动的情绪让人陷入烦闷

女性特别容易烦恼，女性的许多行为受到情绪的影响。一个人在心绪不宁的时候所做的工作自然不能获得最高效率，人际交往中的关系处理自然也就不能达到最佳状态，甚至更糟。人的各种精神机能必须在不受任何牵制的时候才能发挥最大的能量。受到外在因素影响的情绪波动，会使我们的思维模糊、迟钝、混乱。女性对情绪的控制比男性困难，不够冷静和泰然是很多女性的短处。在这种情况下，女性往往难以控制自己的情绪，要冷静地抉择并非易事。[①]

2）羞怯阻碍正常的人际交往

羞怯，是指一个人过多地约束自己的言行，以至于无法充分表达自己的思想感情，阻碍了正常的人际交往。羞怯是女性封闭性的个性表现，是比较常见的女性人际交往中的心理障碍。人际交往中的羞怯心理表现在害羞和胆怯。有的女性认为，由于性别上的差异，自己不如男性，因此在与人交往时，尤其是与男性交往时，特别放不开，这种属于自卑性羞怯；有的女性则特别在意外界对自身的评价，她们对于自己言行后果的评价是建立在别人的评价结果上的，这属于敏感性

---

①　胡近，舒培丽. 女性与情感［M］. 上海：上海教育出版社，2003：101.

羞怯；有的女性不能正确对待生活中的挫折，遇到挫折后，很难消除遗留下来的消极后果，成为日后人际交往中的心理障碍；还有的女性则是从小到大因为某种原因形成羞怯。

可见，很多女性的羞怯是由先天原因、教育因素、缺乏自信和挫折的经历造成的。这些情感上的障碍并不都是天生的，因而在很大程度上是可以克服的。

3）自卑降低人际交往中的信任度

在女性的谈话中，"我们"这个词的运用频率明显高于"我"。许多女性在阐述某一观点时经常会说"我们认为"，这种说话方式主要是企图将内心的不安传递到自身所属的集体。这样，"我们"就不是她一个人，而是好几个人甚至一批人，这样就不会感到孤独和不安了。一位美国心理学者在他的研究报告中指出：谈话中频繁使用第一人称单数"我"的人，多半是独立性、自主性很强的人；而缺乏主见的人经常使用第一人称复数"我们"。现实生活中用"我们"来代替"我"就是缺乏自信心的表现，而不少女性就是如此。①

这种不自信的人际交往状态会导致对方信任度的降低。现代社会，随着人际交往的多样化、频繁化，交往中的相互信任变得尤为重要。面对缺乏自信的女性，人们是很难对其产生信任感的，她建立良好的人际关系也就变得十分不易。

4）优柔寡断会错失交往良机

女性情感丰富，女性特有的温柔成为女性人际交往上的一大优势。但事物总有两面，走向极端就会带来负面效应。事实上，很多女性有优柔寡断的毛病。女性温柔的性格会影响其语言和行动，很多女性不如男性直接和爽快。人们在交往中一般不喜欢说话不着边际、喜欢节外生枝、运用冗长的套语和无谓虚词的人。女性在抉择时常常犹豫不决，人的一生会面临无数的抉择，胆怯和害怕变化、不敢面对未知的领域而留在原地，就会丧失很多成功的机会。有的女性由于情感上的犹豫，常常把人际交往中遇到的一些重要问题搁置在一边等待以后解决。这种因犹豫不决而失去建立良好人际关系的机会，也会使对方对人际交往丧失信心，更对该女性失去信心，该女性以后想要拓展或者重新建立人际关系也比较难。

5）心胸狭隘是女性的大敌

人际交往中，女性的情感特点往往使女性的心胸不够宽广，这成为女性与人交往的阻碍。信任是友谊的桥梁，多疑会影响人际交往的良好发展。女性在人际交往中的多疑是由很多原因造成的。女性在思考问题时，常从一个假定的目标出

① 胡近，舒培丽. 女性与情感［M］. 上海：上海教育出版社，2003：102.

发，最后又回到假想的目标上，所以一旦有了疑点，疑虑就会越来越重，最后好像就成为事实了；有的女性曾经在人际交往中因为轻信他人而承受了巨大的精神损失和情感挫折，付出了一定代价，就再也不相信任何人了。多疑是一种完全由主观推测而产生的不信任心理。有这种心理的人往往整天疑心重重，或是无中生有，认为人都是虚伪的，不可信，不可交。在这种情况下，不但自己感到压力很大，也会给对方造成很大的情感阻碍，给人际交往平添了困难。

## 第二节　女性不同发展阶段的情绪和情感

### 一、女性情绪和情感的特点

女性的情感在发展过程中大致要经历婴幼儿期、儿童期、青春期、青年期、成年期、壮年期和老年期，每个阶段的情绪、情感都有各自的特点。这里重点介绍前面四个时期的特点。

（一）婴幼儿期的情绪和情感

当胎儿还在母亲体内时，他（她）便开始接受母亲的孕育，充足的营养、清新的空气、适量的运动、乐观的情绪、适时的胎教，为孩子的早期教育提供了身教。从这个意义上说，母亲是孩子的第一任教师。母亲的善良、对各种食物产生的情绪、精神状态、身体素质，甚至漂亮和聪慧，都会在胎儿身上得到延续。

儿童刚出生时就有原始的情绪反应，这种反应是不分化的，使人难以分辨其确切的情绪。原始情绪的不分化性与新生儿大脑皮质不成熟有关。随着生理的成熟，在外界环境的影响下，婴幼儿的情绪反应逐渐分化。他们的情绪和情感常受外界情境的支配，往往随情境的出现而产生，又随情境的变化而消失，富有易变性。不能意识到自己的情绪和情感的外部表现，他们的情绪完全表露于外，丝毫不加控制和掩饰，也不善于控制、调节自己的情绪。成人常用转移的方法来消除他们的负面情绪。

家庭是婴儿第一个社交群体，它在情感上给予他安全感。家庭成员之间语言声调的情绪色彩、相互给予的挚爱和关怀会传染给婴儿，婴儿对家庭中的紧张气氛尤为敏感。当婴儿表现出欢乐、幸福、热爱这类情感时，拥抱、亲吻、与他说话、做游戏，是对他的快乐、幸福情绪的奖赏。婴儿在哭闹时需要得到适当的满足，会有一种强烈的安全感。不过，如果父母只在孩子哭闹时才注意他，婴儿就会学着用哭声引起他人的注意，日后会养成一种烦躁不安的性格。

罗伯森等进行调查研究，访问了四五个月和八九个月大的婴儿的家庭，接近母亲，抱过婴儿1分钟后还给母亲。根据他们不安的表现来评定趋避的程度，记下反应的时间。结果，没有发现在这个时期男女情绪存在性别差异，只是女婴表现出害怕的情绪有时早些。[①]

### ◀▮▶【学习专栏 5-2】母婴的依恋关系对婴儿的影响

所有的婴儿都是恋母的，有人把物质营养、信息刺激和母爱称为三大营养，这是有一定道理的。儿童从出生到3岁是生命过程中的重要阶段，母亲的爱抚对其心理健康发展至关重要。婴儿出生后对这个世界的认识最早是通过母亲的哺乳过程实现的。母亲在哺乳过程中不仅给予孩子乳汁和营养，更重要的是传递了对孩子的爱，如果婴儿在肚子饿时能及时吃到母乳，会更好地建立起对人生的信任感，哺乳时母子眼睛、身体之间的亲密接触与交流，能给婴儿带来极大的满足感和安全感，母亲在抚育婴幼儿的过程中，如果能给予孩子足够的爱和关心，就能和婴幼儿建立起良好的依恋关系。依恋关系对儿童早期发展有着十分重要的作用。心理健康的重要基础是个体在婴幼儿期与母亲（或者一个稳定的代理母亲）能建立起温暖、亲密、稳定、安全的依恋关系。这种最初的人际关系对儿童人格的健康发展影响很大，有利于他们安全感的建立：当他们感到自己是被爱、被关注的人时，他们才能产生自我价值感；当他们感到母亲是可以信赖的人时，他们才可能在以后形成对他人的信任和自信。具有安全感的儿童能很好地与他人进行交往，对环境有较强的适应能力，容易保持稳定而快乐的情绪，能积极而放心地探索未知的世界，从而不断提高智力水平和促进各项能力素质的发展。相反，一个人如果未能在早期形成依恋，将来就可能成为一个很难与他人建立积极亲密关系的人。而未建立起安全感的儿童，就会对他人、对周围环境产生不信任感，难以适应陌生环境，形成多疑、孤僻、冷漠的性格特征，成为情绪多变甚至感情冷漠的人。匈牙利儿童精神分析学家斯皮茨认为："缺乏与母亲亲密感情联系的婴儿，比那些与母亲密切依恋的婴儿，在感情体验上更冷漠，淡漠的感情色调将会在其个性发展中打下烙印。"[②]国外调查曾发现，出生后即被遗弃，在育儿院里成长的婴儿身体状况一般比较差，此后出现心理问题和行为障碍的也更多，但如果在婴儿期增加对他们的抚摸、哄拍，便可以有效改善这一状况。在心理学家看来，并不是

① 刘翔平，葛鲁嘉. 男女差异心理学［M］. 长春：北方妇女儿童出版社，1989.

② 孟昭兰. 婴儿心理学［M］.北京：北京大学出版社，1997.

触摸本身改变了什么，而是触摸所传达的爱能带给婴儿安全感和满足感，使其健康成长。

（二）儿童期的情绪和情感

儿童入学后，生活环境改变，在已有的心理发展水平上，情感有了进一步的发展。儿童期的情绪、情感已不像婴幼儿那样主要与机体需要相联系，儿童在学习、劳动和各种社会活动中，体验着各种复杂的情感，情感内容日益丰富。情绪对儿童的认知活动起着促进或干扰作用。无论感知、记忆，还是注意、思维，都决定情绪，同时受到情绪的调节。此阶段，儿童的情感不仅在内容上增加，出现了以前没有过的情感，而且在质量上更加深刻，富有社会性。与婴幼儿相比，儿童在集体生活中调节情绪的能力有所发展，但总体上来说，情绪还是很不稳定。

近年来，有关儿童心理失衡、离家出走、自杀身亡的新闻屡见报端。种种悲剧的发生，虽然外界有诸多不可推卸的责任，但是孩子的情绪、情感障碍，自身心理承受力低、情绪变化大、不能正确对待挫折与失败才是悲剧发生的真正原因。

儿童本应没有成人那么多的工作和生活压力，应当处于无忧无虑的人生阶段。但在现代社会，随着他们课业负担的不断加重，竞争与升学的压力和父母对子女的过高期望，使孩子们承受着与他们年龄不相称的心理负担。有些父母忙于工作，没有时间与孩子沟通；有些家庭物质生活条件日益优裕，但却忽视儿童的正常心理需要，导致父母与子女之间缺乏沟通和理解；有的父母教育方式不当，或是过分保护，或是苛刻要求、严厉惩罚，这些都使孩子承受着极大的心理压力。此外，不管是家庭教育还是学校教育，都忽视了对孩子生活技能的教育和训练，孩子的独立性差、依赖性强、人际交往不良，使孩子较难适应社会，产生焦虑、恐惧和孤僻、畏缩、自卑、抑郁等情绪障碍。情绪障碍可对儿童、青少年的个性、智力水平的发育造成不利的影响。因此，情绪障碍已经成为影响儿童、青少年心理健康的重要因素之一。

（三）青春期的情绪和情感

女性情绪的波动性和敏感性较强。在情绪方面常出现不稳定和高度的敏感性，遇到挫折或成功容易动感情，在情绪表现上逐渐失去那种毫无掩饰的单纯和率真。在某些场合，她们可将喜、怒、哀、乐等各种情绪隐藏在心中而不表现出来。她们有时兴高采烈，乐于助人，有时沮丧、焦虑、神经质、发脾气，这种情绪的变化是由内分泌引起的，可能会持续一段时间或数天之久。9～14岁称为情绪发展的困难时期，与青春期的男性相比，这时候的女性，消极情绪的表现更倾向于恐惧和悲哀，男性则更多表现为愤怒；在情感体验上，女性容易出现孤僻和伤感，而男性多出现兴奋和乐观；在对待同龄人的情感态度上，女性常流露出一定程度的猜疑和忌妒。兴奋性和反应性提高，伴随月经周期往往出现情绪的规律性变化，造成少女特有的心境剧烈更替现象。这种情绪的变化，会影响学习和工作，并且影响和他人的关系。这一年龄阶段少女自杀率较其他阶段女性自杀率高。

青春期是风华正茂的时期，少女这时由于性成熟，身段日趋富有女性曲线美。人体生理发育自然的美，加上外界影响，少女美感产生，开始注意自身的面容和衣着打扮，几个女友在一起谈论的多是服装、头发式样、相貌等话题，希望穿款式新颖、颜色鲜艳的服装，希望发式美观大方、时髦、别致，希望走路有风度等。一般说来，少女对人对事都很热情，她们很容易被英雄事迹感动；女性的榜样教育力量更大，看电影、小说、戏剧，力图模拟与自己年龄相仿的正面女主角的言谈举止。①

少年时期是儿童幼稚期向青年成熟期的过渡阶段，从十一二岁到十八岁之间，少女个性心理或早或晚逐渐成熟定型，表现为心理上的闭锁性。少女的内心世界逐渐复杂，开始不大轻易将内心活动表露出来，以保护自己的独立。

自我厌恶是自我意识中的消极倾向。自我意识是指人对自己及自己和周围事物关系的一种认识和态度。人的自我意识心理萌芽在婴儿期，经过童年期的逐渐发展，青春期发展得更迅速，并且出现了新的成分——"女性"。这时候存在两种情绪：自我厌恶和自我欣赏。

由于生理成熟、月经来潮，体验到女性生理上的种种麻烦，感到心理压力，一些女孩将以往道听途说的各种女性不如男性的片面看法与现实中生理上带来的不适联系起来，产生自我厌恶的感受，不过大多数女孩会很快摆脱这种压力。

自我欣赏心理是建立在女性第二性征美的生理基础上的。身材发育健美的女孩，更容易产生这种心理反应。随着少女的性成熟，第一个发现者和欣赏者，往往就是少女自己。在旁人还难以察觉的情况下，少女便怀着羞怯的心情，隐隐观察着自己身体的变化，对着镜子自我欣赏，为自己的美貌而欢心，为自己的缺陷伤心遗憾。女性往往对自己身材的情绪情感的体验极其微妙和细腻，但对自己的身材满意度较高时，积极的情绪情感会带来心理上的自我肯定，并增强自信心，提高自尊水平；反之，女性对自己的身材满意度偏低时，消极的情绪情感会引发心理上的自卑，从而削弱自信心，降低自尊水平。

---

① 贺正时. 妇女心理学［M］. 长沙：湖南出版社，1993.

（四）青年期的情绪和情感

青年期是情绪和情感丰富多彩并趋于成熟定型的关键时期。恋爱、婚姻的建立和发展是青年期女性情感发展的主要内容。女性在择偶时，头脑中常常已有一个理想的"意中人"，这种偶像化的意中人，是女性因受教育程度、生活环境和经历以及所接触的文学艺术作品的影响而形成的一种理想化的认知模式。但当现实生活中有所好感的对象与"偶像"存在差距时，她们常常能调整自己的固有想法，使理想与现实得以协调统一。女性在恋爱中往往比男性显得更理智。恋爱成熟后，青年女性会和恋人步入婚姻的殿堂，开始两人的家庭生活。结婚是爱情发展进入一个崭新阶段的开始，它标志着女青年在心理上、经济上基本摆脱了父母照料，并且改变了以往在社会上的幼稚依赖状态，也意味着稳定的、独立的成人生活的开端（表5-4）。

表5-4　青年期女性的情绪特征

| 形　式 | 表　现 |
| --- | --- |
| 向往爱情 | 如果说少女的怀春是蒙蒙昽昽被异性吸引的话，那么年轻女性的爱恋已有了成熟的性意识和情感深度。现代女性在恋爱中已摆脱以往的消极被动状态，会主动公开表达对心仪男性的爱慕之情，对爱情的向往和追求成为激励她们前进的巨大动力 |
| 情绪的稳定性欠佳 | 青年女性不像儿童那样天真、淳朴，而是更内向和含蓄。表现在情绪和态度易受外界影响，会出现较大的波动。如顺利时兴高采烈，受挫时愁云密布 |
| 美感迅速发展 | 由于青年女性接触了大量的自然美和艺术美，她们对什么是美、什么是丑有了深刻的体验。青年女性爱美，追求美，大部分人在打扮上既大方得体，又不落俗套，注重内在美的修炼，逐渐形成自己独特的着装风格 |
| 要求自主独立 | 青年女性自认为已成年，独立要求强烈，但因其社会阅历较浅，面对错综复杂的社会环境时，常感困惑、不知所措，遇事往往容易感情用事。尽管对事物有一定的理性思考，但由于不善于处理情绪与理智的关系，常出现情感和理智的内心的矛盾冲突。此时期女性由于身心发展都处于顶峰期，她们有着强烈的自信和自尊，常常过高估计自己的能力和力量，争强好胜。但在行动受挫、遭遇失败时，又常怀疑自己的能力，在意他人对自己的评价，易陷入自卑的矛盾冲突中。青年女性刚走入社会、参加工作，对事业、个人前途有着美好憧憬，也想开创事业，但成家后女性得分出时间和精力照顾家庭，履行妻子、母亲的责任和义务，不能全身心地投入工作，因此常常有成家与立业之间的矛盾心理 |

◀▶▶【学习专栏 5-3】健康的心理模式——双性化气质

男女气质双性化，是指同时具有男性气质和女性气质的心理特征，具备男性与女性的长处与优点。这样的人既独立又合作，既果断又沉稳，既敏感又豁达，既自信又谨慎，既热情又成熟。事实上，生活在社会中的每个人都具有两性气质的一些特点，其差异仅在程度深浅而已。尽管大多数人习惯了传统的男女气质的分类，但从许多调查结果来看，人们还是倾向于接受具有双性化气质的人。

提出双性化气质概念的贝姆，根据自己设计的性别气质量表对美国某大学的75名大学生进行了抽样调查，结果发现，约有1/3的人具有双性化气质。基于许多个体可能是双性化气质的思想，贝姆研究设计出第一个心理学上测量双性化气质的量表，即《贝姆性别角色量表（BSRI）》（见表5-5）。①

说明：填表前先在每个项目上作一个评估，分数从1~7分，即"从不这样或几乎不这样"打最低分1分，"总是这样或几乎都是这样"打最高分7分。

记分方法如下。

1）将1、4、7、13、16、19、22、25、28、31、34、37、40、43、46、49、52、55、58项的评估分数相加，再除以20，即为男性气质得分。

2）将2、5、8、11、14、17、20、23、26、29、32、35、38、41、44、47、50、53、56、59项的评估分数相加，再除以20，即为女性气质得分。

3）如果男性气质分数高于4而低于9，女性气质分数也高于4而低于9，就属于双性化气质。

表5-5　贝姆性别角色量表（BSRI）

| ① 自我信赖 | ㉑ 可信赖的 | ㊶ 温和的 |
|---|---|---|
| ② 柔顺 | ㉒ 善于分析的 | ㊷ 庄严的 |
| ③ 乐于助人 | ㉓ 表示同情的 | ㊸ 愿意表明立场的 |
| ④ 维护自己的信念 | ㉔ 嫉妒的 | ㊹ 温柔 |
| ⑤ 快活的 | ㉕ 具有领导能力的 | ㊺ 友好的 |
| ⑥ 忧郁的 | ㉖ 对他人的需求敏感 | ㊻ 具有侵犯性 |
| ⑦ 独立的 | ㉗ 诚实的 | ㊼ 轻信的 |
| ⑧ 害羞的 | ㉘ 乐于冒险 | ㊽ 无能的 |
| ⑨ 诚心诚意 | ㉙ 有理解力的 | ㊾ 像个领导 |

① 资料来源：https://wenku.baidu.com/view/6722e7e36294dd88d0d26bfc.html.

（续表）

| ⑩活跃的 | ㉚守口如瓶 | ㊿幼稚的 |
|---|---|---|
| ⑪情意绵绵 | ㉛易于作出决策的 | 51适应性强的 |
| ⑫夸耀的 | ㉜有同情心的 | 52个人主义的 |
| ⑬武断的 | ㉝忠厚老实 | 53不讲粗俗话的 |
| ⑭值得赞赏的 | ㉞自足的 | 54冷漠无情 |
| ⑮幸福的 | ㉟乐于安抚受伤的感情 | 55具有竞争心的 |
| ⑯个性坚强的 | ㊱自高自大 | 56热爱孩子的 |
| ⑰忠诚的 | ㊲有支配力的 | 57老练得体的 |
| ⑱不可捉摸的 | ㊳谈吐柔和的 | 58雄心勃勃 |
| ⑲强劲有力的 | ㊴值得喜欢的 | 59温文尔雅 |
| ⑳女性的 | ㊵男性的 | 60保守 |

中国学者张李玺曾对 69 名女大学生的性别气质特征进行过调查（根据贝姆的性别角色量表进行），结果显示，在我国现代知识女性中，双性化气质的人所占比例也是较高的（见表 5-6）。[1]

表5-6　对69名女大学生的性别角色调查的结果

| 类型 | 女性气质 | 男性气质 | 双性化气质 | 不典型 |
|---|---|---|---|---|
| 人数/人 | 26 | 16 | 14 | 13 |
| 占比/% | 38 | 23 | 20 | 19 |

具有双性化气质的个体优于性别类型化的个体，是因为双性化气质的个体同时具有两种气质，因此，经常能做出跨性别行为，能够更加灵活、更有效地对各种情境做出反应，且自我评价高、独立性强、自信心高、适应能力强。具有双性化气质的女性比性别类型化的女性更易于把她们的成功归因于能力，很少把失败归因于能力不够，即使失败了也很少表现为无能为力。所以，男女气质双性化将成为成功者所备的一种素质为越来越多的人接受。作为一种健康的心理模式，它要求男女两性分别学习和获取对方的长处，鼓励男性既要有阳刚之气，又要刚中带柔，而女性要能柔中见刚，摆脱以往性别刻板印象的束缚，促进男女两性各自潜能的充分发挥和心理的健康发展。

---

① 张李玺.女性心理学 [M].长春：北方妇女儿童出版社，1990.

## 二、女性特殊生理时期的情绪情感

### （一）月经期

月经是有规律的周期性子宫出血。它是女性开始发育、具有生殖能力的标志。第一次月经来潮为初潮，到更年期女性月经消失为绝经。虽然月经周期的一系列变化是在体内自动完成的，但心理因素可以影响这种自动性周期变化。

剧烈的情绪波动、环境改变或受孕等，都可引起月经周期的紊乱。月经是卵巢分泌激素刺激子宫内膜造成的，而卵巢激素的分泌又要受脑下垂体激素和下丘脑释放的激素控制。它们又在大脑系统的调节下有规律地运行，使女性在大约28天的周期中，出现一系列的身心变化。有研究发现，女性的情绪波动与月经周期的阶段变化密切相关。从生物学角度看，月经周期中无论是性激素还是垂体促性腺激素，都将发生一系列变化，从而影响女性的心理活动和行为，引起情绪变化。情绪变化反过来也会影响生殖激素的水平，并导致排卵抑制和周期紊乱。通常，在排卵期前后，女性表现出积极的情绪，有较高的自信心和良好的知足感，情绪愉悦，行为主动。而在经前期和月经期则易出现消极情绪，有烦躁、抑郁、焦虑、易激惹等倾向。在经前期、绝经期、产后及服用避孕药的女性中常见抑郁的发生。

有些女性月经来临前可能发生"经前期综合征"。多集中于 15 ~ 45 岁的女性。"经前期综合征"，主要指女性在每次月经来潮前的 4 ~ 5 天，会出现各种异于常态的行为或症状，如头痛、注意力不集中、焦虑、抑郁或烦躁、易怒、疲劳等，部分人还会出现眼睑和肢体水肿，严重的会有突发性"神经质"。"经前期综合征"易导致女性人际关系紧张，诱发冲动性行为，因而影响育龄妇女的生活、学习及工作等。对有"经前期综合征"的女性，应进行月经的生理以及月经期心理行为变化等知识的健康教育，帮助她们改变对月经的错误认知；指导她们进行适度的情绪调节，保持心情愉快；学会科学合理安排学习、工作、休息的时间，做到劳逸结合。

### （二）孕期

女性在孕期的不同阶段，情绪和情感会随着胎儿的发育及自身生理上的变化而有所不同（见表5-7）。

表5-7　女性孕期各阶段及特点

| 阶　段 | 特　点 |
|---|---|
| 孕早期 | 孕妇多有身体不适，如易疲倦、恶心、呕吐等，这些不仅与生理因素有关，也与心理因素密切相关。此阶段孕妇容易担心孩子的发育情况，为早期可能遭遇的不利于怀孕的各种因素而感到焦虑；若是意外怀孕更增加孕妇的烦恼、忧虑，妊娠呕吐也令她们苦恼、烦躁。这些消极的情绪会加重身体的不适，使妊娠反应强烈 |
| 孕中期 | 孕妇妊娠反应消失，身体状态越来越好。孕妇对妊娠导致的生理、心理变化逐渐适应，情绪趋于稳定，但仍时常担心胎儿的发育是否良好 |
| 孕晚期 | 孕妇身体日益笨重，妊娠水肿、妊娠高血压等妊娠并发症也容易发生。临近分娩的孕妇往往担心、害怕分娩时的疼痛，忧虑孩子娩出是否顺利、是否会影响智力等。这会导致焦虑的情绪反应。针对孕妇所易出现的心理问题，应采取各种形式给孕妇宣讲各孕期的生理、心理发展知识，如妊娠呕吐的生理、心理因素，胎儿发育特点，分娩的生理过程等，以减少或消除孕妇因无知而带来的担心、紧张。指导孕妇控制自己情绪的方法，如散步、听音乐、与人交流等。注意做适当的工作、家务，做好分娩准备 |

#### ◀▍▶【学习专栏 5-4】产后抑郁的心理干预

　　某年湖南长沙某医院，一个生完二胎的妈妈，从医院 16 楼跳下坠楼身亡，她的大儿子才十几岁。这位妈妈坠楼前早产下一名女婴。究竟是什么原因让妈妈踏上不归路，她的家人始终想不明白。

　　但是，她生前留下的一条朋友圈，可以从中寻找出蛛丝马迹，似乎暴露了这位妈妈自杀的真相。该医院曾"验错血型"，这位妈妈与医院协商无果，因此内心压抑，情绪不稳定。

　　在她坠楼当天发朋友圈说道："自从我发现医院出现问题之后，院方从来没有一个好的态度跟解决问题的答案。曝光出来之后，就打着慰问的旗帜来对我说，别我伤一千你伤八百，第二次又不约而至，带着孩子打完疫苗，临回家了还不忘'嘱咐'我，别我伤一千你伤八百！"

　　医院验错血型，后来证实并未输血，所以未出现明显的不良后果。但是一方面，由于妈妈刚刚生产完，女儿又是早产，耗费了很多精力；另一方面，妈妈一边要照顾刚出生的女儿，一边还要工作，精神压力比较大。再加上医院的处理并不令人满意，妈妈就担心孩子和自己的健康受到影响，经常晚上睡不好。抑郁不断在心中挤压，导致这位妈妈情绪崩溃，患上产后抑郁症，最后踏上了这条"不归路"。

这位妈妈的丈夫自责地说："从来没想过这件事会发展到这个程度，高龄产妇本来就是特殊人群，这段时间我自己也确实太忙了，忙着搞装修，每天早出晚归的，确实和她的沟通太少了。"

高龄产妇、家人缺少关注和沟通、产后抑郁、医院失职、工作压力……这些都成了她坠楼的原因。很多人可能不理解，因为这些竟然可以抑郁到自杀？

产后抑郁症（PPD）是生理—心理—社会的疾病模式，多在产后发病（既往无精神障碍史），发病率为10%～20%，症状类似普通抑郁，表现为抑郁、悲伤、沮丧、哭泣、易激惹，重者出现幻觉或自杀倾向等，严重影响产妇的生活质量、社会功能状态，给家庭和社会造成很大负担。自2016年全面二孩政策实施，很多产妇因存在不良分娩经历、年龄较大、家庭支持系统差等原因，极易出现焦虑、抑郁等负面心理。

张玉通过2017年10月至2018年6月对剖宫产再孕的产妇进行早期筛查（采用爱丁堡产后抑郁量表Edinburgh Postnatal Depression Scale，EPDS），总分数13分。分为对照组54例和试验组54例，加入"产后抑郁交流微信群"，并组建档案，由2名主治医师和4名有3年以上产科工作经验的护士组成。对照组给予常规护理，试验组给予护理干预，方法包括个性化健康教育、心理与社会支持和产后随访与康复，干预效果良好。

PPD的心理学基础是产后1个月产妇会出现暂时性的"心理退化"现象。这也就说明对产妇的心理工作是重要组成部分。产褥期抑郁往往是产妇对事情的认知曲解所致的情绪不好，对筛查有异常者应多劝导、多关心、多安慰，首先解除致病的心理因素，如婚姻关系紧张、对新生儿性别不满意、既往有精神障碍史，使产妇的情感得到疏泄、释放，增强其自信心。

单独二孩产妇相对年龄较大，多因过度疲劳、身体机能下降，所以生活压力增大，对妈妈将来的职业规划等因素都会带来影响。护理干预帮助产妇做好角色转换指导。研究结果表明，通过筛查能及早发现产妇的抑郁情绪，通过及早地护理干预，提高产妇照料能力的同时，减少产后抑郁症的发生。

医护人员要运用医学心理、社会学知识，采取不同干预措施，帮助产妇建立良好的社会支持系统，社会支持是影响妊娠期妇女抑郁发生的主要因素之一，良好的社会支持可以对应激状态下的个体提供保护。积极与其家属沟通，向其讲解产后心理障碍发生的原因，指导产妇的家属尤其是丈夫，在新生儿娩出后给予足够的重视，满足情感支持、物质支持等，帮助二孩妈妈平稳度过危险期，避免其因家庭重心转移而感到孤独和失落。对于重症患者，应高度警惕产妇的伤害性行为，避免危险因素，做好必要的安全防护，向心理医师或精神科医师咨询。[①]

（三）更年期

更年期是指人由中年期过渡到老年期的一段时间，一般在 45 ~ 55 岁。女性更年期因为月经的变化分为绝经前期、绝经期和绝经后期三阶段，各阶段特点见表 5-8。

表5-8　更年期各阶段及特点

| 阶　段 | 特　点 |
| --- | --- |
| 绝经前期 | 此阶段月经未停止，但卵巢开始衰退，卵巢中有一定数量卵泡在发育，却达不到成熟阶段，同时亦能分泌一定量的雌激素。此时月经大多属于无排卵的月经，常常没有黄体形成 |
| 绝经期 | 即月经停止时期，这期间月经由极不规律到停止。一般认为月经停止1年以上才能算作绝经，此时卵巢内分泌功能尚未全部丧失 |
| 绝经后期 | 指从月经完全停止开始，此时卵巢内分泌功能逐渐衰萎，即将进入老年期 |

处于绝经期的女性，由于卵巢功能快速消退，雌激素分泌逐渐减少，直到没有，月经从正常走向紊乱，直至绝经。生理上的变化导致心理变化，产生精神状态与心理状态的改变，往往有悲观、忧郁、烦躁不安、焦虑与神经质等情绪波动。焦虑是绝经期女性常见的一种情绪反应，常常由很小的刺激引起很大的情绪波动，爱生气和产生敌对情绪，精神分散难以集中。女性在绝经前后出现的一些症状虽然对生活没有太大影响，但一些女性常为这些症状感到忧虑，甚至怀疑自己患有严重的疾病，以致情绪消沉，甚至导致抑郁症的发生。

女性处于更年期阶段，此时期由于卵巢功能进行性衰退，由此带来神经内分泌、精神等一系列变化，有些女性发生更年期综合征（menopause syndrome）。表现为月经周期紊乱，自主神经功能失调，兴奋与抑制及血管收缩与舒张不平衡，因而往往产生阵发性全身发热、面部潮红、耳鸣、眼花、头痛、眩晕或出现心悸、失眠、多梦、关节疼痛等症状。并出现易激惹、神经衰弱、焦虑、抑郁、孤独及受挫感等消极心理。更年期综合征严重影响更年期女性的身心健康，导致生活质量下降。

---

◀▌▶【学习专栏 5-5】医疗环境中的两性情绪的差异

　　医疗环境是一个很重要的影响因素。当人们出于各种原因去寻求医疗帮助时，能不能得到及时准确的诊断与治疗对病情的发展起着关键作用，而男性和女性得到的诊断和治疗恰恰存在差异。

　　首先，对女性病症的报告会比男性受到更多的忽略。在这里性别刻板印象发挥了很大的作用，在女性本身比男性有更多精神损伤的基础上，女性还被社会化地定义为"情绪化的、过于敏感的"。这就使得女性的病情有可能被习惯性地低估或与她们的精神状态联系起来，并且在她们提出疑问时更有可能不被重视。其次，医学研究的历史中女性患者的数据并不多，甚至在一些疾病的研究中基本没有女性被试的参与。这导致大多数疾病的医学标准是以男性的数据为基础制定出来的。当女性表现出的症状与某种疾病的标准不符时，被诊断为这种疾病的可能性就变小了，而且有可能会遭到误诊或被错误地归结到心理、精神方面的问题上。但事实上也许她们患的正是这种疾病，这种诊断标准并没有很好地将女性的生理差异纳入理论基础中去。医生这一职业中男性占有较高的比例，这对于女性病情的诊断也是存在不利影响的。男性医生对女性的情况较为不了解，在这种时候他们往往只能依赖各种医学理论以及他们自身的经验，这更有利于性别刻板印象影响他们的诊断。

　　在诊断后的治疗情况中，性别差异也有着相当明显的表现。正如上一段中提到的，女性在被更多地诊断为有精神上的问题后，必然会得到更多相关的治疗，如更多地被给予镇静剂、抗抑郁药或止痛药等各种精神药物。并不是说不应该关注女性的精神健康状况，但很多时候女性表现出的模糊症状并不是心理或精神问题导致的，只是由于这些症状与男性表现出的典型症状不符，就被错误地归结为心理症状，其实她们有可能与男性患的就是一样的生理疾病。另外，建立在以男性数据为标准得出的医学理论基础上的各种治疗手段自然也缺乏对女性病症的针对性。当女性得到比男性更少或更低效的治疗时，首先存在诊断误差的可能性，其次也包括出于各种主要治疗手段对女性效用不足或不明确的考虑。

　　以心脏病为例，一项新近的研究显示，女性心脏病患者更可能被医院的急诊室漏诊。其中的原因就包括女性的更多不明确的心脏病症状，而这些症状很可能是未被发现的。而当女性表现出与男性相同的典型症状如胸痛时，却更有可能被判断为是由抑郁或焦虑引起的。男性与女性接受的心脏病治疗也是不同的，由于女性得到的明确诊断更少，她们就更少地会被安排接受各种针对典型病症所采取的治疗，如心脏搭桥手术，而相对的，她们会比男性得到更多的心理或精神方面的治疗建议。

### ◀▮▶【学习专栏 5-6】聚焦解决模式在缓解更年期女性负性情绪管理中的应用

聚焦解决模式是 Steve 在 20 世纪 70 年代末提出的一种心理干预模式，以人的正面方向为焦点，强调最大程度地挖掘个体或团体解决问题的潜能，包含描述问题、构建目标、探查例外、给予反馈、评价进步 5 个阶段。

2016 年 6—9 月，吴英等采用目的抽样法选择在某大学附属医院进行体检的更年期女性 72 例为研究对象，按照其体检日期先后分为对照组与观察组各 36 例。对照组给予常规体检后健康指导，观察组在对照组基础上应用聚焦解决模式进行阶段性干预。

干预时间点为领取体检报告时、体检后健康管理门诊随访时（1 次 / 周）。干预持续时间为 45 ~ 60 min / 次，共干预 13 次，周期为 3 个月。干预形式为个性化访谈及沙龙交流。遵照循序渐进、家属参与的原则，以体检者为中心，通过描述问题、构建目标、探查例外、给予反馈及评价进步 5 个阶段完成。具体干预方法与内容如下。（1）描述问题。在取得彼此信任的基础上，引导体检者表达内心的真实感受，重点了解其具有哪些解决问题的资源以及为此曾经做过哪些努力等。干预措施：①您希望以怎样的状态去度过更年期？②您之前有过类似糟糕的经历吗？您是怎样度过的？③目前最让您困扰的是什么？（2）构建目标。通过问题描述，深入了解更年期女性的心理需求，鼓励其设定切实可行的目标，并一起探讨如何推进。干预措施：①您最想解决的问题是什么？②此时此刻您的心情如何（如 10 分为最好，1 分为最差，您的分值为多少）？③下一步您想达到怎样的状态？（3）探查例外。设定共同目标后，开始例外情况的探查，使其正确认识更年期，积极发现例外，主动参与。干预措施：①以前心情糟糕时您是如何去改变的？②您是否得到家人、朋友的关心和支持？③您如何进行规律生活、合理饮食、坚持运动？（4）给予反馈。耐心倾听体检者的感受，适时对其努力和成效表示反馈和赞赏，以增强其实现目标的信心和动力。干预措施：①通过深入交流，我发现您是一位乐观开朗的人；②祝福您拥有一个充满爱和亲情的家庭；③您很棒，不断战胜并超越自我，让我看到一个越来越优秀的您。（5）评价进步，引导体检者正视自己努力所取得进步，充分肯定并总结经验，鼓励并帮助其设定下一个目标。干预措施：①您每天坚持运动、合理饮食，真不易，继续加油哦；②您为自己付出了诸多努力，取得了不少进步，为您的坚持点赞；③看到您当下的改变，真的为您高兴，期待一个更好的您哦。请问下一步有什么新的打算吗？

研究采用自我感受负担量表（Self-Perceived Burden Scale，SPBS）、焦虑自评量表（Self-rating Anxiety Scale，SAS）及抑郁自评量表（Self-rating Depression scale，SDS）对两组干预效果进行评价。结果显示干预前两组的 SPBS、SAS 及 SDS 的评分差异均无统计学意义（均值 $p > 0.05$）；干预后两组 SPBS、SAS 及 SDS 的评分随着时间推移相应降低，且观察组得分均低于对照组，差异均有统计学意义（均值 $p < 0.05$）。说明聚焦解决模式可有效缓解更年期女性焦虑与抑郁的负性情绪、减轻自我感受负担、提高其生活质量，具有临床应用价值。[①]

#### ◀▎▶【学习专栏 5-7】理性情绪疗法

理性疗法（REBT）是由美国心理学家阿尔伯特·艾利斯（Albert Ellis）于 20 世纪 50 年代创立的。理性情绪疗法的治疗整体模型是"ABCDE"，是在艾利斯"ABC 理论"基础上建立的。他认为人的情绪和行为障碍不是由某一激发事件直接引起，而是由于经受这一事件的个体对它不正确的认知和评价所引起的信念，最后导致在特定情景下的情绪和行为后果，这就称为 ABC 理论。

按照理性情绪疗法的观点，人们有无以计数的信念，它包括认知、想法和主意等。这些信念（beliefs）是影响认知、情绪和行为结果的直接和主要因素。尽管看起来好像是诱发性事件引起结果，但 B 处在 A 与 C 之间，是 A 的更直接的原因。人们总是按自己的信念认识 A，并按照带有偏见的信念和一定情绪结果去认识和体验 A。因此，人们实际上从来不会体验到没有信念（B）和结果（C）的诱发性事件（A），而没有诱发性事件（A）也就体验不到信念（B）和结果（C）。信念可以有不同的形式，因为人们有各种各样的认知形式。在理性情绪疗法中，主要关注的是合理的信念和不合理的信念，前者导致自助性的积极行为，而后者则会引起自我挫折和反社会的行为。

不合理信念的特征如下。

1）绝对化的要求（demandingness）：是指人们以自己的意愿为出发点，对某一事物怀有认为其必定会发生或不会发生的信念，它通常与"必须""应该"这类字眼连在一起。如"我必须获得成功""别人必须很好地对待我""生活应该是很容易的"等。怀有这样信念的人极易陷入情绪困扰中，因为客观事物的发

---

① 吴英，刘锦．徐琼．陆鑫宇．聚焦解决模式在缓解更年期女性负性情绪管理中的应用［J］．解放军护理杂志，2019，36（3）：75-81．

生、发展都有其规律，是不以人的意志为转移的。就某个具体的人来说，他不可能在每一件事情上都获得成功；而对于某个个体来说，他周围的人和事物的表现和发展也不可能以他的意志为转移。因此，当某些事物的发生与其对事物的绝对化要求相悖时，他们就会受不了，感到难以接受、难以适应并陷入情绪困扰。合理情绪疗法就是要帮助他们改变这种极端的思维方式，认识其绝对化要求的不合理、不现实之处，帮助他们学会以合理的方法看待自己和周围的人与事，以减少他们陷入情绪障碍的可能性。

2）过分概括化（overgeneralization）：是一种以偏概全、以一概十的不合理思维方式的表现。一方面，表现为对自身的不合理评价。自己做错了一件事就认为自己一无是处，以某一件或几件事来评价自己的整体价值，其结果往往是导致自责自罪、自卑自弃，从而产生焦虑和抑郁等情绪。另一方面，表现为对他人的不合理评价。别人稍有一点对不住自己就认为这个人坏透了，完全否定他人，一味责备他人，从而产生敌意和愤怒等情绪。按照艾利斯的观点，以一件事的成败来评价整个人的价值，是一种理智上的法西斯主义。他强调"评价一个人的行为，而不是去评价一个人"。因为在这个世界上，没有一个人可以达到完美无缺的境地，所以艾利斯指出，每一个人都应该接受自己和他人是有可能犯错误的人类的一员。

3）糟糕至极（awfulizing）：是一种认为如果一件不好的事发生了，将是非常可怕、非常糟糕甚至是一场灾难的想法。这将导致个体陷入极端不良的情绪体验如耻辱、自责自罪、焦虑、悲观、抑郁的恶性循环之中，不能自拔。

糟糕就是不好、坏事了的意思。当一个人讲什么事情都糟透了、糟极了的时候，对他来说往往意味着碰到的是最坏的事情，是一种灭顶之灾。艾利斯指出这是一种不合理的信念，因为对任何一件事情来说，都有可能发生比之更好的情形，没有任何一件事情可以定义为是百分之百糟透了的。一个人沿着这条思路想下去，认为遇到了百分之百的糟糕的事或比百分之百还糟的事情时，就是把自己引向了极端的、负面的不良情绪状态之中。

糟糕至极常常是与人们对自己、对他人及对周围环境的绝对化要求相联系而出现的，即在人们的绝对化要求中认为的"必须"和"应该"的事情并非像他们所想的那样发生时，他们就会感到无法接受这种现实，因而就会走向极端，认为事情已经糟到了极点。理性情绪疗法认为非常好的事情确实有可能发生，尽管有很多原因使我们可以不要发生这种事情，但没有任何理由说这些事情绝对不该发生。我们必须努力去接受现实，尽可能地去改变这种状况；在不可能时，则要学会在这种状况下生活下去。

理性情绪疗法适用于各种神经症和某些行为障碍的病人。该疗法认为，人们的情绪障碍是由人们的不合理信念造成的，因此简要地说，这种疗法就是要以理性治疗非理性，帮助求治者以合理的思维方式代替不合理的思维方式，以合理的信念代替不合理的信念，从而最大程度地减少不合理的信念给情绪带来的不良影响，通过以改变认知为主的治疗方式，帮助求治者减少或消除他们已有的情绪障碍。

此疗法的治疗过程一般分为四个阶段。

1）心理诊断（psycho diagnosis）：是治疗的最初阶段，首先，治疗者要与病人建立良好的工作关系，帮助病人建立自信心。其次，摸清病人所关心的各种问题，将这些问题根据所属性质和病人对它们所产生的情绪反应分类，从其最迫切希望解决的问题入手。

2）领悟（insight）：这一阶段主要帮助病人认识到自己不适当的情绪和行为表现或症状是什么，产生这些症状的原因是自己，要寻找产生这些症状的思想或哲学根源，即找出它们的非理性信念。

3）修通（working through）：这一阶段，治疗者主要采用辩论的方法动摇病人的非理性信念。用夸张或挑战式的发问要病人回答其有什么证据或理论对 A 事件持与众不同的看法，等等。通过反复不断的辩论，病人理屈词穷，不能为其非理性信念自圆其说，使其真正认识到，其非理性信念是不现实的，是不合乎逻辑的，也是没有根据的。开始分清什么是理性的信念，什么是非理性的信念，并用理性的信念取代非理性的信念。

这一阶段是本疗法最重要的阶段，治疗时还可采用其他认知和行为疗法。如布置病人做认知性的家庭作业（阅读有关理性情绪疗法的文章，或写一与自己某一非理性信念进行辩论的报告等），或进行放松疗法以加强治疗效果。

4）再教育（reeducation）：是治疗的最后阶段，为了进一步帮助病人摆脱旧有思维方式和非理性信念，还要探索是否存在与本症状无关的其他非理性信念，并与之辩论，使病人学习到并逐渐养成与非理性信念进行辩论的方法。用理性方式进行思维的习惯，这样就达到建立新的情绪的目标。通过解决问题的训练、社会技能的训练，以巩固这一新的目标。

在理性情绪疗法的整个过程中，由于与非理性信念进行辩论（disputing）是帮助病人的主要方法，并获得所设想的疗效（effect），所以由 ABC 理论所建立的本疗法可以"ABCDE"五个字头作为其整体模型。

A（Activating events）：诱发性事件。

B（Believes）：由 A 引起的信念（对 A 的评价、解释等）。

C（emotional and behavioral Consequences）：情绪和行为的后果。

D（Disputing irrational believes）：与不合理的信念辩论。

E（new emotive and behavioral Effects）：通过治疗达到的新的情绪及行为的治疗效果。

理性情绪疗法中最常用的，也是区别于其他心理治疗的最具特色的几种治疗技术包括与不合理信念辩论技术、合理的情绪想象技术及认知的家庭作业。与不合理信念辩论技术为艾利斯所创立。这一辩论方法的施治者必须积极主动地、不断地向求治者发问，对其不合理的信念进行质疑。提问的方式可分为质疑式和夸张式两种。合理的情绪想象技术（Rational-Emotive Imagery，REI）是理性—情绪疗法中最常用的方法之一。它与心理治疗中通常所用的想象技术既有联系又有区别。它也是需要由治疗者进行指导，帮助来访者进行想象的技术。认知的家庭作业主要有理性情绪疗法自助量表（RET self-help form）与不合理的信念辩论和合理的自我分析（rational self-analysis，RSA）。

## 本章内容提要

1. 情绪和情感都是人脑对客观事物与主体需要之间关系的反映，是人们对客观事物的态度体验及相应的行为反应，主要由三个成分组成。情绪和情感具有适应功能、动机功能、组织和信号功能。

2. 一般认为，情绪具有快乐、悲哀、愤怒、恐惧四种基本形式。情绪作为人际交往中基本的情感表现形式，主要体现在人际交往中的感情过程方面。女性的情绪情感在人际交往中更加特殊和丰富。女性面部表情丰富，面部表情和与之相伴的情绪具有感染力。

3. 女性的情感在发展过程中大致要经历婴幼儿期、儿童期、青春期、青年期、成年期、壮年期和老年期，每个阶段的情绪情感都有自己的特点。

## 思考题

1. 女性在人际交往中的情绪情感有哪些特点？

2. 女性在人生各个阶段的情绪有哪些特点？

## 判断题

1. 女性情绪的波动性和敏感性较大。
2. 女性的自信比男性更有可能会受到别人的评价影响。
3. 女性在恋爱中往往比男性显得更理智。
4. 更年期综合征会严重影响更年期女性的身心健康。

（答案：1. 对；2. 对；3. 对；4. 对）

## 微课题研究

1. 有种观点认为，女性比男性更适合处理社会性工作，在群体冲突中承担协调者角色。对此你有什么看法，请结合相关文献和自己的观察体会，写一篇研究报告。

2. 采用《贝姆性别角色量表（BSRI）》，选取40～50名男女大学生开展双性化气质的调查研究。

## 案例分析

根据以下案例，分析求助者的主要心理问题及原因，提出心理调适的方法。

一般资料：冯××，女，20岁，大专二年级学生。2005年5月来学院心理咨询中心求助。自述父母均为农民，父亲在外打工，母亲在家务农，家庭经济状况较差，家庭基本和睦，有一年迈的奶奶同住。在家中排行老大，有一个妹妹和一个弟弟，均在上学。身高大约1.55米，体态正常，无重大器质性疾病。高考和大学入学体检未发现躯体疾病。家族无精神疾病史。从小在农村生活，性格温顺，比较内向、胆小，由于在家中排行老大，父母对其要求严格。一直非常听父母和奶奶的话，做事谨小慎微，要求完美，生怕做错事让家长操心。平时除了帮助父母承担一些家务劳动外，还要照顾弟弟妹妹。学习也非常努力刻苦，成绩优良。对人有礼貌，是家长、邻居和老师公认的好孩子。高考发挥不甚理想，只上了专科线，本想复读一年再考，但考虑到家庭经济状况，不愿给父母再增加负担，只想早点读书早点毕业替父母减轻压力。自述上大学的学费是父母想尽各种办法才凑齐的，入学后向学院申请了贫困生助学金，获得批准，认为学校领导和老师对自己非常好，下定决心要好好学习，不辜负老师和父母的期望。平时遵守校纪班规，对自己要求非常严格，学习刻苦努力，成绩名列前茅。但性格仍然内向、胆小，不爱说话，也不爱主动与人交流，几乎不参与学校组织的社会活动，时常感到自己压力很大，觉得任何时候只要不学习就是浪费时间。

主诉：一个多月前得知父亲患了肝硬化，已住进医院接受治疗，由于病情较为严重，需要很大一笔治疗费用。想到父亲是自家的顶梁柱，如今患病住院，不但少了家庭经济来源，还需大笔医疗费用，弟弟妹妹年龄还小，也都在上学，自家的经济实力有限，实在难以承担。而自己是家里的老大，在家庭遇到困难时理应主动替父母分担。于是想到自己是否该退学出去打工挣钱，帮家里减轻经济负担，也减轻父亲的压力，以使其病情尽快好转。但同时又觉得自己的学习机会难得，况且现在社会对学历的要求越来越高了，如果没有文凭，出去也找不到好工作，并且以后可能再也没有机会读书了。于是处于到底要不要退学的严重心理冲突中，心情紧张，脑子里的那根弦随时紧绷着，每天都感到有压力、紧张、矛盾、烦恼；情绪低落；经常失眠、头痛，心情烦躁；没有食欲，从来没感到饿，不想吃东西，身体虚弱无力；上课注意力不集中，常常走神，记忆力下降，学习效果变差；有自卑感和无助感，觉得自己"命不好""没用"，要是学习再下降的话，就对不起家人。求助者意识到自己的变化，觉得这样的状况非常不好，感到自责，于是努力控制自己把注意力集中在学习上，几乎所有的时间都用来看书学习，但是效果并不理想，很多时候眼睛盯着书本，心里却在想别的问题，但是又不愿意让自己放松或休息，觉得只要自己有一刻空闲时间没用在看书学习上就是浪费，就对不起父母和老师的期望。越是希望控制越不能控制，越不能控制就越是感到有压力、紧张和自责。症状已影响到正常的学习和生活，不得已前来求助。

观察和他人反映：同学反映，求助者最近显得心事重重，情绪低落。不爱跟同学打招呼，同学主动招呼她时显得无动于衷。有时听见她叹气，问及原因，又不愿说。每天吃很少的东西，有时该吃饭时根本不吃。有时一整天都难得说上几句话，甚至同学讲笑话时她也没啥反应。任课教师反映，求助者最近上课一反常态，注意力不集中，经常走神，常常盯着黑板一动不动，不知在想啥。老师有时提问她，不知道老师提的是什么问题。曾向班主任反映过该生最近的状况，结果班主任还没来得及找其谈话，就因外出学习任务，一直没有与其交谈。[①]

① 王丽.一例大学生情绪困扰的心理咨询案例报告［J］.考试周刊，2008（7）：159-160.

# 第六章　女性的能力

**本章导航**

　　能力是一种复杂的心理现象，表现在个体所从事的各种活动中，并在活动中得到发展，男女两性在能力上体现出一定的差异。本章主要从生物因素、认知方式、经验和实践、家庭影响因素、刻板印象和归因方式等角度分析能力的性别差异，在此基础上进一步分析女性获取成功的优势与潜能，探讨女性成功的基本要素。

## 第一节　能力及两性的差别

### 一、能力概述

（一）什么是能力

　　人要顺利地、成功地完成任何一种活动，总是要有一定的心理和行为方面的条件保证，所需要的这种基本条件就属于能力。能力是一种复杂的心理现象。西方心理学通常用意义相近但略有区别的 ability 和 capacity 两个词来表示能力。Ability 指做某事或完成某项活动的已有的学会的心理能力；Capacity 是指个体具有的潜力或能量。我们日常所说的能力包含上述两个方面的内容。

　　一般认为，能力是一种心理特征，它和其他心理特征不同。人格虽然也表现在人的活动中，并对活动的完成产生一定的影响，但它不直接影响活动的效率，不直接决定活动的完成，不属于能力的范畴。

　　现在我国心理学界一般把能力定义为：顺利完成某种活动任务在心理方面需要的基本条件，它在活动中表现出来，并直接影响活动效果，是个性心理特征的组成部分。[1]

---

① 高玉祥．个性心理学［M］．北京：北京师范大学出版社，2007.

人们要完成任何一种活动，往往都不是只靠一种能力，而是靠多种能力的结合，尤其是进行较复杂的活动，就需要更多的能力组成一个系统。例如，完成教学活动，需要有语言表达能力、教学设计能力、教材整合能力、逻辑思维能力、课堂控制能力以及注意分配能力等。人们从事不同的活动，从而形成了各种不同特点的能力并表现于活动中。例如，演员具有对文艺作品的良好记忆能力；画家有优良视觉记忆力和敏锐力；音乐家有超常的听觉识记和想象力。这些都是从他们所从事的业务活动中发展起来的。另外，在活动中，多种能力的结合保证了活动可以顺利地进行，这种完备结合在一起的能力就叫才能。能力高度发展并得到最完备的结合，使人创造性地完成多种复杂的活动，这就称为天才，天才人物往往是多种科学领域的专家。

（二）能力的种类

人在适应和改造环境的过程中，是由不同性质和不同程度的多种能力交织着起作用的，这些能力可划分为以下几种。

1. 一般能力和特殊能力

根据观察和实验研究，在不同种类活动中表现出来的能力既有共同性，也有特殊性，因此，在心理学教科书中，通常把能力分为一般能力和特殊能力。

一般能力指在不同种类的活动中表现出来的能力，包括观察力、思维力（抽象概括力）、语言能力、想象力、记忆力、操作能力等。其中，思维力是一般能力的核心。智力就是指一般能力。

特殊能力是指从事某种专业活动所必需的多种能力有机结合形成的能力。如画家的色彩鉴别力、形象记忆力，音乐家对旋律的区分力、音乐表象能力以及感受音乐节奏的能力，均属特殊能力。因此，对各种专业活动中所需要的能力做具体分析，有助于了解特殊能力。人的一般听觉能力既存在于音乐能力中，也存在于语言能力中。没有一般听觉能力的发展，就不可能发展音乐和言语听觉能力。另外，特殊能力的发展会提高一般听觉能力，进而影响言语听觉能力的发展。

2. 模仿能力和创造能力

模仿能力（imitative ability）是指人们通过观察别人的行为活动来学习各种知识，然后以相同的方式做出反应的能力。[①]如儿童在家庭中模仿父母的语言、表情、行为；从影视中模仿演员的动作、服饰、发型。模仿不但表现在观察别人的行为

① 彭聃龄.普通心理学［M］.北京：北京师范大学出版社，2004：407.

和表情后立即做出相同的反应，而且表现在某些延缓的行为反应中。模仿是动物和人类的一种重要的学习能力。

创造能力（creative ability）是指产生新思想和新产品的能力。一个具有创造能力的人往往能超脱或突破具体的知觉情境、思维定式、传统观念和习惯的束缚，在习以为常的事物和现象中发现内在联系和关系，提出新思想，设计和产生新产品。例如作家在头脑中构思新的人物形象，创作新的作品；科学家提出新的理论模型，并用实验证实这些模型，都是创造力的具体表现。

模仿力和创造力是两种不同的能力。动物能模仿，但不会创造。模仿只能按现成的方式解决问题，而创造力能提供解决问题的新方式与新途径。人的模仿力和创造力有明显的个体差异。有的人擅长模仿，而创造能力较差；有的人既善于模仿，又富有创造力。模仿力与创造力有密切的关系，人们常常是先模仿，然后进行创造。科研工作者先通过观察模仿别人的实验，然后提出有独创性的实验设计；学习书法的人先临摹前人的字帖，以后才创作出具有个人独特风格的作品。在这个意义上，模仿也可以说是创造的前提和基础。

3. 液体能力和晶体能力

根据能力在人的一生中的不同发展趋势以及能力和先天禀赋与社会文化因素的关系，可分为液体能力和晶体能力。

液体能力（fluid intelligence）是指在信息加工和问题解决的过程中所表现出来的能力。例如，对关系的认识、类比、演绎推理能力、形成抽象概念的能力等。它较少地依赖于文化和知识的内容，而决定于个人的禀赋。液体能力的发展与年龄有密切关系。一般人在 20 岁以后，液体能力的发展达到顶峰，30 岁以后将随年龄的增长而降低。此外，一些心理学家也发现，液体能力属于人类的基本能力，其个别差异受教育文化的影响较少。因此，在编制适用于不同文化的所谓文化公平测验时，多以液体能力作为不同文化背景者智力比较的基础。

晶体能力（crystallized intelligence）是指获得语言、数学等知识的能力，它取决于后天的学习，与社会文化有密切的关系。晶体能力在人的一生中一直在发展，只是到 25 岁以后，发展的速度渐趋平缓。

把能力分为液体能力和晶体能力，使我们对人体能力发展的多维性有了更好的了解。不同的能力具有不同的发展速度，达到成熟和出现衰退的时期也是不同的。

4. 认知能力、操作能力和社交能力

认知能力（cognitive ability）是指人脑加工、储存和提取信息的能力，即我们一般所讲的智力，如观察力、记忆力、想象力等。人们认识客观世界，获得各种各样的知识，主要依赖于人的认知能力。

操作能力(operation ability)是指人们操作自己的肢体以完成各项活动的能力，如劳动能力、艺术表演能力、体育运动能力、实验操作能力等。操作能力是在操作技能的基础上发展起来的，又成为顺利掌握操作技能的重要条件。操作能力与认知能力不能截然分开；反过来，操作能力不发展，人的认知能力也不可能得到很好的发展。

社交能力(sociability)是人们在社会交往活动中所表现出来的能力，如组织、协调和管理能力、言语表达与感染力、分析判断决策能力、调解纠纷能力、处理意外事故的能力等。这种能力对组织团体、促进人际交往和信息沟通有重要作用。

## 二、两性智力与认知能力的差别

### （一）智力

男性与女性在智力上是否存在差异？要回答这个问题，首先需要明确智力的含义。目前，关于智力的定义尚没有形成一致的观点，但可以肯定，智力的定义与智力测验之间存在密切的关系。

在20世纪早期，人们普遍认为，男性的智力优于女性。但在斯坦福—比奈智力量表的早期测试中，研究者发现，女性智力测验的分数要比男性稍高一些，将一些表现出性别差异的条目删除后，男性和女性的平均测验分数就一致了。1904年，心理学家比奈及其同事开始编制测验量表，以区分出那些需要特殊教育的学习困难儿童，从而形成了世界上第一份智力测验表——比奈智力量表。1916年，比奈智力量表流传到美国后，斯坦福大学的刘易斯·特尔曼将其翻译修订，应用于美国儿童。修订后的测验量表被称为斯坦福—比奈智力量表，但该量表只能报告总体的智力水平，因此性别差异的研究也只限于一般智力因素。20世纪30年代的许多研究发现，男女在一般智力因素上没有性别差异。

斯坦福—比奈智力量表的修订版直至今天仍在使用，但其量表项目受言语能力的影响比较大。20世纪四五十年代，美国心理学家韦克斯勒针对这一现象，编制了韦氏智力量表。韦氏智力量表测试的内容不仅需要通过语言完成项目，如定义词汇、重复数字等，还有一些不需要言语反应，只要做出某种操作的测试项目，如图画补缺、图片排列等。韦氏智力量表测试的结果显示出男女间的性别差异，女性在言语测验上的得分更高，而男性在操作测验上的表现好（Brannon，

2004：80）。

韦氏智力测验中男性和女性的不同表现，揭示出测验内容对智力的性别差异的影响。但有研究显示，在复杂的认知活动中，许多具体挑战性的智力测试表明不存在广泛的性别差异。例如，在形成概念和解决大量复杂问题时，男女表现很好。在许多创造性活动中，女性和男性也有相似的表现。①

进入 20 世纪六七十年代后，伴随着认知心理学的兴起，人们更倾向于从各种认知能力的角度来了解两性之间的差异。②认知能力主要有记忆能力、言语能力、数学能力和空间能力。本书主要分析两性在言语能力、数学能力和空间能力上的差异性。

（二）言语能力

言语能力是对语言符号加工、提取、操作的能力，表现在听、说、读、写四个方面。言语能力并非单一的结构，它包括对语言的记忆、转换、理解、组织和应用等方面。③在言语能力方面，一般认为，女性比男性有更好的表现，女孩的早期言语能力有优势。比如，研究者发现，在 1 岁以前，女孩比同龄的男孩更愿意做出"咿呀"的发声反应，女孩比男孩更早学会讲话，有更大的词汇量和更好的语法技能。在幼儿园和学校里，女孩更愿意并善于进行语言表达，也更容易解决语言方面的问题。④

但女孩的早期言语能力优势不会一直保持，相关的研究发现，在 11 岁以后，男生和女生在言语能力方面已基本相同，只是在一些言语能力任务上，女生仍优于男生。女生更擅长的言语任务包括理解和生成、创造性写作、言语类比和言语流畅性。特别是在写作方面，已有研究表明，女性在所有年龄时段都超过男性，表现出跨时间的稳定性。⑤

言语能力的性别差异还体现在特定群体上。有研究发现，性别差异在语言障碍群体中的表现更加明显，男孩出现严重阅读困难的比例是女孩的 10 倍，出现口吃的比例是女孩的 3～4 倍（Helgeson，2005：111）。

① ［美］玛格丽特·W.马特林.女性心理学［M］.6 版.赵蕾，吴文安，等译.北京：中国人民大学出版社，2010.
② 陈英和.认知发展心理学［M］.杭州：浙江人民出版社，1999.
③ 彭聃龄.普通心理学［M］.北京：北京师范大学出版社，2004.
④ 陈英和.认知发展心理学［M］.杭州：浙江人民出版社，1999.
⑤ 方刚.性别心理学［M］.合肥：安徽教育出版社，2010.

但近年来，上述这些观点受到了挑战和修正。在女孩早期言语能力优势方面，研究者发现，父母的教养行为对言语能力发展的影响很大。在希腊，在家里抚养的男婴比女婴表现出更多语音反应，而在福利院中的婴儿则没有这种性别差异。出现这一现象的原因在于，家里的父母往往期望男孩有更强的语言能力，因此，他们平时与男孩进行更多的语言交流，对男孩的语言反应给予更多的鼓励。[①]环境和文化的影响还体现在阅读领域。在阅读能力上，美国的研究者发现，在 4 年级、8 年级和 12 年级，女孩的阅读表现都优于男孩。在英国的小学生中，男生和女生的阅读能力几乎不存在差异；而德国、尼日利亚和印度的女孩在阅读能力上则不如男孩。[②]

为了能够更全面地了解在言语能力上的性别差异，Hyed 和 Linn 两位研究者采用元分析（meta-analysis）的方法，对 165 个有关性别差异的研究进行了大规模的调查。入选的研究项目既包括已经发表的，也包括未发表的，被试者都来自美国和加拿大，年龄在 3 岁以上且没有语言缺陷，研究中涉及的言语测试任务包括词汇、类比、阅读理解、口头表达、语言生成、作文和字谜游戏等。结果发现，总体来说，女性的言语能力表现超过男性，但差异很小，这种微小的性别差异在幼儿到成人的各年龄组中都比较一致。在所有的测试任务中，相对于男性，女性在语言生成任务中的表现最好。在调查中，研究者还发现，随着时代发展，两性之间的言语能力差异在逐渐缩小。同时，调查结果表明，男性为第一作者的研究比女性为第一作者的研究报告的性别差异要更小（Hyed & Linn，1988：53）。

总体说来，女性相对于男性在言语能力上的性别优势不是很明显。在特定任务（如写作）和特定群体（如语言障碍人群）中，女性的优势更明显一些。言语能力的性别差异受到教养行为、文化和环境等因素的影响。

（三）视觉空间能力

空间能力（spatial ability）包括理解、感知和使用图形和形状的能力，是体现性别差异最明显的一种能力，也是较难描述和解释的一种能力。所谓视觉空间能力，即根据图片信息进行推理，或在心理上操作图片信息的能力。视觉空间能力体现在日常生活的许多任务中，如看地图、想象一个折叠起来的物体展开后的样子、回忆物体放在什么空间位置、对图画或物体在心里进行旋转等。视觉空间能力涉及的任务类型多样，与此相关，男性和女性在这个领域上的表现也与测验

---

① 陈英和.认知发展心理学［M］.杭州：浙江人民出版社，1999.

② 陈英和.认知发展心理学［M］.杭州：浙江人民出版社，1999.

任务之间有着紧密的联系。男性在空间能力上的优势虽然不大，但在 4 岁时就已有所体现，而且贯穿生命全程（Levine，1999；Voyer et al.，1995）。

20 世纪 70 年代，麦克比和杰克林对视觉空间能力的性别差异进行了元分析研究，结论是成年男性在视觉空间能力上的成绩更出色。这个结论与人们一般的看法很符合，但由于该研究中对于视觉空间能力的概念界定不甚清晰，因此研究结论的可靠性受到了影响。[①]

进入 20 世纪 80 年代和 90 年代后，研究者对视觉空间能力的性别差异进行了更为丰富、具体的测量。从所获得的结论来看，男性和女性分别在某些特定的任务上更为擅长。林兰德等将空间能力定义为一种涉及表征、转换、生成和回忆符号、非语言信息的技能。基于以往的研究，他们提取了空间能力的三个因素：空间知觉、心理旋转、空间想象。

空间知觉（spatial perception）能力是指个体根据自身方向来判断空间关系的能力，如方位知觉、立体知觉等。空间视觉化能力是指从复杂图形中找出隐藏图形或想象一个立体物体展开后形状的能力。在这两项能力上，Linn 和 Petersen 的研究发现，男性的表现比女性要好，同时，两性之间的性别差异大小与年龄有关（Linn，Petersen，1985：1479）。沃耶等进行的元分析研究也发现，在这两项能力上，男孩具有性别优势，但性别差异比较微小，进入成年后，男性的表现则更加出色（Voyer et al.，1995：250）。

心理旋转（mental rotation）能力是指对于旋转了一定角度的图形或物体的判断能力。长期以来，相关研究的结论都支持男性在心理旋转能力上的表现要显著优于女性。Linn 和 Petersen 在元分析研究中发现，相较于简单二维内容的心理旋转，对复杂三维内容心理旋转上的性别差异更明显（Linn，Petersen，1985：1479）。这意味着，性别差异的大小与任务的特性有关。当要求对符号信息进行更快速的加工时，男性更能胜任。罗林–梅厄（Loring-Meier）和海尔伯恩（Halpern）对心理旋转上的性别差异进行了更细致的研究，他们将心理旋转任务分为图像形成、图像在工作记忆中的保持、审视心理图像和转变心理图像四个任务，分别设计实验考察男性、女性在这四个任务中的表现，结果并没有发现明显的性别差异，但男性在这四个任务中的反应都比女性快。因此，不同的视觉空间加工策略也许是心理旋转任务上性别差异的原因之一（Loring-Meier & Halpern，1999：464）。

---

① 邵志芳.认知心理学——理论、实验和应用［M］.上海：上海教育出版社，2006.

打靶是一种视觉空间技能，主要包括射击、掷飞镖等。在这项技能上，男性的精确性显著高于女性。与前面所述的各种视觉空间能力相比，男性在这项技能上的优势相当稳定和一致。在年龄上，从3岁时起，男孩的打靶技能就好于女孩。在其他方面，即使将反应时间、身高、体重、打靶经验等影响因素考虑进来，男性的性别优势依然存在。[①]

相对于男性在视觉空间加工能力上的性别优势，女性在空间定位记忆上的表现要更好。搜索物体在空间摆放上的变化、在图片中寻找缺失的物体、在有物体的房间中待一阵后离开然后回忆物体的精确位置，在所有这些任务中，女性都比男性表现得出色。两性在视觉空间能力上的不同特点也反映在指向任务中。研究者发现，女性在指向时偏爱使用地标，男性则更喜欢用距离和东西南北等术语（Helgeson，2005：109）。

在影响视觉空间能力性别差异的因素上，除了前面所提到的加工速度和加工策略外，个体的经验也起到了重要的作用。在一项对高中生和大学生的研究中发现，被试平时喜欢参加的活动中包含的空间认知内容越多，他们在空间认知方面测验的成绩就越好。同时，还有研究表明，儿童的游戏经验与他们在韦氏智力测验中相关的分测验中的成绩呈现正相关。[②]

总之，在视觉空间能力上，性别差异的具体表现与任务类型具有密切的关系，男性在空间加工任务上更熟练、更迅速，女性在空间定位任务上的表现要更好。相对而言，男性在视觉空间能力上的优势领域更广泛。男女在视觉空间能力上的不同表现受到整合速度、整合策略和经验的影响。

（四）数学能力

数学能力（mathematical ability）是包括算术、数学问题解决、数量概念理解等多方面技能的一种复杂认知能力。掌握这项能力对于从事与科学、技术、工程和数学相关的职业是必需的（Hyde et al.，1990：139）。虽然很多父母和教师认为，女孩相对比较缺乏数学能力（Frome & Eccles，1998：435），但实际上，总体来看，两性之间的性别差异非常微弱。

在中小学阶段，男孩和女孩的数学能力基本没有差异，在具体的数学能力上，女孩在数学问题解决和数学计算上有非常微小的优势，在数学概念理解方面，男孩和女孩的表现相当。

---

① 方刚.性别心理学［M］.合肥：安徽教育出版社，2010：102.
② 陈英和.认知发展心理学［M］.杭州：浙江人民出版社，1996.

男性比女性有更多的人处于数学测验分数分布的两端，也就是说，在数学表现最好和最差的人群中，男性的比重都要更大一些。在一项有关"数学早熟"少年的研究中，研究者发现，这个群体中男生的数学得分比女生高大约30分，分数越高，男生在同分数群体中的比重就越大，性别差异的效应大小为+0.39。[①]

女生中学时期在数学表现上的相对弱势也许同社会上普遍存在的对女生数学表现的刻板印象有关。有研究发现，即使女孩和男孩的数学成绩相当，父母仍对女孩的数学成绩不抱有高期望（Eceles et al.，1990：183）。由于儿童会逐渐接受父母的观念，研究者发现，对自己数学成绩得过且过的态度将使女孩在碰到数学困难时奋力追赶的比例比男孩要低（Kowaleski-Jones，Duncan，1999：930）。在对高数学能力女生的调查中发现，那些更渴望学习数学的女生，她们的数学测验成绩也会更好（Helgeson，2005：111）。

数学能力上性别差异的另一个重要特点是，随着时代的发展，性别差异的效应值在逐渐缩小。一些研究显示，直到中学高三年级，数学能力的性别差异才开始出现（Brannon，2004：86；Helgeson，2005：113）。

海德等人发表在《科学》杂志上的最新研究表明，男孩和女孩在数学能力上没有差别。在这项研究中，他们对采用了标准化测验的美国小学二年级至高中二年级的700万名学生的数学成绩进行了统计，结果发现，平均的效应值为+0.0065，几乎为零，男生在数学成绩上的变异性比女生稍大（Hyde et al.，2008：494）。

在20世纪七八十年代的美国，女生在中学选修高等数学和科学课程的比例比男生要低。有研究者认为，这是女生在标准测验成绩上稍逊于男生的重要原因（Hyde et al.，2008：494）。在1970年，美国只有7%的自然科学和工程学学位授予了女性（Shaffer，2007：481）。但自2000年以后，美国中学女生学习微积分的人数和男生已经相当，在大学里，获得数学专业学位的女生占到了总数的48%（Hyde et al.，2008：494）。这些数据的变化显示出社会文化因素对数学能力性别差异的影响作用。

总体来说，在数学上，男女之间几乎不存在差异，但男生的变异性更大，在两端的人数更多，人们在数学能力上的刻板印象会对女生的数学发展产生低期望，会对女性在数学上的表现产生消极影响。

① 方刚.性别心理学［M］.合肥：安徽教育出版社，2010.

### 三、智力与认知能力性别差异的解释

#### （一）生物因素的影响

解释两性在认知能力上存在的差异，有些研究人员从生物学方面进行了探讨，认为大脑偏侧化和激素可能会对认知能力的性别差异造成影响。

1. 大脑偏侧化的影响

大脑是最高级的脑中枢，它的左半球和右半球的功能并不相同。大脑左半球控制身体右侧，是言语加工、听觉和动作记忆中枢；大脑右半球控制身体左侧，是空间视觉、非言语声音和触觉中枢。大脑偏侧化是指大脑左右半球的功能分化（Shaffer，2007：157）。人的大脑的左半球行使语言功能，而右半球行使空间功能。对多数人来说，两个脑半球都能处理语言和空间的信息，但左半球处理语言信息时会更快、更准确，而右半球处理空间信息时更快、更准确①。列维（Levy）和海勒（Heller）的研究表明，一般情况下，男性比女性大脑偏侧化和功能专门化的程度更高。这项研究指出，由于女性在大脑两个半球上都有一些语言功能区域，因此大脑左半球受到损伤的女性的语言功能比同样情况的男性恢复得更好。大脑功能的专门化越高，个体执行特定任务所拥有的资源就越多。研究者认为，这是男性在像心理旋转这样的特殊空间任务中表现出色的可能原因之一（Levy & Heller，1992：245）。

实际上，虽然男性和女性在大脑偏侧化上有所不同，但他们在使用大脑的方式上相似的地方要更多。例如，一项利用脑成像技术了解男性和女性在语言声音任务中的大脑激活方式的研究，在其中的三项任务中，仅押韵一项任务中男性使用了左脑，而女性使用了两个大脑半球，在其他两项任务里均没有出现性别差异（Brannon，2004：99）。

2. 激素的影响

受到母亲在怀孕期间服用药物以及先天性疾病的影响，一些女性自胎儿期起，就分泌高水平的雄激素。对这些女性的认知测验发现，她们在空间思维能力上的表现要优于其他许多女性（Shaffer，2005：490）。在对正常女性激素分泌情况的检测中发现，当雌激素和黄体酮的水平升高时，这些女性在语言和手工任务上的表现会更好，当雌激素水平降低时，她们在空间任务上的表现会更好。但

---

① ［美］玛格丽特·W.马特林.女性心理学［M］.6版.赵蕾，吴文安，等译.北京：中国人民大学出版社，2010.

需要注意的是，这项研究结果虽然显示出激素对认知能力的影响作用，但就变化的数值来看，非常微小，仅仅在统计水平上有意义，几乎不会对日常生活造成影响（Brannon，2004：98）。

（二）认知风格的影响

认知风格（cognitive style）是指个人所偏爱使用的信息加工方式，也称认知方式。与认知能力不同，认知风格是指人们的典型行为，具有一定的稳定性，而不是所能够达到的最高行为，因此并无好坏高低之分。[1]认知风格包括场独立性和场依存性、联系性认识和分离性认识、同时性和继时性等，它们都与认知能力的性别差异有关。

1. 场独立性和场依存性

当个体在进行知觉判断时，所依赖的信息线索方式并不相同，有的人受到环境因素的影响比较大，有的则更多参照身体内部线索，美国心理学家威金特将前者称为场依存性（field-dependent，FD），即基本上倾向于依赖外在的参照，将后者称为场独立性（field-independent，FI），即基本上倾向于依赖内在的参照。[2]

场依存性—场独立性的认知风格不仅体现在知觉领域，对思维、问题解决和人格等许多领域都有影响。在认知领域，场独立性的人更具有优势，他们善于抓住问题的关键性成分，灵活地运用知识解决问题，认知重构的能力强。在社会行为方面，场依存性的人更喜欢并善于社交，社会工作的能力也更强。[3]

研究发现，倾向于场独立性认知风格的男性比女性多。[4]这意味着，男性在数学、视觉空间认知等方面的一些优势可能是受到场独立性认知风格的影响。实际上，有些认知能力测验本身测量的就是场依存性—场独立性。例如，"棒框测验"和"镶嵌图形测验"是较为常用的测量场依存性—场独立性的两种测验，但在一些视觉空间能力的性别差异研究中，被试在这些测验上的成绩被认为是认知能力的一种表现，被计入计算两性差异的数据中。[5]

2. 联系性认识和分离性认识

心理学家布兰基等人在对100多名女性进行访谈的过程中发现，女性在学习

① 彭聃龄. 普通心理学［M］. 北京：北京师范大学出版社，2004.
② 陈琦，刘儒德. 当代教育心理学［M］. 北京：北京师范大学出版社，1997.
③ 陈琦，刘儒德. 当代教育心理学［M］. 北京：北京师范大学出版社，1997.
④ 邵志芳. 认知心理学——理论、实验和应用［M］. 上海：上海教育出版社，2006.
⑤ 邵志芳. 认知心理学——理论、实验和应用［M］. 上海：上海教育出版社，2006.

的过程中，体现出一种联系性认识（connected knowing）的风格，即努力寻找个体、事物、事件、概念之间的联系，力求发现所谓的"真相"。与此相对，研究者认为，在男性中更多存在一种分离性认识（separate knowing）风格，即学习者脱离所学的物体、事件、概念而独立存在，力求客观而严格，学习意味着对所学信息的掌控而不是理解（Galotti，2005：365）。

根据这种划分，具有分离性认知风格的人思维限制性强，他们对逻辑矛盾、事实性错误等会非常敏感，能够很快发现。具有联系性认知风格的人更看重个人的体验，他们往往具有较强的移情能力。因此，强调严格论证的数学任务对于分离性认识的人来说会更轻松，而那些解释性的认知任务，如对诗的领悟等，对于联系性认识的人而言会更容易一些（Galotti，2005：366）。由此看来，数学、语言等不同的认知任务对于男女而言，其难度并不一样，因此，这项因素有可能对认知能力的性别差异造成影响。

3. 同时性和继时性

同时性和继时性认知风格是达斯等根据脑功能研究提出的一种认知风格。同时性认知风格（simultaneous cognitive style）是有右脑优势的人表现出的一种加工风格。主要特点是，通过发散式的、同时的方式来考虑假设、解决问题。继时性认知风格（successive cognitive style）是有左脑优势的人表现出的一种加工风格。主要特点是，按照前后的步骤来分析解决问题，步骤之间有明显的时间间隔，环环相扣，直至解决问题。语言和记忆都属于继时性加工；许多数学和视觉空间操作则依赖于同时性加工。研究者发现，许多女性偏向继时性认知风格，男性则擅长同时性加工。[1] 因此，同时性和继时性认知风格的偏向也许是在语言、数学、视觉空间能力上男女有别的原因之一。

虽然男性和女性在多种认知风格上存在倾向性的差异，但这种差异有多大，对实际认知任务表现有多少影响，与其他因素相比，它所占的比重如何，这些问题仍有待进一步的研究。

（三）经验和实践活动的影响

有证据表明，在儿童期、成年期和老年期，经验对认知表现的性别差异都会产生影响。在一项针对视觉空间能力表现优异的儿童调查中发现，这些孩子有着更多的视觉空间经验，如大多参加了地理绘图等小组活动。当把被试的相关经验

---

① 彭聃龄.普通心理学［M］.北京：北京师范大学出版社，2004.

控制在同等水平时，研究者发现，男孩和女孩之间的视觉空间表现的性别差异也不存在了。[①]

有研究者对成人的空间认知表现进行了测查，同时，研究者让被试报告他们在玩具和体育运动上的偏好，结果发现，那些在空间任务上完成得更好的被试也对空间活动有着更多偏好。

人的各种能力是在社会实践中最终形成和发展的。离开了实践或训练，即使有良好的素质、环境和教育，能力也难以形成和发展。能力是在活动和训练中积累和生成的。由于实践的性质不同，实践的广度和深度不同，所以形成了各种能力和个体不同的能力结构。在老年样本里，有研究者对一组年龄超过 65 岁的老年人进行认知训练，结果发现，训练后，空间定位上的性别差异完全消失了（Schaie & Willis，2003：327）。

（四）家庭影响因素

家庭是儿童性别角色社会化最重要的影响因素，是儿童早期活动时间最多的场所，家庭影响主要来自儿童的祖父母、父母、亲戚及兄弟姐妹等，其中影响最大的是父母对其子女性别角色的影响。主要表现为父母对两性子女的不同期望、不同态度与行为方式及父母自身对子女的影响。

父母通常对男孩和女孩有不同的教养方式，这往往加大了不同性别的孩子在能力和自我概念上的差异。研究者发现，父母倾向于按照性别角色刻板印象来描述婴儿，新手父母对孩子的特征的描述，是他们对自己孩子性情期望的反映。爱克斯进行了一系列的研究，期望能够解释为什么女孩通常会回避数学和科学学科，而且较少从事与数学和科学有关的职业。他们发现，父母对子女数学能力性别差异的预期的确会成为子女自我实现的预言。[②]

在现实社会中，人们对成年女性和男性的特质与行为有不同的期待。同样，这种期待会延展到成人对孩子的性别刻板定型的期待。在人生的最开始，父母至少对新生的女孩和男孩的知觉是不同的。一项时间跨度为 20 年的研究表明，与新生的儿子相比，父母评定新生的女儿是有好的容貌、不太强壮、更脆弱的，尽管医学证据表明男女婴儿并无身体上的差异（Karraker et al.，1995；Rubin et

———————
① 陈英和．认知发展心理学［M］．杭州：浙江人民出版社，1996.

② ［美］David R. Shaffer, Katherine Kipp. 发展心理学——儿童与青少年［M］．邹泓，等译．北京：中国轻工业出版社，2009.

al., 1974）。此外，早些的研究表明，父母描述他们的女儿是漂亮的，儿子是强壮的。最近的研究发现，父母评定他们的女儿比儿子更女性化。很明显，成年人持有的孩子身体特征的性别刻板定型从孩子一出生就开始了。

成人对孩子的刻板定型不局限于婴儿早期。在一项研究中，Martln（1997）要求加拿大大学生评定 4 ~ 7 岁女孩和男孩的典型特征，结果性别刻板定型很明显。这些年轻的成年人认为 25 个特征中的 24 个对一个性别比对另一个性别更典型。此外，对女孩和男孩典型特征的看法反映了成年人性别刻板定型的亲和性—行动性特征。例如，这些学生评定女孩比男孩更文雅、富于同情心及擅长家务；而评定男孩比女孩更多自恃性、支配和竞争性。

父母基于对子女的两性看法的影响，在教养子女时存在着男女有别的不同态度和行为方式。许多研究表明，对男孩，父母对其的教育着重于获取成功和控制自身的情绪方面；而对于女儿，父母则给予更多的爱抚和更温和的态度。[①] 在孩子的成长中，父母按照性别教授和训练不同的生活技能，儿童在获得对其自身性别认同的过程中，将以其父母为同性模型及榜样进行模仿。

（五）归因方式的影响

在数学等认知能力上，认为女性在数学及自然科学上的表现不如男性是社会上一种较为常见的刻板印象，这种有关数学的性别刻板印象不仅存在于外显意识中，在内隐的层面上也可以测查到。有研究发现，在大学生中，无论男生还是女生，不论什么专业，都普遍存在"男性比女性更擅长数学"这种内隐观点。这种刻板印象既来自家庭也来自学校。研究者发现，父母们受到性别刻板印象的影响，往往期望他们的儿子比女儿在数学上有更好的表现（Lumms & Stevenson，1990：254），并且会将他们在数学上的成功进行不同的归因，将儿子的数学成功归因于能力和天赋，将女儿的数学成功归因于努力（Parsons et al.，1982：310）。在学校里，教师也持有类似的刻板印象，认为女生往往需要付出更大的努力才能学好数学。有研究者曾收集了由班级教师提供给四、五年级学生的反馈信息，结果发现，在给男生的正面反馈中，有超过 90% 是关于智力品质的，但对女孩，相关的比例只有 70% 多，而在给男孩的负面反馈中，与智力品质相关的只有大约30%，而女孩这里的比例要超过 60%（Dweck et al.，1978：268）。

这样的刻板印象和归因方式使女孩容易对数学丧失信心，从而低估自己的学

---

① 巴莺乔，洪炜 . 女性心理学［M］. 北京：中国医药科技出版社，2006.

习能力。有研究发现，大约从 12 岁开始，女生对自己的数学能力逐渐不自信。数学自信的性别差异随着年龄增长逐渐增大，并一直持续到成年。女性在对数学自信心下降的同时，认为数学不重要，数学领域不是属于女性的，甚至是那些专业和数学非常相关的大学女生也持有这样的看法（Nosek et al.，2002：44）。与此同时，男生对数学的自信心越来越高，认为数学在未来很重要（Hyde et al.，1990：139）。

对女性持有数学偏见的人不仅有父母和老师，也包括社会上的权威人物。那么，在数学、科学等方面的性别偏见会对女性造成怎样的伤害？2006 年的《科学》杂志上发表的一篇论文对此进行了系统的研究。研究者通过巧妙的实验设计，使参加数学测验的女性被试接收到了四种不同的科学信息，分别是：在数学上男女一样、在数学上男女有别、数学上的性别差异来自经验、数学上的性别差异来自遗传。随后的测验表明，接收到"在数学上男女有别"和"数学上的性别差异来自遗传"两组女性的数学成绩相当，并且明显低于另外两组。这表明，人们倾向于将男女不同的表现与遗传天赋联系起来，而这些刻板印象会对女性的表现产生消极影响（Dar-Nimrod & Heine，2006：435）。

（六）心理—生物—社会的交互作用观

生物因素、认知风格、经验、刻板印象和归因方式等为我们提供了理解认知能力性别差异的不同角度。那么，是否存在一种整合的观点，能对此给出更为全面的解释？美国心理学协会前主席黛安·海尔伯恩提出的一种心理—生物—社会的交互作用观对此做出了尝试。这种观点认为，在胎儿期，雄激素或雌激素就已经开始影响大脑的生长发育，它会使男性的大脑在空间思维上更灵活，使女孩的大脑对言语交流更敏感。出生后，这种大脑活动的倾向性会使男孩更喜爱并拥有更多空间思维活动的经验，使女孩更关注并尝试更多的语言交流活动。在这个过程中，更多的认知活动经验又会刺激和塑造大脑，使它在相应的脑皮层形成更多的神经元通路，从而进一步促进男孩和女孩各自偏向的认知活动能力（Halpern，1997：1091）。心理—生物—社会的交互作用系统地考虑了影响认知能力性别差异的各种因素，并给出了它们交互作用的理论模式，使我们对于产生认知能力性别差异的图景更加清晰。当然，认知能力的性别差异是否就是如此形成的，尚且无法做出定论，但这种整合和交互作用的理论取向却为我们认识认知能力的性别差异开辟了一条更为开阔的道路。

## 第二节　性别刻板与女性的优势

### 一、女性的社会刻板定型

女性的地位除去母系社会短暂的理想状态外，似乎从未摆脱柔弱者的形象。究其原因，主要来自两方面。一方面是以往哲学家们的论述，构建了人们对女性认识的心理定位。如早在两千多年以前，古希腊学者亚里士多德就认为"女性之为女性是由于某种优良品质的缺乏"，并把女人理性的薄弱和物质上的虚荣归结为巴比伦没落的原因。科学主义思潮的开创者、实证主义的创始人孔德也认为，女人之所以地位低于男人，是因为女人的成长止于儿童期。人本主义思潮的开创者、唯意志论的第一个代表人物叔本华则把女人看成"矮小、肩窄、宽臀、短腿的人群"，把女性称为"第二性"，他认为"女性在任何方面都次于男性"，女性存在的价值"基本上是为人类的繁衍"，因此，"对女人表示崇敬是极端荒谬的"。①

另一方面是早期理论家们的论述，透视出女性的现实处境。德国著名女学者西蒙娜·波伏娃有一个著名的观点："女性是养成的"，在社会对女性"应该"具备的性格与行为模式的规范中，女性形成了人们所希望的角色——母亲或女人。她在其著作《第二性》中分析女性由来已久的从属地位时也认为："女人的依附性是内在的，即使她的行动有表现上的自由，她也还是个奴隶，而男人从本质上就是独立的，他受到的束缚来自外部，如果他似乎是个受害者，那是由于他的负担十分明显。"②但这种结果与女性内在的关于独立自主的本性冲突。她的生理本能与她的人格本能形成了经常出现的困惑。波伏娃深刻描述了这种矛盾："对于女人的要求是，为了实现自己的女性气质，她必须成为客体和猎物，必须放弃成为主权主体的权利要求……"但女性"认识把握和发现周围世界的自由越少，她对自身资源的开发也就越少，也就越不能肯定自己是主体"。③这样，女性便渐渐地失去了自我。

今天，在我们的理想意识中，女性都是被视为弱者而存在的。我们往往忽略

---

①　王宇. 女性新概念［M］. 北京：北京大学出版社，2007.

②　［法］西蒙娜·德·波伏娃. 第二性［M］. 陶铁柱，译. 北京：中国古籍出版社，1998：209.

③　［法］西蒙娜·德·波伏娃. 第二性［M］. 陶铁柱，译. 北京：中国古籍出版社，1998：324.

了女性，而这种忽略，不仅深刻影响着女性的自我认识，而且影响着女性优势和潜能的发挥，进而影响到女性的成功。因此我们有必要从性别平等的角度出发梳理已有的研究成果，重新分析和认识女性的优势。

### 【模拟研究】女性和男性的刻板定型

在我们开始之前，想想你头脑中典型的成年女性和成年男性，然后再模拟研究。你怎样看待典型的女性和男性？

下列哪些特征反映了你对典型的成年女性和男性的看法？在你认为与女性相关的特征旁边写上"W"，而在与男性相关的特征旁边写上"M"。如果你认为特征对男女都是有代表性的，在边上写明"WM"。

| | |
|---|---|
| ——成就取向的 | ——情绪性的 |
| ——积极主动的 | ——文雅的 |
| ——冒险的 | ——独立的 |
| ——挚爱的（affectionate） | ——好心的 |
| ——攻击的 | ——人际取向的 |
| ——雄心勃勃的 | ——令人愉快的 |
| ——自负的 | ——理性的 |
| ——娇媚的 | ——心软的 |
| ——大胆的 | ——有同情心的 |
| ——支配的 | ——温暖的 |

### 结果与讨论

你对典型的女性和男性的看法与美国及其他28个国家的大学生样本报告的结果匹配吗？这些学生描述典型的女性特征有：挚爱的、娇媚的、情绪性的、文雅的、好心的、人际取向的、心软的、有同情心的和温暖的；而典型的男性特征有：成就取向的、积极主动的、冒险的、攻击的、雄心勃勃的、自负的、大胆的、独立的、理性的。

（1）如果你心目中典型的女性和男性与这些大学生样本描述的结果不同，给出可能的原因。

（2）完成这个测验的时候，你认为女性和男性有什么典型的民族一致性吗？当你想到白人女性和男性时，他们和你心目中的黑人、拉丁裔／拉丁美洲美国人、亚裔美国人或土著美国人有什么不同吗？如果是，差异是什么？如何解释？

（3）同样，考虑家庭经济背景强或社会地位高的女性和男性，与你对家境贫穷的女性和男性的印象有什么不同吗？解释基于社会阶层的性别刻板定型的任何可能的差异。

（4）你完成了模拟研究以后，看看你选择的女性和男性特质与先前研究的结果吻合吗？换句话说，你发现的结果与研究的样本相比，这些特征是不太局限于男性或女性，还是使用了不同的刻板定型？你可能认为这些特征中有一些既是女性的又是男性的反映，或者通常并不与刻板定型联系在一起，而有一些对某一性别而言则更有代表性。尽管人们对性别刻板定型有相当的一致性，但不是所有个体的想法都是一样的。

模拟研究资料来源：[美]埃托奥，布里奇斯.女性心理学[M].3版.苏彦捷，等译.北京：北京师范大学出版社，2003：21-22

（一）性别刻板定型的内容

"刻板印象"也称"定型化效应"。定型化效应是指个人受社会影响而对某些人或事持稳定不变的看法。它既有积极的一面，也有消极的一面。积极的一面表现为：对于具有许多共同之处的某类人在一定范围内进行判断，不用探索信息，直接按照已形成的固定看法即可得出结论，这就简化了认知过程，节省了大量时间、精力。消极的一面表现为：在被给予有限材料的基础上做出带普遍性的结论，会使人在认知别人时忽视个体差异，从而导致知觉上的错误，妨碍对他人做出正确的评价。性别刻板定型（gender stereotypes），即被广泛认同的关于女性和男性的观念和态度。就像上述模拟研究样本特征所表明的，与女性有关的人格特征，比如有同情心的和温暖的一组特征反映了一种对他人的关心，社会科学家称这组特性为亲和性（communion）。另外，与男性有关的包括成就取向和雄心勃勃的一组特性反映了对完成任务的关注，称作行动性（agency）。有意思的是，这些刻板定型保持着相对的稳定性。[①] 人们倾向于将亲和性特质与女性、行动性特质与男性联系在一起，与此一致的是人们倾向于期待给女性和男性不同的角色。例如，尽管多数女性已经就业（U.S. Bureau of Labor Statistics，1999 b），但许多

① [美]埃托奥，布里奇斯.女性心理学[M].3版.苏彦捷，等译.北京：北京师范大学出版社，2003：21.

人一直期待女性主要是儿童和年老父母的护理者，而男性主要是供养者（Novack & Novack，1996）。在西方文化中，人们强调努力工作和成就的价值观，倾向于将行动性的雄心勃勃和独立性与力量和声望联系在一起，而给这些特征比那些像文雅的和情绪性的亲和性特征更积极的评价。

性别刻板定型与性别的社会建构也有关。不管是否正确，与性别有关的信念起着透镜的作用，引导我们对他人的期待和解释，并可能引发他人的刻板定型行为。例如，相信女性比男性拥有更多养育天性的中学老师也许会让女生到学校办的幼儿园做志愿者，这给了女性而不是男性发展养育特质的机会。于是，教师的这种刻板定型也许实际上对女学生建构女性相关的特征有所贡献。[①]

在选择做属于自己的行为时，性别刻板定型在性别社会建构中的重要性也表现得很明显。例如，基于性别相关的信念，女性青少年比男性更可能寻求护理小孩的经验，于是发展了像养育和怜悯这样的特性。

Sue Street 及其同事（Street，Kromrey & Kimmel，1995；Street，Kimmel & Kromrey，1995）研究大学师生心目中理想的女性和男性以及对多数女性和男性的看法。结果表明，师生都将多数女性知觉为亲和性的，将多数男性知觉为行动性的。然而他们将在女性相关和男性相关的特征上都得高分的女性看作理想的女性，也就是说，他们相信理想的女性应该是人道的、敏感的、文雅的和怜悯的，同时又是逻辑的、智慧的、成就取向的和自信的。此外，尽管理想的男性被看作在行动性特质上分数最高的，但相信他在同情、怜悯上也应该得分相对较高。于是，师生都认为理想的女性和男性个体应具有两性的特征。[②]

（二）性别刻板定型的基础

探讨性别刻板定型的起源，将考虑性别刻板定型的过程和内容的解释。

1. 社会范畴化

个体试图理解和适应复杂的社会环境，就可以说明性别刻板定型的过程。社会范畴化（social categorization）就是通过我们日常接触到各种类型的人、行为、情境等，将个体划分进不同的范畴的过程，简化我们的社会知觉。对个体而言，

---

① ［美］埃托奥，布里奇斯. 女性心理学［M］. 3 版. 苏彦捷，等译. 北京：北京师范大学出版社，2003：21.

② ［美］埃托奥，布里奇斯. 女性心理学［M］. 3 版. 苏彦捷，等译. 北京：北京师范大学出版社，2003：21.

对遇到的每一个人理解和记住是很难的。于是，我们将人分成不同范畴，并关注他们与范畴内的其他成员共有的特征。例如，在医院，我们也许将我们遇到的个体分为医生、护士和患者。当我们与他们接触时，与医生、护士联系在一起的不同的一套特征指导我们的行为，使我们询问与他们的知识和技能相应的问题。

　　个体在分类过程中会利用种种线索，但社会范畴常常基于容易认定的自然特征，比如民族、年龄、性别、职业、地域（Brewer & Lui，1989；Hewstone，et al.，1991）。这些属性通常是我们首先观察到的，它们使我们很容易地将人归于不同的范畴，而性别通常是我们划分的首要线索。于是，性别刻板定型的过程是从把人分成女性和男性开始的，我们的根据是每一性别的成员共有某些属性的内隐主张。当我们遇到一个新的个体，我们会把这些属性赋予这个人。

　　尽管社会范畴和刻板定型过程有助于简化对人的理解和与人的相互作用，但它们也可能误导我们对不同个体的理解和觉知，因为所有的女性和男性是以个性化的方式存在的。一旦我们掌握了有关这个人的更多的信息，我们就会利用除了性别以外的信息形成印象并引导我们的相互作用。如评价一个人的雄心水平时，如果没有其他信息我们也许利用其性别来判断，然而，如果我们知道这个人是某大公司的 CEO，性别信息就不那么重要了。

　　2. 社会角色理论

　　我们普遍把亲和性与女性联系在一起，而把行动性与男性联系在一起，其中的一种可能是，这些刻板定型源于我们对典型地完成其社会角色的个体行为的观察。根据社会角色理论（social role theory，Eagly，1987），女性和男性的刻板定型源于将女性和家庭角色联系在一起，而把男性和职业角色联系在一起。这种理论主张因为我们主要观察到女性扮演家庭角色，所以就假定女性具有那种角色的养育天性。同样，大多数男性在传统上被看作养家糊口的角色，我们便知觉男性具有在工作中表现出来的行动性的特性。[①]

　　大量研究支持性别刻板定型理论，这些研究表明，一个人的社会角色影响性别相关特质对他／她的适用性。例如，有证据表明当赋予他人亲和性或行动性特征时，社会角色可能超越性别（Eagly & Steffen，1984；1986）。特别是在让被试描述正做家务的女性和男性时，他们被同样看作亲和性的。类似地，请被试描

---

　　① ［美］埃托奥，布里奇斯. 女性心理学［M］. 3 版. 北京：北京师范大学出版社，2003：26.

述一个全职的女性和男性雇员，他们都被知觉为行动性的。此外，比起那些未工作的个体，就业的女性和男性被看作更具行动性的（Bridges，1987；Mueller & Yoder，1997；Riggs，1997）；母亲被看作更具亲和性的（Bridges，1987），已婚的比未婚的女性被知觉为更具有亲和性（Etangh & Nekolny，1990；Etaugh & Strn，1984）。很明显，当人们意识到个体的社会角色时，他们的刻板定型就会受到角色信息的影响。

人们描述过去和将来的女性和男性时，社会角色对性别刻板定型的影响也是很明显的。当要求大学生和其他成年个体评定1950年、1975年、2025年和2050年的一般女性和一般男性时，他们认为女性随着时代的发展越来越男性化，而男性在某种程度上变得女性化（Diekman & Eagly，1997）。研究者发现，性别刻板定型程度的减少与这个时期关于女性和男性的职业和家庭角色的信念变得越来越相似有关，这支持了社会角色理论（见表6-1）。[①]

表6-1　各种社会文化中5种心理品质社会化过程的性别差异

| 心理品质 | 在各种心理品质上更强调男性或女性的社会文化的百分比/% | |
| --- | --- | --- |
| | 男性 | 女性 |
| 善于照料他人 | 0 | 82 |
| 顺从 | 3 | 35 |
| 责任心 | 11 | 61 |
| 成就 | 87 | 3 |
| 自立 | 85 | 0 |

说明：每一种心理品质的累计百分数都没有达到100%，这是因为对于每一种心理品质而言，都有一些社会文化没有强调男性或女性中的一方。以"善于照料他人"这一心理品质的社会化过程为例，在能收集到相关数据的社会文化中，有18%的社会文化没有在这种心理品质上更为强调男性或女性中的一方。
资料来源：H Barry Ⅲ，MK Bacon & I L Child，1975。

① ［美］Etaugh C A，Judith Bridges J S. 女性心理学［M］. 北京：北京师范大学出版社，2003：26.

## 二、女性的优势

### （一）知　觉

女性的母性天性使女性具有高度的敏感性和观察力，往往能捕捉到男性感觉不到的信息，甚至是下意识的信息。

有这样一组调查：在对两组男女进行听觉、色彩、声音等测试时，女性对这方面的敏感度比男性高40％左右。女性对某些人、某些事常常不需要逻辑推理，单凭直觉就能做出判断。美国作家纳黛尔在其著作《第六感觉》中确认，女性的第六感觉并非虚构的神话，第六感觉伴随着直觉，有时两者几乎无法分清。纳黛尔认为，几乎任何人都无法像母亲那样经常拥有"第六感觉"。这是为什么呢？有人论证说，婴儿在降临世界的最初几年，和母亲的关系达到了"水乳交融"的地步。无论是操持家务活还是忙于工作，做母亲的总是自觉或不自觉用其大部分身心关心着孩子的安危冷暖，即使孩子身处自己都未意识到的险境，母亲们却常常会凭着一种不可理喻的反应而隐约感知。于是，"母亲的直觉"成了对女性心理研究中的一个"斯芬克斯之谜"。①

在现实生活中，女性出色的观察力和感知力处处可见。英国的一位心理学家曾做过一项实验，他把男女学生带到远处一个从未去过的荒岛上旅游，进到一个岩洞中把他们的眼睛蒙住，叫他们指出学校所在的方位。结果发现，女性的准确率在95％以上，男生只有30％。美国有一个电视节目也做过一个这样的试验：一组婴儿啼哭的无声电影剪辑，请父母们观看，结果大多数母亲能分辨出婴儿饥饿、疼痛、喘息、疲倦等一系列表情，而父亲们基本上不能理解。②

人们在面对面交流中有相当大的一部分采用了非语言的交流方式，非语言信号占60％～80％，语言信号占20％～30％。③有一项叫作非语言敏感力的研究，通过对一个人面部表情的观察，测试了人们对非语言暗示的含义确定和领悟能力，几乎全世界的女性都比男性强。④从人体头部的生理结构来看，眼睛位于头颅之外，眼球后部视网膜上容纳着1.3亿个能感知黑色和白色的棒体细胞，700万个能感受色彩的椎体细胞，通常这些颜色细胞是由X染色体所决定的。女性有两个X

---

① 王宇.女性新概念［M］.北京：北京师范大学出版社，2007：225.

② ［澳］阿伦·皮斯，巴巴拉·皮斯.亚当的脑　夏娃的脑［M］.顾欣怡，译.北京：新华出版社，2005：44.

③ ［美］罗娜·李顿勃.女人，天生就能赢［M］.郝久新，译.北京：新华出版社，2005.

④ 王宇.女性新概念［M］.北京：北京大学出版社，2007.

染色体，因此有比男性更多的视锥细胞，正是这些多出来的视锥细胞帮助女性识别面部表情的细微变化，更擅长感知人们的情绪。宾夕法尼亚大学的神经心理学教授鲁本·戈尔和雷卡·戈尔博士通过一项分析面部照片的系列实验进一步指出，女性和男性都能注意到其他人是否快乐，但女性能够很容易地观察悲哀的表情，她们的判断准确率在90%左右，不管被观察者是男性还是女性。而男性则不同，他们对其他男人脸上的悲哀表情更敏感，而如果被观察的是女人，男人判断的准确率就会降低，事实上，90%的时候他们判断男人的表情是对的，但是，当他们看女人的脸时，准确率只有70%。

（二）语 言

女性具有较好的语言天赋，运用语言词汇的能力强于男性，能更加自如恰当地表达自己的思想。女性是用语言而非行动来进行思考的。在女性的大脑上，连接语言、判断和记忆功能的大脑皮层，有比男性更多的神经元。这使女性能更好地识别语言和音乐的音调差异，更可能运用标准的语法结构和正确的发音。因此，她们擅长语言表达，说话轻松自如，表达清楚，在语言的流畅性、语言的长度甚至于语法、造句、阅读等方面的表现出色。

有研究人员认为，男女在这方面的差异有可能与"脑性别"有关。关于脑性别，研究人员做过许多科学测试，结果表明，在确定空间关系上，男性比女性有更强的能力。男性能够敏锐地看见空间里的物体，并迅速做出反应，这是因为他们的每个脑半球，都有对移动信息反映的神经元，因此，男性更容易掌握看地图和球类运动的技巧，他们更容易在思维中想象、转换和旋转物体，而女性在语言的学习上比男性有天赋，更喜欢文字和文学。负责这项研究的科恩博士进一步研究了人类的大脑分类情况，在《基本研究》中，他论证人类的大脑可以分为两种类型。其一是"移情脑"。"移情是一种感觉到情绪反应的能力，为了理解另一个人与他的行为，或与他的情绪形成共振，因而被另一个人的情绪触发"，[1] 在心理咨询学中"移情是指来访者把对父母或对过去生活中的某个重要人物的情感、态度和属性转移到咨询者身上，并相应地对咨询者做出反应的过程"。[2]女性的大脑多数属于这种类型，正因为女性属于"移情脑"，所以在现实生活中，女性往往表现出较强的"移情"技巧：更关注事物人性化的一面，更强调事实和问题的细节，并有效地利用"故事"的作用，注重人际关系情感联通，善于充分表达自

① ［美］罗娜·李顿勃.女人，天生就能赢［M］.郝久新，译.北京：新华出版社，2005.

② 郭本禹.心理咨询学［M］.合肥：安徽人民出版社，2008.

己的思想情感和内心活动，常常从情理的角度分析和解决问题，富有同情心和爱心。

（三）耐受力

长期处于弱势的地位使女性养成了坚韧的良好品性。从先天来看，女性比男性有更强的生命力，在母腹中，男性和女性的胚胎比率是 145：100，但到分娩时，男婴和女婴的比率为 106：103，即 1/7 的男性胚胎不能成活。①

女性对疾病的抵抗能力也高于男性。德国慕尼黑大学发表的一份调研报告强调说，世界各地的妇女平均寿命高于男子。根据临床统计报告确认，男子死于血栓、黄疸型肝炎和自杀的人数高于妇女，其主要原因除妇女不吸烟、不饮酒等因素以外，她们体内的雌激素有着重要影响。雌激素在减少血栓对女性的危害方面发挥了巨大的作用，它可以直接影响心脏和血液循环。德国每年有 2.8 万名男子死于肺癌，而死于肺癌的妇女只有 8000 人。而且，无论从哪一个发达国家的统计数字来看，都是女性的平均寿命长。中国妇女平均寿命比男子长 2 岁左右。西方国家妇女寿命比男子长 3 ~ 7 年，特别是法国，妇女平均寿命 74 岁，男子为 68 岁，俄罗斯妇女平均寿命则比男子要长 13 岁。②

研究者发现，女性的脂肪量大，新陈代谢率低，消耗的热量少，同时女性血液中较高的雌激素含量可能对血液循环具有促进作用，从而使女性具有比男性更强的耐受性，更高的抗饥饿能力。同样，在天灾人祸和痛苦煎熬面前，女性的强者本性表现得十分充分。在列车、汽车颠覆事故和空难中，在受伤程度相仿的情况下，女性比男性活下来的可能性要大。这就是为什么在困难和挫折面前，包括发生家庭变故或灾难时，男人往往一蹶不振或自暴自弃，失去生活的信心，而女性能够以惊人的毅力渡过难关的原因。③

近年来，许多临床医生发现，两性在疼痛感知、疼痛耐受性的程度上存在明显的性别差异。在所有的临床工作中，只有口腔科的患者是最常见导致直接痛感反应的，但口腔科医生们很快注意到，并不是所有的人都对钻牙感到恐怖，也不是所有的人都会控制不住地大声喊叫。他们通过门诊记录，总结出对牙疼和治疗痛反应过于激烈的患者具有以下两个特点：一是年轻，年龄范围在 18 ~ 40 岁；二是男性多于女性，这个比率大概是 4：1，即每 5 个因疼痛而不得不停止治疗的

①　罗慧兰 . 女性学［M］. 北京：中国国际广播出版社，2002.
②　女性长寿的秘密［J］. 参考消息，2010-10-26.
③　罗慧兰 . 女性学［M］. 北京：中国国际广播出版社，2002.

患者中，男人占 4 个。这一现象为普通外科的医生所证实，在他们的记忆中，能够忍受疼痛的反倒是那些老人、孩子和看上去柔弱的女子。①

（四）亲社会行为

亲社会行为（prosocial behavior）是自主行为，其目的是使其他人受益。它包括帮助、安慰他人，分享与合作（Eisenberg & Fabes，1998）。关于这种行为的性别刻板定型是女性比男性更加有教养，有支持和帮助作用。大多数的儿童研究已经发现在亲社会行为中有性别差异，认为女孩子表现出更多的亲社会行为（Eisenberg & Fabes，1998；Eisenberg et al，1996）。例如，女孩在学前阶段就表现出对婴儿的更大兴趣，并与婴儿进行更多的交流（Blake-mere，1998）。女孩也比男孩更多地帮助别人（Eisenberg & Fabes，1998）。另外，女性更可能给朋友和亲属提供心理上的支持和帮助（Eisenberg & Fabes，1998；Eisenberg et al，1996）。

在社会交往中女性更倾向于"间接方式"，她们往往能超越狭隘的价值底线，在空间广阔的"关系"中发现价值，表现为亲社会的行为，表达自我，实现目标。

关于这一点，研究人员做了这样一个实验：让孩子们说服他们的朋友，吃下一种味道恶心的饼干，如果他们成功了，会得到奖励。女孩子和男孩子都想得到奖励，但是他们使用的方法不同。男孩子们使上浑身解数，开始撒谎哄骗，威胁恐吓，让他们的目标人群就范，成为他们的牺牲品。女孩子对这项任务深感为难，她会向那个小朋友道歉，尽量避免直接撒谎，她们试着劝说她们的实验对象，而不是设法强迫他们把饼干吃下，为了完成任务、拿到奖品，女孩们甚至自愿分担，帮她们的朋友一起吃。这意味着尽管男性和女性都渴望达成目标并表现优异，但在通往成功的道路上，男性不仅具有攻击性，而且倾向于直接进攻，女性则倾向于间接方式，并关注人际关系的建立和情感的投入。

女性在社会交往中行为方式方面表现出来的优势，往往和女性的"情感"密切相关。有人说女性是"感情的动物"，"感情用事"往往被看成女性的一个大缺点，尤其对职业女性更是一个大问题，因为几乎全世界的舆论都认为女性比男性更加情绪化，缺乏理性。其实女性更情绪化使其注重人际交往中的感情投入，具有明显的亲社会行为特质。

研究表明，男性和女性在大脑的不同部分处理感情问题。加拿大科学家桑德

---

① 王宇.女性新概念［M］.北京：北京大学出版社，2007.

拉·维特尔森博士做了一项这样的实验。首先，在实验对象的右眼显示图像，在他的右耳处演奏声音，这些信息进入他的左侧脑半球，然后，在实验对象的左眼显示图像，在他的左耳处演奏声音，让这些信息进入他的右侧脑半球。当男性和女性看到这些负载情感的图像时，桑德拉·维特尔森博士对他们的大脑进行了核磁共振成像扫描，结果发现，男性是在左脑半球的两个区域处理感情，而女性处理感情则在两个脑半球。①

这项试验结果从一个方面为我们解释了为什么女性更加感情用事的原因。因为感情位于男性的右脑，感情完全在逻辑之外，男人需要先认识，然后才能感觉。对女性而言，感情同时在她的两个脑半球运行，可同时处理感情和逻辑，在思考的同时进行感觉。

不仅如此，女性在处理自己"感情"的同时，也随时"准备倾听"别人的感情信息。同样的痛苦给女性的打击往往要大得多，并需要更长的时间才能忘记"那些旧的伤痛"。正如一些研究显示，在女人的大脑中，情绪的痛苦"更精确地储存在深处"。男人对疼痛忘记得很快，他们能在几小时后不再想它，甚至可以立刻忘记。通常你看到一个女人在听别人讲述感情的故事，她脸上的表情好像故事就发生在她自己身上一样。正是女性的这种感情决定了她有别于男性的行为方式，这种行为方式在突出团队精神和创造性的今天，无疑是一种巨大的财富。

（五）管理风格

在管理方面，女性的性别优势得以充分展现，从而形成了有别于男性的独特的管理风格。有研究表明，女性有许多管理的优势，如突出的理财能力、韧性和高信任度。女性管理者更容易抓住商机，并且能对自己的财富做合理利用。相比男性管理者，女性管理者有天然的亲和力，在管理工作中，更顾及员工的感受，更强调关系的和谐，沟通能力更强，能清晰地表达自己的意愿、工作目标，强调团队的积极参与合作，也擅长激励员工，充分调动员工的潜能等。上述优势促成女性管理者在工作中注重人际关系的协调性和平衡性、决策谨慎、目标管理清晰、善解人意、换位思考、富有人情味，这些形成了女性管理者独特的管理风格。

近30年来，在世界范围内有越来越多的女性创业者崛起，女企业家队伍蔚为壮观。截至2003年底，中国女性业主和法人已超过2000万人。女企业家在全

① 王宇.女性新概念［M］.北京：北京大学出版社，2007.

国企业家中的比例也从 20 世纪 80 年代的不到 10% 快速上升到现在的 20%，预计在接下来的 3 ~ 5 年内，这一数据将增加到 30%。[①] 来自中国企业家调查系统的一份研究报告显示：相对于男企业家而言，女企业家的年龄相对年轻，平均是 46.5 岁，而经营的企业中盈利的却比男性高出 7.8 个百分点，亏损企业仅占 1.5%。这种现象在国外也同样存在。美国从 1980 年到 1988 年的 9 年间，企业家人数提高了 56%，而女企业家的人数提高了 82%，同期，女性领导的企业产值比所有企业的平均产值增加快 1 倍。[②] 另一项统计显示，在德国东部地区，1990 年之后，1/3 的新建企业是女性领导的，她们总计提供了 100 万个工作岗位，创造出的年产值平均为 150 亿美元。据欧洲经济合作与发展组织统计，在其 25 个成员国里，女性领导的企业活动占全部企业活动的 28%，其中最高的是加拿大，占 39%，而美国女企业家的经营活动已占到 50%。就全世界而论，70% 的小型企业是由女性经营的。可见，在这个充满挑战与机遇的时代，男性以其刚毅、果断在商海中沉浮、搏击，女性则凭借其独特的个性创造了令人惊叹的业绩。

女性企业家在全球范围内的崛起，说明了女性企业家更能适应现代管理的潮流，更具民主参与的管理风格。

1994 年，美国妇女创业者基金会曾就男女企业家的差异问题进行过一项调查，结果显示，男女企业家的思维方式和理念大致相同，但管理风格却有所不同。因为男性更重逻辑，即将左半脑的思维功能结合起来；而女性则把感觉、直觉、关系、体谅等因素用于决策过程，力求做到全面周到，既合情，又合理。这种不同在谈判风格上表现得更为明显，男性往往以"背水一战"的心态、奔着"只赢不输"的目的与对手较量；女性则表现出进退自如、委婉求全、耐心等待、期盼"双赢"的态度。

如果我们仔细观察女企业家的管理风格，的确有许多地方是很独特的。例如，她们把做母亲和持家的技能用于职业角色上，表现出高超的人际交往才能；她们较富有同情心，容易设身处地为人着想，口头表达及肢体语言的技巧高明，善于倾听对方的表述从而判断是非；她们期待合作，善于协商，重理性又重直觉；她们看问题比较善于分析背景，容易捕捉到事物之间的相关性，因而较少主观、武断、僵化、一意孤行等。她们对待员工的态度并不是简单地发号施令、设法控制

①　转载自 2005 年 1 月 10 日出版的《解放日报》。

②　[美] 约翰·奈斯比特，帕特里夏·艾柏登. 女性大趋势 [M]. 陈广，译. 北京：新华出版社，1993

或显示权威，而是努力以教育、指导、说服、影响等方法达到管理的目的。

近年来，管理学界有这样一种说法，女性化的模式是未来社会的发展趋势，那么未来社会发展对管理者的要求是什么呢？概括来说主要是：善于观察和发现人才，进行快速的信息交流，具有远见和多样才能，具有创造性思维并勇于创新，能够发现事物之间的关联，不仅重视结果，同时关注人，具有策划和解决问题的能力，具有卓越的人际交往能力。显然社会发展对管理者的要求和女性的管理风格相符，未来的管理风格就是女性的管理风格。"这是因为母亲是管理者最好的学校，我们有理由相信，能够推动摇篮的手，也能推动整个世界。"①

### 三、女性与成功

在中华文化的语言丛林中，"成功"是一个较易被人们在多种语境中使用的概念。有人认为成功是"获得预期的成果"；有人认为"成功是一种快乐"；有人认为"成功是日积月累、日复一日地实现对你和其他人而言有价值的目标"；也有人认为"成功 = 物质外衣 + 心灵的满足"，"因为没有物质作为基础的心灵的满足，只能是无源之水，无本之木，只有物质外衣和心灵满足的契合，才能形成完整而平衡的成功"。

人们理解成功的视角不同，对成功的认识也不一样。成功意味着什么呢？究其本质，成功其实包含两方面的含义：一是社会承认了个人的价值，并赋予个人相应的酬谢，如金钱、地位、房屋、尊重等；二是自己承认自己的价值，从而充满自信、充实感和幸福感。但是人们往往忽略了成功的后一种含义，认为只有在社会承认我们、他人尊敬我们时，我们才算拥有了成功的人生，只有在鲜花和掌声环绕着我们时，才算是达到了成功的时刻；而当这些没有的时候，自己则认为成功是没有意义的。实际上，一个人只有对自己有较高评价并认为自己一定会成功时，他才可能真正成功。这中间的道理也很简单，那就是人不可能给别人连他自己都没有的东西。从某种意义上说，成功的标准主要在自己，只有自己才能判断自己是否成功，也只有自己才能体会真正意义上的成功。

其实，成功是人的一种心态、一种习惯，是人的一种思考模式，也是人的一种生活方式。

#### （一）双性化人格

在性别角色的塑造过程中，以往的理论对性别采用的是一种最原始的分类方

---

① 罗慧兰.女性学［M］.北京：中国国际广播出版社，2002：12.

法，这种分类方法将所有的人分为两类：一类是生物学意义上的女性；一类是生物学意义上的男性。所有女性皆具女性气质，所有男性皆具男性气质，把男性和女性看成单一维度上的两极。比如说一个人富于攻击性、富于独立性、喜好数学和科学、积极主动、爱好探险、决策果断……一般人的脑海中马上会浮现出一个男性形象；而如果谈到一个女性，我们往往认为她应该是感情丰富、心思细密、擅长做家务、温柔体贴……这实际上是在人们脑海中被界定的不同性别的"刻板印象"。①

首先打破这种两极式分类方法框架的研究者是罗尔，他于 1964 年提出了双性化的概念，他认为个体可以同时拥有传统意义上男女两性的人格特质。1974 年，贝姆在前人研究的基础上为性别角色双性化的研究做出了突出贡献。贝姆认为，许多个体可能是双性化的，无论他 / 她是生物学意义上的男性还是生物学意义上的女性，他们既可能带有男性化特质，也可能带有女性化特质，这依赖于各种行为发生时的情景适宜性，当男性化特质高时称为男性型个体，女性化特质高时称为女性型个体，男性特质和女性特质在一个人身上表现都比较高时，这个人就被称作双性化个体。在性别特质类型上非常传统的个体，会抵制任何被认为与其角色不符的行为，而双性化类型的个体，则会自由表现男性化和女性化行为，因而更具有灵活性和适应性。②

这种新的性别特质类型的划分方法，为我们理解和认识女性的成功开拓了新的研究视角。双性化（androgyny）是希腊语的词根男（andro）和女（gyn）的结合，所以"双性化"也正是"男性化"和"女性化"的混合和平衡。而双性化人格是指一个人身上具备女性的兴趣、能力和爱好，尤其是心理气质方面，同时也具备男性的人格特点。③性别双性化对人格影响较为突出的表现在心理健康方面。从 20 世纪 70 年代至今，中西方对双性化研究的大量结果都表明，性别双性化的人综合了男性化和女性化特质的优点，具有较高的心理健康水平。Bem 的研究表明，具有双性化人格的人至少有三个方面的优点：第一，独立性方面，双性化人格的女性独立性强；第二，富有同情心，有教养和内涵；第三，具有很强的自尊心，双性化人格特质的女性有着更积极的归因模式。

实际上，生活中不乏独立性强、具有攻击性、喜好数学和科学、爱好探险、

---

① 王宇 . 女性新概念［M］. 北京：北京大学出版社，2007：248.
② 王宇 . 女性新概念［M］. 北京：北京大学出版社，2007：248.
③ 方刚 . 性别心理学［M］. 合肥：安徽教育出版社，2010：5.

决策果断的女性，也有很多感情丰富、心思细密、擅长做家务、温柔体贴的男性，尤其是在成功女人身上，往往融合了男女两性的气质，既有女性温柔、细腻、富于情感的一面，又有男性刚强、果断、意志坚定的一面，因为"人类的特殊生存能力主要是建立在男性和女性共同拥有一个巨大的多种多样的能力之上，它能使人类对各种生存条件进行适应。两性能力的强烈重叠也是一个重大的优点，因为两性会根据需要在许多能力方面相互补充"。① 女性要想在事业上有所成就，就必须同时具有男女两性的性别优势，要以男性为榜样，善于向男性学习，善于吸取男性性别上的优势。现实中我们经常看到：成功的女性形象与过去的贤妻良母不同，它是一个新的混合体，既有"女性"的身体特征和角色特点，同时又具备一定的"男性"精神。

（二）培养情商

长期以来，我们已经习惯了用"智商"来预测人的成功，然而，现代心理学的研究表明：在决定一个人的成功因素中，智商因素只占20%，情商因素起到80%的作用，因此，决定一个人成功的主要因素不是智商（IQ）而是情商（EQ）。

美国哈佛大学的心理学家丹尼尔·戈尔曼对1528名智力超常儿童进行过研究。结果表明，智力水平确实与人的成就密切相关。在此基础上，他又提出了情商的概念，认为情商是个体重要的生存能力，是一种发掘情感潜能、运用情感能力影响生活各个层面和人生未来的关键因素。它包括一个人把握与控制自己情绪的能力；觉知、疏导与驾驭别人情绪的能力；自我激励与自我管理的能力；面对逆境与挫折的承受能力；人际关系的处理能力以及通过情绪的自我调节不断提高生存质量的能力。

美国"领导者中心研究所"的一份报告指出，一些高级管理人员无法正常开展工作，其原因往往是"人际关系紧张"，而并非"计划有误"等一系列技术问题。该中心在向美国及欧洲的大企业总裁调查之后，列出管理人员的"九大致命缺陷"，这九大缺陷大多与个人情绪素养有关，如"工作关系处理不好""太武断""野心勃勃""常与上级对着干"。②

在现实生活中，越来越多的人意识到，智商发达而不注意发展情商的人很难成为成功的人，真正决定一个人成功的关键因素是情商而不是智商，所以情商比智商更重要。

① 王宇.女性新概念［M］.北京：北京大学出版社，2007：249.
② 王宇.女性新概念［M］.北京：北京大学出版社，2007：250.

20 世纪 80 年代中期，美国某保险公司曾雇用了 5000 名推销员并对他们进行培训，每名推销员的培训费高达 3000 美元。谁知雇用后一年就有一半人辞职，四年后这批人只剩下五分之一。原因是，在推销人寿保险的过程中，许多人在遭到多次拒绝之后，便失去了继续从事这项工作的耐心。该公司向宾夕法尼亚大学因"在人的成功中乐观情绪的重要性"理论而闻名的心理学家马丁·塞里格曼讨教，希望他能为公司的招聘工作提供帮助。塞里格曼认为，当乐观主义者失败时，他们会将失败归结为某些他们可以改变的事物，而不是某些固定的东西，因此，他们会努力改变现状，争取成功。在接受该保险公司的邀请后，塞里格曼对 15000 名新员工进行了两次乐观程度测试，并对这些新员工进行了跟踪研究。在这些新员工当中，有一组人没有通过甄别测试，但在乐观测试中他们却取得"超级乐观主义者"的好成绩。跟踪研究的结果表明，这一组人在所有人中工作任务完成得最好。第一年，他们的推销额比"一般悲观主义者"高出 21%，第二年高出 57%。从此，通过塞里格曼的"乐观测试"便成了该公司录用推销员的一个重要条件。①

塞里格曼的"乐观成功理论"告诉我们：一个人能力的高低不能只看智商，还要看其是否善于运用自己的智力和各种资源解决日常生活中的实际问题。一个具有自信和乐观精神的人往往比缺乏自信或悲观失望的人更容易取得成功。因此，能否有效地控制自己的情绪，并对自己的情绪进行调节，是决定一个人情商高低的重要因素。女性要充分利用自己在直觉力、理解力、亲和力、柔性、细腻、协调沟通能力等方面的性别优势，在社会实践和广泛的人际交往中充实自我，完善自我，培养和发展自己的情商。只有情商高的人才能成为一个人格健全的人，才能走向成功。

◀▌▶ 【学习专栏 6-1】情绪智力

心理学家常常会面对孩子们的这样一个提问："你知道我心里想什么吗？"

这是一个充满童稚而又专业的问题。在日常生活中，人们不仅在反观自己的内心世界，而且试图走进别人的心理世界，探察他人的想法，感受他人的情感。这就涉及有关"情商"这个热门话题。

情绪智力（emotional intelligence）的概念是由美国耶鲁大学的萨罗威和新罕布什尔大学的玛伊尔（P. Salove & D. Mayer, 1990）提出的，简称情商，它是

---

① 王宁. 女性新概念［M］. 北京：北京大学出版社，2007：250.

指"个体监控自己及他人的情绪和情感，并识别、利用这些信息指导自己的思想和行为的能力"（Salove & Mayer，1990）。换句话说，情绪智力也就是识别和理解自己和他人的情绪状态，并利用这些信息来解决问题和调节行为的能力。在某种意义上，情绪智力是与理解、控制和利用情绪的能力相关的。

情商是相对智商而言的，是指情感智力的高低。高尔曼（D. Goleman）在其著作《情绪智力》一书中明确提出"真正决定一个人成功与否的关键是情商而非智商"（Goleman，1995）。到目前为止，人们对"情商"的提法一直存在分歧和争议，情商能否和智商一样加以定量测量还有待进一步研究。但是，有关情绪智力是决定人们成功的重要因素的思想正逐渐被人们接受。

情绪智力包括一系列相关的心理过程，这些过程可以概括为三个方面：准确地识别、评价和表达自己和他人的情绪；适应性地调节和控制自己和他人的情绪；适应性地利用情绪信息，以便有计划地、创造性地激励行为（Salove & Mayer，1990）。

情绪智力作为人类社会治理的一个组织部分，是人们对情绪进行信息加工的一种重要能力。情绪智力有很大的个体差异。情绪智力高的个体可能更深刻地意识到自己和他人的情绪和情感，对自我内部体验的积极方面和消极方面更开放。这种意识使他们能对自己和他人的情绪做出积极的调控，从而维持自己良好的身心状态，与他人保持和谐的人际关系，有较强的社会适应能力，在学习、工作和生活中取得更大的成功。因此，培养和发展人们的情绪智力对全面提高人的素质具有重要意义。

资料来源：彭聃龄. 普通心理学 [M]. 北京：北京师范大学出版社，2004：410-411

（三）自我激励和有效行动

人们常说"期望什么，得到什么"，期望平庸，就得到平庸，期望伟大，就有可能真的伟大。现代社会更是一个人才济济、充满竞争的社会，只有自信并敢于行动的人才有成功的机会。美国哈佛大学的约翰·科特在关于美国成功企业家的一项调查中，研究了数百个个案，他发现成功人士的一个共同特征就是有很高的自我评价，认为自己的行为代表了正确的方向，这种自我评价实质上就是一种自我激励。因此，在人生的旅途中，最糟糕的境遇往往不是贫困，不是厄运，而是精神和心境处于一种自我觉知的麻木状态，迷失生活或人生的追求目标。清晰地规划目标是人生走向成功的第一步，但塑造自我却不仅限于规划目标。要真正塑造自我和自己想要的生活，我们必须奋起行动。在我们不断塑造自我的过程中，影响最大的莫过于选择乐观的态度还是悲观的态度。我们思想上的这种抉择可能给我们带来激励，也有可能阻滞我们前进。一旦掌握有效的自我激励，自我塑造的过程也就随即开始。以下方法可以帮你塑造自我，塑造一个具有成功形象的自我。

1. 树立远景

迈向自我塑造的第一步，首先要有一个你每天早晨醒来为之奋斗的目标，它应是你人生的短期目标和中长期目标的有机融合。远景必须即刻着手建立，而不要往后拖。你随时可以按自己的想法做些改变，但不能一刻没有远景。

2. 把握好情绪

人开心快乐的时候，体内就会发生奇妙的变化，从而获得阵阵新的动力和力量。但是，不要总想在自身之外寻开心。令你开心的事不在别处，就在你身上。因此，找出自身的情绪高涨期用来不断激励自己。

3. 调高目标

许多人惊奇地发现，他们之所以达不到自己孜孜以求的目标，是因为他们的主要目标太小，而且太模糊不清，使自己失去前进的动力和张力。如果你的主要目标不能激发你的创造力，目标的实现就会遥遥无期。因此，真正能激励你奋发向上的应该是确立一个既宏伟又具体的远大目标。

4. 加强紧迫感

20 世纪，阿耐斯（Anais Nin）曾写道："沉溺生活的人没有死的恐惧。"自以为长命百岁无益于你享受人生。然而，大多数人对此视而不见，假装自己的生命会绵延无绝。唯有心血来潮的那天，我们才会筹划大事业，将我们的目标和梦想寄托在丹尼斯（Denis Waitley）称为"虚幻岛"的汪洋大海之中。其实，直面死亡未必要等到生命耗尽时的临终一刻。事实上，如果能逼真地想象我们的弥留之际，会物极必反产生一种再生的感觉，这是塑造自我的第一步。

5. 做好调整计划

实现目标的道路绝不是坦途，它总是呈现一条波浪线，有起也有落，但你可以安排自己的休整点。事先看看你的时间表，框出你放松、调整、恢复元气的时间。即使你现在感觉不错，也要做好调整计划。这才是明智之举。在自己的事业波峰时，要给自己安排休整点。安排出一大段时间让自己隐退一下，即使是离开自己挚爱的工作也要如此。只有这样，在你重新投入工作时才能更富激情。

**6. 直面困难**

每一个解决方案都是针对一个问题的。二者缺一不可。困难对于脑力运动者来说，不过是一场场艰辛的比赛。真正的运动员总是盼望比赛。如果把困难看作对自己的诅咒，就很难在生活中找到动力。如果学会了把握困难所带来的机遇，你自然会动力陡生。

**7. 良好的感觉**

多数人认为，一旦达到某个目标，人们就会感到身心舒畅。但问题是你可能永远达不到目标。把快乐建立在还不曾拥有的事情上，无异于剥夺自己创造快乐的权利。记住，快乐是天赋权利。首先就要有良好的感觉，让它使自己在塑造自我的整个旅途中充满快乐，而不要等到成功的最后一刻才去感受属于自己的欢乐。

**8. 加强排练**

如果手上有棘手的事情而自己又犹豫不决，不妨挑件更难的事先做。生活挑战你的事情，你定可以用来挑战自己。这样，你就可以自己开辟一条成功之路。成功的真谛是：对自己越苛刻，生活对你越宽容；对自己越宽容，生活对你越苛刻。

**9. 立足现在**

锻炼自己即刻行动的能力。充分利用对现时的认知力。不要沉浸在过去，也不要沉溺于未来，要着眼于今天。人要有梦想、筹划和制定创造目标的时间。不过，这一切就绪后，一定要学会脚踏实地、注重眼前的行动。要把整个生命凝聚在此时此刻。

**10. 敢于竞争**

竞争给了我们宝贵的经验，无论你多么出色，总会人外有人。所以你需要学会谦虚。努力胜过自己，能使自己更深刻地认识自己；努力胜过别人，便在生活中加入了竞争"游戏"。不管在哪里，都要参与竞争，而且总要满怀快乐的心情。要明白最终超越别人远没有超越自己重要。

**11. 内 省**

大多数人通过别人对自己的印象和看法来看自己。获得别人对自己的反映很不错，尤其是正面反馈。但是，仅凭别人的一面之词，把自己的个人形象建立在别人身上，就会面临严重束缚自己的危险。因此，只把这些溢美之词当作自己生活中的点缀。人生的棋局该由自己来摆。不要从别人身上找寻自己，应该经常自省并塑造自我。

12. 走向危机

危机能激发我们竭尽全力。无视这种现象，我们往往会愚蠢地创造一种追求舒适的生活，努力设计各种越来越轻松的生活方式，使自己生活得风平浪静。当然，我们不必坐等危机或悲剧的到来，从内心挑战自我是我们生命力量的源泉。圣女贞德（Joan of Arc）说过："所有战斗的胜负首先在自我的心里见分晓。"

13. 精工细笔

创造自我，如绘巨幅画一样，不要怕精工细笔。如果把自己当作一幅正在描绘中的杰作，你就会乐于从细微处做改变。一件小事做得与众不同，也会令你兴奋不已。总之，无论你有多么小的变化，都于你很重要。

14. 不要怕拒绝

不要消极接受别人的拒绝，而要积极面对。你的要求落空时，把这种拒绝当作一个问题："自己能不能更多一点创意呢？"不要听见"不"字就打退堂鼓。应该让这种拒绝激励你更大的创造力。

15. 一生的缩影

塑造自我的关键是甘做小事，但必须即刻就做。塑造自我不可能一蹴而就，而是一个循序渐进的过程。这儿做一点，那儿改一下，将使你的一天（也就是你的一生）有滋有味。今天是你整个生命的一个小原子，是你一生的缩影。

大多数人希望自己的生活富有意义。但是生活不在未来。我们越是认为自己有充分的时间去做自己想做的事，就越会在这种沉醉中让人生中的绝妙机会悄然流逝。只有重视今天，拥有自我激励的力量才行。毅然前行，才能获得自我激励的能力。这样的激励还可以无限延伸下去，如果你在生活中学会了自我激励，并善于运用自我激励，那么成功只是时间早晚的问题。

（四）发挥社交场上的女性优势

在社交中女性的优势主要体现在以下几个方面。一是感情丰富、细腻。人类的社会交往以感情为纽带，主动寻求友谊是女性的显著特点，以她们自然的母性温暖和柔情产生的交际力量，具有更大的吸引力，易于广交朋友。二是观察敏锐、细微。细微的观察是认识事物的第一步，敏感是直觉判断的依据，女性直觉比较敏感，这恰好是社交必需的条件。三是仪态富有魅力。魅力是一种发自内心的吸引力，是教养、内涵及气质的综合展现。女性打扮得体、举止优雅、和蔼可亲、谈吐文明，在社会中就会具有很强的亲和力。女性参与社交已成为现代社会交往的重要组成部分。在社交场上一般有两种人，一种带有强烈的功利色彩；一种则以广交朋友为目的。在社交场合中，有两类女性最引人注目：一类是智慧型；一类是靓丽型。聪慧精明的女性懂得分寸与交往距离，善于表达真诚的感情，与他人建立信任关系，有人气、达人和，为事业的成功奠定良好基础。

◀▮▶【学习专栏 6-2】成功智力

爱丽丝是一个学习成绩出色的学生，老师认为她是最好的学生，同学们也认为她是最聪明的人。爱丽丝虽然在学业中能出人头地，可她在职业生涯中却一直表现平平，同班同学中的 70% ~ 80% 在工作中都表现得比她出色。这样的例子在许多国家都不难发现。中国也开始关注"第 10 名现象"，发现学习最好的学生不一定是工作最出色的人，而学习排名在第 10 名左右的学生，可能在以后的工作中游刃有余。

这一现象说明了学业成就的高低并不百分之百地决定着一个人是否成功，这涉及了成功智力的问题。成功智力（successful intelligence）是一种用以达到人生中主要目标的智力，是对现实生活中真正能产生举足轻重影响的智力。因此，成功智力与传统 IQ 检测中所测量和体现的学业智力有本质的区别。斯腾伯格将学业智力称为"情性化智力"（inter intelligence），它只能对学生在学业上的成绩和分数做出部分预测，而与在生活中的成败较少发生联系。斯腾伯格认为智力是可以发展的，特别是成功者的智力。在现实生活中真正起作用的不是凝固不变的智力，而是可以不断修正和发展的智力。

成功智力包括分析性智力、创造性智力和实践性智力三个方面。分析性智力（analytical intelligence）涉及解决问题和判定思维成果的质量，强调比较、判断、评估等分析思维能力；创造性智力（creative intelligence）涉及发现、创造、想象和假设等创造性思维的能力；实践性智力（practical intelligence）涉及解决实际生活中问题的能力，包括使用、运用及应用知识的能力。

成功智力是一个有机整体，用分析性智力发现好的解决办法，用创造性智力找对问题，用实践性智力来解决实际问题，只有这三个方面协调、平衡才最为有效。一个人知道什么时候以何种方式来运用成功智力的三个方面，要比仅仅具有这三个方面的素质更为重要。具有成功智力的人不仅具有这些能力，还会思考在什么时候、以何种方式来有效地使用这些智力。在各个领域中，这三种智力都发挥着作用。在自然科学领域中，分析性智力可以将假设的理论与其他理论进行比较，创造性智力可以形成一种理论观点或设计出一个实验，实践性智力可以将科学原理应用于日常生活或实践领域；在文学领域，分析性智力将从文学中汲取的知识与教训应用于每天的生活；在艺术领域，分析性智力用来分析一位艺术家的风格和传递的信息，创造性智力可以创作艺术作品，实践性智力则可以确定什么样的作品受欢迎；在体育领域，分析性智力可以分析出对手的策略战术，创造性智力可以用来形成自己的战术，实践性智力可以运用心理战术来赢得对手。

（资料来源：彭聃龄. 普通心理学 [M]. 北京：北京师范大学出版社，2004：414–415）

## 本章内容提要

1. 能力是一种复杂的心理现象。我国心理学界一般把能力定义为：顺利完成某种活动任务在心理方面需要的基本条件，它在活动中表现出来，并直接影响活动效果，是个性心理特征的组成部分。

2. 在数学上，男女之间几乎不存在差异，但男性的变异性更大。人们在数学能力上的刻板印象会对女生的数学发展产生低期望，对女性在数学上的表现产生消极影响。

3. 女性在空间定位任务上的表现要更好。相对而言，男性在视觉空间能力上的优势领域更广泛。

4. 女性相对于男性在言语能力上的性别优势不很明显。在特定任务（如写作）和特定群体（如语言障碍人群）中，女性的优势更明显一些。女性具有较好的语言天赋，运用语言词汇的能力强于男性，能更加恰当自如地表达自己的思想。

5. 父母基于对子女的两性看法的影响，在教养子女时存在着男女有别的不同态度和行为方式。许多研究表明，对男孩，父母对其的教育着重于获取成功和控制自身的情绪方面；而对于女儿，父母则给予更多的爱抚和更温和的态度。

6. 刻板印象也称"定型化效应"。定型化效应是指个人受社会影响而对某些人或事持有稳定不变的看法。它既有积极的一面，也有消极的一面。

7. 长期处于弱势的地位使女性养成了坚韧的良好品性。从先天来看，女性比男性有更强的生命力。

8. 女性更倾向于"间接方式"，她们往往能超越狭隘的价值底线，在空间广阔的"关系"中发现价值，表现为亲社会的行为，表达自我，实现目标。

9. 亲社会行为是自主行为，其目的是使其他人受益。它包括帮助、安慰他人、分享与合作。关于这种行为的性别刻板定型使女性比男性更加有教养，有支持和帮助作用。

10. 女性成功基础：双性化人格、培养情商、自我激励和有效行动。

## 思考题

1. 你认为男女在认知能力上有差异吗？如何解释呢？

2. 女性优势分析哪些方面对你具有启发意义？

3. 你心目中的成功女性是什么样的？

## 判断题

1. 男性通常会在很多的记忆能力测试中比女性得分高。

2. 认知能力中最大的性别差异是女性通常在思考几何图形的旋转时比男性反应快。

3. 女性通常会为自我满足而争取成功，而男性通常会为获得金钱、地位及名声争取成功。

4. 女性的母性天性使女性具有高度的敏感性和观察力。

5. 大脑偏侧化和激素可能会对认知能力的性别差异造成影响。

（答案：1. 对；2. 错；3. 对；4. 对；5. 对）

## 微课题研究

1. 社会性别文化对性别发展的影响。

根据以下问题访谈2～3位女性朋友和男性朋友。当回答下列问题时，注意你自己的反应。

（1）你会见的女性和男性描述了不同的社会化经验吗？如果是那样，它们是什么？

（2）你何时意识到对自己性别有社会期望？

（3）当你跨越性别界限时，发生了什么？

（4）你的社会化经验是怎样影响你当前对于活动、朋友、专业、职业等的选择的？

2. 选择1～2家大中型企业，通过访谈和观察研究的方法各调查2～3名男性和女性的管理者，探讨男女两性的管理风格是否存在差异性？具体表现在哪些方面呢？

# 英文参考文献

1. Helgeson V S. The Psychology of Gender[M]. Upper Saddle River N J: Prentice Hall, 2005.

2. Hyde J S, Linn M C. Gender Differences in Verbal Ability: A Mental Analysis[J]. Psy Chological Bullentin, 1988.

3. Linn M, Petersen A. Emergence and Characterization of Sex Differences in Spatial A Bility: A Meta Analysis[J]. Child Development, 1985.

4. Loring-Meier S, Halpern D F. Sex Differences in Visuospatial Working, Memory: Components of Cognitive Processing[J]. Psychological Bulletin and Review, 1999, 6.

5. Frome P M, Eccles J S. Parents' influence on Children's achievement-related Perceptions[J]. Journal of Personality and Social Psychology, 1998: 74.

6. Hyde J S. How Large Are Cognitive Gender Differences[J]. American Psychologist, 1981: 36.

7. Hyde J S, Fennema E F, Lamon S J. Gender Differences in Mathematics Per Formance: A Meta-analysis[J]. Psychological Bulletin, 1990: 107.

8. Hyde J S, Lindberg S M, Linn M C, Ellis A B, Williams C. Gender Similarities Characterize Math Performance[J]. Science, 2008.

9. Shaffer D R, Kipp K. Developmental Psychology: Childhood and Adolescence: 6th Ed[R]. Belmont C A: Wadseorth, 2007.

10. Levy J, Heller W. Gender Differences in Human Neuropsychological Function.In A Gerall. Handbook of Behavioral Neurobiology[M]. New York: Plenum Press, 1992.

11. Voyer D, Voyer S, Bryden M P. Magnitude of Sex Differences in Spatial Abilities: A Meta-analysis and Consideration of Critical Variables[J]. Psychological Bulletin, 1995.

12. Parsons J E, Adler T E, Kaczala C M. Socialization of Achievement Attitudes and beliefs: Parental Lnfluences[J]. Child Development, 1982, 53.

13. Nosek B A, Banaji M R, Greenwald A G. Math=Male, Me=Female, Therefore Math≠Me[J]. Journal of Personality and Social Psychology, 2002, 83（1）.

14. Halpern D F. Sex Differences in Intelligence[J]. American Psychologist,

1997, 52.

15. Novack L. L, Novack D R. Being Female in the Eighties and Nineties: Conflicts Between New Opportunities and Traditional Expercations Among White, Middle Class, Hetero Sexual College Women[J]. Sex Roles, 1996, 35.

16. Hanna W J, Pogovsky B. Women with Disabilities: Two Handicaps Plus[J]. Disability. Handicap and Society, 1991, 6.

17. Brewer M B, Lui L. The Primacy of Age Sex in the Structure of Person Categories[J]. Social Cognition, 1989, 7.

18. Diekman A B, Eagly A H. Past, Persent and Future: Perception of Change in Women and Men[J]. Paper Prestented at the Meeting of the Midwestern Psychological Association, Chicago, 1997.

19. Eagly A H, Wood W. Gender and Influenceability: Stereotype Versus Behavior[J]. //O'Leary V E, Unger R K, Wallston B S. Women, Gender and Social Psychology CPP. Hillsdale N J: Erlbaum, 1985: 255-256.

# 第七章 女性的人格

**本章导航**

人格是一个复杂的结构系统，它包含了许多成分，其中主要包括气质、性格和自我意识等方面。我们不但要了解人心理的一般规律，更要深入了解和掌握每个人的个别差异以及男女两性的差异。在现代社会，尤其是竞争激烈的信息社会，传统的性别角色差异界定将很难适应这种复杂多变的社会环境，双性化人格已经成为一种性别角色发展的新趋势。本章主要介绍气质和性格的基础知识，分析男女两性在气质和性格上的差异性。

## 第一节 气 质

### 一、气质的定义

气质是个人生来就具有的心理活动的典型而稳定的动力特征，是人格的先天基础。心理学家把气质定义为在儿童期早期就显示出来的、决定个人行为特征的遗传人格倾向。当说起气质时，心理学家通常是指代表某人人格特点的、占据主导地位的唯一主题，如羞怯或大胆。气质作为一种基本的先天倾向，有很高的稳定性，从婴儿时期到青春期都表现得较为一致。

### 二、气质的理论

（一）希波克拉底的体液理论

希波克拉底是古希腊著名的医生，他认为体液即是人体性质的物质基础。希波克拉底认为人体中有四种性质不同的液体，它们来自不同的器官。其中，黏液生于脑，是水根，有冷的性质；黄胆汁生于肝，是气根，有热的性质；黑胆汁生于胃，是土根，有渐温的性质；血液出于心脏，是火根，有干燥的性质。人的体质不同，是四种体液的不同比例所致。约500年后，欧洲古代医学的集大成者，也是罗马帝国时期著名的生物学家和心理学家盖伦,从希波克拉底的体液说出发,创立了气质学说,他认为气质是物质(或汁液)的不同性质的组合。当时他说气质共有13种。在此基础上,气质说继续发展,成为经典的四种气质:多血质外向,活泼好动,善于交际,思维敏捷,容易接受新鲜事物,情绪情感容易产生也容易变化和消失,容易外露,体验不深刻等;黏液质的情绪稳定,有耐心,自信心强;抑郁质内向,言行缓慢,优柔寡断;胆汁质反应迅速,情绪有时激烈、冲动,很外向。[①]

著名心理学家巴甫洛夫用高级神经活动类型学说解释气质的生理基础。他说:"我们有充分的权利把在狗身上已经确立的神经系统类型……应用于人类。显然,这些类型在人身上就是我们称为气质的东西。气质是每个个别的人的最一般的特征,是他的神经系统的最基本的特征,而这种最基本的特征就给每个个体的所有活动都打上这样或那样的烙印。"

巴甫洛夫根据神经过程的基本特性,即兴奋过程和抑制过程的强度、平衡性和灵活性,划分了四种类型。兴奋型相当于胆汁质,活泼型相当于多血质,安静型相当于黏液质,抑制型相当于抑郁质。[②] 气质的类型及特点见表7-1。

表7-1 气质的类型及特点

| 气质类型 | 高级神经活动类型 | 强度 | 均衡性 | 灵活性 | 感受性 | 耐受性 | 敏捷性 | 内/外向 |
|---|---|---|---|---|---|---|---|---|
| 多血质 | 活泼型 | 强 | √ | √ | 低 | 高 | 快 | 外 |
| 胆汁质 | 兴奋型 | 强 | × | √ | 低 | 高 | 快 | 外 |
| 黏液质 | 安静型 | 强 | √ | × | 低 | 高 | 缓 | 内 |
| 抑郁质 | 抑制型 | 强 | × | × | 高 | 低 | 慢 | 内 |

(二)杰罗姆·凯根的气质理论

现代心理学家已经摒弃了认为气质是由四种体液来决定的理论,然而,其最基本的概念还是保留了,即生理的倾向的确会影响我们的基本人格。

美国发展心理学家杰罗姆·凯根提出:"我们都拥有相同的神经递质,只是每个人的组合比例略不同罢了。"而这种比例的不同导致人群中许多气质差异,

---

① 彭聃龄.普通心理学[M].北京:北京师范大学出版社,2004.

② 彭聃龄.普通心理学[M].北京:北京师范大学出版社,2004.

特别是消极特质，如恐惧、悲伤和羞涩①。

凯根以此作为突破口，采用"行为抑制"这一术语，作为描述个体气质的两极性指标，他展开了对儿童气质的研究。他是这样描述抑制和非抑制型儿童的：在面对一个不熟悉的人、物、环境或情境时的最初几分钟内，意识要对闯入的信息进行理解，这时个体处在"对不熟悉事物的不确定"心理状态。个体以不同的方式对不确定状态做出反应。在遇到不熟悉的人、物时，有的儿童非常拘谨，他们会中断正在进行的活动，退回到熟悉的人身边，或离开不熟悉事件发生的地点。而与这类儿童具有相似智力和社会背景的另一些儿童的反应则大不相同。他们正在进行的活动没有明显改变，甚至可能主动接近不熟悉事件。前者被称为行为抑制儿童，后者则被称为非抑制儿童。就是说，在面临陌生情境的最初一小段时间内（10～15分钟），儿童所表现出的敏感、退缩、胆怯的行为，即凯根所说的抑制行为，在类似情况下稳定地表现出这种特征的儿童即行为抑制型儿童。也就是说，如果不熟悉事件是一种新事物或环境的改变，抑制性儿童就被称为敏感的孩子，非抑制性儿童则被称为适应的孩子。如果不熟悉的是一个人或一群人，抑制性儿童被称为害羞的孩子，非抑制性儿童则被称为好交往的孩子。凯根进行了一个关于羞怯遗传基础的研究计划，结果证明，自出生的第一天起，新生儿就已经表现出羞怯和大胆的差别。有10%～15%的孩子天生就是羞怯或内倾，而相似比例的孩子天生就是外倾或大胆。②

那么，生物基础决定了人的命运吗？遗传气质或许设定了人对某些生活情境所做出反应的答题范围。例如，由于大胆或外倾的新生儿爱笑、爱探索，对陌生人和新奇的事物表现出兴趣，所以这些孩子创造的环境比起羞怯的孩子更友好、更好玩，更利于其成长。因此，遗传和环境交互发生作用，但随着时间的推移，起初由遗传而得的特征有可能被放大，也有可能被削弱。所以，一部分羞怯或大胆是遗传的，而更多部分的羞怯或大胆是人们在消极或积极的社会经历中习得的。

### 三、男性气质与女性气质

我们知道第一性征是指男女生殖器的不同外形和构造特征，是一出生就拥有的。第二性征是男女两性在进入青春期后开始出现一系列与性别有关的特征。第三性征，是指男女在性格和心理方面表现出来的特征，简单讲就是男性气质和女

① ［美］津巴多，等.普通心理学［M］.王佳艺，译.北京：中国人民大学出版社，2008.
② 陈会昌，张越波.气质研究的新进展［J］.心理科学，2000，23（2）.

性气质。①

在 20 世纪 80 年代之前，流行的都是性角色理论，它的核心在于基于生理差别的对男女不同角色的强调性角色理论主张，作为一个男人或一个女人就意味着扮演人们对某一性别的一整套期望，即任何文化背景下都有两种性角色：男性角色和女性角色。性角色理论区分了男性气质与女性气质的不同，与男性联系在一起的是技术熟练、进取心、主动、竞争力、抽象认知等；与女性气质联系在一起的是自然感情、令人感到亲切、被动等。男性气质和女性气质很容易被解释为内化的性角色，它们是社会习得或社会化的产物，这一理论强调社会塑造男性或女性同他们的生理性别相结合（David，1976）。

男性气质（masculine）是指男性应当具有成就取向，对完成任务的关注或行动取向的一系列性格和心理特点。男性气质固化和稳定的内容至少包括三种成分：地位、坚强和非女性化。地位代表功成名就和受人尊重，是社会成就取向；坚强是力量和自信的表现；非女性化是指避免女性类型的活动②。另外，有研究指出，关于男性气质的传统观念主要包括下述四个方面：一是鄙弃女人气，男性气质中没有任何女人气的成分；二是掌舵顶梁者，富有成就感，受人尊敬，能赚很多钱；三是坚稳沉实，充满自信、有力量和自主精神；四是勇猛刚烈，具有攻击性并敢作敢为。③

女性气质（feminine）是指女性应当具有同情心，令人感到亲切，对他人关心等亲和取向的一系列性格和心理特点。它包括的成分主要有：与家庭关系相关的一切；一切与男性气质相对立的特征，如温柔、爱整洁、依赖男性。④ 在性别气质的刻板印象中，女人味总是与羞涩、腼腆、胆小、多愁善感、温柔，以及在性生活中被动相联系。女性气质通常被限制在做家务、看孩子、照顾老人等家庭角色之中；女性处在从属依附地位，她的影响力不如男性，很少会成为领导者和专家，较少有攻击性；在"三纲五常"的中国封建思想里，"三纲"是指"君为臣纲，父为子纲，夫为妻纲"，要求为妻的必须绝对服从于夫，它反映了封建社会中夫妇之间的一种特殊的道德关系。同时，要求女性必须温柔，富于同情心，表

---

① 方刚.性别心理学［M］.合肥：安徽教育出版社，2010.

② 方刚.性别心理学［M］.合肥：安徽教育出版社，2010.

③ 钱铭怡，苏彦捷，李宏.女性心理与性别差异［M］.北京：北京大学出版社，1995.

④ 方刚.性别心理学［M］.合肥：安徽教育出版社，2010.

现出一切与男性气质相对立的特征。

男性气质和女性气质的两极化模式强调的是男性领导、女性服从，男性高等、女性低下，它限制了男性和女性的行为发展。从某种程度上说，人类通过男性气质和女性气质的刻板印象能够较为有效地实现社会管理，并将劳动性别分工合法化，实现一套社会性别关系秩序，有利于男性的统治。在性别分工中，社会通过强调男性气质中的富有冒险精神、粗狂独立和攻击性，而赋予男性较高的地位和权力，认为政治、公共事务、高科技、军事、体育等领域，应该是与男性气质相连的，女性离得越远越好，男性通过排斥女性与这些领域的接触来确保自己在这些领域的绝对优势，从而保证男性驾驭女性的地位，男性也从此拥有了自己不被女性介入的独立领域。传统的女性气质规定女性要依从男性、被动、不求独立，这助长了女性的自卑和依赖心理的产生。同时，认为家庭领域传统上与女性气质相吻合，所以女性被社会建构为做家务、带孩子和看家的家庭服务者的角色，并使女性潜移默化地认同其角色定位和自愿地为家庭做出牺牲，她们无法分享男性的工作和思维方式，即使担任社会角色，也是家庭角色的延伸。例如，在中国传统社会里，宣扬"未嫁从父、既嫁从夫、夫死从子"、"女子无才便是德"、女子应该在家"相夫教子"等思想。女性参政、工作、教育等社会问题都被淹没在对女性的婚姻、家庭或者健康的私人化关系的关注里，所以构成了男女之间不平等的权利关系①。

正是由于女性和男性从一开始就受到社会各个方面的不公正待遇，才会出现男女社会地位的极大差异。随着社会的发展和进步，女性相对于过去，在各个方面的权利有很大的提高，可自由地在社会上从事自己喜欢的事业和工作。

视为意识形态结构的"男性气质"和"女性气质"，都是社会形态和性别意识形态作用下的产物，并不可避免地具有历史性和文化特殊性，始终处于变化之中。从《超级女声》《偶像来了》《我们来了》《天使之路》《乘风破浪的姐姐》等一些女性节目的热播演变，"女性气质"也日益进入人们的视野，并在日常工作和生活中成为评价标准。在不同历史文化背景下和不同意识形态的社会中，女性气质的概念也随之而变。

**四、女性气质的影响因素**

生理学上，地域差异影响女性生理发育，女性的生理特征和身心发展差异自

---

① 宋岩.男性气质和女性气质的社会性别分析［J］.中华女子学院学报，2010（6）.

然塑造了不同性格和气质类型，也自然而然地形成了对应的女性气质，如北方女性大多性格豪爽，气质多豪放；南方女性大多性格绵软，气质多温婉。但生理不决定气质，在社会学视角中，女性气质是个体社会化的标志和女性群体特征的个性化表现，也是女性社会性别的外在标志。女性气质是对女性行为和外表的一种规范。

（一）自然环境因素

"一方水土养一方人"，"水土"指自然环境。南、北方因为气候不同，高原、平原、海岸地带由于地势不同，对人的性格形成也有很大的影响。北方人往往粗犷、豪迈、外向，南方人往往细腻、含蓄、内向，高山地带的人意志坚毅，海岸地带的人心胸开阔，平原地带的人多克制。自然因素对人的性格的影响带有普遍性。人们在现实生活、社会交往中也会感觉得到这种影响。地理环境决定了生活方式和作息时间，打个比方，北方冷，许多人喜欢喝酒，比较豪爽；江南气候宜人，生活比较规律，所以比较温婉；英国雨水天气多，所以英国人出门带伞，性格比较谨慎。但是，这是就一般情况而言的，并不是绝对的。比如，不论是高原、平原、海岸、北方、南方，都有意志坚毅、善于克制、含蓄内向、粗犷豪爽的人。

（二）社会文化环境影响

传统文化中，"三纲五常""三从四德"等，使女性失去自我，依附男权；但传统文化也推崇"修身、修心、修德"，使女性气质多内现为"儒、释、道"式的内敛力如温柔、包容、善良、娴静等，外现为"关公文化精气神"式的外张力如果断、独立、大气、坚毅等，但本质上绝大部分女性对于自身的身份没有准确定位，不能形成自我的身份认同，女性气质在群体性上表现为"相夫教子"。

现代文化传扬的解放精神使新时代女性不再局限于小家庭的天地，而可以广阔天地大有作为，女性对于自身有了相对准确的身份认同。使得女性气质的群体性特征表现为具有现代性的女人味：独立、智慧、美貌。正如美国女权主义学者和专栏作家苏珊·布朗米勒所言："她们正在——如果不是在实际的自由选择中也至少在她们的意识当中——朝着成为她们自己的方向上走得更近些。"

（三）家庭教育环境

父母的文化素养、家庭教育方式、家庭结构及成员间关系、家庭经济及社会地位状况等都会对人格塑造有影响。家庭教养方式作为家庭教育中最直接、最主要的因素，家庭教育中的专断与民主、对教育方式的把握程度决定了家庭教育的方式。

（四）个人内在因素

女性先天而成的独特外表特征如外貌、身高、肤色等，是女性气质个性化的生理基础。后天经教育环境因素影响形成的个人特质又因先天的发育程度等影响呈现不同。①

# 第二节　性　格

## 一、性格概述

### （一）性　格

"性格"（character）一词，来源于古希腊语"charakter"，原意是特征、标志、属性。在心理学中，性格指人对待现实的稳定的态度和习惯化了的行为方式。②态度是个人对待社会、他人、自己的一种稳定的心理倾向，表现为对人和事物的评价、好恶和趋避等。③

态度表现在人的行为方式中，当客观事物作用于个体时，人往往会对它抱有一定的态度，并做出与这种态度相应的行为活动。个体对客观事物的态度和行为方式通过不断重复得以保存和巩固下来，就构成了个人所特有的、稳定的态度和习惯化的行为方式。这种主体对客体的态度和行为方式标志着性格的本质特点。态度不同，由它支配的行为方式也不同，从而形成千差万别的性格。例如，有的人宽以待人，对人热情、真诚；有的人对人尖刻、虚伪；有的人严于律己、谦虚谨慎；有的人则自高自大、盛气凌人；有的人遇到危险和困难时，勇敢无畏；有的人则怯懦退缩。这些表现在人对现实态度和行为方式中的心理特征就是性格。

性格是个体稳定的个性心理特征。一个人在一次偶然的场合表现出胆怯的行为，不能据此就认为这个人具有怯懦的性格特征。一个人在某种特殊条件下，一反常态地发了脾气，也不能据此就认为这个人具有暴躁的性格特征。只有那些经常的、一贯的表现才会被认为是个体的性格特征。

性格是人格结构中表现最明显也是最重要的心理特征，是人格的核心部分，对人的一生具有决定性的影响。一个人对作用于他/她的客观现实通过认知、情感、

①　张园园．女性气质的影响因素及培养［J］．现代商贸工业，2018，39（12）．

②　张积家．普通心理学［M］．广东：高等教育出版社，2004．

③　冉超风．高职大学生心理健康与成长［M］．北京：科学出版社，2005．

意志等心理过程，反映在头脑中，并逐渐固定下来，形成独特的一贯态度倾向和行为习惯。[1]

（二）性格与气质

性格与气质既有区别，又有联系。二者的区别主要表现如下。首先，性格是指人在对现实态度和行为方式中所表现出来的个性心理特征，它主要是在后天的生活环境中形成的，社会生活条件不同，人的性格特点亦有明显的区别。气质是表现在人的心理和行为活动的动力特征，主要是由神经活动类型特点决定的，具有先天性。在不同的生活条件下，人的气质可能表现出相同的特点。其次，气质具有较强的稳定性，不易改变，即使有变化也相当缓慢。性格虽然也具有稳定性，但在社会生活的影响下，通过个体的主观努力，可以发生变化。最后，气质反映一个人的自然实质，无好坏之分，而性格则反映一个人的社会实质，具有社会评价意义，可以用一定的道德标准和价值观进行评价，有好坏优劣之别。

性格与气质又密切联系、相互影响。首先，气质使性格带有某种独特的色彩。例如，一个胆汁质的人和一个黏液质的人均具有勤劳的性格特点，前者在活动中表现为精力充沛、动作迅速，后者则表现为踏实肯干、沉稳细致。其次，气质可以影响性格的形成和发展的速度。例如，黏液质和抑郁质气质类型的人比胆汁质和多血质的人更易形成稳定持久、认真细心的性格特征；而胆汁质和多血质气质类型的人则比黏液质和抑郁质的人更易形成果敢、坚强的性格特点。最后，性格对气质也产生一定影响，在一定程度上掩盖和改造气质的某些特征，使之服从于生活实践的要求。

**二、性格的结构特征**

性格是十分复杂的心理现象，包含着心理活动的各个侧面，具有各种不同的性格特征，这些特征在不同人身上，以一定的独特结合而成为有机的整体，一般认为性格由如下四个方面的心理成分所构成。

（一）对现实态度的性格特征

人对现实的态度体系是性格最重要的组成部分，在人的性格结构中处于核心地位。主要体现在：对待社会、集体、他人态度的特征。如有的人爱祖国、爱集体、助人为乐、正直、诚实、宽容、与人为善等；有的人则自私自利、阴险狡猾、虚伪等。对待劳动态度的性格特征，如有的人勤劳、认真、细心、节俭；而有的

---

[1] 冉超风.高职大学生心理健康与成长［M］.北京：科学出版社，2005.

人则懒惰、马虎、粗心、浪费等。对自己态度的性格特征，如有的人谦虚、自信、自尊、自爱；有的人则骄傲、自馁、自卑、自怜等。

### （二）性格的理智特征

性格的理智特征是指人们在认识过程中所表现出来的性格特征，具体表现在三个方面。在感知方面有被动感知型，易受环境刺激的影响，易受暗示；主观观察型，有主见且不易被环境刺激干扰；详细罗列型，注意细节；概括型，注重事物的一般特征和轮廓等。在想象方面有想象型和现实型，主动想象型，力图用想象打开自己活动的领域；被动想象型，以想象来掩盖自己的无所作为等。在思维方面有独立思考型和盲目模仿型、灵活型与刻板型、创造型与保守型等。

### （三）性格的情绪特征

性格的情绪特征是指一个人情绪活动的强度、稳定性、持续性以及主导心境方面的特征。情绪强度方面的特征表现为一个人受情绪的感染和支配的程度，以及情绪受意志控制的程度，如有的人情绪产生快而强，有的人情绪产生慢而弱。情绪的稳定性、持续性方面的特征表现在一个人情绪的稳定、持久或起伏波动的程度上，如有的人忽冷忽热，几分钟热度；有的人始终保持高昂的情绪、饱满的热情。主导心境方面的特征是指不同主导心境在一个人身上稳定表现的程度，如有的人多愁善感，经常情绪抑郁；有的人整天笑容满面，是个乐天派、乐观主义者等。

### （四）性格的意志特征

性格的意志特征是指人在意志行动中所表现出来的性格特点，表现在一个人习惯化的行为方式中，有如下四个方面的特征。一个人是否有明确的行为目标方面的性格特征，如是具有明确的目的还是盲动蛮干；有主见还是易受暗示等。对行为自觉控制水平方面的性格特征，如一个人的行为是主动积极还是消极被动；是有自制力还是易受暗示等。在紧急或困难条件下表现出来的性格特征，如是沉着镇定还是张皇失措；是果断、勇敢还是优柔寡断、胆小怯懦等。在经常和长期的工作中表现出来的性格特征，如是耐久有恒、坚忍不拔还是见异思迁、半途而废等。

## 三、性格的类型

性格的类型可根据情绪控制、独立性、个性向性等三个维度划分为不同的类型（见表7-2）。

表7-2  不同划分依据的性格类型

| 划分 | 类型 | 定义 | 特点 |
|---|---|---|---|
| 按情绪控制程度 | 理智型 | 指人的性格中理智特征特别鲜明，这种人善于控制自己的情绪，使自己的行为具有明显的理智导向 | 这种人易用理智来衡量并支配自己的行动，自制力强，处事谨慎，但容易畏首畏尾，缺少应有的冲劲。如果理智被不健康的意识控制时，就可能表现为虚伪、自私、见风使舵、冷漠等。50%被分类成理智型的人当中，大约有2/3是男性，1/3是女性 |
| | 情绪型 | 指人的情绪体验深刻，举止言行易受情绪左右 | 这种人待人热情、做事大胆，情绪反应敏感，但情绪容易起伏，有时会出现冲动、注意力不够稳定等特征，兴趣易转移。①50%被分类成情绪型的人当中大约2/3是女性，1/3是男性 |
| 按独立性程度 | 独立型 | 指人能够意识到自己的存在，做事多考虑自己，有主见，独立性好，不容易受外部环境影响，多是按照内部标准、价值观去行事 | 这种人意志较坚强，不仅善于独立地发现问题、解决问题，而且敢于坚持自己正确的意见，自主、自立、自强。但是独立性过强的人，喜欢把自己的思想和意志强加于人，固执己见、独来独往、不易合群 |
| | 顺从型 | 指人更多地参照别人的观点，自己的想法容易受到别人的观点影响 | 这种人服从性好，易与人合作，随和谦恭。但独立性差，依赖性强，易受暗示，在紧急情况下易惊慌失措 |
| 按个性向性 | 外向型 | 人心理活动倾向于外部，就是认知世界时，以外在客观事物为核心 | 这种人活泼开朗、自由奔放、善交际，感情易外露，关心外部事物，处世不拘小节，独立性强，能适应环境，但有轻率的一面，易轻信，自制力和坚持性不足，有时表现出粗心、不谨慎、情感动荡多变等。性格外向的女性喜欢开放的交际型的休闲活动，这会影响她们对看书读报、书画赏析等静态型休闲活动的选择② |
| | 内向型 | 内向型的人心理活动倾向于内部，就是认知世界时，以内在的自我感受为核心，倾向于将内在的感觉和观念投射到外部环境中去 | 这种人感情较内敛、含蓄，处世谨慎，自制力较强，善于忍耐克制，富有想象，情绪体验深刻，但不善社交，应变能力较弱，反应缓慢，易优柔寡断，显得有些沉郁、孤僻、拘谨、胆怯，缺乏实际行动，交际面狭窄，适应环境比较困难。性格倾向会影响女性休闲偏好的形成。例如，性格内向的女性喜欢安静，不善于甚至害怕与陌生人交往，她们较少参加社会交往型的休闲活动和体育运动③ |

①  樊富珉.大学生心理素质教程［M］.北京：北京出版社，2002.
②  黄美玲.女性心理学［M］.广东：暨南大学出版社，2008.
③  黄美玲.女性心理学［M］.广东：暨南大学出版社，2008.

### 四、影响性格形成的因素

人的性格不是天赋的。人生下来的时候，只有神经系统活动类型的个别特点，无所谓性格特征。一个人的性格是在后天环境下，在家庭、学校和社会等的教育影响下，通过自己的实践活动，才在先天素质的基础上逐渐形成和发展起来的。影响性格形成的因素是多方面的，其中主要有以下几个方面。[①]

#### （一）生物因素的影响

人的神经系统类型在性格形成中有一定的作用，人的气质影响着性格特征的外部表现。例如，在不利的客观条件下，抑郁质的人比胆汁质的人容易成为懦夫，而在顺利条件下，胆汁质的人比抑郁质的人容易成为勇士等。多血质的人善于与人交往，而黏液质的人难以与人相识等。研究还表明，神经系统的某些遗传特性可能影响到某些性格的形成，加速或延缓某些行为方式的产生和发展。关于精神分裂症患者发病率的研究表明，父母均为精神分裂症患者，其子女的发病率为68.1%；父母一方为患者，其子女的发病率为16.4%；家族中无该病史者，其子女的发病率为0.85%。可见，对性格变态的人来说，遗传的因素有着一定的作用。

#### （二）家庭环境的影响

家庭是社会的基本单位和社会生活中各种道德观念的集合点，也是儿童出生后最先接触并长期生活的场所，因此，家庭被称为"制造人类性格的工厂"。家庭的教育态度和教育方式对儿童性格的形成与发展起着直接的影响作用。研究证明，父母教育方式不同儿童会形成不同的性格特征。

家庭生活气氛和父母的性格特征对儿童的性格也有明显的影响，如家庭成员互助互爱、民主团结、通情达理、和睦相处，则有助于儿童良好性格特征的形成。反之，家庭生活气氛紧张，家庭成员经常争吵、打斗，则容易导致儿童不良性格特征的形成。还有，家庭的政治经济地位、父母的文化素养、为人处世方式、儿童出生顺序等因素也润物细无声地影响着儿童性格特征的形成与发展。

#### （三）学校教育的影响

学校教育在个体性格的形成中具有重要的作用。学校是系统传授知识的场所，也是形成学生世界观的重要场所。学生通过系统地接受知识，了解自然界和社会发展变化的规律，对形成科学的世界观亦有重要的意义，而世界观与信念在性格

---

① 颜农秋.大学生心理健康指导［M］.北京：科学普及出版社，2006.

结构中占据着非常重要的地位。教师是学生的一面镜子，是学生经常学习的榜样。教师的言行对学生的性格会产生潜移默化的作用。学生参加集体活动，接受集体的委任和要求，受到集体舆论与评价的影响，这一切对学生性格的发展都有重要的影响。

### （四）社会环境的影响

不同的时代、不同的民族、不同的社会生活条件和自然条件，都会影响一个人的实践活动，并在其性格上打下烙印，从而形成不同时代、不同民族的典型性格。这是大环境对个体性格形成的影响。而每一个个体实际接触的各个不同的现实环境，又会对其性格形成产生不同的影响，从而促使其不同的性格特征的形成。

### 五、男女性格差异

#### （一）独立和顺从

独立性是性格的一个重要方面。有些人在生活中总是表现出比较大的独立性，凡事经过自己的思考，独立判断，做出自己的决定；有些人则人云亦云，不能坚持自己的态度，缺乏自信。

朱利安的研究发现女性的顺从率为35%左右，而男性的顺从率只有22%。在他后来的一项研究中，有28%的女性更具顺从性，男性中15%的人更具顺从性。[1] 1978年，美国心理学家亚当斯和兰德斯两人的研究发现，女性的独立性低于男性。从表面上看，这样的研究结果与生活中的感觉一致，一般是男性更具独立性，女性的顺从性更大。[2]

#### （二）竞争与合作

"男性是竞争的，女性是合作的"，这是普遍的观念。从心理学上来说，也就是男性的性格中有更多的倾向于竞争的因素，女性的性格中有更多的倾向于合作的因素。

在群体人数不同、人员密度不同的情况下，男女的竞争与合作倾向也有明显差异。一般说来，人员密度越高，男性的竞争性越强，而女性则相反，在人员密

---

[1] 袁振国，朱永新，蒋乐群，等.男女差异心理学［M］.天津：天津人民出版社，1989.

[2] 袁振国，朱永新，蒋乐群，等.男女差异心理学［M］.天津：天津人民出版社，1989.

度提高的情况下，竞争的趋势反而降低。弗里德曼等心理学家做过这样的研究，他们请一批男女参加一个假陪审团的工作，通过人员密度的变化来测量他们在判决时的不同严厉程度。他们发现，男性在高密度条件下比低密度条件下更具竞争性，并给予更严厉的判决；女性在高密度条件下很少有竞争性并且给予更温和的判决。在人员拥挤的情况下男女的反应也有差异。男性对密度比女性敏感，其反应常常消极。男性青少年在大房间里比在小房间里更易表现侵犯行为，女性则不受房间大小的影响。

为什么男性比女性更具有竞争性，女性比男性更倾向于合作？从生物因素上说，男性激素中的雄激素达到女性的 2 倍，这种雄激素促进了氮的新陈代谢，促进了肌肉组织的发展，从而男子体格日趋健壮以至具有适宜挑战和接受挑战的有利条件。不过仅凭这一点是无法解释竞争性的，因为不等于越强壮的人就越有竞争性。心理学家们认为，造成男女在竞争与合作倾向之间的差异，主要还是社会文化因素，是社会的榜样和强化作用。

（三）男女性格整体差异

由于男女两性高级神经活动类型及其外部表现气质类型不同，以及环境、教育条件和活动方式的差异，男女两性的性格发展不尽一致，其表现也不尽相同。性格差异主要表现在性格类型的偏向性上。

男性的性格偏向于意志型、独立型、外倾型。男性在性格的多种特征中，意志特征较占优势。他们目标较为明确，行动较为主动，能进行冷静的思考，喜欢憧憬未来；独立性程度也较高，比较善于独立地发现问题和解决问题，不易受次要因素干扰，比较好强，遇事不甘落后，总想胜过别人，易于发挥自己的力量，甚至有时候还喜欢把自己的意志和意见强加于别人；心理活动比较倾向于外部，经常对外部事物表示关心，开朗、活泼，情感外露，比较喜欢和善于交际。因此，他们心理表现中的自尊心、自信心、自觉性、独立性、坚定性、果断性、灵活性、冲动性、坚韧性、主动性、深刻性、广阔性和批判性等性格特征比较明显，一般不太拘泥于细枝末节，不很计较点滴得失，好奇、好想、好问、好动。但是如果缺乏引导，则会表现出妄自尊大、骄傲自满、盲目乐观、自我欣赏、狂热冲动和逞能好强的特征。①

女性的性格偏向于情绪型、顺从型、内倾型。女性在性格的多种特征中，情

---

① 傅安球．男女心理差异与教育［M］．河南：河南教育出版社，1987．

绪特征较占优势。她们情绪体验比较深刻，举止易受情绪左右，易凭感情办事，但有时也能用理智来控制感情，支配行动；独立性程度相对较低，易受暗示，容易不加分析地接受别人的意见，遇事较易退让，不太喜欢与别人竞争，她们的心理活动也比较倾向于内部，较为沉静，处事谨慎且能深思熟虑，但反应比较缓慢，适应性较差，顾虑较多，交际面窄。因此，她们心理表现中的踏实好学、真挚热情、认真负责、耐心细致、严于律己、情绪稳定、感情丰富以及纪律性、一贯性、谦虚性、亲切性等性格特征比较明显，但是她们的守旧性、依赖性、动摇性、脆弱性、孤僻性、隐蔽性、怯懦性和易受暗示性也比较突出，她们的意志力相对也比较薄弱，在遇到巨大困难和挫折时往往缺乏顽强的坚持精神，容易自暴自弃、优柔寡断、缺乏主见、盲目服从。① 当然，男女两性性格发展上的差异并不是绝对的，也就是说，男性性格结构中也具有许多女性性格特征，如细致性、真挚性、纪律性、一贯性、谦虚性以及动摇性、隐蔽性、怯懦性等；女性性格结构中也具有许多男性性格特征，如自觉性、灵活性、深刻性以及冲动性、草率性等。男女两性的性格类型只是从更多地偏向某种类型这个角度来分析的，丝毫不意味着性格的绝对两极性。

## 六、人格的双性化

### （一）双性化人格

双性化不只是女性性别角色的双性化，更是男性性别角色的双性化。在人们的刻板印象中即认为男性具有坚强、自信、能干、理智、成就动机等高等品质，而女性具有敏感、柔弱、重感情、被动、顺从等品质。然而在以机械操作和脑力劳动为主的现代社会中，男性粗犷的本性被逐渐消磨，和平的环境，也抑制了男性的刚强和雄风；而现代女性则逾越了性别的体力障碍，广阔的社会发展空间使女性变得理性、智慧、独立而且刚毅。于是男人女性化、女人男性化在服饰、行为方式、性格特征方面的表现在现代社会屡见不鲜，这可以说是性别人格异化的具体表现。

双性化人格是一种综合的人格类型，又称两性化人格、心理双性化，是男女双性化或双性同体在心理学层面上的表现。在心理学上，它是指个体既具有明显的男性人格特征，又具有明显的女性人格特征，即兼有强悍和温柔、果断和细致等性格特征，并按不同情况需要而有不同的表现。

---

① 傅安球.男女心理差异与教育［M］.河南：河南教育出版社，1987.

1974 年，美国心理学家贝姆（Bem）以这个概念为基础，制定了贝姆性别角色量表，把性别角色类型分为四种：双性化类型、男性化类型、女性化类型、未分化类型，证明了双性化人格的存在。他通过实证测验将社会上的人分为四种不同的性别特质：双性化、男性化、女性化和未分化类型（见图 7-1），并于 1974年设计了第一个测量双性化性别特质的心理量表——贝姆性别角色量表，证明在现实生活中双性化性别特质的个体在男性和女性中都存在。

图7-1　男女双性模式示意图

双性化来源于希腊语的 andro（男人）和 gyne（女人）。双性化人格的最原始意义源自"双性同体"（androgyny），又称"双性共体""雌雄共体"和"雌雄同体"等，一般用于表述动植物的雌雄同株或一些罕见的生理畸形者。1964 年，ROSSI 正式提出了"双性化"概念，即"个体同时具有传统的男性和女性应该具有的人格"，并认为"双性化"是最合适的性别角色模式。双性化人格是一种综合的人格类型，又称两性化人格、心理双性化，是男女双性化或双性同体在心理学层面上的表现。在心理学上，它是指个体既具有明显的男性人格特征，又具有明显的女性人格特征，即兼有强悍和温柔、果断和细致等性格特征，并按不同情况需要而做出不同的表现。贝姆对美国大学生的抽样调查发现约有 1/3 的人具有双性化性别特质，其中女大学生双性化性别特质约占 27%。[1] 其后，国内外许多学者在此基础上对双性化人格问题进行了进一步深入的研究。司本斯等人 1981年的研究调查同样表明女性中 27% 的人属于双性化性别特质。国内的不少学者对此进行的测验也证明具有双性化性别特质个体的存在。张李玺对 69 名女大学生的性别气质的调查结果显示，双性化气质占 20%。王中会在被调查的 826 名大学生中，男性化、女性化、双性化和未分化四种性别类型的比例基本一致，但

① 邓战军. 试析女大学生双性化性别特质的培养 [J]. 皖西学院学报，2008，24（5）.

双性化比例最高，占被调查总人数的 26.8%。不只是大学生，在初中生中也得到了同样的验证，吴吉惠等对 365 名初中生的性别角色调查结果发现，男女初中生性别角色所占比例从高到低均为双性化、女性化、男性化、未分化。男生男性化占初中男生被试的 20.7%，女生女性化占初中女生被试的 23.8%，初中女生所占比例显著高于男生。而无论男女，双性化性别角色所占比例均为最高。①

为验证人格特质的差异性，美国心理学家贝姆进行了两项试验，一是压力与从众的试验，另一项是听取孤独者倾诉的研究。在压力与从众的研究中，一些男性化气质的被试表现了独立的、不随波逐流的特征，而另一些女性化气质的被试则表现出从众行为，而具有男女双性化特质的被试表现出了独立性，与男性化气质被试的差距并不悬殊，这两组人都比具有女性化气质的被试具有更显著的独立性。在被试静听一个孤独者倾诉的试验中，女性化的被试比男性化的被试更有修养，表现得彬彬有礼、有同情心，而具有男女双性化气质的被试与女性化的被试一样，表现得很得体、很有修养。总之，这两项研究都证明，具有男女两性双性化气质的人在许多场合要比具有性别定型气质的人表现出色。因为在他们的言谈举止中，同时具有男性和女性的气质特征，所以在适合男性气质的情境下，他们能够表现得男子气十足；而在适合女性气质的情境下，他们又能够善解人意，表现出很好的女性气质。

心理学家贝姆的实验研究证明，双性化个体没有严格性别角色概念的限制，能够更加灵活、有效地对各种情景做出反应，且独立性强、自信，结果表明，双性化人格既能胜任男性的工作，也能胜任女性的工作，他们有更好的可塑力和适应力，是最佳的性别角色模式。② 从社会心理学角度分析，双性化人格是协调能动性（agency）与合群性（communion）两方面需求的最佳平衡，更强调两性心理特征的社会功能的协调，具有动力性和系统性。③ 男性化、女性化、双性化和未分化四种性别角色类型的大学生心理健康水平存在显著差异，作为男女正性特质高度结合的双性化个体具有根据情景客观需要组织和处理信息的特点。在心理健康、主观幸福感、社会适应、人际交往和创造力方面的优势表现，都优于男性

---

① 吴吉惠，熊思童.双性化人格视角下初中生性别角色调查研究［J］.绵阳师范学院学报，2020，39（3）.

② 盖笑松，王晓宁，张婵.走向双性化的性别角色教育［J］.东北师大学报（哲学社会科学版），2009（5）.

③ 转引陈小萍，高敏.大学生双性化人格对主观幸福感的影响：社会支持的中介作用［J］.咸阳师范学院学报，2019，34（2）.

化类型、女性化类型与未分化类型的学生。斯比尔等人的研究也表明，与其他人相比，双性化的青少年和大学生自我评价高、自尊心强，更受同伴欢迎，适应能力更强。双性化的女性比性别类型化的女性更易把她们的成功归因于能力，很少把失败归因于能力不够，即使失败了也很少表现为无能为力。[1]双性化人格与社会支持有密切关系，此外国外相应的研究成果还有：双性化人格个体心理社会发展水平高（Waterman et al.，1982）；双性化人格个体被他人视为适应良好，双性化人格个体自我价值感较高、被他人视为有能力（Major et al.，1980）。

◀▮▮【学习专栏 7-1】双性化人格

双性化性别特质又称两性化人格、心理双性化，是男女双性化或双性同体在心理学层面上的表现。在心理学上，它是指一个个体既有明显的男性人格特征，又具有明显的女性人格特征，即兼有强悍和温柔、果断和细致等性格，按情况需要而做出不同表现。具有双性化性别特质的个体在体态、作风、兴趣、能力、态度、观念等方面均无法区分其性别的偏颇。双性化的性别特质既不是性错位，也不是异性一体的同义语，而是一种综合的人格类型，一种兼有传统意义上两性人格优点和长处的人格类型。女性双性化并不代表性别中立或没有性别，也不涉及性取向，而是描述个人不同程度上表现出两性的行为特征，突破性别刻板印象的束缚。[2]

（二）双性化人格理论

双性化人格理论认为，现实生活中个体的性格特征是丰富的，男性和女性不是相对的两极，而是我们可以分割的相对的两个维度。个体同时具有传统的男性化特质和女性化特质，最适合的性别角色模式是双性化的，而不是单一化的。即在一个人身上同时具备男性与女性的兴趣、能力和爱好，尤其是心理气质方面具备男性与女性的长处与优点。双性化人格的特征是：既独立又合作，既果断又沉稳，既敏感又豁达，既自信又谨慎，既热情又成熟。

双性化人格的个体具有更强的对环境的敏感性和反应能力。Cecilia Cheng 通过实验研究证明：区别双性化个体与男性化个体、女性化个体的适应性行为的最主要的地方在于他们对于环境的敏感性与反应能力，具体说，是在变换的环境中

---

① 邓战军.试析女大学生双性化性别特质的培养［J］.皖西学院学报，2008，24（5）.
② 邓战军.试析女大学生双性化性别特质的培养［J］.皖西学院学报，2008，24（5）.

察觉细微之处的能力以及根据情景的需要做出相应反应的能力。双性化个体对于情景的改变更具敏感性，并且会根据需要改变自己的行为。"这意味着，具有双性化人格的个体拥有一种'认知自主'，他们可以跳出自己的性别认知来决定运用哪种策略来更好地处理具体的情况。"① 然而，男性化个体和女性化个体对他们所扮演的性别角色更具敏感性，并且在运用处理问题的技能上是刻板的。在社会生活中，具有双性化人格的个体自我概念更为完善，更具有灵活性和适应性。可见，双性化人格是一种心理健康水平较高的人格模式。

双性化人格理论的基本假设为男性和女性是两个独立的维度，很多被旧有文化划定为男性或女性单独拥有的人格特质，实质上是属于两性共有的性别特征，男性人格特征和女性人格特征可以在个体身上很好地融合。传统的性别角色观念严格界定了男女性别角色标准、限制了男性和女性的行为。以性别特征双性化理论为基础的新的性别特质类型的划分方法为人类正确理解男女两性差异提供了新的视角。

（三）"中性化"与"双性化"

"中性化"与"双性化"是两个截然不同的概念，应该区分开来。曾经在轰轰烈烈的《超级女声》中脱颖而出的歌手，造就了广大青少年热烈崇拜的"中性化女孩"，日本漫画和韩国影视里面如美玉的"花样男"成为流行的"明星相"。这些男孩的女性化和女孩的男性化都是"中性化"潮流的具体体现。

"中性化"，从社会化的角度来看，它指的是社会中的个体具有性别不典型的特点。有研究者认为"中性化"即属于贝姆提出的"未分化"类型。② 性别角色中性化现象对传统性别角色刻板印象提出了质疑，但是把青少年塑造成"假小子"和"娘娘腔"却也容易造成他们的角色紊乱和迷失，随之带来"性取向"的困窘，并导致性别角色认同障碍的出现。而"双性化"则是在保留本性别固有特征基础上，糅合异性优秀特征的发展。即不论是男孩还是女孩，都应在发挥自己"性别"优势的同时，注意向异性学习，克服自己性格上的弱项，促进身心的全面发展和人格的完善。它是社会中的个体以天赋的生理性别为基础的同时，吸收、表现、表达出相关性别的个性特点。因此，"男女双性化"并不代表性别中立或没有性别，也不涉及性取向，而是描述个人不同程度上表现出两性的行为特征，

---

① 邓战军.试析女大学生双性化性别特质的培养［J］.皖西学院学报，2008，24（5）.

② 姚伟，宫亚男.双性化人格理论及其对幼儿园性别角色教育的启示［J］.大庆师范学院学报，2010，30（1）：140-143.

突破性别刻板印象的束缚。①

（四）双性化影响因素

亲子互动是性别角色养成最重要的因素之一。子女被异性父母关爱、理解更多，性别角色就会向异性化或双性化方向发展，子女受到哪种性别父母的关爱和保护更多，就更容易形成与父母性别角色相似的性别角色。异性父母的关爱理解更能促使个体形成双性化气质。家庭因素在双性化与未分化的对比中是最重要因素。良好的家庭氛围、家庭关系、民主型家庭教养方式以及个体积极地进行自我调节有利于双性化的发展，反之，个体的性别角色分化则不能很好完成。有研究表明，父母情感温暖型教养方式影响青春期双性化性别角色的认同，父母拒绝型教养方式与青春期男性化性别角色认同有关系，父母对子女使用情感温暖型教养方式的程度越高，青春期性别角色认同呈现双性化气质越显著，出现未分化气质的可能性越低；父母对子女使用拒绝型教养方式的程度越高，子女呈现男性化性别角色越明显。② 子女会在家庭中通过观察父母的行为方式、父母对待自己的行为和态度去理解社会对于男女两种性别的不同要求和期待，在获得这种性别差异认知后，就会模仿父母的行为并建立起自己的性别角色。民主型教养方式的父母会给予子女更多的情感温暖，形成更民主、和谐的亲子关系，孩子会对父母的认同度更高，对男性、女性积极的人格特征都能观察学习，有利于双性化气质的培养。要克服传统观念中"养育孩子是母亲的事，父亲不需要操心"的偏见。随着社会的高速发展，父亲角色的定位已经发生变化，传统的"养家糊口"的父亲角色已经不能适应子女的心理发展的需要，然而很多家庭中父亲和子女相处的方式并没有改变。一些家庭虽然外在看上去完好，但是子女心理上感知到的父亲在位程度不一定高，这对子女的影响是方方面面的，包括性格特质和人际交往。父亲在位（Father Presence）指的是子女感知到的父亲在心理上的亲近感和可触及的程度，它区别于父亲在空间上和子女生活在一起的外在状态。"父亲在位"有助于培养男孩和女孩的男性化气质，有利于培养女性的双性化性别角色类型。③

① 姚伟，宫亚男.双性化人格理论及其对幼儿园性别角色教育的启示［J］，大庆师范学院学报，2010，30（1）：140-143.

② 汤重.青春期父母教养方式、性别角色认同与心理健康的关系研究［D］.南京：南京师范大学，2016.

③ 袁晓鸽.父亲在位对大学生的性别角色和人际交往效能感的影响研究［D］.上海：华东师范大学，2019.

（五）双性化人格是新趋势

在现代化程度逐渐提高的今天，两性间的距离逐渐缩小，男性可以显现女性的温柔细心，女性也不乏像男性那样勇敢坚强。这种既独立又合作、既果断又沉着、既敏感又豁达、既自信又谨慎、既热情又理性的双性化人格特征是性别角色发展所要求的，有助于形成健康人格。虽然男女两性之间存在自然的、生理上的差异，但在社会生活的许多领域，男女两性鲜明的性格特征和气质逐渐模糊起来，差异性降低，男女两性气质也随着环境的改变互相渗透，你中有我，我中有你。从此人们将不再局限于男性化、女性化这种两极化的分类框架，而是要平等地看待每一个个体。随着社会发展的进步，双性化人格已成为一种性别角色发展的新趋势。①

究其原因，中国正处于高速变化的转型期，首先，从大的环境来讲，社会的稳定性被逐渐弱化，这种稳定性的弱化同时表现在家庭生活和社会经济生活中，因此对女性的独立性要求提高；第二，社会环境日益宽松，价值标准多元化，性别弹性随之增大；第三，大众审美标准发生变化，健康、阳光等审美地位的提高也促进了这一现象的产生。

# 第三节　自我意识

## 一、自我意识的含义

早在古希腊时期，苏格拉底就提出了"认识你自己"的口号，标志着自我意识的觉醒，人类开始关注现实人生。自我意识是个体意识发展的高级阶段，是意识的核心部分，是一个人在社会化过程中逐步形成和发展起来的，对自我及与周围环境关系的多方面、多层次的认识、体验和评价，是个体关于自我全部的思想、情感和态度的总和。包括认识自己的生理状况（如身高、体重、相貌等）、心理特征（如兴趣、爱好、动机、情绪、性格等），以及自己与他人和周围的关系（自己和他人的关系、自己在群体中的地位和作用等）。自我意识的结构是从自我意识的三层次，即知、情、意三个方面分析的，是由自我认知、自我体验和自我调节（或自我控制）三个子系统构成。自我意识是认识外界客观事物的条件。一个人如果还不知道自己，也无法把自己与周围相区别时，就不可能认识外界客观事

---

① 袁晓鸽. 父亲在位对大学生的性别角色和人际交往效能感的影响研究［D］. 上海：华东师范大学，2019.

物。人生不同的发展阶段，其自我意识的形成各有特点。自我意识是人格结构的核心，是人的心理区别于动物心理的重要标志。自我意识具有意识性、社会性、能动性等特点，对个性的形成、发展起着调节、监督的作用。

自我意识是指个人对自己各种身心状况的意识。自我意识是一个多维度、多层次的复杂心理系统，表现为自我认知、自我体验和自我调控。自我认知是对自己身心特征的认识，主要包括自我感觉、自我观念、自我观察等。自我认知解决的是"我是一个什么样的人"的问题。自我体验属于情绪层面，伴随自我认知而产生的情感体验。自我体验主要解决"我这个人怎么样""我对自己是否满意"等方面的问题。自我调控主要表现为人的意志行为，监督、调控人的行为活动，根据自我认知的不同，产生不同的情感体验后，调节自己对自己和他人的态度。[1]

自我概念是自我意识的认知范畴。自我认知包括自我觉察、自我图式、自我评价等。自我概念是自我认知中比较重要的一部分，反映着自我认识甚至自我意识的发展水平，对自我体验和自我调控有深刻的影响。

### 二、自我意识的内容

自我意识的内容可以从不同角度进行分析。常见有两种，一种是将自我意识分为生理自我、社会自我和心理自我，另一种是将自我意识分为现实自我、镜中自我和理想自我。

（一）生理自我、社会自我和心理自我（表7-3）

表7-3　自我意识的结构和内容

| 形　式 | 自我认知 | 自我评价 | 自我调控 |
| --- | --- | --- | --- |
| 生理自我 | 指个体对自己身高、体重、容貌、身材、性别，以及生理病痛、温饱饥饿、劳累疲乏的认识、评价和体验 | 是高还是矮，是胖还是瘦，是英俊还是普通，有没有吸引力等 | 追求身体的外表、物质欲望的满足等 |
| 社会自我 | 指自己在群体中的地位、作用及自己和他人相互关系的认识、评价和体验 | 周围的人是否接纳自己，自我悦纳、自信、自恋、自怜等 | 追求名誉地位，与他人竞争，争取到他人的好感 |
| 心理自我 | 指对自己知识、能力、情绪、兴趣、性格等方面的认识和体验 | 有无能力，是聪明还是迟钝，情感丰富还是冷漠等 | 追求信仰，注意行为符合社会规范，要求智慧和能力的发展 |

① 蔺桂瑞.大学生心理健康与人生发展［M］.北京：高等教育出版社，2010：30.

（二）现实自我、镜中自我和理想自我（表7-4）

表7-4　现实自我、镜中自我和理想自我

| 形　式 | 内　涵 | 涉及的问题 |
|---|---|---|
| 现实自我 | 指个体受环境熏陶，在与环境相互作用中所表现出的总和的现实状况和实际行为的意识，是个体从自己的立场出发，对现实生活中的"我"的认识 | "我"实际上是个什么样的人 |
| 镜中自我 | 指从别人的眼中映照出的自我形象，是个体想象中的他人对自己的看法。如想象自己在他人心目中的形象，想象他人对自己的评价而产生的自我认识 | 镜中的自我和现实自我之间往往存在着差异，当差异过大的时候，个体会感到自己不被别人了解 |
| 理想自我 | 个体从自己的立场出发，对将来的"我"的认识，是个体想要达到的完善的形象 | "我"想成为一个什么样的人 |

### 三、自我意识的作用

（一）自我意识对个体活动的影响

自我意识使个体的活动具有一致性。个体的现实生活总是富于变化的，但人们的反应却是按一贯方式进行，使得个体产生一种活动上、行为上的统一感。因为自我意识把自己看成一个统一的连贯的实体，从而产生了维护这种一致的强烈动机。如果破坏了这种连贯性，个体就会产生不安的感觉。例如，在日常生活中，人们常常会根据自己的身材特点、性格和气质来装扮自己，从而在穿着上表现出一定的风格。这就是自我意识中的自我形象意识在支配人们的装扮方式。如果因外在因素而突然改变了这种着装风格，人们就会感到不舒服、不自在。

（二）自我意识对人格形成和发展的作用

人格的形成和发展，受遗传和环境两方面的作用。在这两种因素的相互作用中，人与动物的重要区别之一就在于人有意识，人不仅能驾驭外界环境，还能驾驭自我本身，驾驭自我和外界的关系。人总是在不断地进行自我评价和调节，以求人格的自我完善。在一定意义上，每个人都在塑造自己的人格。自我意识作为一个人的自我认识调控系统，在人格的形成和发展中起着积极的、主导的作用。

1. 自我意识调节遗传和环境因素对人格的影响

人的遗传因素是人格发展的生理基础，但要通过自我意识来参与人格的形成。不可否认，遗传素质对人格的形成和发展有着重要的影响，如神经系统的遗传特征对气质类型的影响，感官特征与外貌体形特征也影响人格的发展。但人有自我意识，不但会对自己的生理特征做出认识和评价，更重要的是人还能根据自己的认识评价来进行自我调节。如同样是外貌的不足，一个人可能自卑，怨天尤人；另一个人可能发展其他的优势来弥补自己的不足，实现自我价值，得到社会认可，从而得到内心的平和。

环境和教育因素属于外因条件，它们对人的影响具有被动性和均等性，并通过自我意识的中介而发生作用。人格和自我意识一样，受社会环境如家庭、学校、文化等的深刻影响。环境及其他变化是否产生影响，取决于自我意识到的环境及其变化与自己的关系，以及自我对这种关系的评价和情感反应，同时还取决于自我对反应的调节和控制。

2. 自我意识维持人格发展的连续和稳定

每个人的自我意识中都有三个自我：现实自我、镜中自我和理想自我。理想自我的确立总是根据现实自我，参照他人眼中的自我和自己心中崇拜的偶像来确立的。理想自我确立以后，个体便根据理想自我对现实自我提出行动准则和要求，以实现理想自我。在此过程中，自我意识与个体行为实现了统一。如果这种同一性和稳定性遭到破坏，人格将会出现异常。

自我意识障碍是导致人格异常、心理障碍的重要原因。自我意识的混乱常常导致心理的异常。心理治疗中关键在于改变病人的自我认识和评价。生活中，自我意识发展水平较差的人，人格也总是显得幼稚和不成熟。

3. 自我意识实现人格自我完善

每个人心中都有一个理想自我，自我意识据此对自我进行监督，不断进行反馈调节，使自己朝着这个理想目标前进。人们在采取行动的前后总是会思考、反省"我该怎么做""这么做不是我的风格"等，当一个人意识到自己的某些人格特征不好、不是理想人格时，个体就会采取相应的措施进行调节和控制。不同的人，由于自我认识、自我评价标准不同，理想人格的目标不同，以及自我监督控制、自我能力的不同，人格也会有差异。

### 四、女性的自我意识

#### （一）什么是女性自我意识

女性自我意识的认知是作为主体的女性能够基于本体感觉在意识中产生"自我"的概念，因为女性本身能够真实地感知并体验到"自己"是存在的，拥有对

"世界"的有限认知和对"自我"的主体性认知。自我意识的形成一方面取决于"主观上的内在感受性"，也就是"我的内在体验"，而另一方面自我的社会属性和社会位置被标记，从本质上影响着女性"自我意识"的追求，这也隐喻"女性自我意识"追求的艰难性与曲折性。

对"女性自我意识"的理解是女性理论研究中的一个重要问题。在对女性自我意识的理解中，有的较多地通过生理阶段对女性进行自我的认识，着重表现为一种"生理性的自我意识"；也有的从传统文化的影响造成女性主体意识失落进行考察，如女性的角色、地位等问题。南开大学教授乔以刚认为，女性意识可以从两个层面上理解，一是以女性的眼光洞悉自我，确定自身本质、生命意义及在社会中的地位；二是从女性立场出发审视外部世界，并对其加以富于女性生命特色的理解和把握。①

石红梅对女性的自我意识及其影响因素进行调查分析，认为自我意识包括个体对自身的意识和对自身与他人关系的意识两大部分。女性的自我意识在认识人我关系时特别注重男女关系。根据概念的界定，女性自我意识其实包含四个相互关联的层面：一是自立意识，即认识的对象是不是独立完整的个体；二是自我能力评价，这是对女性自身状况的认识；三是性别意识，是指对于男女关系的认识；四是自我主观感受，即对社会已存状况的主观感觉。前两者是主体的自我对其自身的认识，后两者是主体对自身与周围他人关系的认识。另外，经多元线性回归分析，工作的满意度对女性自我意识产生最显著的影响；从事非农职业的女性自我意识较强，女性的受教育年限、法制政治观念、母亲受教育程度与其自我意识呈正相关关系，而年龄、父亲的受教育程度与女性自我意识成反比关系。城镇女性较农村女性的自我意识较弱。②

所以，女性自我意识应当是女性对自我的全面认识，它包括女性关于自身的思想、感情、角色、心理状态、自我价值、能力特征、自我体验、行为方式、自我调控、管理能力等方面的全部意识和思考。

传统文化影响下一直流传的重男轻女观念，无形中使女性在性别角色社会化的历程中，一方面受到客观环境中角色期待的影响，另一方面受到主观性别角色

---

① 余卉.当代女大学生现代女性意识的缺失及其培养［J］.当代高教高职研究，2010（12）.

② 石红梅.女性的自我意识及其影响因素［J］.市场与人口分析，2007（13）：64-71.

形成的影响，从而窄化了女性天赋潜能的发展路径。

现代流行的大女主剧、女性形象饱满生动等形象迎合了观众的口味。弗洛伊德认为，任何文学作品最初都是自我意识的代入，任何故事情节都是自我愿望的满足，其区别仅在于，它是如何借助作品的社会内涵去遮蔽、掩盖"自我"的。"女人被定义为正在一个价值世界中寻找价值的人，认识这个世界的经济和社会结构是必不可少的。"女性仍然将得到多少男性的爱慕作为自己可以炫耀的一种资本，或者说是人的自我价值的实现，而现实生活是十分残酷的，巨大的工作压力以及不那么完美的婚姻伴侣，都会让她们在电视剧或者小说中寻求一种代入感，以达到精神上的一种自我满足，带来心灵上的慰藉，而电视剧所带来的代入感是最为直观的。

（二）如何确立女性的自我意识

找准人生的定位，在千年前就作为成就霸业的思想传承。而今，它更应成为引领时代的理念，指导我们在人生路上前行，升华我们的灵魂。特别是对于缺乏现代女性意识的女大学生，如何做好人生的心理定位，其意义是不可估量的。

几千年遗留下来的男尊女卑传统思想不仅在男性中存在，同样也残留于女性的意识之中。有资料表明，中国女性往往对自己有过低的期望值，许多妇女对自己的能力有过低的评价，不少人把自己事业的成功与失败归因于命运的安排，等等。受这种消极自我意识的影响，相当一部分妇女不能看到自己的生存价值，不能以自己的积极努力去充分实现人生价值。心理学的研究早已证明：期望作为一种潜在的影响，可以对被期望者的成就产生不可忽视的作用。为此，这种对女孩的低期望难免造成女性低成就和自我的低期望值。在建构中国妇女的正确自我意识方面，应当充分重视这种潜移默化的影响，以改善青少年的教育过程和社会化过程。①

1. 培养女性的主体意识

女性在经过了对自我生理的认识阶段之后，会升华到精神性的认识阶段，诸如对于思想、情感的认识。女性主体意识包括独立意识、自主意识、竞争意识、进取意识、创新意识以及成就意识等。女性主体意识既是女性的一种自我反思，也是女性对"父权制""男性霸权"的一种积极有效的否定。具体地说，就是女性能够自觉地意识并履行自己的历史使命、社会责任、人生义务，又清醒地知道

---

① 高文金，孙玉梅，齐桂霞. 当代中国女性的人格建构探究［J］. 辽宁师专学报（社会科学版），2020（1）.

自身的特点，并以独特的方式参与对自然与社会的改造，肯定和实现自己的需要和价值的意识。①

要培养女性的主体意识，就要克服女性自身的依赖性和盲从性，鼓励女性独立思考和独立行动的能力。树立男女有别的意识，破除男强女弱的意识。男强女弱只是反映男女有别的一个方面，男女有别的另一个方面是女强男弱。分别对男女进行一分为二的分析，男之长是女之短，而女之长又是男之短。在目前仍然以男性为中心的社会里应该有意识地强化这种思维，克服将男性一点强视为一切皆强，将女性一点弱视为一切皆弱的晕轮效应影响。社会需要鼓励女性对自我价值的追求，这也是保证女性自我实现的重要条件。

2. 明确女性的社会角色定位

人们的思想意识必然受他们所处的生活方式所制约。千百年来，在我国所形成的是"男主外，女主内""女子围着锅台转"的传统生活方式。这种传统方式的实质是把妇女置于操持家务、繁衍人口的家务工具与生育工具的角色地位，使她们因为囿于家庭、困于家务而丧失参与社会的机会与可能，也使她们始终在经济上依附于男性而不能获得独立，这种生活方式也决定了传统的妇女自尊、自信、自立、自强等意识的缺失。新中国成立后，广大妇女冲出家庭、走向社会，她们的自我意识也开始发生各种变化。但是，囿于经济社会发展的各种原因，也受到传统文化的影响，不仅广大的农村妇女至今尚未摆脱家务工具、生育工具的角色，就职业妇女而言，大部分家务劳动的重担也依然落在她们身上，使她们不得不承受事业与家务的双重负担。

自我意识的一个重要方面是对自我价值的认识，女性的自我价值就是女性对社会的作用意义。因此，明确社会角色定位是女性在社会中担当重要角色的基本因素。女性要清楚自己是社会的一分子，积极地参与社会活动，不需要依附于男性，要寻求自己在社会中独立发挥角色的空间。加强经济独立意识，重视女性对自身工作的感受，提升女性个体职业层次。女性走出家门寻找工作，自立自强，是女性获得独立个体认同的前提条件。要拥有成功的社会角色定位，女性必须克服性别卑微心理以及脆弱性、依赖性等性格缺陷，树立自尊、自信、自强、自爱意识。社会由男女组成，缺一不可，男女都是社会的主体，都是社会的主人。由自我意识到主体意识其间有一个跨度，缺乏"我"的意识的人是不会想到自己是

---

① 董春．西方女性主义对现代教育的批评［J］．教书育人．2002（6）．

社会的主人的。

同时，女性需要增强对自身文化能力的认识，在社会实践中更有效地发挥女性智慧，有意识地培养和提高自己的文化能力，自觉完善女性的独有智慧，只有这样才能提高女性的社会地位和家庭地位。文化教育水平的提高是改善妇女的实际地位的必要条件，也是自尊、自信、自立、自强等妇女自我意识的重要基础。女性通过提高文化教育水平，有利于获得与男子平等的权利，在为社会、为人类做出更多、更大贡献的同时，她们的自尊、自信、自立、自强的自我意识才能真正完全确立起来。她们在获得社会尊重的同时，确认和尊重自我的价值；在各种创造性活动中确证自己真实的力量，不断增强自信；在经济和社会独立中，她们自主地把握自己的命运，进一步获得精神上的充分独立，从而战胜各种挑战、取得各种成就。[1] 特别要注意到母亲的文化程度是影响下一代女性自我意识的重要因素，所以我们应该在两性中平等地分配教育资源，确保女性的受教育权利，增加她们进入社会的资本，这对于女性自我意识的影响是至关重要的。

3. 发挥女性的品格特征

女性有自己不同于男性的品格特征，如具有同情心、令人感到亲切、对他人关心、忍耐等待、温润安抚等，这是女性先天具有的，不需要因为这是女性特有的而对这些品格特征进行拒斥，相反要以它们为荣。在家庭、生活和工作中保留自己的女性气质，发挥自身女性能力的特长。另外，在具有上述品质的同时，需要有女性的个性特征，如个体意志、独立见解、坚持原则、积极进取、立场坚定和自信自尊等，将先天具有的特性与后天的个性相结合，既有个性又善于协调，既有原则性又有灵活性，才能做到温柔而不失威严，同时，随着社会发展的进步，努力培养双性化人格，这样才能称得上成功的女性。

当今社会，是男女平等共创伟业的社会。女性只有具备了主体意识，发挥了主体作用，才能获得与男性平等的社会地位。但只具备主体意识还不够，因为在主体作用发挥过程中会受到许多阻力，这中间既有自身的因素也有外在的因素，女性只有清醒地认识到来自女性自身的这些阻力（自我意识），重新确立自身价值定位平等，才有可能为实现主体作用铺平道路。确立女性自我意识，开拓女性自我价值，是我们时代的任务，也是女性文化建设的新里程。

_____

① 高文金，孙玉梅，齐桂霞. 当代中国女性的人格建构探究［J］. 辽宁师专学报（社会科学版），2020（1）.

4.树立正确的自我意象

自我意象是对个性的关键影响因素，所以重塑女性人格，关键就是改变女性的自我意象，也就是要改变"女性是卑微的人""女人是弱者""男优于女"等错误的自我意象。一个人的习惯、个性、生活方式等之所以难以改变，其理由之一是人们把改变的努力全部都用在自身的圆周上，而没有聚焦在圆心上即自我意象上。也就是说，女人常常有不如男人的感觉，觉得女人就应该是柔弱的，把自卑感建立在自己是女人这一错误观念的基础上。因此，改变女性的自我意象的关键在于：要想有健全的女性人格，就必须抛弃男尊女卑、女人是弱者等观念；就必须有一个恰当的、实际的自我意象；就必须能认识、接受自己，包括你的力量和弱点；就必须有健全的自尊；就必须信任自己；对于女性随心所欲表达创造自我，不要试图压抑或埋葬它；就必须有与现实相吻合的自我，才能在现实世界中有效地发挥自我功能。

由此可见，培养女性新的自我意象，并不意味着改变女性或美化女性，而是改变女性的心理图像、自我评价、自我观念，仅仅只是解除了对女性才能、天赋、能力发挥的束缚，使它们充分地发挥出应有的力量。例如在教育方面，学校在自然科学和数学课程中，应增加引发女孩产生科学兴趣的途径；要改变教师、父母和其他人对女孩的心理期待，尤其在早期教育过程中，要改变性别角色刻板化的主观影响。教育女性应该有一种真正自觉的独立意识和平等意识，懂得自尊、自重、自信，真正的自尊是一种对自我的接受和欣赏。明白培养自信的秘诀是建立在成功经验的基础上的，成功带来成功，成功又带来自信。

## 本章内容提要

1.第一性征是指男女生殖器的不同外形和构造特征，是一出生就拥有的。第二性征是男女两性在进入青春期后开始出现一系列与性别有关的特征。第三性征是指男女在性格和心理方面表现出来的特征，简单讲就是男性气质和女性气质。

2.男女两性高级神经活动类型及其外部表现的气质类型不同，以及环境、教育条件和活动方式的差异，使男女两性的性格发展出现差异。性格差异主要表现在性格类型的偏向性上。

3.双性化性别特质又称两性化人格、心理双性化，是男女双性化或双性同体在心理学层面上的表现。在心理学上，它是指一个个体既有明显的男性人格特征，又具有明显的女性人格特征，即兼有强悍和温柔、果断和细致等性格，按情况需要而做出不同表现。

4. 自我意识是指个人对自己各种身心状况的意识。自我意识是一个多维度、多层次的复杂心理系统，表现为自我认知、自我体验和自我调控。自我认知是对自己身心特征的认识，主要包括自我感觉、自我观念、自我观察等。

5. 确立女性的自我意识，要培养女性的主体意识，既要克服女性自身的依赖性和盲从性，又要培养其独立的思考和行动的能力。

## 思考题

1. 什么是人格？人格体现在哪些方面？

2. 双性化人格的特点是什么？如何培养双性化人格？

3. 如何提升女性的自我意识？

## 判断题

1. 气质是个人生来就具有的心理活动的典型而稳定的动力特征，是人格的先天基础。

2. 人格的"双性化"也可以称作人格的"中性化"。

3. "我想成为一个怎样的人"，即个体从自己的立场出发，对将来的"我"的认识，是个体想要达到的完善的形象，这是自我意识中理想自我的概念。

4. 气质反映一个人的自然实质，无好坏之分；而性格则反映一个人的社会实质，具有社会评价意义，可以用一定的道德标准和价值观进行评价。

5. 自我意识调节遗传和环境因素对人格的影响。

（答案：1. 对；2. 错；3. 对；4. 对；5. 对）

## 调查研究微课题

1. 收集一些杂志首页上的男女照片，统计男女照片的数量和比率，分析照片与内容之间的关系。

2. 各选取3~5个大学生访谈"对自己的评价及'理想我'的描绘"，分析存在差异的影响因素。

英文参考文献

1. Clark L and Watson R（1999）.Temperament[M]. // In L. A. Pervin & O. P. John（eds.）, Handbook of Personality：Theory and Research：2nd ed. New York：Guilford，1999.

2. D. S David. & R Brannon. The Forty-nine Percent Majority：The Male Sex Role[J]，MA Adding ton-Wesley. 1976.

3. Waterman A and Whitbourne S. Androgyny and Psychosocial Develop ment Among College Students and Adults[J]. Journal of Personality，1982（50）：121-133.

4. Major B，Carnevale P，Deaux，K. A Different Perspective on Androgyny：Evaluations of Masculine and Feminine Personality Characteristics[J]. Journal of Personality and Social Psychology，1980，38：984-992.

5. Guastello D D，Guastello S J. Androgyny，Gender Role Behavior，and Emotional Intelligence Among College Students and Their Parents[J]. Sex Roles，2003，49（11-12）：663-673.

6. H. Durell Johnson，Renae Mcnair，Alex Vojick，Darcy Congdon，Jennifer Monacell，and Janine Lamont. Categorical and Continuous Measurement of Sex-role orientation：Differences in Association with Young Adults Reports of Well-being[J]. Social Behavior and Personality，2006，34（1）：59-76.

7. Stoltzfus，Geniffer，Nibbelink，Brady Leigh，Vredenburg Debra，Thyrum，Elizabeth. Gender，Gender role and Creativity[J]. Social Behavior and Personality，2011，39（3）：425-432.

# 第八章 女性的心理发展与性心理

**本章导航**

女性从出生到衰老是一个渐进的过程，在人生的不同时期心理发展和性心理呈现不同的特点。性心理是人普遍存在的一种心理现象，人类的性生活是极为复杂的生理和心理交互作用的过程，具体而言是指围绕性特征、性欲望和性行为而开展的所有心理活动，是由性意识、性感情、性知识、性经验、性观念等构成的。女性受到年龄、健康状况、受教育程度、情绪情感及特殊生理期等多方面因素的影响，性心理表现出较大的差异。本章重点分析儿童期、青年期、中年期和老年期女性的心理发展与性心理。

## 第一节 儿童期、青年期女性的心理发展与性心理

### 一、婴幼儿期与儿童期女孩心理发展

#### （一）婴幼儿期女孩

**1. 心理特征**

婴幼儿期是指个体 0～6 岁的时期，根据一般年龄特征发展的特点，婴幼儿期的心理发展可细分为三个阶段：婴儿期（0～1 岁，新生儿期）、幼儿前期（1～3 岁）、幼儿期（3～6 岁）[①]。

婴儿离开母体呱呱坠地时男女心理差异的生理基础已经形成。婴儿在心理特征上是否存在性别差异呢？男孩的表现与女孩的表现各是什么？二者又有什么不同呢？

（1）智力特征。女孩的某些智力因素发展比男孩开始得早，发展得快，形成了早期智力发展的优势。这种优势主要体现在直觉行动思维、具体形象思维和

---

① 黄爱玲. 女性心理学 [M]. 广州：暨南大学出版社，2008.

言语能力的发展等方面。首先，直觉行动思维发展领先。所谓直觉行动思维，即在直觉行动中进行的思维，1岁左右的儿童只能在具体的事物和行动中思维，根据事物最鲜明、最突出的外部特征，如颜色和声音的刺激进行，而不能在感知和动作之外思考。① 由于女孩对于颜色及色调知觉、对声音的辨别及定位优于男孩，因而这个时期女孩的概括水平略优于男孩。1岁以后的概括主要是动作概括，女孩更容易掌握物体的具体操作，动作准确性较高，所以概括水平也略高于男孩。其次，具体形象思维发展领先。所谓具体形象思维，是以具体表象为材料的思维，它常常借助于鲜明、生动的形象和语言。② 孩子进入幼儿期，思维的主要特点是具体形象性，这时，幼儿思维主要是凭借感性的具体形象的联想进行的。由于女孩感受性高，对具体形象的联想比较丰富，所以，这个阶段女孩的思维水平仍高于男孩。再次，言语能力发展领先。根据心理学的研究，1岁半是儿童口头语言发展的质变期，女孩开始说话的时间比男孩早2～4个月，言语表达能力较强。女孩的这种言语能力的领先，一直保持到青春发育前期。③言语是思维的物质外壳，女孩言语的早期发展使她们能较好地观察周围事物以及人与人之间的关系，领会他人的意图，体察他人的情绪情感变化。

（2）情绪特征。在情绪方面，婴儿在第一年末开始明显表现出惧怕情绪。国外心理学家对5个月到2岁半的儿童惧怕反应的研究发现，年幼时容易惧怕和害羞的男孩，稍年长后仍然如此，幼时不常表现惧怕的，稍大些也是如此。而女孩则不然，5个月到2岁半之间表现很不一致，有时候恰恰相反，即早期爱哭容易惧怕的女孩长大后很可能完全不再有这种倾向。情绪的性别差异在发怒表现上也比较明显。美国心理学家古迪诺芙把孩子发怒表现规定在以下范围：①无指向发泄，如踢腿、喘气、深呼吸、大喊；②行动或口头反对，如不肯合作、不肯听话，不让人拉手，不让人抱；③还击行为，如咬人、打人、向人喊叫。在2～5岁，无指向发泄行为有逐渐缓和的趋势，而还击行为逐渐增加，这说明随着年龄的增长，发怒的表现不再是无指向发泄，而是以攻击性形式表现出来。但与男孩相比，女孩的攻击破坏性行为明显比男孩要少。

（3）性格特征。女性的性格特征不是先天遗传的，也不是随着女性生理成熟一蹴而就的，而是从孩提时期开始，甚至从婴儿降世起，通过社会文化、生活

①　齐建芳.儿童发展心理学［M］.北京：中国人民大学出版社，2009.

②　齐建芳.儿童发展心理学［M］.北京：中国人民大学出版社，2009.

③　魏国英.女性学概论［M］.北京：北京大学出版社，2007.

阶层、学校教育、家庭引导等各个方面的作用，在父母、教师、朋友、同学的共同影响下逐渐形成的。首先，服装服饰。父母亲影响性别的最明显方式之一就是给女孩和男孩提供不同的服装、房间装饰以及玩具。父母容易给孩子买具有性别典型性的玩具，而很少给孩子购买跨性别的玩具。其次，角色期待。父母总是要求女孩"听话""文静""懂事"，女孩从小就被人看作弱者，生怕被别人欺负，也因此更容易形成依赖的性格特征。再次，榜样学习。孩子在 3 ~ 4 岁时能分辨性别，同时也知道自己的性别。女孩知道她长大以后会成为一个女人，但不知道什么样的人才算是一个理想的女人，在她的生活中，母亲是权威的女性。因此，母亲的行为自然就成了女孩模仿的对象。母亲如果属于传统妇女，她自然就会认为理想的女人应该是这样的。

2. 社会心理发展

性别的一些重要的生理部分在胎儿时期，即出生前形成，尤其是性器官。许多性别信息是在婴儿时期，即从出生到 18 个月大的时候获得的。在怀孕时，一个有着 23 个染色体的卵子与一个有着 23 个染色体的精子相结合，它们一起构成了一个含有 23 对染色体的细胞，其中第 23 对是性染色体，即决定胎儿是男是女的染色体，其他的 22 对染色体则决定着许多生理和心理特征。

一般而言，判别一个人的性别是非常简单的。在婴儿出生时看一下他（她）的外生殖器，就可以对外宣布他（她）是男或是女。但对于人的性别，受社会因素的影响，问题要复杂得多。[①]一般来说，婴儿出生后，人们通常说的男孩或女孩是一种标定性别。标定之后，随之而来的就是按照这一性别的期待，父母、他人或自己塑造一定的性别角色。

婴儿从一出生就被表明其性别的大量提示包围，他们被贴上性别的标签，并配以适合其性别颜色的衣服、尿布及毯子等。所以，孩子在很小的时候就明白了男女之间的差异，6 个月大的婴儿能够区分图画中的成年女性与男性，10 个月大的婴儿能够区分他们的面部，到 18 个月时，他们就能够匹配女性与男性的面部和嗓音。在 2 岁到 2 岁半之间，他们能够准确地标记男孩和女孩的照片。学会了区别女性与男性的儿童，会比那些与他们同龄却不能区别女性与男性的儿童对玩具与同伴表现出更多的特定的偏爱。[②]

① 魏国英.女性学概论［M］.北京：北京大学出版社，2007：124.
② ［美］埃托奥，布里奇斯.女性心理学［M］.苏彦捷，等译.北京：北京大学出版社，2007：113.

在这一时期，婴儿的性别自我概念逐渐形成。性别自我概念的一个成分是性别认同，它是指自身作为女性或男性的个体感知。这种认同是在 2 ~ 3 岁发展起来的，到这个时候，他们能够准确地标记自己的性别，并可把他们自己的照片与同性别儿童的照片放在一起。性别概念的形成处于生命早期，儿童对于具有性别典型特征的物品和活动的基本知识是在 2 岁时发展起来的。24 个月大的幼儿就了解了一些物品（如丝带、女服、小钱袋等）与女性有关，而一些物品（如枪、卡车、螺丝刀等）与男性有关。到 3 岁时，他们能够表现出对玩具、服装、工作和活动的性别定型。例如，一般来说，这一年龄的男孩子认为他应该玩汽车、警察抓小偷，以及以父亲为榜样；而女孩应该玩过家家、布娃娃，以母亲为榜样。对于活动和职业的性别定型的认识在幼儿时期（3 ~ 5 岁）迅速发展起来，并在 7 岁时掌握。

另外，幼儿时期儿童表现出对于人格特质的性别定型的基本认识，如"爱哭""易受到伤害""需要帮助""喜欢拥抱亲吻""不能固定东西"等特点适用于女孩；而"打人""喜欢从游戏中获得胜利""不害怕可怕的东西"和"能固定东西"等被看作男孩的特点。一般来说，对性别典型特征的人格特质的认识要比其他定型信息的认识出现得晚，并且在整个小学阶段还在增长。

婴幼儿时期是性别社会化的初步形成阶段，性别的社会差异在此给孩子打下了深刻的烙印。引发性别社会差异的机制有以下几个方面。第一，父母对子女的期望具有明显的性别分化。婴儿自出生起，文化就开始对不同的性别发生作用。一项研究表明，父母对儿子的期望主要是事业成功，对女儿的期望主要是做个贤妻良母。虽然母亲常表达出性别平等的观念，但她们为儿子定的学业和职业目标总会比女儿高，在目标未达成时所感受的失望情绪也比女儿强（Lois Hoffman，1977）。第二，婴幼儿的性别社会化主要通过示范和模仿完成，这一过程中的强化机制与社会的性别标签联系在一起。社会心理学家斯托勒认为，性别认同是在 3 岁左右稳定地、不可改变地确立起来的（Robert Stoller，1964）。许多研究证实，儿童是通过模仿开始最早的社会学习的，他们通过做出与喜欢的成年人相似的行为来完成社会学习，通过成年人所界定的标签形成适合自己性别的概念，由此指导行动。比如给物品赋予性别意义，粉色是女孩子的颜色，蓝色是男孩子的颜色等。孩子们通过性别标签的认知，既知道了什么是与性别相关的合适行为，也认知了这些行为背后的文化意义。

（二）儿童期女孩

儿童期亦称学龄初期或童年期，一般而言指 6 ~ 12 岁，这个阶段是人生发展变化较大、较快的时期。此时期身体的生长仍稳步增长，除生殖系统外，其他器官的发育已接近成人水平，大脑皮质抑制、理解、分析、综合能力增强，兴奋强烈。在小学教育影响下，儿童的认识、观察、注意、记忆、想象、思维、语言等方面不断发展。所以，家庭和学校要密切配合，充分开发儿童的智力资源，让孩子养成良好的生活、学习习惯，为升初中做好准备。

1. 心理特征

（1）智力特征。这一时期，女孩的智力发展特征主要表现在以下几个方面。视觉和听觉方面有了突出的发展，手关节和肌肉的感受力有了迅速的提高。这一时期的女孩反应能力强，动作灵活，观察事物快而且准确。语言表达和概括能力显著提高，有意识记和意义识记开始占优势，抽象思维能力也进一步提高。由于知识经验不断丰富，她们根据事物本质特征和内在联系进行适当判断、推理和论证的能力正在逐步提高。由于抽象逻辑思维能力的发展，童年期的女孩想象力也得到了发展。主要表现在通过教材内容的训练，她们的再造想象比较完整，并且富有现实性，创造想象更有概括性，表现在绘画和作文上有独立的想象和意境。这对于女孩继续增长知识、发挥才干而言，都是极其宝贵的心理品质。但是，由于这一时期的女孩知识经验终归不足，思维能力发展还不够充分，所以看问题会出现片面性和绝对化的毛病。这对于她们正确地认识社会和处理复杂的人际关系是不利的，需要进一步教育和引导。

（2）情感特征。童年期女孩的情感十分丰富和强烈，她们遇事容易动感情，也很容易被激怒。这种冲动性和她们的生理发育尤其是神经活动的兴奋过程强而抑制过程弱有一定的关系。人们经常会发现，几个女孩凑在一起，常常因为一件小事而兴奋不已，也常常因为一件小事而愤愤不平、垂头丧气。她们的心境活泼乐观，易感性强，容易被一些可歌可泣的英雄事迹感动，并且以这些事迹为榜样来鞭策自己。这一时期的女孩正形成一些高级的社会情感，如道德感、理智感和美感。同时她们开始注意自己的面容和衣着打扮，开始对女伴的长相评头论足，并开始对男孩有一个初步的评价。她们很重视友谊，并且按照自己的价值标准去选择朋友。但是，由于经验不足，认识能力有限，她们很容易把友谊局限在小圈子里，也会出现"拉圈子"等不良行为和心态。

（3）性格特征。童年期女孩在成人的教育和学校集体生活的熏陶下，性格有了初步的发展，逐步形成了对自己、对他人、对集体以及对外界事物相对稳定的态度。这个时期，她们不仅能认识到自己的优缺点，而且逐渐能初步分析自己缺点产生的原因。从这一时期开始，她们对教师的言行，由初期的绝对信任、效仿逐渐发展到有自己的独立评价。在集体生活中，她们的集体意识逐渐建立，能认识到个人与集体的关系，集体荣誉感逐渐发展起来。由于童年期女孩的认识水平有限，性格仍有较大的可塑性，因此，教师和家长应不断给予她们正确的教育和引导，使她们的性格朝着健康的方向发展。

2. 社会心理发展

（1）同伴关系的形成。童年期的女孩学会了有选择地建立友谊关系，至于什么样的人才能成为她们的好朋友，不同年龄的女孩的选择标准是不一样的。低年级的女孩通常会选择经常与她们在一起，特别是放学后能一起回家的同伴作为自己最好的朋友，而高年级的女孩则更加理性，她们选择和自己有共同语言、有相互了解基础的人作为自己最好的朋友。童年期是同伴群体形成的时期，也是"帮派时期"，同伴群体会对童年期女孩的个体品质产生重要影响，而这种影响主要通过舆论和群体压力来实现。如果她遵守群体规范，保持与大多数人一致，就会受到群体内其他女伴的欢迎，否则就会遭受排斥。这对童年期的自我概念形成有很大影响。

（2）集体观念的培养。在学习生活的锻炼中，童年期女孩的个性得到了更进一步的发展，表现为个性倾向日益明朗，能力、气质和性格也日益成熟和稳定。这一时期，她们的好奇心强，可塑性大，喜欢模仿，容易接受新鲜事物。根据这一时期的心理特点，可以通过良好的教育培养她们与其他学生交往的团结互助精神和集体荣誉感，还可以利用社会实践活动对她们进行精神文明教育，培养她们良好的集体观念，使她们的心理行为朝着健康的方向发展。

（3）独立生活能力的培养。独立生活能力的培养对孩子的社会化成长十分重要，家长应该教育孩子养成定时进餐、清理书包、清洁卫生等自我生活服务的习惯，而不能事事包办，否则必然会影响孩子自理能力的发展，使孩子养成懒惰、娇气、依赖和畏惧的消极个性心理品质。这样的孩子稍微遇点刺激便可能引发神经官能症或心理行为障碍。

**二、青年期女性**

青年期包括青春期和青年期（成年初期）两个阶段，一般年龄阶段界定为12～35岁。

**（一）青春期女性**

青春期是指从性器官成熟到出现繁衍能力的人生阶段。不断增长的性激素水平促进了第一和第二性征的发展。青春期的女性在身体形态和技能方面进入了第二个突增阶段（第一个突增阶段为胎儿期至 1 岁）。一般而言，第二次身体发育突增阶段，女孩比男孩早 2 年左右。在生长激素的作用下，女性的身高、体重、胸围等都有了明显的变化，与此同时，肩宽、骨盆、上臂围、大腿围、小腿围也迅速增长。个体的总体体形在青春期可以发生多次变化。

青春期是女性心理发展的特殊阶段，在个体发展过程中，其生理、心理逐渐达到成熟水平。通常青春期年龄在 10 ~ 18 岁（或 19 岁），大致分为三个阶段：青春发育初期或青春前期、青春发育中期（性成熟期）、青春发育后期或青年时期。从女性生理发展来看，青春期是其生理发展的第二次突增期，下丘脑的逐步成熟和内分泌系统的各种变化促使男女性别差异产生比第一次突增期更为显著的变化，使女性在身高、体重、形态等各方面迅速发育，第一性征和第二性征的发育更是突飞猛进。

青春期少女的心理成熟速度高于生理成熟速度，这使得她们总认为自己已经是大人了。家长或教师如果再用过去对待儿童的方式对待她们，她们就会反感甚至反抗。然而，事实上，处于青春期的她们心理发展还不成熟，有时想法像大人，有时又像小孩子，独立性与依赖性、自觉性与幼稚性并存，是清醒与迷惑错综复杂的时期。

1. 心理特征

（1）认知特征。青春期少女的各种感觉能力迅速发展，感受性的发展已经接近成人水平，她们的知觉和观察更加全面深刻，知觉的精确性和概括性有了显著的提高。青春期女孩的注意力一般也达到了成人水平，注意的集中性和稳定性有了很大的发展，注意的范围也相应扩大了，能够在复杂活动中较好地分配和转移自己的注意力，对一些重要的感兴趣的材料，能有意识地集中自己的注意力。这是掌握好知识、更好地进行中学学习的基础。在这一时期，女性的注意力优于男性，尤其是在注意的集中性和稳定性方面，有意识记忆和意义记忆逐渐占优势。初中女生的机械记忆还比较明显，但由于中学阶段的学习内容更加深刻地反映着事物的本质，理解识记的成分越来越多，机械识记的成分相应减少，这就要求学生对记忆材料进行逻辑加工。在学习任务的压力下，以往死记硬背的机械记忆方法逐渐被改变，取而代之的是理解意义的识记方法。这样，客观上就促进了形象记忆和抽象识记能力的同步发展。在言语发展方面，由于青春期女孩生理、心理日益成熟，她们追求独立，具有强烈的语言表达欲，喜欢和同性、异性闲聊。她们的言语时而讽刺时而多情，时而直率时而含蓄，她们驾驭语言的能力优于同龄的男生。青春期女性的思维产生了质变，基本上完成了由经验型向理论型抽象逻辑思维的转化。青春期的前期，少女的抽象思维已经有了很大发展，但在很大程度上还需要具体、直观、感性材料的直接支持。她们思维的独立性和批判性也在显著提升，但仍容易产生片面性和表面性，属于经验型方式。青春期的后期，抽象思维明显处于经验型水平向理论型水平过渡的阶段，她们在思维过程中逐步学会逻辑的分析和综合，能撇开事物的表面，从本质看问题，在一定程度上克服了思维的片面性和孤立、偏激的特点，使思维的深刻性、独立性和批判性达到较成熟的水平。

（2）情感特征。青春期的少女情感丰富多彩，并逐步形成高级的情操。青春期少女喜欢写日记、写诗、读诗。她们的情绪高亢激昂，热情活泼，富有朝气，而且善于用各种方式表达内心丰富的情感。随着社会、教育影响的加深，她们的人生观逐步成熟，情感的社会性也越来越强，与社会需要的联系也越来越紧密，并逐步形成高尚的情操，如爱国主义情感、集体主义情感和美感等。青春期女孩情绪的波动性和敏感性较大，在情绪方面常常表现出不稳定性和高度的敏感性，遇到挫折或成功容易动感情。她们有时热情高涨，有时又会沮丧、焦虑、神经质、爱发脾气。这种情绪的变化会持续几分钟、几个小时甚至数天之久。因此，12～14岁的少女时期被称为情绪发展的困难时期。兴奋性和反应性的提高造成了青春期女性特有的心境剧烈更替的现象，这种情绪的变化影响学习，并且影响和他人的关系。据统计，这一年龄阶段女性自杀率最高。青春期女孩对情感的自我调节和控制能力逐步提高，并开始带有内隐、曲折的性质，能根据一定条件来支配和控制自己的情感，因而形成了外部表情与内心体验的不一致。

（3）个性特征。由于生理上的急剧变化以及受到教育、社会环境的影响，青春期女孩的个性发生了新的变化。个性的变化首先表现在自我意识的发展。青春期女性对自我与他人、与环境的关系的认识，是自我意识和自我评价逐步发展的重要方面。青春期前期，她们开始觉察自己的内心世界，并通过记日记的形式剖析自己的心理。她们渴望摆脱对父母的依赖，但又不能取得实际的独立，于是，开始反抗成人的干涉，力图寻找属于自己的世界，而实现的途径就是建立起兴趣相投的同伴群体。青春期中期，女孩已有了与儿童期感性的自我意识不同的理性，能够比较客观地看待自己与别人，主张自我，但由于缺乏经验，她们仍无法彻底解决自我的内心冲突，无法解决"理想我"与"现实我"之间的矛盾。青春期后期，经过重重内心考验的青春期女孩已经能够辩证地认识"理想我"和"现实我"的差距，能客观、理智地评价自己，使自我意识逐步稳定和成熟，达到自我的统一。自尊心和自信心的发展是个性变化的另一体现。自尊心是在集体生活中发展起来的个性特点,是个人在社会群体中希望得到别人的尊重并有一定地位的需要。自尊心是一种概括化的自我评价,是个人对自己的一种肯定的态度。一般来说,女孩比男孩具有更强的自尊心。她们希望通过良好的学习成绩、遵守纪律、乐于助人等表现,得到周围人的肯定评价。由于女孩的情感比男孩更加细腻,体验更加深刻,因而,青春期女孩的自尊心也更容易受到伤害。自信心是指个体对自己行动的正确性的相信程度。研究表明,女性的自信心低于男性,但在青春期,这种差异表现不是很明显,因为青春期女孩的生理成熟早于男孩,无论在学业还是组织纪律等方面都优于男孩。① 个性的变化还表现在理想、世界观的初步形成。青春期前期,女孩所向往的目标是自己羡慕和感兴趣的具体人物,比如某位影视明星或英雄人物等。她们总是竭力去模仿他们,使自己的衣着打扮、言行举止等与他们接近。这一时期,具体的榜样起了很大的作用。青春期中后期,女孩的理想更多的是一些概括的形象,如成为一名教师、作家、设计师等,或幻想有重大成就。这一时期的理想,虽然摆脱了具体的特定形象,具有较多的概括成分,但仍有较多的幻想成分,有的甚至不切实际,缺乏与现实生活的联系。总之,青春期女性的理想不太稳定,但随着自我意识的不断完善和对生活实践的不断深入,理想也会逐步成熟。青春期女孩的世界观的形成与她们所学的知识日益增多、参与的社会生活范围不断扩大、生活的独立性成分显著增加、所承担的社会任务逐步增多等有密切关系。

2. 社会心理发展

（1）认同的发展。青春期最重要的任务之一就是认同的发展,用一句话来说就是"一种知道自己去什么地方的感觉"。心理学家埃里克森认为,青春期认同的形成是指对一种职业和一种人生哲学的认同,也就是开始思考:我们是谁?我们想要什么样的生活? 为了实现这种认同,青春期女孩必须面对内部生理发展的飞速变化,以及摆在她们面前的成年人的任务,实现个性化,把自己看作个别和唯一的。有研究表明,青春期男孩的传统认同发展比女孩更好。近年来,国外一些研究表明,青春期女孩的教育和职业抱负已经比以往有了很大提高,并且和男性的差别在日益缩小。② 此外,越来越多的青少年认为,拥有美满幸福的婚姻和

---

① ［美］琼·C.克莱斯勒,卡拉·高尔顿,帕特丽夏·D.罗泽.女性心理学［M］.汤震宇,等译.上海:上海社会科学院出版社,2007.

② ［美］埃托奥,布里奇斯.女性心理学［M］.苏彦捷,等译.北京:北京大学出版社,2007.

家庭是人生目标极端重要的组成部分。差别在于，更多的青春期女性把职业目标和家庭目标联系在一起，而很大一部分青春期男性觉得二者之间没有必然的联系。

（2）性别角色的加强。性别角色即所谓的男子气质和女子气质，也就是根据社会文化对男性、女性的期望而形成相应的动机、态度、价值观和行为，并发展为性格方面的男女特征。性别意识在婴幼儿期就开始萌芽，并获得初步认同。在青春期开始时，价值观的性别差异变得显著起来。例如，认为女性应该温柔、善解人意、软弱妥协、善良、善于取悦他人等。因为父母、同伴或其他人，尤其是那些有强烈传统性别观念的人都在不断给青春期女性施加压力，要求她们做出"女性的"行为，这种传统的性别期望在某种程度上对女性的要求比对男性来得更加强烈。

（3）友谊的发展。在青春期，大多数青少年仍倾向于选择同性朋友作为自己最好的朋友。青春期早期，女性更愿意和同性朋友在一起活动，也比青春期男性花更多时间为她们的朋友考虑。与他人分享思想和感情，从而建立起亲密关系是青春期友谊的一个重要特征，此阶段女性之间的关系比男性之间的关系更加亲密。从青春期早期到晚期，女性的亲密关系得到进一步发展，相对于男性来说，她们更喜欢自我宣泄和取得情绪支持，并且愿意花更多的时间和朋友们在一起。青春期女性把亲密关系看得很重要，并且更可能与一个不在身边的朋友维持亲密关系。女性倾向有几个非常亲密的朋友，而男性则更可能有一大群但较不亲密的朋友。男性的友谊注重共同参加集体活动，如运动和竞技游戏，而女性更强调自我宣泄和情绪支持。

3. 性心理

青春期是人生中的花季雨季，是充满着美丽憧憬、激情勃发的时期。然而，处在青春期的女性随着初潮的来临和生理上的逐渐成熟，不仅身体会发生变化，心理上的改变也随之而来。步入青春期的少女会出现害羞、好奇、恐慌、紧张、焦虑、莫名其妙、不知所措等心理和情绪的改变。少女的内心既有成熟带来的喜悦，又有一丝说不出的羞涩与苦恼。对于"性"，更是感觉到既神秘又渴求了解。

青春期是心理发展上的一个重要过渡时期，又是智力发展、世界观形成和信念确立的重要时期。随着年龄的增长、体格的发育，青少年逐渐开始喜欢与异性交往，甚至喜欢与多个异性交往。多项调查均表明，我国青少年性成熟相比20世纪五六十年代出现提前的倾向。性成熟的前倾带来了性心理的提前出现。认知心理学认为，性的信息大量增加，人们的性观念发生了很大变化，这一切，频繁刺激少女们的大脑和生殖腺体，提早催开了性生理的芽蕾，也必然催动性心理的发展。然而，社会生产力的发展，社会生活的日趋复杂又造成了少女社会心理成熟的推迟。她们在社会心理不成熟的情况下，对生理的发育以及由于生理的发育而萌发的性心理，缺乏科学的理解，很容易陷入误区。

青春期少女们对性知识和异性的认识发生了较大变化，主要表现在三个方面。一是对性知识的关注和追求。随着性发育的进行，少女对性知识的渴望也在增加。她们希望了解有关生殖器官生理结构、保健、青春期发育的表现及卫生、月经的生理及病理、生育过程、性功能障碍、手淫问题、避孕及晚婚等方面的知识。青春期少女对性知识的追求是性生理、性心理发展的必然产物，是正常的心理表现。二是对异性的好感和爱慕。对异性的好感和爱慕是进入青春期的少女们性机能成熟而逐渐产生的一种正常心理现象。三是性欲望与性冲动。在青春期出现的性欲望和性冲动是正常生理因素和心理因素综合作用的结果。有些少女对异性爱慕渴望很强烈，会以自慰的方式来满足性欲望。自慰的方式一般有三种：性幻想、性梦、手淫。性幻想是指自编的带有性色彩的故事，常常是把自己曾在书刊、影视中看到的、听到的两性性爱场面经过大脑的重新组合而编成自己的性过程。在进入角色后，还伴有相应的情绪反应，可能激动万分，也可能伤心落泪，部分人可产生性兴奋。青春期性幻想是少女性成熟过程中的正常现象。但是，如果过分沉溺其中，可能会对身心产生不同程度的危害。手淫是一种比较普遍的现象，就其本身而言是一种自然的性行为，对健康是无害。但是手淫过度也有不良影响，如可能诱发女性盆腔充血，严重时可能造成以后对正常的性生活缺乏兴趣。

（1）青春期少女性心理发展阶段

青春期是性成熟期，其特征是异性爱的倾向占优势，故又称异性恋爱期。一个人的生理变化是心理变化的基础，其性生理的发育必然带来性意识的发展。一般认为，从性意识的萌芽到爱情的产生与发展，大致可分为三个阶段。[①]

第一阶段为异性疏远期。这个时期一般在小学五、六年级到初中一、二年级。伴随第二性征的出现，少女们出现了羞涩感。当与女生一起活动时，她们就有说有笑，但是当男生个别接触时，就表现出腼腆的一面，或故作冷淡，实则紧张。她们把异性的差异和彼此之间的关系看得很神秘，担心别人看到自己在性征上的变化，认为男女接触是一件羞耻的事，也害怕与异性接近遭到别人的耻笑。因此

---

① 文心.中学生心理健康咨询与心理治疗及案例分析［M］.长春：吉林科学技术出版社，2002.

她们封闭自己，疏远异性，就连与平时熟悉的异性交往也变得不自然。这种对异性的疏远主要是由于在心理上向往异性的朦胧感与羞涩感之间的矛盾造成的。这一时期的少女常常会被一些麻烦困扰。比如，只不过跟某男生多说了两句话而已，就被同学们传成校园情侣，引起不必要的误解。其实，二人未必真如谣言所说的那样，但经过一系列的渲染之后，本来普通的同学关系也变得微妙起来。经历这种事情的少女很可能发展出两个极端，要么真的模仿成人谈起恋爱来，要么极度排斥类似事件，故意疏远彼此的关系，甚至视对方如仇敌。这两种情况都不利于形成健康成熟的人际关系，还可能影响到今后与异性相处的模式。

第二阶段为异性接近期。初中二年级以后，也就是正式进入青春期之后，随着性生理的发育成熟和个人阅历的增加，青年们向往异性的朦胧感进一步增强，羞涩感减少。男女之间变得渴望了解异性，渴望接近异性。由于女性进入青春期的年龄要比男性早些，因此女性对异性的好感要早于男性。这一时期的异性交往常常比较广泛，往往不针对特定的某个男生，而是存在着泛化的爱恋和憧憬，对于两性关系一知半解，还分不清好感与初恋的区别，常常遭遇心理上的困惑。这是一个需要正确引导而非严厉控制的时期，给予她们与男生自由交往的权利，同时教育她们适度交往的原则和底线是家长、老师及社会应当持有的态度。

第三阶段为恋爱期。随着女性生理与性心理的成熟，她们已不再满足于对男生的泛化接近与好感，而是把爱慕的对象集中到某一特定的男生身上，喜欢与自己爱恋的对象单独相处，而远离集体活动，表现为爱慕、期盼和迷恋的心理。通过约会和交谈，了解对方的性格及价值观，不断将感情向纵深发展。尽管这一时期是青春期性意识发展相对成熟的阶段，但青春期的初恋只是爱情的萌芽，并不是成熟的爱情，没有深刻和丰富的社会内容。青春期的情感纯真而炽烈，却并没有包含足够的责任，只是一种盲目而脆弱的爱，伴随着幼稚的冲动。初恋的夭折还会带来许多不良后果，如自我否定、荒废学业、自伤、自杀、吸毒、少年犯罪等。青春期的家庭教育和学校教育应当注重帮助青少年顺利度过初恋期。只有成功经历了这个阶段，才可能逐渐产生和形成真正的爱情，并收获婚姻。

（2）青春期少女性心理的常见问题

性体像意识的困扰。许多进入青春期的女性不能正确、客观地认识自己的身体及其第二性征。有的女性对青春期出现的第二性征感到害羞、不安和不理解；有的对自己的乳房发育不满意，为形体的胖瘦而烦恼。1996年对北京市东城区和朝阳区691名12～18岁中学生的调查显示，56.3%的女生在月经初潮时没有心理准备，22.8%的女生不知道到一定年龄会来月经，首次月经时持害怕惊慌心态的比例为 25% ~ 35%①。2000 年之后，各地报告月经初潮时害怕惊慌态度的比例未见有下降趋势②。这一时期的少女往往会因此产生自信心方面的问题。

性冲动的困扰。伴随着性生理的成熟，一些少女会经历白天的性幻想与夜晚的性梦体验。性幻想是指人在清醒状态下对不能实现的与性有关的事件的想象，是自编的带有性色彩的故事。性梦是指在睡梦中与异性发生性行为，达到性满足的现象。处于青春期的少女，体内性激素水平骤然提高，对异性的爱慕和渴望是很强烈的，但又不能与所爱慕的异性发生性行为以满足自己的欲望。在这股"动力"的驱使下，会出现一系列性心理活动。如对异性的向往和爱慕，容易想到性的问题，把曾经在电影、电视、图书中看到过的情爱镜头和片断，重新组合虚构出自己与爱慕的异性在一起，以达到自我安慰的目的；有时还会出现阴蒂、阴唇充血等情况。但是，青少年毕竟未婚，这种性心理反应与心理活动被抑制着。1996 年对石家庄市区 1345 名 12 ~ 19 岁中学生的调查显示，初中生有过性梦的占 42.3%，高中生为 56.1%，男生占比高于女生。③ 初中生中 25.0% 的女生对性梦害怕、厌恶及自责，她们认为性梦是不道德的或罪恶的④。而医学上对性梦的看法是：性梦在本质上是一种潜性意识活动，是满足被抑制性欲望的一种精神活动。它一方面反映性本能和性需要，视为随青春期性成熟过程中出现的一种心理现象；另一方面作为一种潜意识活动，是性意识以潜性意识方式的再现。

曹汉宾等报道，在被调查的 600 名大学生中，79.5% 的人有过手淫，手淫者中 73.9% 的人有自卑心理，13.4% 的人担心日后性功能障碍和影响生育。⑤青少年常常为自己染上手淫习惯而担忧，不知道手淫是否会对身体和情感产生有害的影响，不知道这是不是一种少有的或不正常的活动，不知道其他人是否也有过手淫，也不知道这是否会损害以后的性生活。关于手淫会产生痤疮、精神失常或不育等种种荒诞的想法至今仍然到处泛滥。目前国内外都认为这是一种自然的、正常的、

① 李春玲.北京市中学生性生理、性知识、性道德及异性交往经历调查［J］.青年研究，1996（6）.

② 王淑芬，徐粒子，王志强.合肥市高中学生性知识、性心理和性行为现状调查［J］.安徽预防医学杂志，2006，12（1）：33-36.

③ 陈丽梅.青少年心理健康教育研究［M］.武汉：华中师范大学出版社，2009：129.

④ 崔庚寅，白文忠，沈建军，等.城市中学生性梦调查研究［J］.性学，1996（2）：45-46.

⑤ 崔庚寅，白文忠，沈建军，等.城市中学生性梦调查研究［J］.性学，1996（2）：45-46.

健康的行为。但有意识地放纵自己，过分追求手淫的快感，对人有害而无益。

恋爱的困扰。青春期女性由于性生理与心理的成熟与孤独、空虚、心理上缺乏支持，往往会产生恋爱行为。少年男女受到相互的吸引，互相爱慕、互相支持，从而产生了欢愉的、纯真的感情。但这种感情通常缺乏理性，多数人有肉体和性接触的意向，但不一定都付诸实践，也有一部分人基于性冲动和欲望而发生性行为。老师、父母一旦发现孩子陷入早恋的旋涡之中，往往感到震惊、愤怒，认为这些孩子太不争气，道德品质太差。同学之间也会互相起哄，这对心智尚不成熟的少女来说是一种伤害，往往会引起情绪或行为上的问题。比如变得孤独沉默，对学业漠不关心；或是情绪波动，竭力反抗，甚至酿成惨剧。有些女性为避锋芒，选择了网恋。网恋给人的心灵最大的冲击是它对爱情过程的浓缩，然而这种虚幻的恋爱是脱离现实的，极易使人沉溺。发展到一定程度的时候，必须引入现实生活，才能获得实质性的进展。如果没有良好的心理素质和心理准备，极容易因网恋而受到心理伤害。

### ◀▮▶【学习专栏 8-1】青春期少女怀孕与女性心理问题的预防

资料显示，在国外多数青春期少女、少男在十四五岁到十八九岁就开始性交了，男性比女性开始得要早。20 世纪 80 年代末，十几岁的孩子发生性行为的比例几乎达到最高点，20 世纪 90 年代有所下降。15 ~ 19 岁有性交经验的女性的百分比在 1970 年是 29%，1988 年上升到 57%，1997 年下降为 52%。[①] 非计划的少女怀孕的后果是悲惨的，往往缺乏心理和社会支持，还有可能导致辍学；同时，若生育孩子，孩子早产和出生并发症的危险更大，这些少女的孩子也更容易有情绪、行为和认知等问题。

青春期少女心理问题预防的主要方法如下。

（1）加强科学的性知识教育，打破神秘感。青春期女性往往会因对自身生理变化缺乏了解，产生惊慌失措、焦虑、紧张、恐惧等不良的心理反应。因此，我们要传授科学的性知识，在女性月经初潮前就让她们知道，到了青春发育期身体各方面会发生哪些变化，为什么会发生这些变化，应如何认识和对待这些变化，使她们能用科学知识保护自己，打破对性的神秘感，以积极的态度迎接生理上的突变。

---

① ［美］埃托奥，布里奇斯. 女性心理学［M］. 苏彦捷，等译. 北京：北京大学出版社，2003.

（2）男女共同活动，与异性正常交往。男生独立性强、自信胆大、有主见；女生细心、踏实、勤奋。男生空间知觉能力强，擅长抽象逻辑思维和视觉记忆；女生口头表达能力强，擅长形象思维和听觉记忆。男女生共同活动相互交往，学人之长，补己之短，达到个性互补，对促进其身心健康发展与良好群体心理气氛的形成均起积极的作用。

（3）整合资源，营造健康的成长环境。首先，父母需要注意改变自身的一些行为，尝试去理解孩子的想法，而不是一味地打骂教育，应和孩子一起探讨与异性交往的方式方法，成为孩子的帮手。其次，青少年所在的社区要营造一种健康、积极向上的文化氛围，坚决取缔不良娱乐设施，同时提倡一些有益于青少年身心健康的休闲生活方式。例如，定期举行社区活动，提倡青少年积极参加。最后，社会舆论特别是大众媒体要尽量杜绝一些负面的宣传和报道，有关政府部门应加强对文化市场的监督和管理，避免色情文化的传播。

（4）提供性知识和避孕知识，开展性节制教育。对10岁出头的孩子进行性知识和性节制教育，对年龄较大或者有性经验的孩子最好是提供避孕措施。

我国学者对性心理学的研究还处在初始的阶段，人数也比较少。性心理的健康与否，对人们性行为的作用，其重要性还鲜为人们所认识，因此，即使是一些青春期性教育开展得比较好的学校，对中学生也仅限于生理卫生知识的教育，很少涉及性心理问题。但是，性心理的教育对于塑造少女健康的人格又是不可缺少的，这方面的教育应该不断创造条件，逐步开展。

（二）青年期女性

青年期又称成年初期，是女性开始步入成年期的开始，一般把进入青年期的时间界定为18～35岁。这一时期女性的生理发展已经基本稳定，情绪情感稳定性增强，人生观、价值观趋于稳定。职业和婚姻成为青年期女性的首要发展任务。绝大多数女性要经历妊娠和分娩的特殊时期。

这一时期，女性的身体发育已经基本稳定，由于性激素对脑垂体的抑制作用，她们的身高、体重和各器官的生长发育速度基本稳定下来。这一时期的性成熟，是生物学意义上的真正成熟，它标志着成年生活的开始，具体表现为皮下脂肪分泌增加、乳房凸起、臀部变大等，在体态上表现出明显的女性特征。

青年期女性的神经系统已经开始发育完善，神经纤维的髓鞘化过程已经全部完成，这为抽象逻辑思维能力的发展和意志力、控制力的发展创造了有利条件。神经过程的兴奋和抑制基本平衡，第二信号系统在活动中起着重要的调节作用，神经联系的复杂化和大脑活动机能已经日趋完善。

1.心理特征

（1）智力特征。处于青年期的女性其智力发展已经达到了她人生中的高峰阶段，主要体现在以下几点。第一，智力范围扩大。作为独立成人的青年期女性，由于大量接触客观事物，从而扩大了智力的时间和空间范围。从时间范围来看，她们不仅能对目前自己感兴趣的事物加以分析、判断，而且能对她们陌生的、发生在记忆中的久远的事情认真考虑；从空间范围来看，她们不仅能对当前所受到的刺激做出反应，而且能对她们听到或想象到的事物加以认识和理解。第二，抽象逻辑思维能力占明显优势。青年期女性不仅能用形象思维认识事物的表象，而且能经常利用抽象思维认识客观事物的本质和规律，发现事物之间的内在联系。她们的抽象逻辑思维能力正从经验型向理论型急剧转化。这种转化是智力成熟的重要标志。第三，思维的批判性和思维的独立性明显增强。青年期女性不再像青春期女性一样轻信别人，或轻率地发表自己的意见，她们喜欢"三思而后行"，在听取别人意见的同时，希望对方的说明要有论证性，能以理服人。

（2）情绪和情感特征。青年期的女性情绪和情感逐渐呈现平衡、和谐与稳定的特征，具体表现为强烈、粗暴的情绪减少，温和、细腻的情绪占据主导地位。她们的情绪更容易转化为心境，持续的时间较长，对心理状态和行为的影响变大，情绪体验也更加深刻。她们能够有意识地控制自己的情绪，避免直接的、冲动的情绪外露，尽可能以间接的形式表达。青年期女性的高级情感，如道德感、理智感和美感逐渐培养和发展起来，并趋于稳定。

（3）个性特征。青年期的女性个性特征的发展突出表现在自我意识上。这一时期的女性自我意识的发展在于主动认识自己，把原来主要朝向外界的目光转向了自己，以了解自己的内心世界。这就使得自我意识出现了分化，分为"理想自我"和"现实自我"，从而导致自我意识矛盾的出现，表现为"现实自我"落后于"理想自我"。所以此时期的女性常常感到人生的矛盾太多，内心痛苦而茫然，她们苦苦思索，力求摆脱这种痛苦和不安。但总的来说，青年期女性的自我意识已经达到了成熟的程度。她们能够正确地看待自己，剖析自己，善于发现自己的内心世界。"友爱亲密—孤独疏离"是青年期女性面临的发展问题。心理学家埃里克森认为，亲密感是一种对他人承担爱、情感及道德承诺的能力。亲密感可能出现在朋友关系和恋爱关系中。它要求坦率、勇气、伦理感，并且往往要牺牲一些个人偏好。青年期是建立家庭生活、获得亲密感、避免孤独感的阶段。如果一个人不能与他人分享快乐与痛苦，不能与他人进行思想情感交流，就可能陷入孤独寂寞的境地。这一阶段个性发展的主要任务是解决友爱亲密与孤独疏离的矛盾。这一时期的矛盾如果得到解决，个人在社会生活中就能够建立起和谐亲密的人际关系，从而形成健康成熟的个性；如果得不到解决，个人在社会生活中失败，就会陷入孤独的境地，导致情绪障碍的出现和不健康的个性产生。

2. 社会心理发展

（1）恋爱与婚姻。随着青春期的结束和性意识的成熟，青年期女性的择偶需求便成为一个突出的问题。择偶是人类社会生存和发展的需要，也是一个人一生中重要的精神需求和心理归宿。从择偶标准来看，近年来的调查表明，青年期女性择偶时考虑的标准侧重于对方的品德人格、健康状况、忠诚度、社会地位和兴趣爱好等；另有调查表明，女性在择偶时也很重视学历、职业、身高和家庭背景等，尤其突出的是对身高和家庭经济条件的要求。在条件成熟时，她们会考虑建立自己的小家庭。结婚是爱情发展进入一个崭新阶段的开始，它标志着青年女性在心理上、经济上基本摆脱了父母，并且开始改变对社会的依赖状态，也意味着作为稳定的成人生活的开始。与青春期相比，青年期女性心理发展的总趋势处于相对缓和、平稳的状态。这一时期，她们逐渐离开学校和家庭走向社会，求得独立生存和发展，心理发展必然会遇到许多未曾遇到过的矛盾以及矛盾所带来的心理动荡。

（2）职业与婚姻的矛盾。很多学者曾对青年期的大学生男女自我评价进行调查，调查结果表明，男大学生的自我评定与女大学生有所不同，男大学生对自己的前途、事业选择更严肃认真，不大受干扰，可以更专心。同样情况下，女大学生却面临心理上的困扰。不会有人向男大学生提出在事业和做父亲之间如何选择，因为对于男人来说，他的职业与家庭角色并不矛盾。但对于女大学生来说，她们却要在学业、事业、家庭之间做一定的选择，这种选择往往使她们产生矛盾心理。建立家庭后，她们在职业和婚姻方面的矛盾就更加突出。一方面要为丈夫事业的发展承担大量的家务，孩子出生后，要表现出贤妻良母形象；另一方面，又不能放弃事业、个人前途的发展。琐碎的家务和对丈夫无私的支持，使其难以实现婚前对事业、个人前途的憧憬，从而导致其想拥有一个温馨的家，又想事业有成，而二者却难以兼得的矛盾心理。帮助女性消除职业和婚姻的矛盾主要有以下两个方面。第一，社会支持。为女性提供带薪休假，作为母亲，女性往往没有得到足够的假期，以致她们无法很好地平衡家庭与工作之间的矛盾。如果制定合理的假期政策，将有利于女性调整作为母亲的心态，理解孩子的需要，促进关系和谐。第二，家人的支持。有研究表明，影响作为母亲的女性协调家庭和工作角色的一个重要因素是来自配偶和子女的支持。女性的良好状况同丈夫参与家务，以及丈夫的情感支持程度呈正相关。

3. 性心理

青年期女性往往进入婚姻家庭生活，有稳定和规律的性生活，但青年期女性面临的首要人生任务是结婚与生育，因此会经历妊娠和分娩期，这是女性一生中的特殊阶段，这个阶段使女性几乎成了完全不同的另外一个人。妇女妊娠后，心理上有一种自豪感和骄傲感，妊娠进一步体现了女人的价值，显示出女性的特殊性贡献。生殖功能的履行是生理机能健全的标志，不仅是爱的最高象征，也是最高的创造行为。

在青春期进入孕期的女性，会以自己的整个身心去真切地体验神秘的生命孕育过程，她几乎将全部情感和精力都注入了腹中那个正在渐渐成熟起来的小生命。那缓缓蠕动的小生命更是神秘地将孕妇带入了一个神奇的幻想世界。孕妇在其整个孕期中自始至终都在参与和体验这种神秘。不过，每个孕妇的参与和体验是不尽相同的，有些孕妇的体验更自觉、更强烈，有些孕妇则处于一种不太自觉的参与和体验之中。

女性在怀孕期间还会出现移情的现象。这里的移情是指妇女在孕期以及产后的一段时间内，将大部分情感从丈夫身上转移到孩子身上。当一个女人腹中有了一个新生命的时候，她会不由自主地将情感的大部分倾注到那个生命上。虽然此时她仍然依赖丈夫，甚至比以前更加依赖，但她只是希望从丈夫那里得到所需要的情感关怀，却将丈夫所需要的自己的情感关怀全都倾注到了腹中的新生命上。也就是说，其情感中心在胎儿那里，而不是在丈夫那里。移情现象在产后继续维持并有强化趋势，使丈夫产生被疏远、被忽视的感觉，久而久之会影响夫妻关系。

孕期和妊娠后的哺乳期，女性由于生理特殊的变化以及会倾注所有的身心在新生儿身上，往往会有不同程度的性疏远。进入孕期的女人，从怀孕一开始，便感到性兴奋增加。可是，令男人感到困惑的是，尽管女人在孕期性兴奋增加，却并不对性生活表现出实际的积极态度。出现这种现象的原因主要有两个。首先，孕期女人害怕与丈夫过性生活会伤害胎儿，因而努力克制自己的性兴奋。孕期女人对性生活的畏缩可能起因于自身以往的流产经历，也可能来自他人的流产经历。除非一个女人压根就没有打算要留住腹内胎儿，否则她不可能不正视流产的可能性。当对流产的恐惧压倒了性欲需求时，孕期的女人便会尽量避免实际的性生活。当孕期女人避免性生活的动机或"苦衷"不能为其丈夫所理解时，她便可能渐渐地弱化性欲望，从而使夫妻的性生活更加不协调。

其次，孕期女人害怕自己的形体引不起丈夫的性兴奋。尽管孕期时女人为自己的形体变化感到骄傲，但却害怕别人尤其是丈夫不喜欢自己的形体。有些丈夫会无意中流露出对妻子形体的讥笑，这就更刺伤了孕期女人的自尊心，使她们没有信心轻松自如地投入性生活。久而久之，她们便会压抑自己的性欲求，对实际的性生活表现出疏远或淡漠的态度。实际上，这是对男人的误解。一个男人对于自己妻子孕期的形体往往觉得很美，至少觉得不难看，更不会反感，也不会因之而影响他们对妻子的性兴趣。

关于因怀孕后形体变化而影响性生活的看法，完全是孕期女人自尊心上升的结果，这种看法来自孕期女人在孕前听说的男人重视女人形体的观点。但没有上述心理负担的孕妇仍占多数，她们的性兴奋增加，满足性要求的欲望也较强。

## ◀▮▶【学习专栏 8-2】青年期性心理与社会控制

从生物学和人体学的角度来看，青春期是指从性发育开始到性成熟为止的这段时间，即十三四岁到十八九岁之间的这段时间。据美国性学家金西等人的研究，男性的性能量一般在青春期特别是在 17 岁时为最高。当然，人的性欲的强度在很大程度上还要依赖性经验的积累，因此还不能说这一时期是性欲最强的时期；但从人体对所消耗的性能量进行补充的性能力来看，这个时期却是最强的。因此，这一埋藏在青年潜意识中对异性的向往和追求是自然而然的事情，不教而会。这是人的自然属性的一面。但人类满足性欲的方式不能像动物那样单纯，它要有一个自我实现的过程，即先立业后成家，以婚姻家庭的形式来实现对性需求的满足。而十几岁的青少年在这个自我实现的过程中还只是刚刚起步，因此，绝大部分青年在青春期不可能结婚，即不可能得到满足性欲要求的对象。这是人的社会属性的一面。正常的社会生活要求青少年在人的自然属性和社会属性之间保持平衡。这就给人们提出了很多需要研究的问题。

人的自然属性和社会属性既对立又统一，有其内在的规律性。按美国精神分析学派的说法，人类的性行为是受自我机制制约的，而自我机制又是由"伊特"（人本身固有的体格能量与性能量）、"超我"（人头脑中的理智、情操、抱负、价值观念）、"外力"（外界的影响与社会的控制力）的相互作用构成的。当这三种作用力呈平衡状态时，青春期的生活就富于进取精神和幸福感；而当某一种力过强或过弱时，青年的烦恼、不安和相应的行为也就会随之产生。

现代青少年由于各自生活的社区环境、社会阶层不同，以及学校教育、家庭教养、个人修养、个体发育、性别、个性的差异，在性意识、性行动上会表现出很大的不同。据心理学家的研究，可以将其分为如下四种类型。

第一类是好奇型。好奇是人的天性之一，是人脑对"外力"和"伊特"能量的感应。如有的人对自然界的奥秘感兴趣，有的人对社会人生的变化有新奇感，有的人对绘画、工艺制作、文学创作产生欲望，有的人则对自身正在发育成熟的性机能有新颖感，对异性有好奇心。性趣味较浓的青少年常表现出对他人特别是同龄人进行异性交往的忌妒，爱秘密阅读色情读物、看黄色影像，希冀得到满足，俗称"过干瘾"。青春期是人一生中的黄金时期，妙龄少女最容易引起男子的注意，虽然她们也会随着初潮的来临产生不同程度的性意识，但没有像男性那种明显由性欲的躁动带来的苦恼，在敏感、体察、辞令、交际方面优于男子，表现在与男子交往时游刃有余，甚至有些傲慢。不过，这些优势中也蕴藏着劣势，如爱慕虚荣、相互攀比、看重外表等。若某些诱因过于炫目，在好奇心、占有欲的驱使下，也易于接受异性的引诱。

第二类是薄弱型。人的意志薄弱源于人的大脑中的自我组织机制失调，"超我"过弱，防护意识松懈。在人的"青年期"的成长过程中，成长环境良好，受到的关怀和爱护愈多，性的神秘感会愈小，性的冲动趋向平缓，大多能顺利地向工作、结婚、生子过渡。若成长条件恶劣，失恋、失学、失业，工作不顺心、事业进取心受挫，造成心灵空虚、彷徨和愤懑，往往容易转过身来折腾自己的身体，通常的方式是手淫。这是青年期最令人困扰的问题。日本心理学家朝山新一在进行大量调查后认为：初次手淫者以 16 岁左右为最多，多数人在手淫之后会产生一种懊丧的情绪。且随着性刺激的增加和性经验的积累，人的性欲有愈益增强的倾向。从人的自然属性来看，此种情形不能一概归为好和坏，问题的症结在于是否生理健康之必需，即是否适度。意志薄弱的人往往会沉溺于这种折腾和懊丧的不良循环之中。

第三类是犯罪型。犯罪是超载社会规范的越轨行为，就性而言，可分为体质型犯罪和社会型或模仿型犯罪两个子类。体质型犯罪是指个体的"伊特"超乎寻常，对异性的欲望强烈，加之"超我"过弱，心灵空虚，不求上进，没有培养起抑制能力，在性的强烈冲动下，往往会趋向于类似动物性的感觉和行动，表现出一种动情状态，失禁地发出怪声，对异性怀着最大的关心，付出再大代价也要赢得异性的欢心。这种人犹如嗜赌和吸毒，一有工夫就陷入性的遐想，并试图寻求性的发泄。模仿型犯罪是指青少年在不健康的社会文化环境中，受显"酷"、抖"帅"和性开放的熏染，向街头巷尾的大哥大、大姐大看齐，男女都以引人注目的服饰和化妆来打扮自己，同伴相聚总好谈猥亵之言和有关男女关系的传说。这些人最喜爱的是三五成群地"显摆"，为追求刺激而放荡于街市，在攀比的心理驱动下胆大妄为，乃至铤而走险，如集体嫖娼、拦路强奸或轮奸等，成为一方的害群之马。

第四类是理智型。理智地对待身边的人和事，是社会生活的常态。理智的要义是自制和转移。因为人的体格能量和性能量是客观存在的，社会对青少年的期望和要求也属社会存在，个体所能做的就是自制和转移自身的生理能量，即将一个生物人成功地转化为社会人。转化成功的标志即是人们所期盼的纯洁、正直和有抱负。这就需要有良好的社会生长环境、健康的家庭养成教育和学校的成才教育，使青少年在抑制自身性冲动的过程中，逐渐加深对人生和自己的生存价值的认识，从而自觉地把这种生理能量转移到人生价值的开发上，如学习知识、探讨问题、军事训练、体力劳动、体育锻炼、文学创作、旅游考察、科学实验和艺术演唱等。他们憧憬未来，致力于主业之外，还热衷于各自的兴趣和爱好，勇于担当家庭和社会责任。

所谓社会控制，即平衡和化解人与社会的矛盾。就社会而言，要以满足人的健康需要和有利于人的健康发展为目标，建立和完善社会经济体系和政治制度；就个人而言，要能动地将社会的价值目标和公序良俗转化为自己的行动。这两者之间的联结点便是社会环境建设的有益举措和人的行为协调的有效途径。社会控制通常有国家制度控制和社会文化环境控制两种类型。它对人与社会的发展而言，有优劣高下之分。开辟春风化雨式的社会文化环境控制，主要指对人的性行为进行开放性控制，包括生理控制和心理控制两个方面。在幼儿阶段，注意不要用刺激儿童性感带的方式来爱抚幼儿，经常给他们洗澡、换内裤，传授一些活泼、健康的知识。七八岁以后，要尽量把他们的兴趣引向自然界，鼓励户外活动，让他们习惯于健康、充实的生活。10岁以后，要多为他们提供一些知识性、趣味性、科学性的读物，杜绝庸俗低级的文化，教育他们在共同活动中相互尊重男女之间各不相同的特征和个性。十三四岁以后，开始进入青春期的发育，这是人的一生中的一个重要的转折点。社会舆论要引导他们树立成人、成才的志向；学校要特别注意与家长配合，向他们进行正确对待性成熟的生理现象的教育及应有的思想准备教育，抵制别有用心的"性教育"；老师和家长要尊重他们的害羞心理和爱清洁的习惯，引导他们把对异性的向往升华为纯洁、高尚的尊重和积极上进的人生追求。

（资料来源：原载《科学之春》1982年第6期第36—38页，作者整理）

# 第二节　中年期、老年期女性的心理发展与性心理

## 一、中年期女性

中年期对女性来说是人的一生中的一个特殊时期。一般把中年期界定在45～60岁。这一时期是女性对社会贡献最大的时期，也是社会向女性提出更大挑战、更多要求的时期。这一时期的女性在生理和心理上都发生了重大的变化。

中年期的女性与青年期相比，生理上无明显差异，只不过后者的组织器官和系统更加成熟稳定。大约45岁以后，女性在身体外貌上开始出现明显的衰老现象。出现在皮肤和头发上的早期衰老变化是最容易看到的。头发变得越来越稀薄、灰白，皮肤变得越来越干燥，同时肌肉、血管和其他组织也开始失去弹性。这些变化的结果是皮肤起皱，尤其是脸、脖子和手等部位的皮肤；微笑、皱眉的时候，前额上就会出现皱纹；皮肤开始松弛、失去光泽、老年斑出现；代谢功能改变，体态变胖，女性体形特征逐渐消失等。

1. 心理特征

在一般心理特征上，中年期女性和青年期女性并无明显差异，只是量和形式的表现不同。心理学家主要从中年期女性所处的社会、家庭和工作环境的角度出发，对这一时期的女性心理发展做些探讨。

（1）认知特征。中年女性的理解力强，观察力敏锐，能够对事物进行客观的分析，她们对事物、知识的理解是建立在间接理解的基础上的。由于生活阅历极为丰富，对人情世故的把握清楚，中年女性能够根据具体情况做出具体分析，有自己独立的判断能力，不因循守旧、生搬硬套。

（2）情感特征。女性的共同特点是具有较强的同情心，这在中年女性身上表现得尤为明显。她们乐于帮助处于困境中的人，与人交往时，能做到"心理相容"或"心理换位"，即能充分同情、理解他人，能设身处地地从对方的角度考虑问题，从而达到彼此理解、共鸣和协调。在家庭里，她们能把爱倾注于孩子和丈夫身上，并能细心照顾老人。

（3）个性特征。中年女性的社会适应性较强，对生活充满热情和希望。把孩子培养成身心健康、有所成就的人是她们最大的愿望，同时以丈夫事业的成就为荣。她们把子女和丈夫取得的成就作为自己成功的一个方面。但是，当更年期不可避免地到来时，许多中年女性的个性会有明显变化，表现出"今不如昔"的不安全感和自卑感，也缺乏对生活的满意感，出现"中年危机"。值得注意的是，

"中年危机"并不是更年期的必然结果，这与人的心理适应能力有关。

2. 社会心理发展

处于中年期的女性，在家里必须辛苦操持家务，精心把孩子培养成身心健康、对社会有用的人，同时必须与配偶维系协调的关系；在工作中，面对职场的压力，必须保持理智和冷静的心态，接受来自各方面的挑战；在社会中，还必须履行社会赋予她们的权利和义务。对中年期女性来说，兼顾家庭和事业，协调职业发展与爱人、朋友之间的亲密关系，战胜更年期的生理和心理不适尤为重要。

3. 性心理

在新婚阶段，男性的性欲望大于女性，但到中年阶段这种模式就颠倒了过来，许多结婚多年的女性在这个时候才越来越表现出对性生活的热情和迫切。如果婚姻建立在爱情的基础之上，双方的性欲就会在学习中逐渐增长，有规律的性交，产生了肉体的亲密，积累了性交成功的经验，使女性的性欲日趋成熟。30～35岁至40～45岁的女性是性的感觉最为成熟和主动积极的阶段，她们感到自己身上积蓄了太多的情爱尚未发挥，因而爆发出前所未有的性欲和渴望。

女性之所以在30～40岁才日臻成熟，一是丢掉了性的羞怯，敢于展现自我。大多数女性一开始对性交都有一种负罪感，对性生活激不起热情，性生活也不主动，更不会大胆地暴露对性的欲求。到中年时分，眼见得青春不再，一种要求补偿的心情油然而生，她将以百倍的热情珍惜即将流逝的青春，她比任何时候都特别关心性爱，会大胆地去寻求以往没有多得的享受。所以，女人通常在35岁左右才克服了所有的禁忌，情欲的发展才达到饱和点，这是性欲最强烈、最渴望性满足的时候。二是性经验的积累。随着性生活的增多，她逐渐对性的感受有了适应，并从中体验出快乐和享受。新婚后的性关系虽然和谐，但不一定会神魂颠倒、飘飘欲仙，最初的体验一般没那么深刻，现在可就大不一样了。三是解除了许多生理和心理上的负担，生活条件的改善，使她可以投入更多的精力去追求性爱。四是愿意使丈夫得到性满足而减少丈夫在感情上的向外转移。她们对丈夫的感情是否转移非常敏感。进入中年后，女性总是大胆地刺激丈夫的性欲，以此增加凝聚力，作为维持美满婚姻的一个重要的手段。

但中年期女性由于家庭变故或者生理显著变化，可能引发性心理问题。

（1）丧偶或离婚。中年妇女丧偶或离婚后，形单影只，内心的悲伤与忧郁难以言表。心理学家认为，长期忧郁、苦闷的孀居生活会导致大脑皮层功能紊乱，引发"性心理综合征"。此病症状千差万别，有的以精神症状为主要表现，如失眠、多梦、头昏、健忘等；有的以厌食、恶心、呕吐、腹胀等肠胃症状为主要表现；有的则以月经不调、闭经、白带过多、阴部瘙痒等妇科症状为主要表现。性心理综合征是由妇女失偶后精神受刺激、心理发生障碍、情欲不遂、情绪抑郁所引起。长期的忧郁可使其卵巢分泌雌激素和黄体素的周期发生改变，使大脑皮层、丘脑、垂体、卵巢的"轴系统"发生异常，从而出现上述症状。性心理综合征的防治措施是患者要心胸开阔，正确对待寡居生活。

（2）更年期。女性在中年期一个最显著的生理事件是雌激素分泌的不断减少导致绝经，也增加了骨质疏松症的发展，伴随绝经而来的身体变化会影响性行为。在女性四五十岁之间，性活动可能会逐渐降低，但也有研究认为这一时期对非生殖器的性表达的渴望会有所提高，如拥抱、亲吻和触摸等，这可能是由身体和心理的变化导致的。

**二、老年期女性**

老年期一般指 60 岁至死亡这一阶段，这是人生历程中的最后一个阶段。在这一阶段，女性生理衰退，老化更加明显。由于生理上的退行性变化以及环境、社会角色的变化，老年期女性在心理上产生相应的变化，容易产生消极的情绪反应，因此，做好老年期的心理保健是安然度过晚年的基础。

老年期的生理机能出现衰退主要表现在三个方面：一是脑机能的衰老。一般来说，人的衰老首先表现在脑机能的衰老上。在生命早期，神经细胞显得特别活跃，并且在人的学习和实践过程中不断得到发展。但到了老年期，脑细胞不断减少，其功能也日益衰退，表现为对人体活动的调节能力日益下降，心理功能日益衰退。二是身体机能衰退。到了老年期，人体的代谢机能减慢，平衡功能紊乱，身体不灵活。由于老年女性雌激素减少，加上钙质的代谢变化，就算轻微的外伤也很容易引起骨折。因而，许多老年妇女外出时需要拄着拐杖，显得老态龙钟。同时，由于机体的不断衰老，牙齿脱落，皮肤失去弹性，并出现色素斑和皱纹。三是动作迟缓。老年期女性动作开始变得迟缓，走路、吃饭、说话和做事都比年轻时慢了许多。动作迟缓的原因有两个方面：一方面是肌肉活动收缩变慢；另一方面是大脑指挥肌肉活动的能力变差，配合不协调。这些身体机能变化反过来影响老年妇女的自我概念、自信心和价值感，因为这些变化时刻提醒着一个人"老"了。

1. 心理特征

老年期女性的感知能力逐渐衰退，记忆力显著下降，思维活动的速度变得迟缓，性格趋于内向、自卑，但是，由于她们阅历了人间沧桑，抽象思维能力、分析判断能力以及解决问题的能力并不比年轻女性逊色。

（1）智力特征。从记忆方面来看，老年女性最明显的智力特征是理解记忆占主导地位，形象记忆则相对减少，记忆力显著下降，表现为提笔忘事，做事丢三落四，讲话没有逻辑，见到熟悉的面孔却辨认不出，经常认错人。老年期女性喜欢在记忆中生活，喜欢回忆过去，经常给小辈讲述过去的经历和体验，常常津津乐道当年的作为。对过去记忆犹新、喜欢回忆过去，是老年女性记忆的重要特征。老年期的女性智力特征的另一个重要方面是，她们虽然在身体机能方面比不上年轻女性，但她们的学识、经验以及处世之道却更加成熟，她们的抽象思维能力、分析判断能力以及解决问题的能力并不比年轻女性差。但是，由于神经系统的退化，以及感知觉的能力衰退，她们思维活动的速度比年轻人慢。

（2）情感特征。老年女性喜静不喜动，非常害怕孤独，害怕无人关心自己，害怕遭到子女的嫌弃等，表现在一方面希望家庭和睦相处，和邻居友好往来，另一方面又害怕拖累别人。因此，爱的需要在这个时期就显得更为重要。老年期的女性孤独感的重要表现是在丧偶之后。老年期女性失去亲密的关怀、安慰和照顾，便失去了心理上的平衡，从而显得格外孤独，这种精神刺激对身体的危害也是极其大的。

（3）性格特征。老年期是人生的重大转折点，这一时期，女性会产生许多不适感。一方面来自体力和健康的衰退；另一方面来自从在职到退休的转变，社会角色、家庭地位以及人际关系等的变化。有许多老年妇女产生不适应感，性格发生了很大的变化。根据差异归类，老年妇女的性格大概可以分为以下四类。①成熟型。成熟型女性经受过多种考验和锻炼，能够以积极的态度面对现实，对转入老年生活有充分的准备。就算是退休也能安之若素，毫无怨言；积极参加社交活动，发挥余热；与家人朋友来往频繁，人际关系相对和谐；对当前的生活状态满意，通情达理、和蔼可亲。②易怒型。这一类性格的老年妇女攻击性较强，自我封闭，对事物失去兴趣。她们对转入老年生活没有思想准备，她们将挫折、失败和恼怒发泄到别人身上，遇到不满意、不顺心的事，就"气不打一处来"，经常看不惯身边的人和事，觉得事事不如意，人际关系不和，抑郁、易怒、爱抱怨。③多疑型。多疑型的老年妇女由于生理上的变化，认知能力下降，不能正确地反映外界事物和自己的关系，喜欢疑神疑鬼，怀疑别人嫌弃自己、怀疑别人说自己的坏话等。具有这种性格特点的女性在平时表现出心胸狭窄、好猜疑、性格孤僻等特征。④安乐型。安乐型老年女性的最大特点就是逍遥自在。她们过去大多不插手家务，在人生中"与世无争"，无拘无束，能够接受现在的自我；尽情享受退休后的闲暇生活，自得其乐；对退休后参加工作不感兴趣；对别人在物质或精神上的帮助能心安理得地接受。

2. 社会心理

对于大多数有工作的女性而言，老年期的到来意味着将进入退休期，由于对未来关注的减弱，更注重社会交往的情感需要的满足，她们会系统地调节自己的社交圈子，随之与他人共处的时间比例会随着人们年龄的增长而稳步下降，其社会交往圈子将明显缩小，社会交往能力也开始逐渐下降。但年长女性比年轻女性似乎更能够交到新的朋友或保持朋友间的往来关系，同时也更看重和家庭成员的亲密关系维系。

3. 性心理

由于社会文化的刻板影响，人们存在不少对老年人性生活的误解和刻板定型，多数人对老年人的性态度趋于保守，尤其是对老年女性。年纪大的女性被认为在性上是不活跃的或不吸引人的。其实，不管在什么年龄阶段，性的表达是正常生活的一部分。性活动对老年人的身体、心理和情感都可能是更有益处的。在身体上可以促进循环，维持关节炎患者的关节和四肢的较广的运动，以及控制体重，并且可减少紧张和帮助睡眠。在心理和情感上，可以提高老年人的幸福感、增加生活满意度，提供情感宣泄以及共同的愉快体验。调查研究显示，在晚年时，一些女性发现性更令人满意，对性的态度更为肯定和开放。

#### ◀▶▶【学习专栏 8-3】老年期女性常见的心理问题

1）常见的心理问题

①抑郁

老年人最常见的心理疾病是抑郁，包括轻微的抑郁心境和完全发展的抑郁心境。所有年龄的女性都比男性有更高的抑郁比率。大多数老年女性坦言她们曾有抑郁症状，表现为消极沮丧、痛苦悲伤、缺乏对生活的兴趣、不爱活动、态度悲观、自尊心低下以及消极评价目前和将来的处境，被隔离的孤独感和害怕情绪等。对她们而言，失眠、疲劳、精神不振、没有胃口、退缩、不与任何人说话、死守着床、不爱惜自己的身体等现象是很常见的。一些症状，例如突然地发怒和吹毛求疵，或悲观和对将来不抱希望，可能被错误地认为是伴随衰老的典型的人格变化。即使是那些经典的抑郁症状，如精神不振、失去胃口或对原来的娱乐失去兴趣等，也可能被医生简单认为是虚弱的老人的特征。一些健康专业人员可能认为随着由衰老造成的医疗、保险、家庭困难或损失，老人产生抑郁是"正常的"，但大多数老年人面对问题并没有产生抑郁。当老年人被确诊为抑郁并对症治疗时，大约

80%的人会有所改善。不幸的是，老年女性比年轻女性更不容易接受心理治疗，75岁和年龄更大的女性可能根本没有接受过治疗。研究者提出许多与老年人患抑郁症病因相关的理论，涵盖了生理方面和心理方面。总的来说，老年人可能由于与年龄相关的压力或丧偶而产生抑郁，但靠人的意志和主观努力还是可以在一定程度上缓解抑郁症状的，实践证明，注意心理卫生是老年女性提高生活质量、延长寿命的重要条件之一。

②自杀

多数老年女性对她们的生活感到满意，并且能够应付衰老带来的种种挑战。但是对其他一些女性来说，晚年时期是身体疼痛、心理忧虑和对生活不满的时期，她们容易产生无望和抑郁的情绪，坚信情况不能得到好转，这样的一些个体可能会试图自杀。老年人的自杀尝试性后果比年轻人更严重。一旦决定自杀，她们往往就会力图结束自己的生命，显示出更坚定的死的决心，而年轻人试图自杀更多是为了恳求注意或帮助。老年人使用更致命的手段，更少与别人交流她们的意图。老年与晚年自杀相关的因素包括爱人死亡、身体疾病、不能控制的疼痛、对很长时间才死亡对家庭成员的情感和经济上造成伤害的恐惧、对进入寄居机构的恐惧、社会隔离和孤独、社会角色的主要变化等。那些滥用酒精和其他药物的、抑郁的或苦于心理障碍的个体也有较高的自杀危机。在自杀前的一年，2/3的老年女性存在心理障碍；有1/3的老年男性存在心理障碍。[①]

2）自我保健方法

①有规律地锻炼。规律的身体锻炼会减少疾病的发生，包括心脏病、乳腺和结肠癌、高血压、糖尿病、肥胖和骨质疏松症。锻炼能够增加自尊和活力，改善心情，以及减少紧张。它增加关节活动的范围，能够帮助关节炎患者维持正常功能，还能通过调节和增强与姿势有关的肌肉来改善体态。晚年的身体活动能帮助维持力量和灵活性，这对日常生活活动是很重要的。老年期女性通过有规律地行走和做她们喜欢的事（如散步、园艺等）来保持身体的活跃，这些方式都会使身体受益。有规律的锻炼还可以提高老年人的安宁感、成就感和自尊，它还能减少紧张、抑郁和愤怒。有规律的运动能够发展和调节肌肉以及减少身体脂肪，这可以改善老年女性的身体外观，个人外观给人的感觉好又会增强其自信和自尊。有规律的身体活动可以提高从事个人喜欢的娱乐活动的能力，这也能增强其自信，

---

① ［美］埃托奥，布里奇斯.女性心理学［M］.苏彦捷，等译.北京：北京大学出版社，2007.

而且，身体活跃的老年人在记忆、反应时间、推理、计划能力、心理速度和心理灵活性测试上都胜过久坐的老年人。

②解除自我封闭。有的老年人和儿女形成认识上的"代沟"，导致丧偶之后的孤身境遇，她们往往感到无话可说，封闭心理逐渐形成。她们索性把自己关在小房子里，除了必要的生活往来就不再与外人接触。她们用许多想不通的问题不断折磨自己，心中的烦恼越来越多。而心理的疾病又给她们造成生理的疾病，形成恶性循环。老年妇女解除自我封闭心理的办法是打破封闭的生活圈子，走出家门，敞开精神世界的大门，把每天的生活安排得充实一些。比如，可以早起锻炼身体，白天主动干点家务，也可以养花、饲养家禽，还可以看看书报、欣赏文艺，这些活动可以陶冶性情，增长知识，亦能排解心中烦闷。老年妇女还应该主动外出找朋友聊天，倾吐衷肠，从中得到理解和安慰。

③合理用脑，保持心情舒畅。过去有一种误解，用脑越多，衰老越快。其实，人体内脑细胞最活跃，所需血液供应最多，耗氧量最大。经常从事脑力劳动，由于血液循环加快，代谢加强，老年色素的排泄增多，能有效地防止脑细胞的老化，延长脑细胞的寿命。为了防止脑细胞的老化，老年妇女在家应多看些书报，多听些音乐，多看些戏剧和有选择地看电视，还可以练习书画。有关研究表明，书法可以使大脑皮层的兴奋和抑制得到平衡，四肢肌肉得到调整，使新陈代谢旺盛。练习书法还可以消除疲劳、陶冶性情，使精神愉快，从而延缓衰老。此外，大量的研究表明，日进三餐，做适当运动，保证睡眠，不吸烟，不喝酒，性格平和，是延长人的寿命的重要因素。而这些因素中，性格平和尤为重要。关于老人的最佳性格和情绪，国内外的许多专家的研究表明，思想开朗、精神愉悦、乐观豁达是长寿的一个必不可少的重要条件。

# 第三节　女性的性心理及常见的性心理障碍

## 一、性心理含义

性是两性在生物学上的差别，也是人们对男女两性差别理解的基础，即从染色体、性腺、性激素、外生殖器以及副性特征等来区别两性。人类的性是一种相当复杂的现象，但人类性活动的本质是心理现象。人类的性由生物因素、心理因素与社会因素构成。"性的生物因素是指人类行为是性器官及人体其他系统协同活动的有序的生理过程，这种生理过程受到神经内分泌系统，特别是激素的影响。性的心理因素是指个体的能力、态度、情绪、人格及行为的综合体现。性的社会因素是指家庭、宗教、人际关系、文化道德与法律等塑造和调整影响人类的性活动。"①

性心理是指随着性生理发育的成熟，男女心理开始发生与性相联系的变化，这种变化即与性特征、性欲、性行为有关的心理状况与心理过程，也包括与异性有关的如男女交往、恋爱及婚姻等心理问题。主要内容包括性意识、性感知、性思维、性感情、性意志、性意向、性欲望、性想象、性兴奋与性度、性交往等。

**二、女性性欲的心理特点**

性欲的存在是人类的本能，而性欲的生理、心理状态和表现形式，男女之间有所差别，又因为性欲的产生与发展十分复杂，它涉及每个人自身的生理、心理、社会等各种因素，以及年龄、健康状况、经济地位、受教育程度、情感等多方面影响，因此，女性性欲的心理特点也相对复杂。女性的生理成熟一般比男性早2年左右，性意识的产生和发展也较早。女性在与异性交往中，开始并不是和性渴望联系在一起，她们的性意识的表现方式是含蓄的，其发展是渐进的、较缓慢的，即使感情体验较深入，性的欲望也并不强烈。即使在恋爱期间，女性也更看重两性心理的接触和情感的交流。有研究表明，女性在没有性体验之前，性欲要求不明显，但有过性体验之后，性的欲望会增强。

（1）爱情是引发女性性欲的主要心理因素。丈夫对自己炽热的爱与温情，全身心的体贴与关心，往往比满足性欲更为重要，所以说夫妻感情的深度是关系到女性性欲强弱的基础。只有建立在爱情基础上的性生活，才有真正的幸福家庭生活可言。

（2）女性性生活过程中的心理状态要比男性复杂得多。女性在性生活过程中的心理体验比男性细腻很多，同时也易受多种因素的影响，从而形成丰富的性心理感受。许多女性当产生一定的性欲，内心也有过性生活的愿望时，却不能充分表达内心的激情，反而会出现羞涩、推却，或做出相反的表示，给对方以错觉。这样的女性对自己的性欲多持压抑态度，她们的心理，多少是由传统的旧观念造成的消极的性条件反射所致。她们认为过于暴露自己的性要求，会被看成轻浮、淫荡的人，存在这种心理的女性，久而久之很容易出现性冷淡。

（3）日常生活中发生的不愉快，对女性的性欲影响也是很大的。工作上存在困难或不顺心、家庭压力过大、自身患病、子女的教育、夫妻的争吵以及遇到

① 巴莺乔，洪炜.女性心理学［M］.北京：中国医药科技出版社，2006.

一些生活中的突发事件，都可使女性的情绪产生极大波动，精力分散，使性欲受到抑制，性敏感减退。尤其是夫妻在感情上有裂痕时性欲减退更是常见，且不会很快恢复如常。

（4）从性冲动发生发展的过程上看，女性较男性来得缓慢。所以，在性生活中女性需要有一个准备阶段，这一阶段的时间长短因人而异，时间不足容易使女性难以达到高潮和性满足，而逐渐产生性厌恶感。一般来说，男性比较容易被视觉刺激激起性兴奋，女性易被触觉刺激激起性兴奋。

（5）影响女性性高潮的因素，还有很多客观条件，如居住条件差、环境不太好、床铺作响、几代人同屋居住以及室内光线过强、外面有声响等，都能明显降低女性的性兴奋，推迟高潮的到来或不出现高潮，对于非意愿性性生活则更是如此。

（6）在激发女性性兴奋的因素中，对于女性来说，身体的触觉往往强于视觉的作用，特别是身体的性敏感区被触摸，性刺激更加强烈。

（7）激发女性性欲时，甜蜜、亲切的言语交谈，对女性来说，也是一种极大的性感受，尤其对于忙于家务的妇女，工作紧张或遇上些促使情绪低落的事情时，一次充满理解与兴奋的交谈，是一种极大的满足，甚至晚饭后，夫妻间一次舒心惬意的语言交流，都能够提高、诱发性欲，从而充分享受爱的温情。

#### ◀▶【资料卡 8-1】性欲紊乱和性高潮障碍[①]

性欲紊乱（hypoactive sexual desire disorder）或性欲低下（low sexual desire）的女性对性行为不感兴趣，同时为性欲的缺失而苦恼。此问题是由多样的心理因素导致的，包括心理抑郁或者是焦虑，对情感生活的不满意也会导致女性性欲低下。

性高潮障碍（female orgasmic disorder）是指女性能体验到性快感，但达不到性高潮。如果一位女性在性生活中达不到性高潮，但她满足于自己的性生活，不应该被视为有性高潮障碍。女性性高潮障碍的一个普遍原因是女性习惯于抵制自己的性冲动，因此即使在不受干扰的正常生活中，她们有时也难以克服自己的拘谨，这是性生活中较为普遍存在的问题。另有一些女性之所以体验不到性高潮，

---

① ［美］玛格丽特·W. 马特林. 女性心理学［M］. 6 版. 赵蕾，吴文安，等译. 北京：中国人民大学出版社，2010.

是因为她们怕在性高潮中感情失去控制。还有一些女性在性生活中注意力很容易被分散。

根据国外的研究，女性中约有 14% 的人有多次性高潮的能力，约 10% 以上的人有过性高潮。女性性高潮的特点是：强弱变化较大；比男性更容易受干扰；比男性更需要不断地刺激才能到达性高潮；包含成分较为复杂。[①]

### 三、女性性心理障碍及其治疗

性功能指的是个体在性活动全过程中的生理功能与心理功能，包括性满足、有性欲、性交和性高潮几个环节。在女性性功能中，性欲、顺利纳入阴茎与性高潮是三个要点。性心理障碍是指人的性心理和性行为由于种种原因而失去常态，变得使大多数人不能接受，即她们的性唤起、性对象和性欲满足方式异于常态[②]。性心理障碍可分为原发性性心理障碍和继发性性心理障碍两大类。

（一）女性性心理障碍的因素

1. 女性性心理障碍的遗传与激素因素

性的起源可能发生在 25 亿～35 亿年前，从原始细菌到含有 DNA 亚系统的真核细胞再到经有丝分裂产生的多细胞生物体，当细胞进化出现减数分裂及单倍体生殖细胞时，性便与生殖联系起来。最初性别是由环境决定的，例如女性胎儿的先天性肾上腺皮质增生综合征将导致不同程度的男性化，这样的女孩有女性性别认同的特征和男性化的行为。这说明胎儿激素不正常，可影响未来的个体，但是在成年人性认同和性偏好上似乎相对不受影响，考虑可能是控制性认同和性偏好的因素依赖于基因因素。

2. 女性性心理障碍的大脑因素

大脑半球功能不对称性一直是神经心理学研究的重点问题。正常性行为是因存在正常的词语——观念形成的性表达决定的，而这种表达必须依赖完整的优势半球系统及其激发非优势半球的性高潮正常的反应能力，这表明完整的两侧大脑半球间相互联系的重要性。有研究者曾对各种性犯罪者进行神经学研究，确认在性变态中存在优势半球的功能障碍。

性行为是由复杂的皮质下成分及一体化的神经网络所介导，下丘脑／神经内

① 巴莺乔，洪炜. 女性心理学［M］. 北京：中国医药科技出版社，2006.

② 霭理士. 性心理学［M］. 上海：商务印书馆，2008.

分泌相互作用的失调可导致性行为紊乱。有研究证实完整雌鼠右侧下丘脑中具有高浓度 LHRH，切除右侧下丘脑影响性腺功能，而在左侧的类似损害则没有这种影响。单独损伤右侧蓝斑或切断左侧迷走神经均可干扰卵巢功能，而左侧的类似损伤则不发生作用，左侧迷走神经切断术可延迟青春期的开始，而右侧迷走神经切断术则无此作用，但右侧迷走神经切断术加右侧卵巢切除可导致青春期早熟和代偿性卵巢肥大。已有研究表明，妇女在因乳腺癌行单侧乳房切除术后，可能发生高泌乳素血症和溢乳。

性变态的普遍特征是沉思默想、准强迫观念的侵犯性质，常与性低下的背景相抵触，具有直接的大脑暗示状态，这与优势半球——边缘系统轴的改变和边缘系统机制有关。性变态者一个显著的特征是体现出正常性行为的偏离，而它之所以变得异常是由于只有孤立的、夸大的偏理性性行为才是引起性唤起和性高潮反应的最佳选择。由此可见，性变态显然与优势半球及其大脑反应的功能完整性的破坏有关。

3.性别角色因素

传统性别角色观念和偏见等因素也会导致女性或加剧女性的性功能障碍，这主要有：①传统观念中男性应该是性欲旺盛、主动的，而女性应该对性不感兴趣、被动，很多人认为女性不应该享受性生活的乐趣；②男性性别角色造成一些问题，对性的双重标准在某些情况下仍然会起到作用；③研究者多关注有关男性的性研究，相对而言女性不受重视；④女性不愿意要求得到她们喜欢的性刺激；⑤跟男性相比，人们更容易看重女性的外在美，因此女性可能会有"自我物化"感，更关注自己的外表，而不是性的愉悦。

（二）女性性心理及性功能障碍的分类

性心理障碍的表现多种多样，依照心理障碍发生的不同阶段可以划分为：寻找伴侣阶段的异常，触觉前阶段的异常，触觉相互作用阶段的异常以及生殖器结合阶段的异常。按照国际疾病分类标准将性心理障碍分为性身份障碍、性偏好障碍（包括性欲倒错）、恋物症、恋物性易装症、露阴症、窥阴症、恋童症、施虐受虐症、性成熟障碍、性关系障碍及其他性心理发育障碍等。常见于女性的性心理障碍有性别身份障碍、性洁癖等。性功能障碍是极其复杂的问题，有些是疼痛或药物的副作用引起的，有些可能是多年前经历过的心理创伤导致的，此外可能还包括一些其他的心理因素，如性别角色、传统观念以及偏见也会导致性功能障碍。①

表8.1　女性常见的性功能障碍

| 类别 | 含义 | 临床表现 |
|---|---|---|
| 性感缺乏 | 女性有性欲的要求，有一定的性快感，但愉快舒适感不足 | 性反应的四个阶段（兴奋期、平台期、高潮期、消退期）不能完全出现，性兴奋较弱，高潮期过快，快感不足，达不到愉快舒适感的满足 |
| 性高潮功能性障碍 | 在性生活过程中，女性有性反应的兴奋期、高潮期，性交过程中也有一定的快感，但没有享受到极度愉快舒适感，没有出现性反应高潮的特征 | 女性的性愉快舒适感不明显；在性生活过程中不自主的阴道或子宫的阵发性收缩较少，阴道渗出液体较少 |
| 阴道痉挛 | 性生活之前或过程中，某种原因引起阴道或阴道下三分之一周围的肌肉及盆底肌肉发生不自主性的、强烈的持续性收缩、痉挛，使阴道缩窄，无法性交或阴茎插入后发生痉挛等 | 性交困难或不能性交；在性交过程中发生阴道痉挛，可使阴茎拔出困难或暂时拔不出来 |
| 性厌恶 | 是一种对正常性欲发动因素失去正常反应的疾病，是患者对性生活活动或性活动思维的一种持续性憎恶反应 | 对接吻、拥抱或接触等呈现病态性的反应，表现为性活动次数减少或缺乏性生活兴趣；想到或有性交时就反射性出现忧虑、厌恶，部分患者伴有焦虑、出汗、恶心、呕吐、腹泻或心悸，或伴有阴道痉挛等 |
| 性欲抑制 | 指性欲减退或较大程度地减低，是以性生活接受能力或初始行为水平皆降低的一种状态 | 对性生活兴趣较低；缺乏性交的愉快体验和舒适感；性交过程中伴随有一定程度的阴道疼痛等 |
| 性交恐怖 | 指男女两性在肉体接触兴奋时，对性交产生一种异常恐惧状态，而拒绝性交 | 对性生活拒绝并伴随强烈的心理恐惧感；部分患者可伴有交感神经功能紊乱症状 |
| 性冷淡 | 是女性多见的性欲望障碍 | 完全失去性欲或性欲极低，导致性厌倦和性高潮缺乏，根本没有性满足 |

（三）女性性心理障碍的治疗

女性性心理障碍的表现多种多样，因此治疗的方法也有多种，其中较为重要

① ［美］玛格丽特·W.马特林.女性心理学［M］.6版.赵蕾，吴文安，等译.北京：中国人民大学出版社，2010.

的是心理治疗。现将常见的女性性心理障碍，如性别身份障碍、性洁癖、性冷淡等心理治疗做简要的介绍。

1. 性别身份障碍的治疗

古往今来，人们按照社会约定俗成的用于表现男女差别的社会行为模式来完成自己的性别角色，而性别身份障碍者，则常表现出背离自己性别身份的与众不同的性情和行为。性别身份障碍主要有性别转换症、双重角色易装症、儿童性别身份障碍等。其中，性别转换症又可分为原发性和继发性两种，对于那些坚持做转变性别手术的性别转换症患者，应严格掌握手术的适应证。

2. 性洁癖的治疗

性洁癖在男女中均有发生，但以女性较为多见，性洁癖主要包括肉体型、精神型和混合型三种表现形式，又可分为自己和异性两个方面。性洁癖的发生有其较深的历史根源和社会背景。因此，预防性洁癖的发生，首先要打破性禁锢的陈腐观点，正确宣传性生理和性心理知识。对性洁癖患者可采用"感觉聚焦"这种心理脱敏疗法来治疗，只要患者有积极的性热情，再配合科学的心理治疗，就能逐步消除这一性心理障碍。

3. 性冷淡的治疗

女性性欲不足和性兴趣低落如不及时矫正，很可能进一步发展成性能力障碍。女性性冷淡往往是心理因素造成的，主要有婚恋中情感被伤害或情绪被破坏，自幼的家庭教育灌输给女孩关于性是不光彩或羞耻的观念，或夫妻生活中丈夫缺乏性知识，女性体验不到性生活的满足或愉快舒适感不足，使女方对性生活失去兴趣，并有可能产生厌恶感。因此找出性冷淡的原因是关键，尤其是第一次发病的原因和当时的情景，帮助全面分析患者性心理、性行为与认识、性格、生理等影响关系，有针对性地开展治疗对策，同时女性性冷淡的治疗需要有患者配偶共同参加和密切配合治疗，方可取得较满意的效果。

## 本章内容提要

1. 根据一般年龄特征发展的特点，婴幼儿期（0～6岁）女孩的心理发展可以分为以下三个阶段：婴儿期、幼儿前期、幼儿期。这一时期是幼儿生理、心理飞速发展的时期，其心理特征的发展尤其显著。

2. 童年期（6～12岁）是女孩心理发展的一个重要转折点。这一阶段在教育的影响下，她们的认知能力、个性特征及第二性特征都在不断地发生变化，并且得到了质的飞跃。

3. 随着青春期的结束和性意识的成熟，青年女性的择偶需求成为一个突出的问题。从择偶标准来看，近年来的调查表明，青年女性择偶时考虑的标准侧重于对方的品德、健康状况、忠诚度、社会地位和兴趣爱好等。

4. 结婚是爱情发展进入一个崭新阶段的开始，它标志着青年女性在心理上、经济上基本摆脱了父母，并且开始改变对社会的依赖状态，也意味着作为稳定的成人生活的开始。

5. 伴随着性生理的成熟，一些少女会经历白天的性幻想与夜晚的性梦体验。处于青春期的少女，体内性激素水平骤然增加，对异性的爱慕和渴望会是很强烈的，但又不能与所爱慕的异性发生性行为以满足自己的欲望。在这股"动力"的驱使下，会出现一系列性心理活动。

6. 性心理障碍是指人的性心理和性行为由于种种原因而失去常态，变得使大多数人不能接受，即他们的性唤起、性对象和性欲满足方式异于常态。性心理障碍可分为原发性性心理障碍和继发性性心理障碍两大类。

7. 女性性欲引发的影响因素较复杂，但主要是心理因素。女性性欲不足和性兴趣低落如不及时矫正，很可能进一步发展成性能力障碍。

### 思考题

1. 对于那些处于青春期的女性，父母和教师能采取什么样的措施帮助她们提高自尊和自信？

2. 你是如何看待少女早恋的？

3. 50多岁的女性应该生孩子吗？为什么？

4. 反思你在青春期对性的看法、态度以及经历，你认为学校应如何开展性教育？

5. 女性如何正确看待性以及调适性心理障碍？

6. 如何帮助女性减轻性侵犯带来的心理创伤？

### 判断题

1. 性欲紊乱的女性对性行为不感兴趣，并为此感到苦恼。心情抑郁或其他心理问题及伴侣关系也会导致这种障碍。

2. 性是人类的本能之一。人类性活动的本质是心理现象。

3. 男性比较容易被触觉刺激激起性兴奋，女性易被视觉激起性兴奋。

4. 女性的生理成熟一般比男性早2年左右，性意识的产生和发展也较早。

5. 与男性青少年相比，女性之间的关系更为亲密。

6. 情感、思想和感官刺激是影响女性性反应的最重要因素。

7. 女性和男性在性的心理反应上是相似的，但男性通常性欲更强烈。

（答案：1. 对；2. 对；3. 错；4. 对；5. 对；6. 对；7. 对）

## 调查研究微课题

1. 访谈2~3位中青年女性，调查女性性心理的影响因素有哪些，女性身体的哪些部位在性生活中尤为重要，女性的身体和心理保健的方法有哪些。

2. 分别选取2~3位青年、中年和老年女性，调查她们对婚前性行为与道德关系的评价。

## 英文参考文献

1. Lois Hoffman. Changes in family roles, socialization and sex differences[J]. American Psychologist, 1977.

2. Robert Stoller. A Contribution to the Study of Gender Identity[J]. International Journal of Psycho-Analysis, 1964.

# 第九章　女性的人际交往心理

**本章导航**

人际关系就是人们在生产或生活活动过程中建立的一种社会关系。人一生的成长、发展、成功与人际交往和人际关系是密切联系的。心理学家通过大量的研究证明，良好的人际关系是一个人心理正常发展、个性保持健康和生活具有幸福感的重要条件之一。女性因其特定的性别特点更加需要建立稳定、可靠的人际关系。如何处理好与家庭成员、工作伙伴、社会各类人群的人际关系是女性日常生活中很重要的部分。本章着重探讨了女性人际关系网络的构成，并针对当代女大学生人际交往的障碍进行分析。

## 第一节　人际交往和人际关系概述

### 一、人际交往的概述

（一）人际交往的概念

人际交往也称人际关系，就是人们在各种具体社会领域，通过人与人之间的互动，建立起的心理上的联系，它反映在群体活动中人们之间的情感距离和相互吸引与排斥的心理状态。人际交往从动态讲，是指人与人之间一切直接或间接的相互作用，主要包括信息沟通和物质交换；从静态讲，是指人与人之间通过动态的相互作用形成的情感联系。人类在每一天当中，除去睡眠时间，剩余时间中有70%左右是用于人际交往的。人天生对获取他人的信息存在内在驱力，而这种驱力与人际关系满意感存在显著的正相关①。因此人在社会中不是孤立的，人的存在是各种关系发生作用的结果，人正是通过和别人发生作用而发展自己，实现自

---

① 陈春琴．大学生人际好奇与情绪敏感性、人际关系满意感的关系研究［D］．福州：福建师范大学，2016．

己的价值。

人际交往在中文中常指人与人交往关系的总称，包括亲属关系、朋友关系、学友（同学）关系、师生关系、雇用关系、战友关系、同事关系及领导与被领导关系等。人是社会动物，每个个体均有其独特之思想、背景、态度、个性、行为模式及价值观，然而人际关系对每个人的情绪、生活、工作有很大的影响，甚至对组织气氛、组织沟通、组织运作、组织效率及个人与组织之关系均有极大的影响。

（二）人际关系的类型

在社会交往中，人与人之间形成了不同层次的人际关系，这些关系反映了人与人之间相互吸引的程度。依据大学生人际关系建立的动因，按照交往的范围可以划分为以下三类。一是个体与个体的交往。在社会生活中，个体与个体的交往是最为普遍的，如同学之间、朋友之间、师生之间、亲子之间等都是个体之间的交往。二是个体与群体的交往，如学生与班级之间的交往等。三是群体与群体的交往，如班级与班级之间、系与系之间的交往等。但不论哪种交往，按交往成因都可归为以下六种类型（见表9-1）。

表9-1　人际交往类型

| 类型 | 基本含义 |
| --- | --- |
| 血缘型 | 血缘关系是一种天然人际关系，人们与父母、兄弟、姐妹、姑舅姨亲等的关系均属此类。这些关系又因关系媒介联系而划分为不同层次，构成一个横竖交错的血亲关系网。血缘关系是人际关系当中最宝贵的一种，可以使合作的双方做到彻底地为共同的目标而服务，而且，嫌隙可以因血缘而弥合，成果和荣誉可以因血缘而共享 |
| 地缘型 | 地缘型关系往往以同乡关系为代表，是因人们共同生活的空间和地域相同或接近而形成的人际关系，如邻里关系、同乡关系。人们常说："美不美，家乡水；亲不亲，故乡人。"地缘型人际关系往往因交往双方有着共同的地域文化背景而加强了彼此的心理认同。在大学生中，最常见的一种形式是同乡会，它在刚入学的新生中尤为突出，因为它使新生们在异地感到乡情的温暖 |
| 业缘型 | 业缘型关系指人们以职业、学业为纽带而形成的人际关系，如工友、农友、战友、学友……大学生以学业为纽带形成的人际关系包括师生关系、同学关系、宿舍关系等。同学关系是大学生业缘人际关系中最主要的关系，对同学关系的重视是因为它可以给自己以归属感。随着人的自我成长，特别是到了青春期，被同龄人和身边的团体所接纳是归属感的重要满足，并且希望把同学关系发展成朋友关系，以多交朋友 |

（续表）

| 类型 | 基本含义 |
|------|---------|
| 趣缘型 | 趣缘型关系指人们以兴趣为主而结成的人际关系（大学生以专业兴趣为纽带所结成的业缘人际关系也属此列）。如诗社、各类兴趣小组、协会等。共同的兴趣和爱好是这种关系的基础 |
| 情缘型 | 情缘型关系指男女双方为满足爱情的需要，通过与异性交往而建立的人际关系 |
| 网络人际 | 大学生是对网络应用最充分的群体，网络为人们提供了广阔的人际交往平台，同时也排斥和改善着传统的交往方式。网络人际交往在交互过程中都隐藏自己的真实身份，在昵称的背后，个体之间的安全感加强，利益纠葛较现实生活中减少，弥补了现实生活中人际信任的不足。[①]<br>但是，网络毕竟只是虚拟的交流空间，网络交往不能代替现实交往。部分大学生过于关注网络交往，反而忽视了现实交往，甚至引发了一些心理障碍问题。美国的一项调查表明，每周上网1小时，会有40%的人孤独程度提高20%。我国的相关调查也表明，在上网的青少年学生中，20%的人有情绪低落和孤独感，12%的人与家人和朋友关系疏远[②] |

从人际关系的状态来看，它又可以分为亲密与非亲密关系、利害与非利害关系、和谐与对立关系、单一型与混合型的关系。

亲密关系是人际交往中人与人之间所形成的比较密切的人际关系。夫妻、朋友、同学、同事等经常进行直接的人际交往，因此往往形成比较密切的人际关系。非亲密关系则是一般的人际关系，如坐公共汽车、去商店购物、到饭店吃饭等，都需要人际交往，这种交往就属于一般关系。亲密关系和非亲密关系可以相互转化，夫妻双方从不认识到恋爱再到结婚，是非亲密关系向亲密关系的一种转化；夫妻双方感情破裂，正式离婚解除夫妻关系则是亲密关系向非亲密关系的一种转化。

利害关系是与物质或精神利益有密切联系的人际关系，家庭关系就是程度较高的一种利害一致的关系。非利害关系则是与物质或精神利益没有直接联系的人际关系。"各人自扫门前雪，莫管他人瓦上霜"，就是由非利害关系派生出来的一种现象。

和谐关系和对立关系是就人际关系的宏观状态而言的。和谐的人际关系可以

---

① 苏丽丽，印小玲. 大学生网络人际信任问题研究［J］. 中国成人教育，2014（24）.

② 温栈洪. 网络制造孤独与冷漠［EB/OL］. http：//www.39.net/mentalworld/wlxl/wlgdz/29129.html.

形成一种良好的人际交往气氛，使人与人之间顺利地进行合作、交流，并给人以愉快和温暖。对立的人际关系往往形成紧张的气氛，使人与人之间的合作、交流受到阻碍。[①]

单一型人际关系包括主从型、合作型、竞争型的人际关系。在职业关系中，就是一种主从角色关系；在小组中合作共事，利益相关，目标一致，就是一种合作型关系；人际交往中，双方为实现各自的目标，会形成竞争关系。但是生活中经常会遇到混合型人际关系，例如在单一的主从关系中，双方关系带有合作和互补性。一方居支配地位，另一方则处于服从地位，这一般是比较稳定的。但在竞争合作型人际关系中，双方关系在某一时期可能呈现合作关系，带有互补性；在另一时期可能出现竞争关系，带有对立性。在人际关系状态上，因合作因素、竞争因素成分的变化，总体状态是不稳定的。对这种不稳定的人际关系，运用社会规范和思想工作进行各种形式的调节，可使不稳定趋于稳定。

（三）人际交往的基本原则

所有的人都懂得处理好人际关系的重要性。因为人际关系是人的基本社会需求。统计资料表明：良好的人际关系，可使工作成功率与个人幸福达成率超过85%；一个人获得成功的因素中，85%决定于人际关系，而知识、技术、经验等因素仅占15%；某地被解雇的4000人中，人际关系不好者占90%，不称职者占10%；大学毕业生中人际关系处理得好的人平均年薪比优等生高15%，比普通生高出33%。[②]

1. 平等尊重原则

在人际交往中总要有一定的付出或投入，交往双方的需要和这种需要的满足程度必须是平等的，平等是建立人际关系的前提。人际交往作为人们之间的心理沟通，是主动的、相互的、有来有往的。人都有友爱和受人尊敬的需要，都希望得到别人的平等对待，人的这种需要，就是平等的需要。人的弱点之一就是希望别人欣赏、尊重自己，而自己又不愿意去欣赏和尊重别人。人非常容易看到别人的缺点而很难看到别人的优点，我们需要克服这些人性的弱点，以同理心看待他人，在人际交往中实现"你好，我也好"的双赢目标。

① 高蕾，贾少英.社会网络与90后大学生人际关系［M］.北京：北京邮电大学出版社，2014：3.

② 姜玲．交流心理学［M］．北京：清华大学出版社，2008：42.

2. 包容原则

包容是指人际交往中的心理相容，即指人与人之间的融洽关系，与人相处时的容纳、包涵、宽容及忍让。要做到心理相容，应注意提高交往频率；寻找共同点；为人处世要谦虚和宽容，心胸开阔，宽以待人，要体谅他人，遇事多为别人着想，即使别人犯了错误或冒犯了自己，也不要斤斤计较，以免因小失大，伤害相互之间的感情。

3. 信用原则

信用指一个人诚实、不欺骗、遵守诺言，从而取得他人的信任。人离不开交往，交往离不开信用。要做到说话算数，不轻许诺言。与人交往时要热情友好，以诚相待，不卑不亢，端庄而不过于矜持，谦逊而不矫饰作伪，要充分展示自己的自信心。一个有自信心的人，才可能取得别人的信赖。处事果断、富有主见、精神饱满、充满自信的人就容易激发别人的交往动机，产生使人乐于与你交往的魅力。

4. 互利互助原则

建立良好的人际关系离不开互助互利。互助互利可表现为人际关系的相互依存，通过对物质、精神、感情的交换而使各自的需要得到满足。交往双方互相关心、帮助和支持，既可以满足交往双方各自的需要，又可以促进双方的联系和友谊，这也是人际交往的客观需要。

## 二、人际交往的重要性

人是社会性动物，马克思说过人的本质是一切社会关系的总和。人从出生那天起，就被置放于一定的社会关系中，就必须与别人发生交往关系。一个离开人群的人，是无法单独生存的。《鲁滨孙漂流记》是一本引人入胜的文学名著，但人们或许不知道，鲁滨孙的原型是塞尔柯克，此人脾气暴躁，在航海中因与船长争吵而被滞留荒岛，孤独地生活了四年，当1712年返回家乡时，脾气更坏了。四年孤独的生活使他看到别人就怕得要命，只能躲在无人的地方，结果在1721年，他死在自己所挖的地洞里。历史上首次提出"心理压力"概念的心理学家汉斯·塞利（Hans Selye）认为，持续心理压力的两大源头是人际问题和人职错配，可见人际交往对一个人身心健康的重大影响。

人际关系对心理健康水平、主观幸福感、社会支持等都有影响。人际关系与心理健康有关，人际交往障碍会导致心理压力产生并影响心理健康，人际关系是预测心理健康的关键标志，好的人际关系有利于保持较好的心理状态。人际关系会直接作用于人们的心理，好的人际关系不仅能缓解孤独感，还能使人们收获安全感，帮助人们获得归属感、尊重以及自我实现的心理需要。[①]美国哈佛大学就业指导小组对几千名被解雇的男女雇员进行综合调查发现，其中人际关系不好的比不称职的人高出两倍多；每年调动人员中因人际关系不好而无法施展所长的占90%。[②]俗话说，"一个篱笆三个桩，一个好汉三个帮"，再伟大的人物如果离开了成千上万的群众，也将一事无成。人际交往与我们个人的发展息息相关，除了自己有实力外，我们还要学会和他人交往，建立良好的人际关系。

## 第二节　女性人际交往及健康人际关系培养

### 一、女性的人际交往

（一）女性人际交往的心理需求

我们正处在一个崭新的现代社会，告别了农耕时代"村舍之间的鸡犬相闻"的那种狭窄的人际交往。在人潮涌动的现代都市，人际交往不仅意味着成功的机会，也代表着更加丰富的人生。"与人相处是女性生命的亮点，它不仅照亮女人，也让身边的人感到光艳夺目。"[③]生命早期良好的人际互动和群体内的认同带给女性的支持，会大大降低其长大后经历人际关系暴力的概率。[④]

与男性相比，女性在人际关系中的敏感度高于男性，更擅长处理人际问题，也更能理解细微的人际线索，能够更好地适应社会生活。此外，男性在人际交往中倾向于风险寻求，而女性在人际交往中更倾向于风险规避，这导致女性在人际交往中倾向于自我保护，更容易在女性团体内部建立亲密关系。在信任他人方面，女性由于更强的风险规避倾向，导致女性的伤害反应更加强烈，所以也就更愿意

① 谢芳.大学生人际关系与心理健康的关系研究［J］.科教文汇（上旬刊），2019（3）.
② 钞秋玲，王刚. 大学生成功心理导航［M］. 西安：西安交通大学出版社，2003.
③ 张春兴. 张氏心理学词典［M］. 台北：华东书局，1992.
④ Makhija, Nita J. The Relationship between Traumagenic Dynamic Responses towards Childhood Sexual Abuse, Ethnic Identity, Social Support, Trauma Severity, and Attitudes towards Interpersonal Relationships in Adolescent Females［J］. Seton Hall University, ProQuest Dissertations Publishing, 2014.

维持信任。[①]

人是一种社会性的动物，需要与人交往并建立和保持良好的人际关系。著名心理学家弗洛伊德曾感叹："虽然我花了30年时间研究女性的灵魂，但有个大问题我仍然无法去回答——女人渴望得到些什么？"女性人际交往的心理需求很多，但女性对于获得自我价值感和安全感的需求最为显著。此外，女性在人际交往中十分注重建立亲密的友谊关系，这是高层次的心理需求的满足。

1. 自我价值感

女性人际交往的首要心理需求是获得自我价值感。从自我意识出现以来，人们无时无刻不在用一定的价值观对自己以及周围的一切进行评价，也正是在这样的价值评价中，我们的自我评价感得到了确立。确立以后，我们就会相应地寻找到自己生活的意义，就会发展出自信、自尊和自我稳定的感受。女性也会在人际交往当中发展自己的自我价值感，从人际交往中提升自我价值感，使自己的价值得到充分体现。

2. 安全感

安全感包括生物安全感和社会安全感两大部分。生物安全感是最根本的安全感需求，有人研究过战场上散兵的心理，发现其最恐惧的不是战场上的硝烟，而是与战友失去联系。社会安全感是人们的社会性需要。人为了获得明确的安全感，需要在面临困境时得到别人的帮助，需要在不确定的情境中得到别人的指引，需要在烦恼、忧愁或者悲伤的时候有人来安慰和排忧解难。

女性因其性别特点——相对柔弱、感性，对安全感的需求会表现得更加明显。女性相对于男性，会更积极地维持信任关系，甚至为了维持人际关系，有时不惜牺牲自己的利益，只有建立了稳定、可靠的人际关系之后，女性的安全感才能得到满足。

3. 友谊感

渴望获得深厚的友情和友谊是女性人际交往的更深层的心理需求。女性之间的友谊相比男性之间的交往虽然可能更多地表现为儿女情长，但女性的友谊也是有力量的，女性友谊的深厚和默契能让女性产生满足感和幸福感。友谊以亲密为核心成分，亲密性也就成为衡量友谊程度的一个重要指标。罗杰斯（Rogers，1985）对这种亲密性做了三点概括：能够向朋友表达自己的思想感情和心中的秘密；对自己的朋友充分信任，确信其"自我表白"将为朋友所尊重，不会被轻易

---

[①] 刘影．外显和内隐人际信任的性别差异：女性的信任优势［D］．银川：宁夏大学，2016

泄露或用以反对自己；限于被特殊评价的友谊关系中，即限于少数的密友或知己之间。

在人际关系中，男性和女性承受灾难的阈限不同导致了男性和女性承担风险能力的不同：拥有较多资源的人，其"灾难门槛"相对较高，他更愿意承担由信任带来的风险①。而女性由于受到自身资源和传统思想的限制，相对占有较少的社会资本，所以相对于男性来说，女性是弱势群体，而男性占有更丰富的社会资源，对生活保持更轻松的态度，使得男性做出信任判断的风险降低，这些加强了男性对他人的信任，且即使女性违背了信任，也不会给男性造成很大的损失，因此，女性对小心谨慎地在相处过程中建立起的信任关系会更加小心维护，更加渴望获取深厚的友谊关系。②

（二）女性人际沟通特点

1.言语沟通方式上的性别差异

言语沟通方式主要包括话题的选择、话语方式与策略两方面。

（1）话题的选择。以往学者对各类人群进行的调查显示：两性经常谈论的话题存在区别。总体而言，女性谈论的话题多以日常生活为中心，关注周围的人和事；男性喜欢的话题则一般围绕经济、政治、战争等展开，较少直接表露自我。例如，女性更喜欢谈论孩子、家务、服饰、健康、食品、同事情况、邻里关系等；男性爱谈些较为抽象、观念性的东西，如政治、经济、宗教等，即使谈及个人情况，也往往集中在成功、进步、升迁等有关事业的方面。

（2）话语方式与策略。女性在交谈中表现得比较合作，通常是大家轮流讲，很少发生个别人长时间占据发言权的情况；同时她们会比较注重话题的关联性，讲话时倾向于明确提及前面别人已经说过的，并尽量将自己要说的与之相联系，以保持交谈的连贯与顺畅；女性往往会围绕一个话题谈上较长时间，在说话过程中能够照顾到听者的情绪和感受，更多地给听者反馈的机会；当别人说话时，她们往往会有积极的回应，很少打断别人的说话；如果要表述不同意见，说话也比较委婉、犹豫，很少直接向对方的看法提出挑战。相比之下，男性在交谈中表现出较强的竞争性，倾向于由自己来控制话题的选择与说话的机会，不肯轻易向别人出让发言权，结果可能是某些人说话的时间明显多于其他人；男性在谈话中比

①　Gary Charness, UriGneezy. Strong Evidence for Gender Differences in Risk Taking ［J］. Journal of Economic Behavior and Organization，2011（1）.

②　刘影.外显和内隐人际信任的性别差异：女性的信任优势［D］.银川：宁夏大学，2016.

较注重保持自我身份，具有很强的排他性，较少提及别人前面说过的话，常常只顾说自己想说的，话题转换会比较突兀，交谈中跳跃较多，连贯性不强；对于听者，男性往往不如女性那么注意其他人的反应与参与。

总之，女性更关注自己与他人的关系，具有包容性，乐于形成团体、保持和睦，喜欢交换问题，常常扮演倾听者角色；男性更关注的是自己的独立地位，强调竞争，具有排他性，注重语言的信息功能而忽视其情感交流功能，喜欢为对方提供解决问题的方案，一般扮演演讲者和专家的角色。

2. 非语言沟通方式的性别差异

语言符号是作为人们交际工具的音义结合的符号，非语言符号是指语言符号之外的作为交际工具的符号。语言符号擅长传播知识与陈述事实，非语言符号则擅长传递态度和感情信息。在人际沟通活动中，非语言符号所占信息量的比重远高于语言符号，而且非语言符号更能准确地表达说话者的意图。女性比男性更善于用非语言符号表达自己的情绪和感受，且对非语言符号有着更强的洞察力，更善于判断和评价他人的非语言符号；女性的感觉较男性敏锐，比较能"察言观色"，甚至能从对方的语调中听出弦外之音。从个人空间方面来看，女性所占空间一般比男性小，其身体行为通常比男性更受限制和约束——这通常与服从地位相关；男性倾向于控制更多的领地和更大的个人空间——这与支配地位相关。从身体位置和姿势看，男性更多的是采用放松的姿势，而女性更多的是比较拘束的姿势。男性更多是双脚分开站或坐，双手放于身体两侧，而女性更多把双腿紧闭或交叉，双手置于膝盖上或交叉抱于胸前。与男性相比，女性交谈的动作和手势会更多。在身体接触方面，相对女性把手放于男性身上，男性更多地把手放在女性身上。虽然身体接触有友谊和亲密的意思，但也有支配的含义。拥有接触他人自由的人可能有更高的地位和权力（例如男上司对女下属的性骚扰）。在交谈中，男性打断女性谈话的次数高于女性打断男性谈话的次数。专家们认为，插嘴也是权力支配的表现，因为插嘴的人获得了交谈的控制权。以上这些都表明，在沟通中非语言符号的使用上，男性表现出的权力欲和支配欲远超过了女性。

3. 人际沟通中的亚文化

马兹（Maltz）和伯克（Borker）、泰南（Tannen）等结合社会学、心理学研究成果，认为造成两性言语沟通方式差异的主要原因是男性和女性各有不同的交际亚文化背景（communication subcultures），使得成长中的男女在习得语言与交际的同时，也分别习得了迥然有别的话语风格，并将其保持到成年以后，终生难以改变。这种观点认为，在成长过程的主要阶段，男孩和女孩基本上只在同性的同龄人圈子中交往，与异性来往的时候不多。男孩的交际圈一般比女孩的广，女孩的圈子大多比男孩的紧密、稳固；男孩的活动常具有较强竞争性,参加的人较多,在年龄等方面的差别也更大,所以区分上、下等级的倾向比较突出,语言多用于争辩、发号施令,以争取和维护自己的控制地位；相反,女孩的活动多讲究合作,同伴之间较为平等,语言主要用在友好的闲谈上,以建立和巩固亲密的关系。

（三）女性的人际关系网络

上海市妇联下属的"唯尔福"妇女儿童热线曾对 2004 年的咨询电话进行统计总结,发现上海女性的困惑一半为婚姻,10% 为人际,还有 10% 为子女问题。统计中,11% 的女性受人际关系的困扰,有 42 名女性来电抱怨她们厌烦了现在的家庭人际关系和社会人际关系。其中,受家庭人际关系困扰的 30 名女性,她们的抱怨集中在母亲和婆婆一同照顾孩子、是否与父母同住的矛盾上面。在社会人际关系上,她们的困扰集中在如何处理和领导、同事的关系,工作不错但没有得到正常的考评等困扰。[①] 鉴于女性人际关系网络的复杂性以及所涉及的主要问题,下面将共同了解一下女性的人际关系网络——家庭人际关系与社会人际关系。

1. 家庭关系网络

家庭关系网络是女性人际关系网络的重要组成部分,当然,女性除了参与家务以外,其他关系网络并非不重要,在女性把精力越来越多地投注到工作的年代,在把生育仅作为一种选择而不是必然的年代,女性作为母亲的职责不再是一种负担,而是一种自我的充实,不再是"奴隶"般的劳累,而是情感的源泉,家务不再是不公平的象征,而是女性独立身份的见证,这么多因素使得女性在家庭中的优势地位不可能被取代——现代女性的受教育程度提高和经济独立,使得她们对家庭具有重要贡献,不仅在家庭中的决策权增大,而且在教育培养子女中,更加富有情感,追求儿童发展规律的科学教养方式。

我们把女性在家庭关系网络中的关系分为婚姻关系、亲子关系、婆媳关系三个方面来解析。

（1）夫妻关系

①夫妻关系的类型

现代家庭中,夫妻关系占据着核心和主轴的地位。一个家庭能否正常运行,取决于夫妻关系的维持状态,只有琴瑟和谐的夫妻关系才有助于维持家庭的稳定。夫妻关系是人生中最亲密而又特殊的人际关系。就其本身而言,夫妻一方面要建立起稳固的夫妻联盟（如所谓的夫唱妇随）,同时也要注意彼此间保持适当的个

---

① 黄爱玲. 女性心理学［M］. 广州：暨南大学出版社,2008.

人空间，尊重对方的个性、兴趣和志向（如所谓的相敬如宾）。人类社会有无数美满的婚姻，也有许多勉强凑合的婚姻，或只是经济上维持，或只是子女间牵连，或只是名誉上维护；还有一些家庭则经常处于口角、猜疑、戒备和无休止的纠纷之中。夫妻关系按照不同的标准可以划分为不同的类型，从夫妻二人主导关系上一般可以分为支配型、独立型和平等互助型。尤其是在我国农村地区，这种支配型夫妻关系，反映了婚姻生活的不平等。独立型的夫妻，双方在经济上各自独立，互不干涉，在生活上各自为政，互不支配，在处理内外事务上独立抉择，互不影响，相互关系比较松散。互助型的夫妻双方平等互助、互相尊重、互相商量、互相扶持。本章把夫妻双方的心理关系划分为和谐型和失调型两大类（见表9-2）。

**表9-2　和谐型和失调型夫妻双方的心理关系类型特征**

| | | | |
|---|---|---|---|
| 和谐型 | 夫妻在气质、个性上能够相容或互补，在能力上能够互相体谅、配合，在兴趣上能够相互适应、协调。这类家庭很少有冲突，显示出夫妻间的心理平等和行为和谐 | 协作型 | 夫妻能力相当，在社会中的地位相近，多为双职工。他们能在事业上相互扶持、比翼齐飞，在家务上密切协作，在非原则的分歧上相互采取宽容的态度，在生活中和睦相处 |
| | | 主从型 | 夫妻能力悬殊或能力相当，但一方为了另一方的事业而甘愿做配角。双方在心理上地位平等，和谐美满，只是分工有主有次：一方以事业为轴心，另一方甘愿围着对方的事业轴心旋转。主从型又分为分工型和依赖型。依赖型关系中依赖的一方自觉或不自觉地将自己摆在对方的从属地位，一切由对方做决策，如果缺少了对方则无法生活，只有依赖对方才能达到心理上的满足 |
| 失调型 | 夫妻在家庭地位上处于不平等局面，在生活节奏上不合拍，在气质性格上不协调，在理想情趣上不一致，从而导致性爱和情爱发生变化 | 专权型 | 夫妻双方或一方极力争取或维持家庭事务上的决定权，呈现不平衡的夫妻关系。专权型夫妻双方表现出超常的紧张度。有的家庭是男子专权，大丈夫心理是造成男子专权倾向的心理基础。我国封建时代的婚姻家庭基本上是男子专权的婚姻类型。女子专权的婚姻家庭过去有，现在也有，但这样一种女子专权的婚姻是和谐的：女子对男子说一不二，但却充满了强制性的关心、命令式的疼爱，男子甘受其令而离不开她。这种夫妻关系不能算失调。一般自私的、专横的女子专权则属于失调的婚配。有的夫妻，双方都要争夺家庭中的主导权，属于双专权，往往导致夫妻纠纷，夫妻互不相让，容易造成感情破裂 |
| | | 松散型 | 夫妻关系是专权型的另一个极端，因一方或双方都不为家庭承担主要责任，导致夫妻关系失调。松散型的夫妻双方表现出较弱的、低于正常的紧张度。它分为三类。①懒散型。双方或一方自私、懒散、不处理家庭事务，一切依赖对方，造成双方经常性的矛盾纠纷。②空泛型。双方无统一的意识、理想和追求，生活乏味，夫妻常为小事而争吵，失去了家庭的向心力。③飘逸型。双方或一方对对方容易起内质性的变化而使感情淡漠，发展下去不是凑合着就是离异。这种情况多见于个性不合、性亲和下降的夫妻。当然，懒散型、空泛型和飘逸型并不是绝对的，它们可能是混合交叉的 |

家庭是社会的细胞，和谐的婚配有益于男女双方，有益于社会；失调的婚配往往有害于男女双方，拖累家庭，伤害子女以及社会。夫妻双方应该分析自己与配偶的心理类型，双方主动地调适，创立和谐的家庭气氛。

②引发夫妻冲突的因素

夫妻关系本质上是一种特殊的人际关系，夫妻关系是人与人之间的一种最为密切、亲密的人际关系。夫妻二人在日常生活中接触最多的人便是彼此，对彼此的依赖程度较高，同时对彼此的情感投入更深，和一般的人际关系相比，有更为密切和敏感的相互牵动和影响。任何一种关系都存在矛盾冲突的一面。夫妻间的矛盾冲突指的是在夫妻关系中，夫妻在日常的互动相处中感觉到双方的价值观存在差异或者与对方产生不一致的观点和行为，从而引发多种冲突形态[①]。学者Lynne 等认为，亲密关系中的压力与抑郁情绪与两个人对目前关系中敌意、控制、自我等概念觉察有关，如有时因为个人经历和期望值不同，伴侣的一方会将"确认某事"解读为"指责"，把控制行为解读为"忽略自己的感受"，进而产生矛盾冲突[②]。简文英将夫妻冲突的原因概括为夫妻双方经常为经济问题、姻亲问题、情绪管理、沟通与冲突、家务分工、子女教育、性关系等几个方面[③]。夫妻间的这种亲密关系既可以是改善夫妻关系的因素，增强夫妻之间的凝聚力，缓解夫妻之间的矛盾冲突，强化夫妻关系。夫妻关系本身也是矛盾冲突的起源地，夫妻间的亲密关系使双方更易处于情绪和情感的影响中，致使冲突发生的概率要比普通朋友高很多。同时，夫妻二人在日常生活中较高频率的相处使得在处理日常事务时产生摩擦与分歧的概率提高。潘允康也提出在中国的夫妻关系中，普遍存在两种基本矛盾：柴米油盐和感情两个方面[④]。

除了这些内部原因会造成夫妻关系产生矛盾冲突之外，一些外部原因也会促发夫妻矛盾冲突的产生与升级。改革开放后的中国社会经历了快速的转型和变迁，人们的价值观念也发生改变，传统的"家本位"逐渐向"人本位"观念转变，人

---

① 张榕真.夫妻婚姻冲突对亲职感受之影响——代间支持之作用［D］.台北：台湾师范大学，2015.

② Lynne M.Knobloch-Fedders，Kenneth L.Critchfield，Erin M.Staab. Informative Disagreements：Associations Between Relationship Distress，Depression，and Discrepancy in Interpersonal Perception Within Couples[J]. Family Process，2015，56（2）.

③ 简文英."同济互助"夫妻成长团体对冲突夫妻的改变经验研究［D］.台北：台湾师范大学，2011.

④ 潘允康.家庭和谐问题的社会思考［J］.人文杂志，2009（5）.

们越来越注重个人的体会和感受，再加上西方文化的流入，我国传统的家族文化产生动摇，于是，现代夫妻关系一方面受到传统婚姻家庭观念的影响，另一方面也受到现代西方文化的影响，"传统性"和"现代性"的观念混杂在一起①。如果一对夫妻的婚姻观念有较大差异，则有可能会在赡养父母、家务分工、教育子女、沟通与情感表达、社交与人际互动方面产生摩擦与冲突，使得夫妻间的沟通出现障碍，情感出现问题甚至陷入危机。

③夫妻冲突的后果

夫妻关系的亲密性和差异性使得夫妻之间发生冲突几乎是在所难免的，但是这些冲突本身并不必然造成严重的后果，一些冲突甚至会对夫妻间的关系起到调适作用，这取决于夫妻双方在发生冲突时的应对方法与过程，这就是所谓的家庭抗逆力。夫妻双方正确看待冲突事件，能够促使双方更加了解并直面彼此的差异，在此过程中能够使夫妻双方更容易调适自己并接纳彼此的差异，增进夫妻间情感，但如果处理不当，则可能会破坏夫妻间的情感，甚至会打破夫妻关系。

在家庭系统中，受这些冲突影响最大的无疑是子女，夫妻关系是家庭关系形成的基石和起点，和谐融洽的夫妻关系也是维持家庭和睦的重要保障，而家庭作为人社会化的第一个场所，父母有着不可替代的教养责任。因此，在家庭关系中，夫妻关系对子女的影响最为深远。根据何茹和于方舟的研究，夫妻关系冲突会对子女的心理健康成长产生负面影响，根据社会学习理论，夫妻间的冲突行为可能会对子女做出错误的人际交往模式的引导。此外，处理不当的夫妻冲突最终会上升为社会问题，不能采取正确的方式应对夫妻冲突，可能会衍化为"夫妻冲突的马太效应"，夫妻冲突少的家庭，夫妻冲突会越来越少，而冲突多的家庭，冲突也会越来越多，最终影响社会的和谐稳定。②

④夫妻冲突的解决

首先"沟通"是夫妻直面和接纳彼此差异最好的方式，沟通是婚姻的基础，夫妻关系的维系离不开夫妻双方的沟通。有效的沟通可以提升夫妻间的亲密关系，帮助解决夫妻冲突，但前提是沟通需建立在两个平等的个体之上，夫妻之间的沟通需要相互尊重，相互独立。

其次，子女在解决夫妻冲突方面有着不可忽视的作用。子女对夫妻关系有调节和平衡的作用，是夫妻情感的联结纽带，能够维持家庭系统的运行。费孝通先

① 何淑梅.亲职化经验对新婚夫妻关系影响之对偶分析研究［D］.台中：台中教育大学，2014.

② 李佳羲.夫妻依恋与婚姻满意度对再生育动机的影响［D］.烟台：鲁东大学，2019.

生曾提出，一个真正意义上的家庭的组成并非只需要夫妻关系的确立，丈夫和妻子只能构成三角形的两个点，婚姻的缔结仅仅是夫妻关系成立的依据，不能构成真正的家庭结构。[①] 若想夫妻关系、家庭结构稳定，则需要子女这第三个点的出现，将这三点连接起来所形成的夫妻关系及亲子关系是彼此相互依存和相互影响的。夫妻关系是亲子关系产生的前提，亲子关系也会对夫妻关系起到调节和稳定作用。

最后，增加夫妻间的亲密互动有助于维持并增进夫妻关系，为夫妻关系赋能，也更有利于夫妻共同面对和解决问题与冲突。学者简文英曾通过"同济互助"的夫妻成长团体，设计了共计 20 个小时的活动，以增加团体中的夫妻的互动来改善夫妻间的矛盾冲突，提升婚姻幸福感[②]：当妻子感受到夫妻间的亲密互动越多，对维持夫妻关系的稳定与和谐越有利。夫妻间的亲密互动增加夫妻亲密度的同时，也能够缓冲日常生活中的压力事件，从而提高婚姻品质。

◀▐▶【学习专栏 9-1】女性婚姻心理冲突及调适

1）因文化差异而产生的心理冲突的调适。首先，要从结婚之前谈起。中国传统流行的婚姻是讲求门当户对的。这在封建时代具有很明显的阶级性，但在现实婚姻生活中门当户对具有一定的合理性与科学性。一般来说，家庭背景和成长经历相似的双方往往具有相似的世界观、价值观和人生观，其思想品德、文化修养、人生理想也有很多相同之处，这样，双方在思想、语言、情趣方面就更能认同和相互理解，不容易产生冲突。所以，为了防止婚姻里因文化差异而产生心理冲突，夫妻双方在婚前除了要适当考虑到双方的家庭背景和成长经历外，更应该加深了解和沟通。其次，婚后尽量求同存异，降低对婚姻的期望值，以平和积极的心态主动化解矛盾。不少女性婚前往往难以觉察这种差异，而婚后又好求全责备，对婚姻仍抱有较高期望，当发现这些差异时就如临大敌，觉得大失所望，自己受了委屈，不愿意或不善于与丈夫沟通，致使这种差异越来越大，夫妻矛盾越来越多，有的甚至造成家庭的破裂。对于已经结为夫妻的双方来说，婚后加强彼此间的沟通和理解更重要，尤其是女性需要积极调整心理状态，主动化解和调适婚姻中的不和谐和矛盾。夫妻双方要经常交流一下自己对同一事物的不同看法，相互切磋，再合计出最好的方案，这样，不必要的冲突就可以避免或化解。当然，

---

①  费孝通.乡土中国·生育制度［M］.北京：北京大学出版社，1998.

②  简文英."同济互助"夫妻成长团体对冲突夫妻的改变经验研究［D］.台北：台湾师范大学，2011.

沟通的前提是要相互尊重和宽容。

2）因过高的期望而导致的感情波动的调适。首先，女性要充分认识到，恋爱和婚姻是不一样的。恋爱时的精神成分比较多，但婚姻生活就不一样了，几乎天天要面对柴米油盐，为生活忙碌奔波。恋爱时的美好和现实婚姻中的琐碎是有很大差距的，如果能从思想上和心理上有所准备，婚后的感情落差就不会太大。其次，女性在恋爱时尤其是婚前应该理智一点，尽量全面地、深入地了解对方。从大的方面讲，不仅要看相互之间的人生观、世界观是否一致，更应考察对方的道德品质和做人准则；从小的方面讲，要看看他的为人处世、待人接物的方式是否是自己所认同的，他生活上的缺点和毛病是不是自己所能包容的。最后，作为新时代的女性，应该摒弃传统观念中女性卑从的角色、弱者的心态。爱情只是人生中的一部分，丈夫也不是自己的靠山和顶梁柱，婚姻关系不是简单的依附关系，女性也应该自强自立。一旦婚姻出现问题，就应该积极争取调节，把恋爱中的宽容延续到婚姻生活中来，和丈夫进行积极的交流和沟通。

3）因角色变换而引起的心理矛盾的调适。现在流行一个英文词 Kidult，说的是生理上已经达到为人妻为人母的年龄，而心理上却还像一个小孩子一样不能独立，不想承担传统的社会责任。同样，这些因婚姻角色变换而不能适应的人在心理上还不是很独立，人格还不是很完善。对这些人的建议，就是要多与已为人父母的人交流，比如自己的父母，从他们身上可以得到一些成熟的成年人的经验，这样对自己产生的心理矛盾是有缓解或解决的作用的。对女性来说，还有一个重要的角色转变，那就是从被人疼爱的女儿的角色转变成为别人家的媳妇。如何扮演好媳妇的角色，处理好婆媳关系尤其重要，因为婆媳关系对家庭两大基本关系——夫妻关系、亲子关系具有极大的影响。

（2）亲子关系

亲子关系是指孩子与父母之间结成的人际关系。亲子关系是家庭生活中主要的人际关系，也是儿童最初的人际关系。[1] 它是影响儿童认知、情感和人格发展的最基本的关系。

①母亲对亲子关系的重要性

现代研究表明，一个人的基本态度、行为模式、人格结构在婴儿期的亲子互动过程中就已经奠定基础，再经其后的儿童期、青年期等身心发展的重要阶段逐渐形成个人的独特人格。亲子关系直接影响到子女的生理健康、态度行为、价值

---

[1] 齐建芳. 儿童发展心理学［M］. 北京：中国人民大学出版社，2009.

观念及未来成就。同时，亲子关系也关乎一个家庭的稳定。在教育阶段，家庭开始发挥教育功能。此时，培养出优秀的孩子，是对女性履行母亲角色最大的认可，更是母亲价值的最大体现。由于科学育儿理念并不是一个明确的指导体系，人们对教育阶段的育儿认知主要来自专家的指导、大众媒体和教育机构的育儿宣传。在众多文章和图书中，亲子互动和潜能开发一直被强调，家长的育儿行为也以此为目的，育儿行为以陪伴式成长、潜能开发和策略化育儿为特征，这对一个母亲来说是重要且富有挑战性的事业。

首先，母亲对孩子个性形成的影响。在婴幼儿时期和儿童期，母亲对孩子的养育是至关重要的。母亲在怀孕、生育和哺乳的过程中所付出的大量心血和精力，使母亲对子女的眷恋、疼爱比父亲更加强烈。在对待子女的态度上，母亲更多地表现出体贴、细腻、温柔的特点。母亲会以更多、更浓的情感力量、亲情方式去感染、教养子女。因此，孩子在童年期对母亲也更加亲密和依恋。在母亲的精心照料下，孩子有了语言上的发展，开始形成自己的个性。母亲在孩子成长过程中的惊人付出使她们"望子成龙、望女成凤"的心理也比父亲更为强烈。有研究表明，母亲对青春期子女的担忧、期望、干涉均多于父亲。

其次，母子关系是孩子建立各种人际关系的基础。母子结成深厚的感情上的联系使婴儿对外界的刺激产生较强的适应能力。母子关系是最早的人际关系，母亲是孩子在人生旅途中最早出现的对象关系，母亲通过对婴儿的照料，形成"母子同一性"。母亲不仅能满足婴儿的生理需要，而且通过母爱使婴儿的情绪得到安定，获得安全感。孩子在母子关系的基础上会建立起各种人际关系，如父子关系、兄弟姐妹关系、朋友关系等，孩子就是在各种人际关系中生活并形成自己所特有的性格的。

最后，母亲通过"教养"活动，发挥向孩子传达社会文化及道德规范的作用。母子间亲密的感情是进行"教养"的重要前提，也是孩子性格形成的重要因素。母亲教养孩子让孩子学会各种社会风俗习惯和生活态度，学会在社会上独立地生活。总之，母亲是孩子心目中的女性楷模，也是孩子的精神支柱，但是母亲应防止对孩子溺爱和过度保护。

②现代亲子关系面临的挑战

母亲的角色对孩子成长的重要性毋庸置疑，母亲在营造良好亲子氛围的同时，用亲子互动可以换取孩子的亲近感，再用亲近感来影响孩子，既加深了亲子关系，又解决了育儿问题，对母亲而言，是一种十分合适的育儿策略。因此，为了孩子的心理健康，母亲们不会拒绝去营造亲子氛围。在育儿中采取策略，甚至连情感也可以当作方法，这是现代亲子关系的一个重要特点，也是现代亲子关系的一个挑战——亲子关系的好坏不存在明确的可参照的标准，取而代之的是孩子的表现，因为母亲的职责要体现在孩子身上，孩子的成功代表母亲的成功，孩子的失败意味着母亲的不足。人们通常通过孩子的成绩将母亲区分为成功的母亲和不足的母亲，在这种区分中，部分作为母亲的女性在家庭亲子关系中效能感极低，焦虑感极高，这种心理冲突也会对夫妻关系乃至整个家庭关系造成影响。

当代家庭关系正由互补型向着平衡型转变，夫妻双方都拥有职业，双方都有责任抚养孩子和从事家务劳动，家庭模式不再是男主外、女主内。非家庭角色对现代女性更有吸引力，她们越来越强调家庭以外的生活和家庭生活同等重要，她们改变了在社会化分工中对工作和社交的看法，特别是改变了传统的关于男性和女性的社会角色分工的态度和行为模式。

在传统的性别分工观念下，如果母亲希望拥有自己的事业，那必然意味着她要有足够的时间和精力来兼顾家庭和事业，于是，当子女出现发育障碍或身心疾病或出现家庭冲突时，母亲都必然先追究自己的责任。为了弥补这种内疚感，母亲最常采用的措施就是牺牲自己对人生价值的追求。这样看似成全了家庭，实际上母亲自我效能感的降低也一样影响着孩子的自尊心。母亲将自己未实现的理想投射到孩子身上，会给孩子的发展带来很多新的压力。人们对父亲和母亲的不同期待，影响了人们对父职和母职的不同评判标准：人们可以接受父亲严厉的形象，而不习惯母亲严厉的形象；可以接受一个忙于事业的父亲，而不鼓励一个忙于事业的母亲；可以理解缺席育儿的父亲，而去谴责缺席育儿的母亲。

两性在承担育儿任务上的差异，对家庭的亲子关系产生了影响。在婴幼儿期，孩子对母亲的亲密感必然比父亲强。孩子越来越大，成长中遇到的问题也日益复杂，孩子有了自己的想法后，冲突是难免的，即使是母亲也会和孩子发生冲突。亲子关系有两个基本要素：一是接受—拒绝，接受即给孩子以爱，拒绝即拒绝孩子的爱；二是支配—服从，支配即随心所欲地支配孩子，服从即服从孩子的要求。这两种基本要素如果处于极端状态，就会出现这样的情形：极端地接受和服从，父母过于娇惯孩子，使孩子养成依赖的习惯，凡事以自己为中心，不会考虑别人；极端地拒绝和支配，父母对孩子过于严厉，或家长随心所欲地支配孩子，这样孩子会产生自卑感，不敢放开手脚，缩头缩尾，没有主见。对于亲子关系的两种基本要素，不能简单地认为某一种关系是好或坏，而应取各自对孩子性格影响好的方面，避免走向极端。

③女性的亲子关系建立和发展

母亲是最早和孩子建立联系的对象。Spitz 从新生儿开始的母婴关系中建构出一个人生命最初自我的发展过程。[①] 他对婴儿自我构造的三个阶段进行了描述。第一阶段，婴儿刚出生不久，只有混沌的一般机体感觉，随着母亲奶头的得到与失去，以及满足与挫折的不断适合，开始了初步的辨别性感觉。到出生两个月，开始对运动着的母亲面孔发出微笑，这种微笑反应就是第一个精神构造者的"指征"，指内部变化发生的外部信号，它表明精神构造者已经把感觉和意向性联结起来，从一般机体感觉转向距离知觉，心理能量由内部向外围扩散，这是对象关系的开始。第二阶段，随着婴儿认识能力的不断发展，他开始认识了他的母亲，母亲是他力比多合适的对象，看到其他生面孔就哭叫，这一现象叫作"第八个月焦虑"或"陌生人焦虑"——说明对象关系达到新的水平，获得了精神结构的第二个精神构造者，而"第八个月焦虑"就是第二个精神构造者的指征。第三阶段，九个月左右，随着婴儿移动的增加，触觉经验减少了，但对母亲的需要却未减少，母亲的声音重要起来，语词也参与交往，婴儿开始叫"妈妈"。另外，婴儿也急需表示他们抽象的思想，第一次抽象常常就是说"不"，伴有一种摇头的动作。这是第三个精神构造者的指征，它标志着词语交往的开始。总之，在 Spitz 的理论中，新生儿自我的正常发展就是指精神构造者依序地不断建构的过程，儿童的对象关系和自我逐渐在人类和社会的方向上发展起来。

Mahler 在她长期观察并积累了大量论据的基础上，制定出一个常规的发展阶段序列，用以划分儿童从诞生到成长为一个人或者走向精神异常的过程。[②] 她详细描述了自我从他人中分离出来，作为一个活动主体的发展进程。她认为，自我的获得和发展是通过"分离—个体化"过程实现的。分离指自我与客体区分的过程，依靠分离过程，婴儿逐渐认识到母亲是与自我相分离的；个体化指婴儿逐渐认识到自己作为一个独立的、自主的整体的能力，这种能力在婴儿母亲不在场的情况下也能有效地发挥作用。在 Mahler 看来，在婴儿发展自我感的过程中，每一个新的进步都伴随一个自我与客体分化的新的水平。她把婴儿自我的获得和发展划分为三个阶段。一是我向阶段（0～1 个月），新生儿在一种原始混沌的

① Jack P, Shonlcoff, Samnel J, Meisels. Handbook of Early Childhood Intervention ［M］. Cambridge：Cambridge University Press，1990：137.

② 刘凌. 婴儿自我认知的发生、发展及其与母婴依恋的关系［D］.大连：辽宁师范大学，2009.

无定向状态中度过，满足需要是属于他自己的唯一的我向范围，新生儿没有目的，不能区别自我与对象（母亲）。二是共生阶段（2～4个月），婴儿对母亲对象还只具有一种模糊的认知，婴儿与母亲之间还没有真正地分离，但婴儿在母亲对他的各种需求的控制下不断经历愉快和痛苦的经验，从而开始对自身与外界对象的感觉加以区分。本体感受的出现，意味着婴儿自我内部核心的形成。三是分离——个体化阶段（5个月至3岁），包括四个子阶段。分离子阶段（5～9个月），婴儿能从与母亲的共生中分化出自己的身体表象，并开始将母亲与别人进行比较，出现"陌生人焦虑"，这一阶段的主要发展是婴儿积极的分离机能开始发展起来。练习子阶段（10～14个月），婴儿最初把兴趣专注于母亲所提供的物体上（如玩具、奶瓶等），但主要兴趣还在母亲身上，同时婴儿也逐渐发展了运动协调能力，可以探索周围的世界了。协调子阶段（14个月至2岁），幼儿更能觉察到与母亲的分离，但也更能利用认知能力来抵抗挫折。分离——个体化本身子阶段（2～3岁），母亲表象作为一个外在的实体已经在幼儿的心理上得以巩固，幼儿自己的个性也随着这种认知能力的增长开始出现。这时，作为交往工具的语言能力已经占主要优势；游戏也更具有想象性和目的性；随着母亲的来来往往，幼儿的时间概念也有了特定的意义。总之，分离——个体化阶段使幼儿形成了自我的概念，产生了具有稳定意义的"客体我"，即得到自我的同一性。

在发展心理学中，依恋特指婴幼儿对其主要抚养者特别亲近而不愿意离去的情感，是存在于婴幼儿与其主要抚养者（主要是母亲）之间的一种强烈持久的情感联系。也就是说，依恋是儿童与抚养者在相互作用的过程中，在感情上逐渐形成的一种联结、纽带或持久关系。这种情感联结，使得个体在与依恋对象相互作用时感到安全愉悦，在面临压力时通过接近依恋对象获取安慰。精神力学和依恋理论认为，自我的发展起源于最初的依恋关系。研究者认为，婴儿和照看者之间的依恋质量与婴儿的自我认知发展有关系。

早期的依恋关系也会影响孩子的发展。具体来看，首先是依恋类型的分析。最广泛使用的评价依恋类型的方法为"陌生情境"技术。最先使用它的是美国心理学家艾恩斯沃斯，她通过对婴儿依恋行为的实验研究，指出婴儿的依恋行为分为三种类型（见表9-3）[①]。

① 侯玉波. 社会心理学［M］. 2版. 北京：北京大学出版社，2008：211.

表9-3　婴儿依恋行为类型

| 回避型 | 安全型 | 反抗型 |
|---|---|---|
| 这种类型的婴儿容易与陌生人相处，容易适应环境。这种类型的婴儿在与母亲刚分离时并不难过，但独自在陌生环境中待一段时间后会感到焦虑，不过，很容易从陌生人那里获得安慰。当分离后再见到母亲时，对母亲采取回避态度。回避型依恋的孩子对外界有恐惧感，在人际交往中被动且不自信 | 这种类型的婴儿和母亲在一起时，能很愉快地玩。当陌生人进入时，他们有点警惕，但还是能够继续玩，无烦躁不安等表现。当把他们留给陌生人时，他们便停止了玩耍，并开始去探索，试图找到母亲，有时候甚至会哭。当母亲返回时，他们显得比以前同母亲更亲热。当再次把他们留给陌生人时，这类婴儿很容易被安慰。安全型依恋的儿童在人际交往中主动、敏感，表现出积极的心理品质与个性特征，如自信、适应性强、自我独立等。这种社会性品质的发展与积极进取的探索行为常常能带给孩子较好的同伴关系，他们在青少年时期乐于与父母以外的人交往，形成良好的同伴关系和师生关系，成年期婚姻质量也较高 | 这种类型的婴儿表现出很高的分离焦虑。由于同母亲分离，他们感到强烈不安。当再次同母亲团聚时，他们一方面试图主动接近母亲，另一方面又对来自母亲的安慰进行反抗。反抗型依恋的孩子表面上显得非常独立，个性也比较早熟，但对周围的人并不太信任，与人沟通时不能敞开心扉，总是有所保留 |

此外，还有混乱型的依恋。混乱型依恋是由父母不稳定的情绪所造成的，孩子长期与父母小心翼翼地相处和交流，使他们长大后也不确定自己的社会关系，社交表现也显得混乱、不稳定。

总的来看，安全型依恋是最好的依恋类型。非安全型依恋的儿童普遍表现出强烈的不安全感和内心冲突，这在很大程度上阻碍了他们对现实世界的理解以及对外界事物的认知和探究活动，阻碍了他们社会能力的发展。非安全型依恋的孩子中只有38%的人同伴关系良好。大部分非安全型依恋的孩子在青少年时期有更多的社交焦虑，容易对自己、他人以及周围环境产生不良认识和消极体验，影响与同伴和教师的交往，难以调节因社交困难所产生的挫败感。他们在成年期的婚姻质量也较差。

婴幼儿时期的亲子关系主要表现为父母为孩子提供依恋的对象，父母本人或者父母为孩子购买的玩具都能成为孩子依恋的对象。大量的研究表明，早期依恋对儿童心理尤其是社会性的发展确实存在着不同程度的影响，建立早期良好的亲子关系非常重要。

0~6岁阶段是亲子关系建立的关键期，其中0~3岁是黄金期，一旦错过，日后将无法弥补。婴儿最初的情感依恋对象是妈妈，因为他每天都与妈妈朝夕相处，从妈妈的呵护、哺乳和爱抚中产生最初的对外部世界的信任感和安全感。这个阶段是建立亲子依恋关系的重要时期。亲子依恋关系的建立，有利于婴儿身心的成长，也有利于其长大后的社会情感发育，使其能对别人充满爱心和信任。如果在这一阶段没有注意亲子依恋关系的建立，频繁地更换看护人或更换保姆，都可使亲子依恋关系不能正常稳定地建立，有可能影响孩子以后的社会情感发育，使其情感冷漠、性格孤僻，对外部事物缺乏信任。所以，在这期间，母亲应尽可能地采取母乳喂养，母乳中含有代乳品无法供给的养分和抗体，在哺乳的过程中，婴儿躺在妈妈的怀里可以感受到温馨的母爱，就像在妈妈的子宫里一样。母亲要尽可能地自己带养婴儿，请别人带，婴儿的心理会产生隔阂。母亲还要尽可能回应孩子的情感需求，婴儿的每一声呼唤都期待着妈妈的回答，能得到妈妈的回应，他会倍感兴奋。

更年期的母亲与青春期的孩子。一般来说，早期的亲子关系都比较和谐，而当第一个孩子进入青春期时，妈妈的年龄一般已经接近 40 岁。研究表明，处于更年期的母亲与处于青春期的子女在面对双方的变化时都出现了相对立的立场和态度，这时候的亲子关系很可能变得紧张起来。

做母亲的开始渐渐觉察到生理机能不如从前了，她们对自己的身体健康状况和吸引力逐渐不再自信，现实中的无奈和遗憾使她们的世界和年轻时的梦想相去甚远，她们开始重新估计自己的人生价值；而同时孩子进入骚动的青春期，开始建立自我同一性，去探索"我到底是谁""我区别于其他人的是什么""我的优势和劣势在哪里"，尝试去自主做决定，尝试去挑战权威，他们的生活充满了机遇和挑战，这让他们对未来充满了憧憬。越来越多的调查表明，处于青春期的孩子与母亲之间会出现许多新的沟通上的问题。随着孩子慢慢长大，进入成年期，越来越多地追求独立自主，而母亲保护孩子的惯性仍在继续，从而出现母亲过多干预孩子的生活，越俎代庖地替孩子做决定，等等。研究表明，在所有的沟通问题当中，母亲对青少年过多的行为约束是出现亲子沟通问题的重要原因，而在沟通话题方面，出现问题最多的是课外活动和异性交往。在亲子沟通中得到母亲支持的青少年能够更好地探索自我同一性，而与母亲沟通不良的青少年更容易出现各种情绪和行为问题，比如离家出走、辍学甚至犯罪等。了解母亲和青春期孩子存在的这些差异有助于这个阶段家庭亲子关系的维持。

◀▶▶【学习专栏 9-2】亲子关系的影响因素及女性亲子关系的协调

亲子关系的影响因素有以下三个方面。

第一，父母的自我状况会影响与孩子的沟通。父母的自我状况，包括自我价值、从小成长的环境、婚姻状况、理想、欲求，特别是父母的即时情绪状态和身体健康状况等，会影响到与孩子以及家人的沟通。父母要致力于建立良好的家庭沟通，尤其要留意，当情绪不好或身体疲惫时，不要无意放大孩子的过错。随时注意整理自己的负面情绪，是促进亲子之间、家人之间良好沟通的前提。

第二，家庭中成年人之间的沟通状况会影响与孩子的沟通。一般而言，孩子与父母的沟通模式受家庭沟通模式的潜移默化的影响。无声沟通的行动远比有声沟通的语言更为有效。比如教育孩子要尊敬父母，夫妻双方首先要互相尊重。丈夫在妻子心目中的分量有多重，父亲在孩子心目中的分量也有多重。

第三，父母对孩子行为表现的认知和解释影响父母和孩子的沟通。父母应该把孩子放在他（她）这个年龄群体的背景中去认知他（她）的行为表现。父母不要拿自己的孩子与别人的孩子过分攀比，因为即使同一年龄阶段的孩子，发展的个别差异也是很大的。另外，即使同一个孩子，其本身各个方面的发展也是不平衡的。一个 5 岁的男孩子，他的智力可能已经达到 6 岁，而个性成熟却可能还不到 4 岁的水平。父母要指导孩子从他（她）自己的起点出发，按照他（她）自己的发展速度，任何揠苗助长的企图都只能适得其反。

（3）婆媳关系

婆媳关系可以说是中国家庭内部人际关系中的一个传统难题。在漫长的封建社会中，婆媳关系是一种不平等的人际关系，媳妇必须俯首听命于婆婆，没有独立、平等的人格尊严。"洞房昨夜停红烛，待晓堂前拜舅姑"是旧社会做媳妇艰难的生动写照。随着社会的进步，封建社会中不平等的婆媳关系不断得到改善。现代家庭中媳妇有独立的社会、政治、经济地位，婆媳关系已经基本成了一种平等的人际关系。但是也应该看到，即使是今天，婆媳关系也并不十分融洽。那么，究竟是什么原因导致婆媳关系如此难以相处？

首先，关系的特殊性。婆媳关系在家庭人际关系中具有特殊性。它既不是婚姻关系，也无血缘联系，而是以婚姻关系和亲子关系为中介而结成的特殊关系。因此，这种人际关系一无亲子关系所具有的稳定性，二无婚姻关系所具有的密切性，它是由亲子关系和夫妻关系的延伸而形成的。如果处理得好，婆婆因爱儿子而爱媳妇，媳妇因爱丈夫而爱婆婆，各得其所，关系就会变得融洽。但是如果处理不好，则婆媳之间会出现裂痕。

其次，角色的转换。婆媳同在一个家庭中，有着共同的归属，有着共同的经济利益，双方也都希望家庭兴旺发达，这是二者利益一致的一面。同时也常常在家庭事务管理权、支配权等方面发生分歧，出现矛盾。婆婆做了几十年的内当家，现在把权力交给媳妇，对这种角色的转换，做婆婆的往往不易适应。

再次，思想观念不同。由于婆婆与媳妇来自不同的家庭，所受教育、经历不同，生活习惯、脾气性格各异，比较难沟通，加上生活在一起后，二者在家庭开支、小孩抚养、家庭管理，乃至争夺儿子（丈夫）的感情等方面起冲突，双方又缺乏母女间的血缘之情，容易心存芥蒂。婆媳之间产生矛盾还有历史遗留下来的原因，有些人受"多年的媳妇熬成婆"的旧思想、旧观念的影响，认为自己当媳妇时受到婆婆的不公待遇，如今自己也当上了婆婆，有补偿心理效应。

最后，中介失衡。在婆媳关系中，儿子起着十分重要的作用。儿子的中介作用如果发挥得好，则可以加强婆媳之间的情感联系；反之，则容易成为矛盾的焦点，出现"两面受敌"的困境。家庭事务问题上，夫妻观点的一致性往往要超过母子观点的一致性。这是因为儿子和母亲相隔一代，在心理上存在着差异，这样就很容易造成儿子的中介作用失衡。如果母亲不理解，还会产生"娶了媳妇忘了娘"的心态。

婆媳关系的复杂性，要求女性更加注意对这种关系的处理。那么，女性要如何处理好婆媳关系呢？应该把握好以下几点。

首先，任何人际关系中，双方都要清楚自己的角色和位置。同样，在婚姻关系中，女性首先需要认清楚自己在家庭中的角色位置。在一个家庭系统里，婆媳关系是个子系统，与之并列的，还有母子的子系统和夫妻的子系统。所以，在夫妻子系统里，女性的角色是妻子，就需要做与妻子这个角色相匹配的事情。在家族系统里，女性是媳妇的角色，就需要做与媳妇角色相匹配的事情。需要清楚的是，站在媳妇这个角色位置上应该持有的人际界限，会影响你的思维模式和行动。

其次，建立心理边界：婆媳之间可以相知，但不必相爱。婆媳间不必相爱，这并不意味着可以不去经营甚至破坏这种关系，它是一个心理上的界限，媳妇和婆婆因此能够保持舒适的距离。这种心理边界是怎样的呢？作为个体，每个人都首先要爱自己，具有主体感和独立性，不依赖别人去生活，这样，处理关系就容易了。你是一个完整独立的个体，你就会知道，你和自己的关系是什么，你和他人的关系怎样才合适。

最后，与丈夫结盟。婚姻是两个人的婚姻，由于个性的因素，我们会看到，在婚姻中个性强的那个人，表现为唠叨、强势的女人，往往是因为追求他人的关注与认可，所以才需要别人的改变来适应自己。而她自己却害怕变化，所以强势的那个人实质上才是婚姻中的弱者。在与公公婆婆的相处过程中，女性更需要以与丈夫结盟的关系来共同面对婚姻，而不是把丈夫摆到对立面去，孤立自己。终究婆媳关系紧张的核心，是两个女人为了得到一个男人的爱而发动的权利争夺战。

太太想看看老公是支持她，还是支持他的母亲，因为她会奇怪，你到底属于哪个家庭？而婆婆也常常在问同样的问题。男人通常不能理解的是，本来宽厚的老妈，温柔的媳妇，为什么相遇之后就变得不可理喻？他们很少会意识到，双方冲突的指向通常都对准了自己。

所以，最有效的方法，就是太太与先生结盟，一起应对婆婆，这话听起来也许有点刺耳，但是，请记住，婚姻的基本任务之一就是在先生和太太之间建立"我们"意识。因此，太太需要让先生明白，在家庭关系中，伴侣才是第一顺位。作为先生，他首先是这个女人的丈夫，然后才是婆婆的儿子。当然，这是伴侣双方在家庭角色上的确立。采取这个立场可能会让人道德上接受不了，母亲的感情也许会受到伤害，但是，婆婆最终会适应和接受这个现实，因为他的儿子首先是一个丈夫，她希望自己的儿子婚姻美满幸福，这对婚姻来说是非常关键的。

总之，婆媳关系并非洪水猛兽，只是一种两代人的亲情关系，完全可以凭借人为的努力改善。无论发生什么，都没有绝对的对或错，也无须纠缠下去，一切不和谐的因素都是人的心理在起作用，也都可以通过智慧来化解。

2. 社会关系网络

职业规划专家曾说过，10%的成绩、30%的自我定位以及60%的关系网络是成就理想的标准因素。① 可见，社会关系网络是女性人际关系网络的重要组成部分。然而，对于女性而言，这却常常是一个艰难的障碍。所以，如何建立融洽的社会关系网络，便成为女性日常生活中的一个重要课题。很多女性羞于运用她们的交际能力或是根本不愿意展示自己的魅力，然而不合时宜的谦虚以及过分良好的家教都会成为成功之路的阻碍。人际关系网是付出和给予之间的不断平衡，一种双方同意的公平交易。这里谈不上什么道德评价问题，尤其是在仍然根本谈不上性别平等的职场生活中，女性的失业率要明显高于男性；女性在求职中，更容易因年龄、婚姻状况、生育状况受到歧视；而高层领导中女性更是少之又少。所以，一个良好的社会人际关系网络对于女性来说是非常重要的，女性应有意识地发展自己的社会人际关系网络。社会人际关系网络对女性而言，不仅仅意味着有助于职业方面的发展，女性还可以从社会人际关系网中得到一定的社会支持，包括心理和物质的支持。

在人际交往中，职业女性往往容易被别人的评价左右。职业女性有一个通病：她们都比较要强，当她们的工作不被上级或者外界认可的时候，很容易产生

① 徐笑君. 职业生涯规划与管理［M］. 成都：四川人民出版社，2008.

自卑心理。在她们受到指责的时候，她们会觉得受到了嘲弄，自尊心受到伤害，这与她们不能客观地看待自己有关。长期的心理障碍会破坏生理平衡，进而诱发各种疾病。45岁以上的职业女性内分泌会发生变化，各种疾病都有可能侵袭她们。二三十岁的职业女性由于代谢能力强，生理上的变化较小，但是某些疾病仍会潜伏在体内，若不能调节，有一天可能会导致疾病的发生。所以，职业女性要保持正常心理，应调整观念，尝试从工作、生活中寻找乐趣，不要以别人的评价来检验自己的工作成绩，自己给自己做评价。步入婚姻的职业女性，也要经常营造和谐的生活气氛，给感情增加一些调味品。

作为职业女性，常见的交往对象是同事、朋友和家人，在交往中还需要掌握一些必要的与他人相处的艺术。

首先，善待同事，理解和沟通比相互推诿更重要。①学会理解与沟通。许多人可能认为在工作中难以找到知心朋友，因为谁和谁都好像隔着一层，彼此看不透。其实，当你在责怪别人向你关闭心灵的大门时，你是否主动向别人敞开过心扉呢？相互理解，是解决行为冲突最一般也是最有效的"润滑剂"。②学会承担责任。现在很多单位都要求员工具备良好的团队合作精神。年轻人通常是"初生牛犊不怕虎"，谁也不怕谁也不服，除喜欢同团队组织的行为背道而驰之外，在工作出现问题时，也喜欢责怪身边的同事。其实，在职场奔波的人，难免会出现工作失误的时候，出现这种状况，我们首先要检讨自己，就算主要责任不在自己，只要你参与了，就有责任，当工作出现问题时，勇于承担责任，并提出补救方案，这非常重要。

其次，善待朋友，用分享、赏识和聆听赢得朋友。①学会聆听和欣赏。语言表达是女性的优势，在交流的过程中，善于表达是优点，但表达需要适度，聆听是表达的先决条件。①万不可只忙于和乐于表达，而忽略了对方的感受和反馈。对待朋友，指责和批评往往收不到理想的效果，只会使之加强防御。大量的事实证明，与朋友相处成功的秘诀是：包容和理解你的朋友，允许你的朋友在你面前表现出真实的自我甚至犯错误，对朋友表现出真诚、真心的欣赏和感激，学会鼓舞别人的热忱，激发朋友内在能力的最好办法就是欣赏和鼓励。②学会分享信息。"现代社会已进入信息时代，一个人所掌握的信息的类型及其结构，将是决定这个人最终能否走向成功的重要因素。"②可是，一个人的眼光、知识都是相当有限的，怎样取得足够的信息？很多信息来自朋友。信息的分享是双向的，绝不是一

① 白马. 做最有魅力的女人［M］. 北京：中国三峡出版社，2003.

② 白巍，李志均，潘薇. 形象塑造与传播［M］. 北京：农村读物出版社，2000.

方的长期灌输，另一方的长期吸纳，而是"你来我往"的交换、碰撞的过程。职业女性在交往的过程中，要有意识地将自己最新吸收到的有用知识——信息拿出来和朋友分享。这样，一个事半功倍的外在学习环境就建立起来了，和一个金钱上慷慨的人交往不如和一个乐于分享信息的人交往。

最后，善待家人，用赞美和宽容获得快乐。①学会赞美。情感问题一直是困扰人们的问题，明明是深爱的家人，由于没有及时和恰当的表白，使家人不能感受到。明明是用心经营的一段感情，可就是得不到意想中的收获。许多人习惯用过于含蓄的方式表达感情，甚至认为，对自己的家人不需要太客气，那样显得见外。可以对别人的孩子大加赞赏，却吝啬于赞美自己的孩子，更多的是批评和指责。其实，对于家人来说，并不是"一切尽在不言中"，感情本来就不能有太多的理性。②学会包容。生活在一起，难免有磕磕绊绊的地方，如果大家不学会包容，那么，就会经常出现争执和矛盾。包容并不是无节制地接纳，要做到包容首先要学会真诚沟通，然后才是宽容。

概言之，职业女性在人际交往过程中，不断和不同的人打交道，在人际交往中可以更好体会自我形象的亮点和不足，从而受到启发，学习他人的优点，弥补自己的不足，了解职业的特点，发挥女性的优势，挖掘自己的潜能，营造良好的工作和生活氛围。

**二、女性健康人际关系的培养**

**（一）女性人际交往中的不良心理**

在与他人交往中，我们每个人都渴望和谐愉快的人际关系，不喜欢那种肤浅的不真实的"朋友"关系，因为这种关系不是建立在双方真正的心理互动、情感交流的基础上，而是各取所需或迎合他人趣味的伪朋友关系。社会心理学家经过跟踪调查发现，在人际关系交往中，心理状态不健康者，往往无法拥有和谐、友好和可信赖的人际关系，在与人相处中，既无法得到快乐满足，也无法给予别人有益的帮助。为了拥有和谐愉快的人际关系，社会心理学家归纳出以下几种常见的不良心理状态。①

1. 自卑心理

有些女性朋友因为容貌、身材、修养等方面的因素，在与他人的交往中有自卑心理，不敢阐述自己的观点，做事犹豫，缺乏胆量，习惯随声附和，没有自己

———————
① 章志光. 社会心理学［M］. 北京：人民教育出版社，2008.

的主见。在交流中无法向别人提供值得借鉴的有价值的意见和建议，让人感到与之相处是浪费时间，自然会避而远之。

2. 忌妒心理

有人说忌妒是女人的天性，尤其是在与人的交往过程中，对别人的优点、成就等不是赞扬而是心怀忌妒，期望别人不如自己甚至遭遇不幸。费斯廷格认为，在给定的可以比较的人群范围情况下，人们会选择与自身观点和能力相近的人作为比较参照：当一群被试围着圆桌开始实验任务时，他们之间可以观看到其他人完成的进度，实验结束后，被试被要求做内省报告，结果发现被试总是选择那些跟自己进度相近的人作为比较对象[①]。因此生活中经常出现的是把身边和自己水平相当的人当作假想敌来忌妒的现象，试想，一个心怀忌妒的人，绝对不会在人际交往中付出真诚的行为，不会给予别人温暖，自然也不会讨人喜欢。

3. 多疑心理

朋友之间最忌讳猜疑，有些人总是怀疑别人在说自己的坏话，没有理由地猜疑别人做了对自己不利的事情，捕风捉影，对人缺乏起码的信任。这样的人喜欢搬弄是非，会让朋友们觉得她是捣乱分子，避之不及。

4. 自私心理

有些人与人相处总想捞点好处，要么冲着别人的地位，要么想从别人那里得点实惠，要么为了一事之求，如果对方对自己没有实质性的帮助就不愿意和对方交往。这种自私自利的心理，容易伤害别人，一旦别人认清其真面目后，就会坚决中断与其交往。每个人都有自尊的需要，如果在人际交往中过分苛责别人，只关注自己的利益，不关注别人的需求，必然会导致人际关系紧张。

5. 游戏心理

在与别人的交往中，缺乏真诚，把别人的友情当儿戏，抱着游戏人生的态度，不管与谁来往都没有心理的深层次交流，喜欢做表面文章。当别人需要帮助时，往往闻风而逃，这样的人无法结交到真正的朋友。

6. 冷漠心理

孤芳自赏，以为自己是人中凤、天上仙，是人世间最棒的，把与人交往看成对别人的施舍或恩宠。这种人自我感觉特别好，总是高高在上，端着个架子，一副骄傲冷漠的样子，让别人不敢也不愿意接近，自然不会拥有朋友。

---

① 钟毅平. 费斯廷格人际关系思想解析［M］.北京：人民教育出版社，2017.

7. 自我封闭心理

有人在交往中把自己的真实情绪掩盖起来，过分地自我克制，使得交往无法深入。这种心理实际上是在自己和他人之间建立了一道心理屏障，会严重妨碍正常的人际交往和个人的全面发展。自我封闭心理严重的人在人际交往的过程中往往不信任任何人，而且具有较强的戒备心，在人际交往中少言寡语，不能与人推心置腹，给人以不可捉摸的感觉，因此很少有知心朋友。克服这一心理障碍就要在人际交往中更新观念，树立开放意识，积极与人交往，避免独来独往、自命清高。人际交往是个双向互动的过程，克服自我封闭心理的关键是在人际交往的过程中解除心理顾虑，积极进行人际沟通，以坦率的心态与他人交流。只有这样，别人才会欣赏你、接纳你。

8. 成见心理

对己自由主义，事事放纵；对人"马列主义"，事事计较，而且极为刻薄。因为一件事情而对别人怀恨在心、心生怨恨，从此认定对方不值得交往。这样的人，在人际交往中往往容易走死胡同，凡事与人斤斤计较，朋友会越来越少。因为没有一个人是永远不犯错的，不懂得原谅，就不会长久地拥有友谊。

（二）女性人际交往心理问题成因

当代女性人际交往心理问题的原因有客观原因也有其自身的主观原因。

首先，传统观念的深层影响。个体作为社会性的存在，其思想行为无时不受几千年沉淀下来的文化、意识形态、价值观念等的影响和制约。传统社会对女性的期望值远不如对男性的期望值高，在观念上认为女性是善良温柔、依附于男性的。这些传统的观念加深了女性人际交往中的社会刻板印象，引发女性人际交往产生障碍。同时，现代社会仍然存在着事实上的不平等现象，对女性心理发展也存在一定影响。

其次，家庭性别教养方式的偏见。所谓家庭性别教育通常是指"父母根据男女身心发展存在着性别差异的特点，按照一定社会对男女性别的不同行为规范要求，进行不同的抚养和教育，使孩子成长为符合社会需要的性别角色"。父母的教养方式、态度以及价值观、期望值等都潜移默化地渗入儿童的经验中，成为他们思想观念的一部分并直接支配其行为活动。父母对男孩的独立性、自主性、创造性有更高的期望值并允许他们有更大的活动空间，而对女孩则要求她们有"女孩子样"，要乖巧、听话、温顺、会做家务等。这种家庭中的性别刻板期待在成年后的女性的人际交往中将产生重要影响。

再次，社会现象和大众传媒的负面效应。随着社会物欲的极度膨胀，人际交往动机的功利化，以及以权谋私、钱色交易、感官享乐等形形色色的不良社会现象不断冲击着女性的心理，少数青少年女性人生价值观念发生改变，人际交往偏离了正常社会人际关系的伦理法度。加之日常生活中报纸、刊物、广播、电视、电影等大众传媒工具所传播的众多信息中存在大量有关男女不平等的性别角色模式的思想观念，它们间接地对女性的发展起着消极作用。

最后，女性自身心理特质差异与其人际交往心理障碍的产生也有必然联系。例如女性在沟通中比较善于体察和运用非语言符号，同时希望及时得到对方的反馈，而男性往往没有女性那么敏感，不会发觉异性沟通对象的细微的情绪或语气变化，从而进行一系列的推测和联想，这样势必造成共同语言环境的缺乏，影响沟通的效果，严重的甚至会导致人际关系的恶化。

（三）女性健康人际关系的培养

女性人际关系的培养对于女性处理好各种人际关系具有重要的作用，但是培养女性的人际关系也要根据一定的原则。莎士比亚对社交曾经有过一段精辟的论述："对众人一视同仁，对少数人推心置腹，对任何人不要自负。在能力上应能和你的敌人抗衡，但不要争强好胜，炫耀你的才干。对朋友要开诚布公，宁可责备你木讷寡言，不要怪你多言多事。"[①] 这也是社交的人际原则。女性在社交舞台上表现自我，也必须懂得人际交往的原则。莎翁的这句话经典地概括了人际交往的原则。根据这个原则，女性可以通过以下技巧提高自己的人际交往能力。

（1）重视良好的第一印象的建立。在人际交往中，能够与我们朝夕相处从而了解我们的人毕竟是少数。在与别人的短暂接触中，双方的第一印象很重要，对交往的继续与否有决定性的影响。怎样表现自己才能给对方留下良好、深刻的印象呢？卡耐基总结出了六条途径：①真诚地对别人感兴趣；②微笑；③多提别人的名字；④做一个耐心的听者，鼓舞别人谈他们自己；⑤谈符合别人兴趣的话题；⑥以真诚的方式让他们感到自己很重要。

（2）改善认知模式。首先，要求人们能充分认识人际关系的意义和重要性，对与人相处和协调人际关系采取积极的态度。其次，要正确认识自己和他人，平等地与人交往。每个人都有自己的长处和短处，与人交往时不要自傲自负，不要拿自己的长处比别人的短处。有人说过，每个人都是一块闪光的金子。这至少从

---

① 金盛华，张杰. 当代社会心理学导论［M］. 北京：北京大学出版社，2003.

一个角度说明不论伟人、名人，还是普通一员，都有值得学习的地方。再次，交往中也不要自卑。自卑是影响人际交往的严重心理障碍，是交往的大敌。自卑表现在人际交往活动中是缺乏自信。它直接阻碍一个人走向社会，危害个人发展和人际交往。自信是人生最好的财富，每个人都有自己的不足，要正视自己的短处，勇于把自己的短处转化为长处，克服自卑从而成功交往。

（3）主动交往。主动是一种礼貌礼节，有"礼"走遍天下。主动是一种尊重，而尊重是相互的。热情是一种较强而深厚的情感，它是一股推动和鼓舞人们前进的力量。有人认为："先向别人打招呼，不是看低了自己吗？""我向他打招呼，他要不理睬我，那多难堪。"实践证明，我们主动交往得不到相应的理睬的情况极少，除非对方对我们积怨太深。即使对一些"傲慢、古怪"的人，我们自然、亲切地打招呼，他们也会对我们报以热情的姿态。

（4）积极的自我暗示。不少女性在与人交往时，由于不够自信，特别关注别人是如何评价自己的，导致心情紧张，言语动作、表情姿态不自然，从而影响了双方继续交往的可能性。那些害怕与人交往的女性，应该经常给自己一些积极的心理暗示，如对自己说："我是受欢迎的，我准行！"在头脑中把自己想象为一个良好的交际者。这样的心态会使你在与人交往时轻松坦然、挥洒自如。

（5）掌握交往的艺术。在社会生活中，与人交往时要把握好基本方法和技巧。首先，注意自我形象。良好的个人形象和大方的仪表是人际交往的基础。在现代社会交往中，人们比以往更注重对方的外表和风度。言谈举止、服饰、打扮影响人的风度，反映人的某些特性，从而影响交际对方的态度和评价。其次，恰当交谈。语言交往需要谈话，谈话促进交往。交谈中妥善地运用赞扬和批评。再次，注意非语言因素的影响。与人交谈时还应注意非语言因素的影响，如语气、眼神、手势、表情等有时对交往效果有很重要的影响。非语言成分在相互交流中占据重要的位置。善于倾听，礼貌待人。与人交谈时"洗耳恭听"是最基本的礼貌。交谈中要尊重对方，不要随意插言打断别人的讲话，学会虚心倾听别人的讲话。最后，把握对方心境，适时恰当地予以心理满足，这样做能大大缩短交往双方的心理距离，利于交往顺利进行和交往程度的加深。

（6）完善性格，增强人际吸引因素。人生观决定一个人的思想倾向和精神面貌。人生观以理想、信念、动机、兴趣等具体形式表现在人际交往中。一个人只有以无私奉献的精神对待周围的人和事，才会焕发出强大的吸引力和凝聚力，激发别人产生与之交往的愿望。随着社会发展，男性和女性的社会分工变得越来越不明显，性别刻板印象也越来越模糊，大学生中有部分人显示出兼顾传统男性和女性特质的双性化特质。有研究显示，双性化特质者人际关系和谐性更高，因为在人际互动的过程中，双性化特质者既具备强调控制、自我调节和自制的男性化风格，又具备寻求主动情感表达和交往带来的温暖的女性化风格。有爱心、同情心、能敏感察觉别人的需要、理解别人的感情，这些特质是使其发生移情的关键；由于有较强的理解力和判断力，因而曲解他人行为的可能性就小，其情绪行为表现较为平静，控制性强，也就不容易破坏人际关系。弱化性别刻板印象，进行性别角色的"去极端化"教育，塑造刚柔兼备、豁达、有责任感的双性化健康人格模式也是完善人格的一种方式。①

人们都愿意与具有真诚守信、谦虚大度、虚怀若谷、宽容他人等良好品质的人交往。不欺诈、守信用、诚恳谦和、胸襟诚笃、坦然为人、乐于助人的品格自然为人所喜欢，具备这些品质的人必然会有很强的人际吸引力。因此，努力塑造自己良好的道德品质，对增强人际吸引因素极为重要。心理品质是一个人的志向、意志、情绪、兴趣、气质、性格等的心理特征。志向宏伟、兴趣高雅广泛、意志坚定、情绪乐观、为人豁达、慷慨、幽默、风趣、热情开朗、稳重宽厚、善解人意以及富有同情心、正义感、办事认真等，都是人际交往必备的心理品质，在人际交往中具有极大的魅力。在社交场合中，那些善于调侃、富有幽默感和待人接物随和宽容的人，常常成为人们注意的中心和乐于交往的人，这样的人也更容易找到朋友，赢得大家的好感。通常智慧和才能可以给人以力量，也是人际吸引的重要因素。尤其在现代社会，科学技术成为第一生产力，个人的智力才能越来越成为其人格魅力的重要部分，因此掌握丰富的知识和锻炼培养自己各方面的能力，能大大地增强吸引力。

## 本章内容提要

1. 人际关系是人与人之间在活动过程中直接的心理上的关系或心理上的距离。人际关系反映了个人或群体寻求满足其社会需要的心理状态，因此，人际关系的变化——发展决定于双方社会需要满足的程度。

2. 良好的人际关系，可使工作成功率与个人幸福达成率超过85%；一个人获得成功的因素中，85%的决定于人际关系，而知识、技术、经验等因素仅占15%。

3. 家庭是社会的细胞，和谐的婚配有益于男女双方，有益于社会。夫妻双方应该分析自己与配偶的心理类型，双方主动地调适，创立和谐的家庭气氛。

_____

① 张赫.大学生性别角色与人际和谐性的关系研究[J].中国健康心理学杂志,2008(3).

4. 早期的依恋关系会影响个体的发展。最广泛使用的评价依恋类型的方法为"陌生情境"技术。最先使用它的是美国心理学家艾恩斯沃斯,她通过对婴儿依恋行为的实验研究,指出婴儿的依恋行为分为三种类型:回避型、安全型、反抗型。

5. 人际关系网是付出和给予之间的不断平衡,是一种双方同意的公平交易。一个良好的社会关系网络对于女性来说是非常重要的。女性应有意识地发展自己的社会人际关系网络,社会人际关系网络对女性而言,不仅仅意味着职业方面的问题,女性还可以从社会关系网中得到一定的社会支持,包括心理和物质的支持。

6. 女性人际关系的培养对于女性处理好各种人际关系具有重要的作用,培养健康的人际关系也要根据一定的原则,即平等尊重原则、融合原则、信用原则、互利互助原则。女性在社交舞台上表现自我,也必须懂得人际交往的原则。

## 思考题

1. 论述女性人际关系网络的构成。

2. 论述影响女大学生人际交往的因素都有哪些。

3. 初入大学,女大学生应该如何协调寝室的人际关系?

## 判断题

1. 女性关心人与人的关系,而男性在意对别人的控制。

2. 女性人际交往的心理需求很多,但对于获得自我价值感和安全感的需求最为显著。

3. 男性和女性倾向于给朋友类似的精神支持。

4. 在朋友见面时的交往活动以及从友谊中获得的满足感方面,男性和女性有着相似的模式,女性比男性更容易展示自我。

5. 家庭关系网络是女性人际关系网络的重要组成部分,主要有婚姻关系、亲子关系、婆媳关系等。

(答案:1.对;2.错;3.对;4.对;5.对)

## 微课题研究

1. 假如一男一女两个大学生在你校某处的长凳上坐着,他们之前从未见过面,请你设想比较他们在言语交流与非言语交流等方面的异同。

2. 女青年小A,在职场上遭遇性别歧视,失去了珍贵的出国进修机会,家中父母又在催促其与刚认识3个月的男友完婚，小A如何权衡、如何调整自己的生活呢？请列出小A可能的几种解决方案。

3. 选择你身边不同年龄段的女性进行调研，每个年龄段的女性在人际关系上遇到了什么不同的困扰？她们是如何看待和解决的？

**【拓展阅读】**

《婚姻的末日四骑士：批评、鄙视、辩护和冷战》

http：//baijiahao.baidu.com/s？ id ＝ 1645156909561609246 & wfr ＝ spider & for ＝ pc

【拓展阅读】《我以后不要当妈，我只想做我自己，实现自己的梦想》

https：//www.xinli001.com/info/100453471

【拓展阅读】《深度：婆婆一句话，他砍死了坐月子的老婆》

https：//www.douban.com/note/700741038/

## 英文参考文献

1. Makhija，Nita J. The Relationship between Traumagenic Dynamic Responses towards Childhood Sexual Abuse，Ethnic Identity，Social Support，Trauma Severity and Attitudes towards Interpersonal Relationships in Adolescent Females[J]. Seton Hall University，ProQuest Dissertations Publishing，2014.

2. Gary Charness，UriGneezy. Strong Evidence for Gender Differences in Risk Taking[J]. Journal of Economic Behavior and Organization. 2011（1）.

3. Lynne M. Knobloch-Fedders，Kenneth L. Critchfield，Erin M. Staab. Informative Disagreements：Associations Between Relationship Distress，Depression and Discrepancy in Interpersonal Perception Within Couples[J]. Family Process，2015，56（2）.

4. Jack P，Shonlcoff，Samnel J，Meisels. Handbook of Early Childhood Intervention[M]. Cambridge：Cambridge University Press，1990：137.

# 第十章 女性的恋爱心理

**本章导航**

恋爱是和谐美满婚姻的前奏，随着青春期生理和心理的逐渐成熟，女性自然会产生与异性恋爱的需要。女性感情丰富、细腻、敏感，对爱情的渴求和感受格外强烈。认识爱情的构成要素，了解两性在恋爱中的不同心理特点，学习正确处理恋爱中的各种问题，才能拥有甜蜜、幸福的爱情与婚姻。本章重点介绍女性的恋爱、择偶及失恋心理，有助于让女性更加理性地看待爱情，有智慧地驾驭自己的情感，更好地面对恋爱和婚姻。

## 第一节 爱情的心理学界说与女性择偶心理

### 一、爱情的心理学界定

（一）爱情是什么——爱情成分理论

美国心理学家罗伯特·斯腾伯格 1986 年提出了一个关于爱情本质的三角形理论。根据他的理论，爱情由三个基本成分构成，即亲密、激情和承诺。

亲密，指在恋爱关系中双方亲近、亲切、融合，包括彼此提供和接受情感的支持，希望促进被爱者的福利，与对方共享自我的财物。亲密感可以存在于亲情中、友情中、爱情中，它不是爱情所特有的成分。

激情，指使爱情关系趋向浪漫、身体吸引和性爱完美的驱动力或者是一种状态。斯腾伯格认为性爱需要是引发激情的重要力量。除此之外，归属、自尊、支配、顺从和自我实现等需要也在激情体验中占有一席之地。激情是爱情所特有的体验，如果你在朋友之间感受到激情，那可能意味着你们的友谊开始转向爱情。

承诺，指当事人对关系维持的一种认知意向，包括将自己投身于一份感情的决定及维持感情的努力。它分为短期承诺和长期承诺，短期承诺涉及个体有意识地做出爱某个人的决定，长期承诺则反映了个体意欲长久地维持一种关系的意向，但以长期承诺为主。①

　　亲密是感情性的，激情是动机性的，而承诺是认知性的。斯腾伯格以这三种基本成分为顶点，用一个三角形来描述亲密、激情和承诺的不同组合所产生的关系（见图 10-1 和表 10-1）。

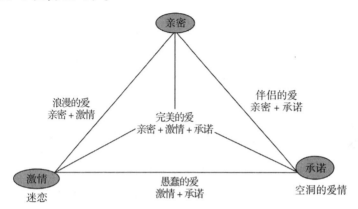

图10-1　爱情三角形

表10-1　爱情关系类型

| 关系类型 | 表现形式 |
|---|---|
| 非　爱 | 这三种成分都没有，比如陌生人或一般的熟人 |
| 喜　欢 | 由于长期相处，异性间产生了相知感，彼此了解对方的经历及兴趣爱好，有一种朋友般的默契感，这种关系只能称作亲密，缺乏激情与承诺，比如异性友谊 |
| 迷　恋 | 某一特定时空不期而遇，由于强烈的性吸引，既无了解，也无承诺，身体上亲密之后，形同陌路，比如一夜情 |
| 空洞的爱 | 双方既无生理的吸引，又缺乏相互了解和情感支持，仅由于某种承诺结合在一起。比如老夫老妻，相互之间产生了"审美疲劳"，不再有激情，又由于成长轨迹的不同，不再相互了解，不再有亲密感，但是为了孩子或者其他原因会维持这种关系，在这种情况下，爱情的血和肉都不再存在了，只剩下空洞的骨架 |
| 浪漫之爱 | 性的激情与深刻了解，但不能做出承诺。比如大学的恋情，既有身体上的强烈吸引，又有强烈的亲密感，却很难给出长期的承诺，但是很浪漫 |

①　［美］莎伦·布雷姆，等. 亲密关系：第 3 版［M］. 郭辉，肖斌，刘煜，译. 北京：人民邮电出版社，2005：201-203.

（续表）

| 关系类型 | 表现形式 |
|---|---|
| 伴侣之爱 | 既亲密又有承诺。比如老夫老妻的良性发展，身体的激情必然会耗尽，但是彼此的亲密感没有减少，也很乐意维持这种关系 |
| 愚蠢的爱 | 既无深刻的了解，也没有情感支持，但由于强烈的性吸引而闪电般地结为夫妻。比如闪婚，稳定系数很差，不一定是明智之举 |
| 完美之爱 | 相知的亲密、生理的吸引和对婚姻的追求与承诺 |

　　一般认为，在爱情中女性相对男性会更注重亲密感和承诺，而男性相对女性会更注重激情体验。有的观点认为男女对亲密的体验是相似的，但是男女对于亲密的表现方式和获取方式存在差异。男性比女性更加认为身体接触是亲密的核心，他们认为的亲密活动中更多包括身体接触和性行为，而女性则认为情感的表达与沟通才是培养和促进情感亲密性的有效方式。她们会主动表达情感，表露自己的感受和想法，但是男性很少勇敢地表达自己的情感，更喜欢肢体上的亲密接触。①

### ◀▮▶【学习专栏 10-1】浪漫狂热之爱与相伴之爱

　　一项对浪漫之爱的经典分析认为，激情洋溢的吸引力源于两个因素：①生理唤醒，如心跳加快，并伴随；②相信另一个人是引起你唤醒的原因（Berscheid & Walster，1974）。根据双因素的观点，当唤醒的情感是由于出现了另外一个有吸引力的人时，浪漫的爱情就会产生，或者至少得以增强。

　　如果魅力之人的确是我们兴奋的原因，他对我们的浪漫吸引力就是适宜的。但双因素的观点还有另一种有趣的可能性，我们偶尔也会犯错误或做出错误归因，即我们对情感的解释和感受到别人对我们的吸引力，都可能被夸大或者错位。

　　达顿和阿伦在 1974 年做了一个著名的危桥实验，他们派出美丽的女助手去会见只身一人的男性（年龄在 19 ~ 35 岁），会见的情境有两种，其一是在可怕的吊索桥中间，其二是在公园里一处又宽又稳、只比地面高出几米的桥中央。研究者对男性被试所编故事的性想象力进行了评分，结果发现，位于摇晃的吊索桥上的男性的性想象力要强于另一座桥上的男性。此外，前者中的男性后来更有可能往女助手的家里打电话，女助手对于他们更有吸引力，由危险的吊桥所引起的

---

　　① 方刚.性别心理学［M］.合肥：安徽教育出版社，2010：191.

唤醒（或恐惧）显然会激起他们对女助手的兴趣。在不太令人紧张的地点碰到同一位女助手的男性却觉得她的吸引力比较弱。在危险的吊桥上，恐惧显然增强了吸引力。

是这样吗？摇晃的吊桥所引起的紧张兴奋真的会被误认为，或者至少部分地以为是陌生人所具有的浪漫吸引力？请试试以下实验程序：假设你是位年轻的男子，在某个地方跑完 2 分钟或者 15 秒，你的脉搏会加快、呼吸变得急促，或者你只比平常多一点唤醒。带着这两种高低不同的唤醒，你进入另一个房间，观看一个你以为马上就能见到的年轻女子的录像。你和其他的男性看到的都是同一个女子，但由于化妆的作用，该女子要么看起来非常有吸引力，要么一点也没有吸引力，你对她会有怎样的想法呢？真实研究中的被试报告他们的反应时，结果很明显，高唤醒加强了他们对该女子的反应强度（White et al.，1981）。有吸引力版本的女子比无吸引力版本的女子总是受到偏爱，男性在唤醒时，更加喜欢有吸引力的女子，更不喜欢无吸引力的女子。即有吸引力的女子更有吸引力，而无吸引力的女子则更没有吸引力。

总而言之，这些研究表明肾上腺素增强了人们的爱情体验。不同类型的高唤醒，包括简单的体力活动和恐惧、厌恶、快乐等情绪状态，似乎都可以提高我们对合意伴侣所感受到的浪漫吸引力。因为错误归因而对激活源产生的真正误解，并不是这些效应产生的必需条件，因为即使唤醒的来源明确无误，唤醒还是能增强吸引力（Foster et al.，1998）。也就是说，即使站在吊索桥上的男子能清醒地意识到使他们胆怯的是桥，这种恐惧情绪的激活也能增加所遇女子对他们的吸引力。另一方面，当我们并不知道为什么紧张时，唤醒也会强烈地影响到吸引力（Foster et al.，1998）。如果我们因为自己并未注意到的某个原因被唤醒，并把我们的兴奋错误归因为合意的伴侣，伴侣对我们就可能非常具有吸引力。

相伴之爱并不依赖于激情，所以它比浪漫之爱更为稳定。三角理论认为相伴之爱是亲密和忠诚的结合，但我们可以更充分地把它描绘成"对可爱伴侣的舒心的、温情的、信任的爱恋，它以深厚的友谊为基础，包含相伴相随、共同的爱好活动、互相关注和一起欢笑"（Grote & Frieze，1994）。它的表现形式是丰富、忠诚的友谊，而对方就是与我们的生活相互交织的人（Walster & Walster，1978）。

相伴之爱看上去令人愉悦，但与浪漫激情的狂喜相比，是否显得有点平淡乏味？可能是这样，但你或许会习惯于这种爱。当问及数以百计的结婚至少 15 年的夫妻，为什么他们的婚姻能持续时，他们并没有像浪漫的爱人所认为的那样，会为配偶做任何事情或者失去对方会很痛苦（Lauer & Lauer，1985）。恰恰相反，男女双方提到的两个最多的理由是"配偶是我最好的朋友""我很喜欢配偶这个人"。持久、满意的婚姻似乎包括了很多成分的相伴之爱。

当然，在浪漫爱情的背景下也能产生深厚的友谊。有一项研究发现，44%的年轻人在婚前表示，浪漫的情侣也是他们最亲近的朋友（Hendrick & Hendrick，1993）。不过，当友谊也成为浪漫爱情的一部分时，友谊就会和性唤醒及激情相结合（有时混淆在一起）。在相伴之爱中更容易觉察友谊的重要性，此时亲密伴随忠诚一起出现。而在浪漫爱情中较不容易觉察友谊，此时亲密是和激情同时出现的。

（二）爱的风格——爱情类型理论

社会学家约翰·艾伦·李（John Alan Lee）于1988年使用希腊和拉丁词，描述了六种爱情类型，它们在爱情体验的深度、对爱人的投入和承诺、所想要得到的爱人的特点，及对回报的预期等方面有着不同。它们不是简单地增加爱的类型，而是爱情体验中的六个不同的主题（见表10-2），这六种爱情体验类型与斯腾伯格的爱情三元理论所确定的类型有着差异化的联系。①

表10-2　爱情体验类型

| 爱情体验类型 | 表现形式 |
| --- | --- |
| 爱欲型 | 一种主要基于身体和性吸引的、热烈的、浪漫的爱情，双方一见钟情式地迅速卷入，有激情体验 |
| 游戏型 | 一种以游戏爱情、不关注承诺为重要特征的爱情，当事人可以与多人同时保持爱情关系，但与对方都保持一定的感情深度 |
| 稳妥型 | 一种以缓慢发展、日久生情为主要特征的爱情，注重爱情发展之前的友谊基础，一般经历从友谊到爱情的转变，双方渴望获得安全稳定长久的关系 |
| 痴迷型 | 一种以占有对方、依赖对方为主要特征的爱情，渴望与对方全身心地融合，恋爱中对对方不设防，自尊低，情绪起伏大 |
| 实际型 | 一种被称为购物单式的爱情，当事人对对方的品质和条件有一定的现实要求，达到这些标准是产生爱情的前提 |
| 无私型 | 一种以奉献和牺牲为主要特征的爱情，当事人不关注自己的情绪体验，而对对方有强烈的责任感，以对方为中心，无私的基督理想是他们的行为准则 |

① ［美］莎伦·布雷姆，等. 亲密关系［M］. 3版. 郭辉，肖斌，刘煜，译. 北京：人民邮电出版社，2005：212–213.

克莱德（Clyde）和苏珊·亨德里克（Susan Hendrick）开发了爱情态度量表来测量人们对这六种类型的认可程度。他们发现，在游戏型爱情维度上，男性得分比女性得分高，而女性在稳妥型爱情和实际型爱情维度上得分更高。[①]

（三）爱的个体差异——爱情依恋理论

心理学家菲利普·谢弗提出了一种与爱情三元论不同的理论，称为依恋说。在他看来，爱情能够概括为一种依恋过程，这种过程类似于儿童与其抚育者之间的联系。也就是说，成人的浪漫爱情与儿童的依恋有着许多共同的特征。例如，强烈地迷恋对方，分离时产生痛苦，以及希冀长时间待在一起消磨时间等。[②]

爱情依恋理论使用的是发展心理学家在孩子们身上得出的三种依恋分类。显然个体长大后不再是儿童，依恋的对象也会发生变化，不再是母亲，更有可能是亲密关系中的另一方，如爱人。爱情依恋理论认为，儿童对母亲的依恋风格会程式化地带到爱情关系中。个体爱情关系就是儿童期与母亲依恋关系的一个复本。个体成人后会以成人依恋的方式影响个体在爱情中的表现，而成人期依恋是儿童期依恋的延续。

◀▶▶【学习专栏 10-2】依恋风格[③]

1）儿童期的依恋

鲍尔比认为，依恋风格是亲密关系中相互交往的一种典型形式，自生命问世的第一年起，它就强烈地影响着儿童—抚育者的人际交往。例如，他曾经创设过一种"陌生情境"。该情境由 8 个情节组成：母子进入一个陌生的房间；母亲坐在一旁，孩子自由探索；一个陌生人进入房间；母亲离开，由孩子和陌生人同处一室；母亲返回，陌生人离去；母亲离开，让孩子单独留在房间里；陌生人返回作为母亲的替代者；母亲回来，陌生人离开。结果发现，孩子具有三类反应，分别以 A、B、C 来表示（见表 10-3）。

---

①　［美］莎伦·布雷姆，等.亲密关系［M］.3 版.郭辉，肖斌，刘煜，译.北京：人民邮电出版社，2005：213.

②　程玮.大学生心理健康教育［M］.武汉：武汉大学出版社，2008：279.

③　程玮.大学生心理健康教育［M］.武汉：武汉大学出版社，2008：279.

表10-3　儿童期依恋类型

| 类　型 | 特　征 | 具体反应 |
| --- | --- | --- |
| A型儿童 | 此类儿童与母亲在一起时能积极地探索陌生环境，对陌生人有着积极的反应，能与陌生人友好相处 | 他们在陌生的环境中并不感到过分焦虑。与母亲分离时，探索行为会受到影响，具体表现为沮丧；当母亲回来时，表现出积极的情感，但是很快又会平静下来 |
| B型儿童 | 母亲在场或不在场对这类儿童的影响不大 | 当母亲离开时，他们并无特别紧张或忧虑的表现。当母亲回来后，他们往往不予理会。尽管有时会欢迎母亲的到来，但却比较短暂 |
| C型儿童 | 这类儿童在与母亲分离时表现出高度的焦虑，当母亲回来时又拒绝母亲的安慰 | 当母亲离开时，他们会表现出极度的反抗；当母亲回来时，他们立即要求母亲搂抱。可是，刚被抱起来时，又挣扎着要下来。这类儿童既害怕陌生人，又害怕陌生的情境 |

　　在鲍尔比看来，A型儿童属于安全依恋儿童，B型和C型儿童则属于不安全依恋型儿童。其中，B型儿童的行为意味着亲子之间出现了冷淡的或拒绝的情感联结，导致儿童产生回避性依恋；而C型儿童的行为则意味着亲子之间出现了矛盾的或不一致的情感联结，导致儿童产生焦虑性依恋。需要指出的是，依恋的类型不是一成不变的。研究表明，许多儿童在出生12～19个月期间，会改变依恋的类型。有些儿童在12个月是属于不安全依恋型，但是到19个月时，则变成安全依赖型。这种变化与家庭环境的变化有关，包括母亲开始工作、孩子被托付给亲戚或保姆照料等。其中，有三种抚育方式可以视作决定依恋类型的可能因素：热情或有效的抚育方式，它促进安全型依恋；冷淡的或拒绝的抚育方式，它导致回避型依恋；矛盾的或不一致的抚育方式，它引起焦虑型依恋。

　　2.成年期的依恋

　　童年时期的依恋方式到了成年期又是什么样的呢？心理学家谢弗研究了成人的依恋方式。他发现，成年时期的浪漫关系与童年时期的依恋模式在形式上颇为相似，而且两者都是部分地由父母的教养方式决定的。成人也具有三类反应，分别可用A、B、C来表示（见表10-4）。

表10-4　成年期依恋类型

| 类　型 | 特　征 | 具体反应 |
|---|---|---|
| A型成人 | 这些成人信任别人，发现自己容易接近别人，并对相互依恋感到舒服和安全 | 他们很少担心被对方抛弃，人际关系能够保持长久的时间，很少结婚后离婚。他们把父母对他们的反应描绘成热情的或有效的 |
| B型成人 | 这些人害怕接近他人，对亲密关系感到不舒服 | 他们不相信别人，希望与对方保持一定的情感距离。当对方太接近自己时，他们会感到紧张，但是喜欢对方提出被爱的要求，而不是自己提出被爱的要求。他们的人际关系保持时间不长，婚姻满意度低。他们把自己的父母描绘成缺乏热情的、冷淡的和拒绝的 |
| C型成人 | 这些人着迷于他们的关系，他们要比对方希冀获得更多的亲密，而且，由于害怕被抛弃，所以忌妒情感极其强烈 | 他们的人际关系持续时间最短，婚后夫妻冲突较大。他们把自己描绘成虽然也很爱自己，却不能经常以最佳的方式表示出来，而且他们觉得父母的婚姻也不幸福 |

（四）影响爱情满意度的因素

谁都希望拥有美满的爱情，那么到底是哪些因素影响着爱情呢？

1. 年龄因素

一个可能影响爱情、而自身变化又很缓慢的个体特征就是个体的年龄。年龄是心理学研究中很难处理的变量，因为它通常容易与经验和历史相混淆。随着人们年龄的增长，他们会拥有持续时间更长久以及更为广泛的人际关系。所以如果爱情的确随着年龄发生变化，这可能是年龄造成的差异，也可能是由人们关系持续的时间长度、以前体验到的浪漫程度，或者是这三者结合所引起。但是，年龄的影响有一点是清楚的：多数人会变得更成熟。研究者比较60岁的夫妻和40岁的夫妻，结果发现年老的夫妻有着更多精神上的快乐，但却较少有肉体上的唤醒。他们的情绪不是很强烈，但整体上更为积极，即使在婚姻不是很幸福的时候（Levenson et al., 1994）。使年轻人步入婚姻殿堂的灼热、急迫和强烈的情感会随着时间逐渐变弱，取而代之的是对爱情更为温和、成熟的看法。

2. 性别因素

另一个不随时间变化但可能很重要的个体差异是性别。以往多项研究表明如果男女的爱情基于友谊，则他们的爱情满意度高，拥有以友谊为基础的爱情伴侣，会认为他们之间更能相互理解，爱情也会更持久。整体来看，男性和女性在爱情方面的共同点多于不同点（Canary & Emmers-Sommer, 1997）。他们都能体验到不同类型的爱情，男女在每种依恋类型上所占的比例也大致相同（Feeney & Noller，1990）。男性一般比女性更为疏离，但差异相当小（Schmitt，2008）。平均而言，女性体验到的情感比男性更强烈、更多变（Brody & Hall，2010）。另一方面，男性往往比女性有着更为浪漫的态度体验。他们比女性更可能认为只要爱一个人就已足够，其他的都不重要（Sprecher & Metts，1989）。他们也更可能相信"一见钟情"式的爱情体验，他们往往比女性更快地坠入爱河（Hatfield & Sprecher，1986）。女性在爱情方面比男性更为谨慎；女性对爱恋的对象更为挑剔，更迟缓地感受到激情，她们将爱慕之情限制在适配价值更高的伴侣身上（Kenrick et al.，1990）。男性则往往不会这么严格地区别对待，比如男性一般来讲比女性更能接受随意的性关系（Hendrick et al.，2006）。（进化心理学和社会角色理论对此有不同的解释。）

男性似乎还更看重激情。男女两性都认同爱情应该温情脉脉、忠贞不渝，但男性相比女性认为爱情应该有着更多的激情（Fehr & Broughton，2001），也比女性更多地想到恋爱中的嬉戏以及性的方面。[①] 女性似乎比男性更加注重友谊中的亲密感，也会更多地关心她们的伴侣。的确，在爱情的三个成分中，激情与男性关系的满意程度有很强的关联，而忠诚则是预测女性满意度的最好成分（Nathan et al.，2002）。根据斯腾伯格的三角理论，男性所依赖的爱情成分随着时间的推移是最不稳定和最不可靠的。

另外，有学者指出双方擅长表达情感，彼此会对感情更满意。强壮寡言的男性或者古怪沉默的女性可能在电影中有吸引力，但在现实生活中，人们更喜欢敏感、灵活、具有一定人际交往技巧的人。[②]

其实诸多因素均会影响爱情满意度，比如关系的公平性、恋爱双方的人格特质、积极幻想、自我期待等。

**二、女性择偶心理**

（一）影响择偶偏好的因素

择偶是一种受心理、文化、社会影响的复杂现象，它是婚姻缔结以及家庭建立的前提。择偶是一个社会成员最重要的人生决策之一，选择一个合适的配偶影

---

① 开治中.爱情满意度与包容及情商的关系［J］.中国健康心理学杂志，2013（21）.

② 玛格丽特·W.马特林.女性心理学［M］.6版.赵蕾，吴文安，等译.北京：中国人民大学出版社，2010.

响着爱情质量和家庭幸福。择偶偏好即个体在择偶时更看重候选人哪些条件或者线索。影响择偶偏好的因素较多，主要包括生物学因素（体貌、年龄以及性等）、心理与行为因素（人格特征、性印刻、择偶情境与择偶策略以及面孔相似性偏好等）以及社会性因素（社会经济地位以及自身背景等）。

1. 生物学因素

体貌 有研究发现，女性偏好比自己身高高的男性。研究结果还发现男性偏好处于正常体重范围下的低腰臀比的女性。FLetcher 等（2004）采用迫选法让被试在成对的标准中进行选择（例如，外貌一般但热情、冷漠却具吸引力），结果发现吸引力因素是男性最为看重的。很早就有学者的研究结果发现，男性更偏好有身体吸引力的女性。国外学者的研究结果发现，当选择长期关系时，男性比女性更看重身体吸引力；选择短期关系时，男女性均选择有身体吸引力的异性，不存在显著差异。然而，最近国内学者的研究结果却发现，男性与不漂亮异性成为情侣的意愿显著低于女性与不漂亮异性成为情侣的意愿；男性与漂亮异性成为情侣的意愿显著高于女性与漂亮异性成为情侣的意愿。

年龄 Buss 等（1990）的跨文化研究表明，男性偏好比自己小约两岁半的女性，并且这个现象具有跨文化一致性。随后学者的研究结果表明年龄越大的男性希望他们的配偶年龄相应越小。Buss 等（1990）的跨文化研究结果发现，女性偏好比自己年龄大 3 岁左右的男性。

性 对性魅力的研究结果发现，男性和女性对其进行的重要性评定（0～3的等级评价）都呈现上升态势，但男性女性的这个差异始终保持不变，具有跨文化的一致性（Buss，1993）。然而，Buss 等（2001）的后期研究结果发现，相比于女性，男性更加看重女性性魅力以及婚前的贞洁性，但此结果不具有跨文化的一致性。

生理周期 排卵期女性对男性化特征明显的面孔偏好增强，研究结果发现女性在卵泡后期，即有较高受孕率时期，会更加偏好在体形上呈现男性化的男性，而在黄体中期，女性减弱了对男性体形上的这种偏好。Bressan 和 Stranieri（2008）的研究结果发现，在低受孕率时，女性偏好已婚的男性；在卵泡后期，女性偏好拥有男性化特征等"好基因"的单身男性；对单身女性而言，处于排卵期的她们更偏好拥有"好基因"指标的男性，这个与单身女性在短期择偶时的选择相似。

健康与疾病 "好基因"假设认为人们在选择配偶时往往偏好更健康的个体。Buss（1989）对 37 种文化的择偶偏好的研究结果表明，那些健康状况良好、家族无重大疾病史的个体备受欢迎，也有研究表明女性在择偶时偏好健康的男性。

但是在男性群体中，这种现象不存在。最近的一项研究对未婚女性进行调查，研究结果发现女性在信息板上做的择偶决策偏向健康状况这一线索。

2. 心理与行为因素

人格特征　人格特征主要有性格、品质、幽默感、诚实、社交性、体贴以及气质修养等。研究者认为择偶的关键成分包括人格，这可能因为人格成分能够体现人们是否愿意为配偶提供丰富的资源。

Buss（1993）等人的前期研究结果发现，相比于短期关系中，女性认为忠诚、有责任心、喜爱孩子等品质在长期关系中更重要。之前有学者的研究结果发现，女性往往偏好拥有可信赖、善良、成熟等品质的男性，而不太注重外貌。此外，女性还偏好男性的上进心、刻苦、可信任以及热情等人格特征，而男性则偏好聪慧、健康、善良、善解人意、孝顺、宽容的女性。

Fletcher 等（2004）采用迫选法让被试在成对的标准中进行选择（例如，外貌一般但热情、冷漠却具吸引力），结果发现男性更看重女性的活力，女性更看重男性的热情以及可信赖。有研究表明择偶对象拥有责任心以及良好性格是极其重要的。

Todosijevi 等（2003）研究发现，无论男性还是女性，真实、亲切、忠诚、健谈和可靠是他们最为看重的人格特质。还有研究者发现新婚女性和处于恋爱期的女性都认为男性的外向性以及开放性很重要；新婚女性也很看重男性的宜人性和尽责性。刘永芳等的研究结果发现，未婚女性在信息板上所做的择偶线索偏好表明她们优先考虑男性的性格以及责任心。

性印刻　父母偶像理论是弗洛伊德提出的，该理论认为人们在选择配偶时，是一种潜意识过程，往往会倾向于选择与自己异性父母（如男性选择类似母亲的配偶，女性选择类似父亲的配偶）比较相同的配偶。Bereczkei 等（2002）对性印刻做了大量的研究，在一项研究中，他将婆婆和儿媳妇、丈夫和妻子的照片两两匹配，结果发现婆媳之间的面孔相似性要高于夫妻之间的面孔相似性，因此认为男性采用童年时期印刻母亲的表型视为自己选择配偶的模板。Bereczker 等（2004）为排除遗传因素的影响，进行了后续研究，结果发现丈夫与妻子的父亲在面孔上具有较高相似性，养女从养父所获取的情感温暖越多，养父与养女丈夫的面孔相似性越高。其他研究者则从年龄、种族、眼睛颜色等面部特征出发，来探讨性印刻如何影响人类的择偶行为。Wiszewska 等（2007）的研究结果表明，从异性父母那边获得的情感会影响个体对潜在配偶的选择倾向，这与 Bereczkei 等人发现的结果一致。

择偶情境与择偶策略 Kenrick 等（1994）的研究发现，那些观看过有吸引力女性照片后的男性被试对其配偶的满意度评价比看过有吸引力男性图片的女性被试低。研究还发现，不论是短期择偶策略还是长期择偶策略，这些策略均会对被试的择偶造成影响。在选择短期性伴侣和长期配偶时，女性会有不同的要求。以往的研究结果表明，女性在选择短期性伴侣时，往往偏好具有"好基因"指标的男性（例如面部对称性、男性化以及高智商等），并且对诸如亲社会性、忠诚度以及社会经济地位等方面的要求会有所降低；女性在选择长期性伴侣时，往往偏好成熟、拥有较多资源、有上进心以及高社会经济地位的男性。随后的研究结果也表明，女性在短期择偶策略中，偏好强硬、傲慢且肌肉发达的男性；在长期择偶中，偏好聪明、热心且具有潜力的男性。

面孔相似性偏好 已有研究发现已婚的夫妇在面孔上会有一定程度的相似性，主要存在"选择观"和"趋同观"两种观点。"选择观"认为夫妻之面孔相似，是因为人们倾向于选择与自己面孔相似的异性作为伴侣，这种选择发生在婚姻关系之前。研究者对未成婚的个体给予了很多的关注，这些研究多以大学生为被试。黄云（2013）发现大学生交往的人往往是与自己吸引力相似的某些人。①

DeBruine（2004）的研究也发现被试对于自我相似面孔的吸引力评价得分显著高于非自我相似面孔；在对于同性与异性自我相似面孔的吸引力评价时，被试明显更偏好同性自我相似面孔。其他对于已婚人士的研究也证实了这一点，Hill 等（1976）的研究结果发现，人群中那些有许多特点相似的夫妻，比起那些没有相似点的夫妻会更容易在一起。Luo 和 Klohnen（2005）等人对新婚夫妇的研究发现，他们身上存在多种外表特征上的相似性。Humbad 等（2010）在对 1296 对已婚夫妇进行调查的基础上指出，在解释"夫妻相"的起源上，"选择"过程比"趋同"过程扮演着更重要的角色。

而"趋同观"认为是夫妻双方之间长时间共同生活以及饮食经历等，促使他们看起来有些相似，即日常所说的"夫妻相"。Zajonc 等（1987）的研究结果发现，夫妻相更多地存在于结婚多年的夫妻之间。学者 Little 等（2006）的研究发现，对已婚夫妇的年龄和吸引力方面评分时，他们的面孔得分相近。

3. 社会因素

社会经济地位 社会经济地位包括人们的职业、学历、能力才干、住房以

① 黄云. 两性间相貌相似对择偶及婚姻满意度的影响研究[D]. 南昌: 江西师范大学, 2013.

及家庭背景等。研究发现，这些因素会影响个体的择偶行为，社会经济地位因素对男女选择配偶时的影响程度不一样。研究结果表明，相比于男性，女性更偏好拥有高社会经济地位的男性，并且这个现象具有跨文化的一致性（Buss，1989）。随后的研究结果发现女性确实更看重男性的经济能力以及经济资源，而在选择长期配偶关系时，尤其看重男性的社会经济地位和挣钱能力（Wiederman，1993）。有研究采用迫选法让被试在成对的标准中选择自己的配偶，结果表明，对于女性而言，她们认为资源及地位更重要（Fletcher et al.，2004）。然而，有研究结果发现，女性随着自身社会经济地位的不断提高，会降低对在经济资源方面的要求。相比于女性，男性在择偶时，无论自己的社会地位高低、经济条件好与坏，都不看重配偶的经济资源（Eagly & Wood，1999；Townsend，1989）。然而，近年来的研究结果发现，男性对女性的经济状况的要求也在逐步上升。国内学者对1985—2000年男性择偶偏好变化的研究结果也发现，男性希望女性能够兼顾贤妻良母和事业两大角色，而不是传统模式的"男主外，女主内"（朱松，董葳，钱铭怡，2012）[1]。这些结果表明男性也越来越看重女性的社会经济地位。

自身背景　有学者的研究结果发现，处于非独生家庭的女性偏好具有"好爸爸"特质的男性，处于独生子女家庭的女性更偏好具有"好资源"特质的男性；随着家庭年收入的增长，女性对男性社会经济条件的偏好曲线呈现倒"U"形（田芊，2012）[2]。有研究发现，成功的女性往往偏好成功的男性，职场成功的女性也很重视配偶的经济能力（Buss，1989）。然而，相比于女性，男性在择偶时，无论自己的社会地位高低、经济条件好与坏，都不看重配偶的经济资源（Wiederman & Allgeier，1992）。研究结果还发现随着实验任务的不同，被试的选择也不同；女性在选择配偶时更看重男性的个性品质而不是性魅力（Scheib et al.，1997），高质量的男性偏好选择高质量的女性作为自己的配偶（Pillsworth & Haselton，2006）。

4. 有关两性择偶偏好的解释

（1）进化心理学认为，不同性别具有什么样的身份和什么样的择偶偏爱，是进化发展的结果。该理论假设男性因为孩子父权的不确定性，显然当一个孩子出生时，母亲可以肯定这个孩子是她的后代，而父亲却不能，只有自己的伴侣越

---

[1]　朱松，董葳，钱铭怡. 十五年来中国男性择偶标准的变化［J］. 心理与行为研究，2012，2（4）：614—621.

[2]　田芊. 中国女性择偶倾向研究［D］. 上海：复旦大学，2012.

忠诚，父亲才能越肯定这个孩子是自己的后代。所以对于男性而言最佳选择就是尽可能多地繁殖。因为女性的生殖能力是有限的，女性的生育能力会随着年龄增加而逐渐降低甚至丧失，而且女性每个月一般只排一个卵子，所以她们只能生育一定数量的孩子，加上母权的确定性，因此，最佳选择是让配偶来帮助她们抚养孩子。进化心理学认为，对生理上吸引的喜好是具有性别差异的。男性更倾向于选择有吸引力的伴侣，因为吸引力是健康和具备生殖可能的标志。这种观点认为，女性则更少在意男性的外表，而倾向于为孩子找一个好爸爸。①

该理论的问题是，女性的生育能力和外表吸引力之间没有绝对的关系。说明一个女性的生育能力的最好指标是她的生育经验。但是在现实生活中，对于大多数男性来说，有过婚史的女性并不具备吸引力。

（2）社会角色理论可以对择偶偏好问题提供解释。传统的社会分工假定女性具有养育天性，所以鼓励并支持她们扮演了养育者的角色，而大多数男性传统上被看成养家糊口的角色。因此可以看出传统的社会文化赋予不同性别不同的角色定位，婚姻模式中男女各就其位将是最理想的模式。当男女双方资源不够充足时，需要与对方互补来构建更加完善的生活，与传统刻板角色定位相关的品质变得重要，于是更强调男性的经济收入、地位和女性的养家能力。然而，当男女双方的资源已经充分时，他们会冲破传统性别角色定位的要求以及外在条件的束缚，而回归到寻找自身的需求上，更看重伴侣的内在品质，从而择偶标准不存在性别差异。

该理论存在的问题是，传统的角色定位使不同性别有了明确的分工，从而提高了生活的效率，但是这种性别角色的定位是否灵活、合理需进一步深入探讨。美国社会心理学家桑德拉·贝姆也反对传统的把男性气质和女性气质看成完全对立的两极的观点。她认为人是可以双性化的，也就是说人既有男性的特征，也有女性特征。因此对于不同的角色任务的完成，简单地依据生理性别将社会任务分配给他们，并不是完善的模式。如今，我们看到自身更多的资源，可以更充分地使用，而不被传统的定位局限。择偶的过程同样如此，当把限制的标准强加于对象身上时，也就限制了对方可能提供的资源。

（二）女性择偶的主要心理类型

从文明发展的角度来看，择偶标准有进步与落后之分，就具体个人而言，各

---

① 方刚. 性别心理学［M］. 合肥：安徽教育出版社，2010.

有适合自己实际需要的主次、轻重条件次序。男女择偶存在一定的差异，主要有两点：一是男性眼光向下，女性眼光向上；二是男性注重女性的相貌和性格，女性注重男性的才华、职业和经济条件。现实生活中女性的择偶会呈现个体差异，心理类型大致有以下几种（见表10-5）。[①]

表10-5　女性择偶心理类型

| 类　型 | 特　征 |
|---|---|
| 美满爱情型 | 她们择偶的目的，是要寻觅志同道合的、有共同语言的终身伴侣，在生活与事业中相互扶持、甘苦与共，全心全意地爱对方，同时自己也获得爱和力量 |
| 外在美型 | 如要求对方身材魁梧，英俊潇洒，既有模样、有口才，又有风度。究其原因，除了爱美、追求美的心理以外，主要是虚荣心在作怪。找个仪表堂堂的美男子，走到哪里，别人都会投来羡慕的目光 |
| 经济实惠型 | 这类女性有着强烈的物质需求，在选择朋友时，谁有钱、谁给的实惠多就考虑谁。家底欠丰、经济拮据人家的子弟，人品再好也不予理睬 |
| 注重品德型 | 这类女性择偶时，把男友的品德放在第一位，重才不爱财，重德不重貌。强调对方正直、诚实、善良、心胸广阔、求知欲强、有事业心等 |
| 归宿型 | 在择偶动机方面，最主要的就是寻求归宿，建立自己的小巢，以得到生活的安定、经济上的安定以及精神上的安定 |

对女性来说，很难找到两个择偶心理完全一样的两个人，也很难概括出适用于所有女性的择偶心理类型，以上列出的五种只能代表大多数女性的倾向。而且很多女性不会是典型的某个单一类型，很多时候是两个以上类型的混合。

### 三、女性恋爱中的特殊心理

1. 情感表达上的委婉含蓄

女性在恋爱过程中表达自己情感的方法一般比较含蓄委婉，不会直白示爱，即使是自己特别喜欢的人，一般也不会先表达，所以在现实中男追女的现象比较普遍。在交往中，当男性问女性是否爱自己时，女性大多数的回答是模棱两可的，这里面既有不确定的成分，也有羞于承认的含蓄。有时女性在表达意愿时是反向的，回答"不"的时候，内心却是愿意的。女性的这种用语言掩饰自己本意的表达方式，实际上是一种自我保护的心理，是自己内心道德规范的约束导致的行为选择。她们并不喜欢别人一语道破天机，如果男人自作聪明，直截了当地说破女人的心事，往往会引起反感。

---

①　黄爱玲. 女性心理学［M］. 广州：暨南大学出版社，2008：118-119.

2.情绪容易波动，对人对事十分敏感

常言道："女人的心，秋天的云。"青春期女性本身情感就十分强烈，这种冲动性和她们的生理发育特别是神经活动系统的兴奋过程强、抑制过程薄弱有一定的关系。而女性的情绪在恋爱中又会变得非常脆弱和敏感，少女喜欢把自己摆在爱情的中心位置，稍微感觉不被重视便会伤心，稍有不如意就会生气，会出现心烦意乱、不安、失眠等消极情绪，甚至怀疑对方对自己的感情。从心理学上分析，这是因为女性在男友面前又找回了小时候被父母所爱时对自己百依百顺的感觉，所以在和男友相处时，很少用理智约束自己的行为，完全听从情感的真实流露。少女在谈恋爱时对男友周围的人或事甚为敏感，如果对方身边经常有异性围绕，容易产生忌妒心理和敌意。这是由爱情的排他性导致的，加上女性对两人的关系还不是很信任，所以十分在意自己在对方心目中的位置，会不断地将自己和他人进行比较。

3.喜欢各式各样的爱的证实方式

女性在恋爱时，自尊心很强，常常向男方发号施令，认为如果对方爱自己，就应该心甘情愿为自己服务；在恋爱中还会提出许多怪问题，来考验男方对自己是否忠诚，喜欢男友经常用亲密的语言和温柔的举止来表达对自己的感情；女性有时还会有意无意地在男友面前向其他男性示好，目的是激起男友的醋意，或检验男友对自己的感情。恋爱中的女性具有一种轻微施虐的潜意识，有时会通过各种方式，引起恋人的疑惑、担心甚至痛苦，以获得被爱的满足。[①]

# 第二节　少女早恋心理与单身女性的心理

## 一、少女早恋心理

### （一）少女早恋的界定

早恋，也被称为青春期恋爱。从生理学的角度看，人的性意识发展分为无知期、朦胧期、敏感期和成熟期四个时期。我们常说的青春期正处于第三个时期——敏感期。这个时期正是人生的中学阶段，处于这个时期的青少年能够明晰地感觉到对异性的好感，愿意和异性相处，并出现一些特殊的心理感受，产生一些微妙

① 宋岩，崔红丽，王丽.男女有别的心理观察——女性心理学［M］.武汉：华中师范大学出版社，2008.

的行为变化。这就是人们常说的"早恋"现象，其实，我们将其称为"青春期恋情"更为准确。①

青春期是人生的黄金阶段，是个体从儿童过渡到成年，逐步走向成熟的中间阶段。女性进入青春期后，生殖器官逐渐发育成熟，身体外形变化很大。按照我国的惯例，12～18岁年龄段的女性被称为少女。所以一般把少女期的恋爱称为少女早恋，或女性青春期恋爱。

由于女性的生理成熟一般要比男性早2年左右，因此她们性意识的产生和发展也较早。随着女性月经来潮和体态发育，她们开始觉察到自己与男性越来越明显的差别，性意识逐渐觉醒。这种觉醒最初常会产生一种惶恐不安的情绪，并且在人前表现得羞涩、腼腆。随着性意识的进一步发展，由异性间的疏远期进入接近期，产生了接近异性的情感需要。② 从这个角度来说，少女早恋是女性成长发育到一定阶段的必然产物。

（二）少女早恋发生的原因

1.生理及性心理发展

少女正处在性意识发展的敏感期，处于这个时期的少女能够明显地感觉到对异性的好感，愿意和异性相处，并出现一些特殊的心理感受，产生一些微妙的行为变化。这和少女在青春期的生理发育是分不开的，在整个青春期以性发育为主，包括性腺、性器官、第二性征的发育，性功能逐渐成熟，在此基础上，出现与性有关的感觉、情感。从性心理角度讲，"青春期恋情"是少女生理与心理成熟的标志，是对性意识的明晰和体验的结果，是个体发展的一种现象。

2.情感需求

（1）对爱情的渴望

现在影视作品和文学作品有关爱情的故事特别多，爱情的崇高与美好会催发少女对爱情的渴望，于是她们有了与异性交往的渴望，有的模仿成人，有的受言情小说影响寻求浪漫和"纯情"，还有的在长期的交往中从真挚的友情发展成为爱情。

① 赵映春.对青少年学生"早恋"现象的对策研究与探讨[J].中小学生心理健康教育，2011（4）.

② 黄爱玲.女性心理学［M］.广州：暨南大学出版社，2008.

（2）对友情的需要

现在的孩子多为独生子女，而且都市生活多数较为封闭，少女们缺少年龄相仿的友伴，所以她们极度渴望友情，渴望与同龄人有更多接触的机会，寻找更多的生活乐趣。"单调孤单"的生活环境使他们强烈需要友情，需要朋友的关心和帮助。

（3）好奇从众心理

处在少女时期的女性有着强烈的好奇心，且容易受到同伴的影响，有很多少女仅仅是因为看见同班同学或者同寝室舍友"玩"得有滋有味，于是便跟着试试，常常弄得自己进退两难，既没办法让早恋进行下去，又影响了与同学的友谊。

（4）虚荣心理

有些早恋的少女并不懂得真正的爱情，也不懂得如何去珍惜、维护，最初只是想在同班或同寝室的同学中表现自己有异性追求，有男同学爱慕，以填补生活中偶尔泛起的空虚，给自己带来一些快感和满足感，在聊天时有闲聊的资本，使自己增加一点自信。少数学生甚至认为借此可以抬高自己的身价，证明自己的本事。

"少女早恋"的产生具有生理基础和心理基础，有一定的必然性，可能会比较青涩，但如果处理得当，并不会是洪水猛兽，反而会成为女性人生的美好插曲。

（三）少女早恋的危害

◀▶▶ 【资料卡10-1】15岁少女怀孕三个月，"早恋"引发诸多社会问题

最近一段时间，单身母亲周女士六神无主、欲哭无泪，因为她那正读初中的15岁独生女儿婷婷（化名），前不久经过医生检查，被确诊为已有近3个月的身孕！据周女士说，她与前夫已离异多年，婷婷经法院判决由她抚养。前不久，她发现婷婷有早晨空腹作呕的现象，起先以为是着了凉，随便给她吃了点药，也没往心里去。但随着时间的推移，婷婷的呕吐现象越来越严重，她实在不放心，就强拉着孩子到医院检查，检查结果一出来，她差点没当场晕过去：婷婷已有近三个月的身孕，医生建议让她快做"人流"，否则时间一长，麻烦就大了。

回家以后，她盘问婷婷究竟是怎么回事。婷婷哭着说了事情的经过。因为平时爱看言情电视剧和言情小说，婷婷从去年开始就发现自己对男生注意自己的目光特别敏感，也经常萌发要与男生接近的冲动。在上半年的一次活动中，她认识了一名高一男生，当时感觉他特别"帅"，那名男生也很喜欢她，两人就经常互

发短信，再以后就发展到每天一起上学、一起回家。有一天，那名男生将她送到家门口，提出来要到她家玩玩，她就答应了。进屋以后，男同学一把抱住她，她也感觉到很激动、很幸福，后来就发生了"那件事"，从那以后，他们还有过好几次这样的接触。对于可能发生的后果，婷婷哭着说，她"根本就没有想到"。

周女士说，发生在女儿身上的事已经无可挽回，她会听从记者的劝告，将这件事妥善处理好。但是作为母亲，她希望记者通过媒体代她呼吁：全社会都来关注中学生的"早恋"问题，不要再让类似的悲剧反复上演！

少女年龄小，自制力差，不能理智地控制自己的感情，恋爱中极容易出现问题，甚至会遭受精神痛苦，影响学业，严重的会改变一生。

1. 影响学业和前途

一般而言，单纯的少女一旦坠入情网，便会花大量时间谈恋爱，浪费大好青春时光，严重地影响学业，甚至会毁掉美好前途。值得注意的是，女性早恋对智力发展的损伤胜于男性。德国心理学家克奥娜写道：初恋在少女的情感生活上有极大的力量，常妨碍到才智，少女的其他一切目的和兴趣都为它而牺牲殆尽。

2. 早恋失败抱恨终生

早恋少女有的只是纯友谊，互相帮助；有的是爱慕虚荣，为有男友而自豪；有的是觉得寂寞，找个男友陪伴说话，上下学保驾，节假日陪玩；还有的是为了追求物质享受等；有的因早恋燃起了最纯真的爱火，一旦失败，怨恨终生。

3. 偷吃"禁果"尝苦果

坠入爱河的少女情到浓时，往往失控不顾后果，偷吃"禁果"，以致恋爱中多次受孕、堕胎，身心俱损。

4. 误入歧途

有的少女早恋失贞并不幸遭遗弃之后，受伤的心灵便可能被扭曲，充当有妇之夫的情妇，有的卖淫赚钱，走上犯罪道路。[①]

（四）少女早恋的引导

在现实生活中，有的家长和教师不能正视青春期的异性交往，采取压抑和堵塞的办法被动应付。少女不仅得不到及时的正面指导，反而会遭受来自各方面的误解和责备，在巨大的精神压力下，就有可能产生被动的早恋。正如心理学上所说的"罗密欧与朱丽叶效应"，越是得不到的东西就越想得到，越是不让知道的

---

① 赖小林. 青春期少女早恋分析［J］. 中国健康心理学杂志，1999（7）.

东西就越想知道。理由不充分的禁止反而会激发人们更强烈的探究欲望，所以这时候要对她们进行正确的引导。①

两性爱慕是青春期身心发展的正常现象，早恋的情感往往不能公开，只有进行耐心的诱导、教育和帮助。

1. 不支持，不反对

少女出现这样的情况是可以被原谅的，因为在那样的年纪，与其说是"早恋"，还不如直接地说是一种好奇，一种仰慕，一种很自然、很亲近的接触。就因为被阻碍、被责怪、被误会，有时候本来是很平淡的友情，都被扣上了"早恋"的帽子。

2. 先理解，后引导

当发现有些男女学生之间交往密切时，一定要先分清他们之间的交往是一般交往还是恋爱。事实上许多男女学生间的交往只是正常交往，并无恋爱动机，如果对他们胡乱猜疑，横加指责，动不动就扣上恋爱的帽子，反而会弄假成真。但如果发现他们确有恋爱现象，教师一定要冷静、慎重地对待他们，理解他们的纯洁情感，尊重他们的人格，帮助他们具体分析恋爱的原因，指出他们恋爱的盲目性，教育他们正确认识恋爱对学习和进步甚至身心带来的影响，帮他们树立正确的性道德观念及远大的理想，引导他们把兴趣放到学习、生活中来。

3. 陪着孩子走一程

"早恋"不单纯是孩子的问题，整个家庭都要在这个过程中深思和成长，在孩子没有长大，还没有能力处理自己遇到的矛盾时，父母和老师应该及早发现和引导。

"早恋"并不可怕，可怕的是孩子身边的亲人特别是父母不知道怎么对待和疏导。要学会用一颗平和而包容之心接纳孩子发展的需要，要根据孩子的情况因势利导，而不是指责和怀疑，让孩子相信自己的爸爸妈妈和老师，相信爸爸妈妈和老师能够帮助他们轻松走过这一个时期。在这个时候，对孩子的信任是良好家庭关系最好的基石。聪明的父母会在孩子建立恋爱关系时，适时引导和帮助孩子，让孩子懂得什么是爱，该怎么去爱，以及什么是责任，让孩子明白和懂得爱一个人就要为了彼此共同的目标而奋斗的道理，而不是简单地稀里糊涂地爱。遇到问题，作为父母和老师不能"堵"只能"疏"，这也是作为父母和老师需要学习和面对的。在孩子还没有长大和成熟时，能够陪孩子一起成长也是一

---

① 黄爱玲. 女性心理学［M］. 广州：暨南大学出版社，2008.

件其乐无穷的事。①

## 二、单身女性的心理

（一）单身女性的特征

数据表明，单身女性比已婚女性更有可能外出工作（Bureau of Labor Statistics，2004c）。很多单身女性受教育程度很高，有自己的事业。很多单身女性之所以选择不结婚，是因为她们没有找到理想的伴侣。比如，《时代周刊》调查了 205 名未婚女性，其中提到一个问题：如果你找不到合适的人，你会不会随便找个人结婚呢？只有 34% 的人回答她们会选择一个离理想比较接近的人结婚。另外一些女性保持单身是因为她们觉得很难有幸福的婚姻。

调查表明，在关于心理问题的测试中，单身未婚女性和已婚女性的分数一样高（Marks，1996）。在有关独立性的测试中，单身女性比已婚女性得分要高。但在自我接受的测试中，单身女性比已婚女性得分低（Marks，1996）。另外一些调查显示，单身女性和已婚女性的寿命差不多，都比离婚女性活得长（Fincham & Beach，1999；Friedman et al.，1995）。

总之，单身女性通常自我调适得很好，她们对这种单身状态一般很满意。一方面，她们可以根据个人喜好做自己想做的事情。和已婚女性相比，单身女性更容易将时间用在休闲、旅游和社会交往上（Lee & Bhargava，2004）。另一方面，单身女性觉得自己有更多的隐私，她们想做自己就可以做自己，不会冒犯到别人。而且通过学着和自己单独相处，她们对自己有了更高程度的自我认知（Brehm & Millea，2002）。

调查中被问到单身的坏处时，她们通常会提到孤独（Whitehead，2003）。她们在以家庭为主的社会处于劣势地位。我们的文化似乎认为，社会上的女性如果单身就是不正常的。但是，大多数单身女性建立了包括朋友和亲戚的社会关系网。很多人和室友同住，共同分享快乐、悲伤和沮丧情绪。总之，单身女性通常会建立起关心她们的社会联系系统。

（二）社会对单身女性的态度

和过去相比，现在单身得到了人们更多的尊重（Baca Zinn & Eitzen，2002），

---

① 赵映春.对青少年学生"早恋"现象的对策研究与探讨［J］.中小学生心理健康教育，2011（4）.

原因之一是现在女性更可能保持单身，部分原因是受过高等教育、经济自立的女性数量的增多（Whitehead，2003）。而在1970年，25～29岁的女性中，只有10%的人未婚，2003年却达到了40%（DeFrain & Olson，1999；U.S. census Bureau，2005）。

◀▮▮▶【资料卡10-3】人们对单身女性的态度

假设有朋友邀请你去参加她的家庭聚会。她给你简单介绍了即将出席的亲戚，说到美琳达的时候，她说："我不是很了解她，但是她已经快40岁了，还没结婚。"根据以上描述，设想一下美琳达的性格。

根据以下列表中的个性特征，将她和同年龄段的女性做个比较。判断美琳达的这些个性是否表现得更明显（若是不同用M表示，若相同就用S表示，若不明显用L表示）。

_____友好

_____专横

_____聪明

_____孤独

_____没有条理

_____有魅力

_____温和

_____幽默

_____擅长沟通

_____不快乐

_____女权主义者

在你的回答中是否能发现某种模式？

你是如何回答的呢？同时，回想在你成长过程中听到的人们对一直未婚的女性的议论，单身女性受到的同情和指责通常比单身男性多（DePaulo & Morris，2005）。比如，单身女性说她们在餐馆不像已婚女性那样受尊重和得到良好的服务（Byrne & Carr，2005）。调查表明，大学生对单身女性的描述是孤独、羞涩、不幸福、不安全和不灵活。但同时大学生也认为单身女性是友好的、好相处的，所以大学生承认了她们的一些好的方面（Bella，DePaulo & Wendy Morris，2005）。

**【拓展阅读 10-1】剩女现象**

近年来，"剩女"问题在各大媒体和受众的热议下，已经越来越引起社会各界的关注。除了各大媒体分别在不同的栏目中关注"剩女"问题外，政府也开始进行积极引导。例如，2007 年 8 月 16 日，在教育部和国家语言工作委员会联合发布的《2006 年中国语言生活状况报告》中的 171 个汉语新词中就有"剩女"一词，并对其词义作了相应界定；连续 5 年旁听 4 省"两会"的 67 岁退休教师李淑龙建议应重点关注"剩男剩女"问题。这都说明"剩女"问题作为一种新的社会现象已经客观存在，应当也必然成为当前需要关注、研究和解决的社会问题。所谓"剩女"就是指现代都市女性中拥有高学历、高智商、高素质、高收入、好身材、好长相，但因择偶要求较高，而错过"黄金婚龄"，在婚姻上得不到理想归宿的大龄未婚女青年。在互联网上，人们按照年龄把剩女分为五级（见表 10-6）[①]。

表10-6　"剩女"五级分类表

| 剩女级别 | 年龄段 | 网络别称（或戏称） | 择偶现状 |
|---|---|---|---|
| 初级剩女 | 25～27岁 | 剩斗士（圣斗士） | 还有勇气继续为寻找伴侣而奋斗，择偶机会较多、范围较广 |
| 中级剩女 | 28～30岁 | 必剩客（必胜客） | 择偶机会已经不多，且忙于事业，无暇寻觅 |
| 高级剩女 | 31～35岁 | 斗战剩佛（斗战胜佛） | 在残酷的职场竞争中存活下来，虽依然单身，但择偶标准不降 |
| 特级剩女 | 36～45岁 | 齐天大剩（齐天大圣） | 事业有成，收入稳定，但择偶范围更小，机会更少 |
| 超级剩女 | 46岁及以上 | 剩者为王（胜者为王） | 功成名就，但找到单身未婚理想男性为伴的机会渺茫 |

（三）大龄未婚女性存在的原因

1.社会原因

（1）择偶梯度的影响。我国传统的择偶观念是"择偶梯度"或者说"男高女低"的择偶模式。虽然今天女性不再靠"嫁个好老公"才能获得生活保障，但是漫长的社会变迁中形成的择偶观念还是根深蒂固地影响着人们的生活。在我国，一般男性在择偶时要找各方面条件比自己差一些或基本相当的女性，不然结婚后在家里就没地位；相反，女性在择偶时一般要找各方面条件比自己好一些或基本相当

---

① 张亚军. 我国剩女的社会学思考［J］. 山东女子学院学报，2011（2）.

的男性，不然自己就会觉得心里不平衡，面子上过不去，认为自己屈尊"下嫁"了。而城市适龄青年中有不少女性无论工作、生活、家世和社会地位都已经很高了，所以再按"男高女低"的择偶模式去选择对象，可供其选择的适龄男性就成了凤毛麟角，而相当条件下的男性的选择范围则很广泛。[①]

（2）社会变迁。第一，新中国成立以来，特别是改革开放以后，我国女性已普遍参与社会生产生活的各个领域和环节。为了得到好的职业和工作岗位，她们不得不提高学历和素质，这使得女性在经济上获得独立，不必依靠婚姻获得保障，减少了女性对男性和婚姻的依赖程度，使得她们有更自由的选择权。[②]同时，为了在激烈的职场竞争中立于不败之地，她们大多数时间在紧张地工作，没有时间和精力投入谈情说爱、谈婚论嫁上。再加上城市社会的疏离性、城市交往的匿名性和短暂性，都使得城市适龄女性的择偶半径缩小、恋爱时间缩短，使得那些渴望爱情和家庭的适龄女性不得不单身。[③]第二，经济上的独立必然导致女性需求层次的提高。马斯洛的需求层次理论指出，人的需求是分层次的，人自身是不断发展的。当低层次的需求满足以后，满足高层次的需求就成了行为的驱动力，在女性满足了生理和物质的需求后，高一级的需求——归属和爱的需求，以及尊重和自我实现的需求必然成为女性追求的新目标，"剩女"的择偶和婚姻观念也必然体现出需求层次的提高，对配偶和家庭生活的质量要求高于一般女性，不仅要求比较匹配的经济条件，对情感和综合素质的要求也不放松。[④]第三，改革开放以来，婚姻观念的多元化影响剩女的出现。改革开放以来，中国人传统的婚恋观和婚恋方式被打破。另外，良好的教育赋予了她们强大的知识力量，越来越多的女性成了社会各行业和领域的骨干和精英，具有较高的社会地位。独立的经济和人格，使得她们不再把婚姻当作生活的重要依靠，她们通过自己的努力营造属于自己的天地，其中不少人在"黄金婚龄"期时陶醉于自己的"单身贵族"生活。[⑤]

2.主观原因

（1）择偶条件过高。年轻女性择偶十分注重对方的个人背景条件和综合情况，

① 张亚军.我国剩女的社会学思考［J］.山东女子学院学报，2011（2）.
② 高修娟.剩女难嫁的社会学解读［J］.北京青年政治学院学报，2011（1）.
③ 张亚军.我国剩女的社会学思考［J］.山东女子学院学报，2011（2）.
④ 高修娟.剩女难嫁的社会学解读［J］.北京青年政治学院学报，2011（1）.
⑤ 张亚军.我国剩女的社会学思考［J］.山东女子学院学报，2011（2）.

无论是事业、经济、学识、地位，还是外貌、举止、人品、性格等，都要求至少与自己"大致相当"。另外，受传统文化的影响，很多人还有着较强的"梯度选择偏好"，即采取"女不低就"的择偶模式，择偶条件往往比较高。

（2）爱情完美主义者。很多女性青年受文学、影视、艺术作品的影响，对婚姻有着虚幻的期望以及过分的追求，遇到一些"瑕疵"便感觉不对或没感觉了，甚至认为恋爱、婚姻如果不能实现王子和公主幸福快乐生活的童话故事，便是不能容忍的婚姻。很多女性为了追求这种感觉，坚信属于自己的缘分还没有到，久而久之便形成了"随缘"的想法。另外，还有一些女性在心中先描绘了一个完美的特定对象，认为这样的特定对象人世间只有一个。这部分女性之所以被"剩下"，主要是因为想要一份期待的爱情，而完美的爱情却往往可遇不可求。

### 【案例 10-1】朵朵眼中的完美男子

朵朵今年28岁，供职于一家外资企业，漂亮温柔，喜欢追求有情调的生活，是个标准的"小资"。朵朵从大学时代就憧憬一场轰轰烈烈的爱情，但看着就要奔30岁了，却还是单身状态。朵朵身边的追求者众多，却还是"找不到最适合的另一半"。她的说法是："对物质条件要求不是很高，但要有感觉。"但现实往往是，有钱的没品位，有品位的没钱；自身条件好的，工作不怎么样；工作好的，自身条件欠佳；整体符合要求的，个子又太矮；一切都符合了，但又找不到共同话题。当朵朵结束了一段恋爱之后，对男士更为挑剔了，相亲的时候听完介绍人的简单描述，只要感觉其中某一条与自己的爱情理念冲突，立马就回绝了。

这个案例中朵朵认为自己的择偶标准不高——要有感觉，但从实际情况来看，朵朵的要求很高，也就是说朵朵有追求完美的倾向，她只对"完美的男人"有感觉。可世界上哪有完美的人啊？这大概就是朵朵至今单身的原因吧。

（3）事业心过强。高学历的女性有比较扎实的事业基础，一般有强烈向上的事业心，她们将太多的精力投放到事业发展上，以致机会常常擦肩而过，贻误择偶佳期。有的甚至把事业和感情对立起来，认为婚姻是事业有成的障碍，必须等事业有成后再谈婚姻。而当事业有成后，在年龄以及各方面适合的对象变少，也致使择偶面变窄。

**【案例 10-2】若晓的择偶条件**

　　若晓长得漂亮，很有气质，作为市内一家写字楼的经理，可以说事业有成，才貌双全，可是 31 岁的她却一直单身。若晓说她经常想起大学那会儿，宿舍楼下曾有男生深情地呼唤她的名字，甚至还有多情浪漫的鸿雁传书，可是为了学业，若晓一直没有理会，然而不知从什么时候开始，身边的男子渐渐变得少了起来，从她考上博士开始？还是从她扑向工作开始？若晓很纳闷，自身条件很不错，而且对男方的要求也不高，她只希望自己的另一半比自己年长 5 岁左右，学历要跟自己大致相当，要有自己的事业，有爱心、责任心，等等。可是这样年纪、这样条件的男人，早就被女人们抓去做丈夫了，身边可以和若晓匹配的男子越来越少。

　　直到去年同学聚会，她才发现那些不如她漂亮、不如她能干的昔日同窗，个个挽夫携子小鸟依人地作幸福小女人状，若晓才蓦然发现：自己已然成了剩下来的那个。

　　（4）婚姻恐惧，害怕亲密关系。某些女性自幼看到自己的父母婚姻不幸，常年经历着父母婚姻不幸的家庭悲剧，对自己建立亲密关系感到不安，没有信心；或者在处理亲密关系时不自觉地采用了曾经看到的父母的处理方式，因此不相信自己有能力建立美满的婚姻，而采取逃避的方式。

　　（5）独身主义。有的女性信奉独身主义而错过恋爱的最佳时期，进入大龄未婚女性的行列，信奉独身主义的女性认为结婚会背上沉重的家庭负担，生儿育女，照顾丈夫，没完没了的拖累与操心，因此倒不如独身，一个人轻松地生活。

　　（6）缺乏爱的能力。所谓爱的能力，是指爱自己的能力、爱他人的能力以及被爱的能力。有些女性不知道如何去爱，如何交往，为了"爱"完全丧失了自我；有些女性为了保护自己不受伤害而不愿付出情感；还有一些女性过于强势和控制欲太强，无法接受别人的感情与爱的表达，认为接受了便显出自己的弱小与无能。

　　（7）恋爱问题。有的女性经历了失恋，受到了心理创伤，受不了打击而得出极端的结论，如不再相信爱情、不再相信男人、选择独身等。有的女性沉迷于不可能有结果的爱情而不能自拔，比如与已婚男士的恋爱。另外，有些女性的迷恋属于单恋，跳不出自己设置的圈套，很难从这份情感中摆脱出来。

（四）大龄未婚女性的心理状态

## 【案例 10-3】樱子的孤单

今年 29 岁的樱子是武昌一家科技公司的技术人员。因为长期处于流动的生活状态，她也没能收获稳定的恋情。面对父母的唠叨，樱子已经开始具备"免疫力"，而社会对大龄青年的宽容，也不会让她产生压力。可前不久的一次高中同学聚会，却让樱子尴尬万分，让她坚定了加快恋爱进程的想法。

樱子在武汉的高中同学有 11 人，其中 9 人已经成家，7 人的孩子已经出生，还有 2 人的孩子即将出生。在同学聚会上，大家话题的重心发生了重大偏移，三年前的聚会，大家还在谈月薪、谈工作、谈罗曼史，而如今，所有的话题全部都是诸如"你的奶水充足吗？你孩子晚上闹不闹？孩子吃奶乖不乖？你用什么牌子的尿片？"一桌人兴高采烈地讨论，樱子只好在一旁像小学生一样乖乖地倾听，一边点头一边傻笑，却一句话都插不上。和樱子一样落单的，还有班上的一名"海龟男"，两人都极有默契地保持缄默。等大家讨论结束后，话题的重点便开始落在樱子和"海龟男"身上。大家纷纷好意劝说："不小了，要抓紧啊。眼光太高了可不行。"两人只好边苦笑边点头。同学会在热闹的氛围中结束，可樱子内心却倍感孤单。她深深地觉得，自己和同龄人之间无形的差距正在拉开，自己完全赶不上趟儿。

以上案例中的大龄未婚女性因为暂时没有找到合适的恋爱结婚对象，而产生了消极的心理反应。现实生活中，有些大龄未婚女性能够正确对待自己的个人生活问题，并且以积极的态度去面对个人的生活。但有些大龄未婚女性，逐渐产生了一些消极心理，主要有以下几种表现。

1. 防卫逃避心理

有些大龄未婚女性对恋爱婚姻产生一种防卫逃避心理。她们不喜欢别人问自己是否结婚，不喜欢别人问自己有无对象，不喜欢别人问自己何时结婚，不喜欢别人问自己多大年龄。她们常常回避别人谈及恋爱、婚姻与家庭的事情，害怕参加别人的婚礼。逢年过节，她们不愿意探亲访友，怕别人问及自己的个人生活问题是否解决。

2. 自卑心理

有的大龄未婚女性由于恋爱的挫折而产生自卑心理，认为自己年龄大了还没成家是件不光彩的事，是剩下的人了，没有人要了。其实自卑这种心理问题的出现，很大程度上是社会舆论强加给剩女的，就像"剩女"本身这个称呼一样。她们往往是因为不堪忍受周围人的议论，或以关心的口吻询问自己的婚事，而对自己悲观失望，进而出现自卑、抑郁、焦虑的心理问题。

3.焦虑、抑郁状态

担心青春不再、容颜逝去，来自父母的压力、社会的偏见以及自己制定的僵化的不切实际的标准的束缚，都让大龄未婚女性长期处于慢性的焦虑、抑郁状态中，这对其身心以及生活、人际交往都存在着很大的危害。

有的大龄未婚女性由于青春年华已过，由于种种原因，爱情迟迟没有到来，对自己的婚姻大事产生悲观心理，认为自己站在爱情的"死角"里，爱情的阳光难以照到自己的身上。

4.孤独感

有的大龄未婚女性产生麻木心理，她们认为反正晚了，就这样吧。对自己的婚姻大事反而不着急了。她们的爱情心扉处于关闭状态，甚至"十扣柴门九不开"。有的大龄未婚女性逐渐产生一种孤独感，不愿参加集体活动，不愿参加社会活动，喜欢一个人看看书，或一个人到公园、河边、湖边散步。不愿在婚姻问题上采取主动态度，因为害怕别人的询问而常常将自己关在个人的小天地里，交际范围十分狭窄。

5.强烈的爱情需要

有的大龄未婚女性产生强烈的爱情需要，她们急切地要求解决个人的生活问题，她们对异性特别是未婚异性很愿意接受，也很敏感，有时会把对方吓跑。有些女性在与尚未确定是否合适的对象交往中，因为害怕失去总是急于得到一个确定的答复，以致寝食难安。

6.升华

有的大龄未婚女性看到自己青春年华已过，把自己的一切寄托在事业上，发奋工作，企图在事业的成功中寻找快乐，得到宽慰。

（五）大龄未婚女性的心理调适[1]

1.调整心态，正确对待迟来的爱情

大龄未婚女性要正确对待迟来的爱情。秋菊之媚并不逊于春桃之艳，迟开的

---

[1]　黄爱玲.女性心理学［M］.广州：暨南大学出版社，2008.

桂花正因为开得迟，所以花开也就经得久。因此也有人把大龄未婚者的心理反应称为"迟桂花效应"。大龄未婚者由于年龄较大，社会阅历丰富，处理爱情问题较理智，因而相对来说缺少一点爱的激情。每个人都会在情窦初开之时在心目中编织自己理想爱人的形象，但是现实生活中出现的异性与自己的偶像相近或一致的机会实在难得。

一般来说，幻想中的偶像越是完美、越是崇高、越是完善，那么它与现实生活的距离就越大。这种追求"完人"的心理，常常使她们错过很多机会。有些女性常常难以承受大龄未婚所带来的心理压力不得不降低要求，找一个不很理想的对象过一辈子，这种人的内心非常痛苦。她们实际上是从绝壁跌到了深渊。有这种心理的大龄未婚者，必须改变"凑合"思想，要从长远的家庭幸福的角度考虑问题。与其拥有不如意的婚姻，还不如一个人自由自在地过一辈子。

2. 积极创造条件，善于捕捉爱情

耐心等待，积极创造与异性接触、了解的条件，并善于捕捉机会，是克服将就心理的良方。对于有过恋爱史的大龄未婚者来说，特别要注意克服前瞻心理。随着恋爱次数的增多，头脑中具有的恋人形象也增多了。这些恋人各方面条件的比较与冲突的机会也就相应增加了，自然容易产生前瞻心理。这有点像到商店挑选商品，挑来挑去总不满意，甚至觉得一个比一个差。

大龄未婚女性的婚姻问题已经得到社会的重视，很多地方成立了婚姻介绍所，现在还出现了纸上相亲、照片相亲，即很多大龄未婚者的父母把自己子女的条件写在纸上并写出对对方的要求，然后聚集在某个比较繁华的公园里把它张贴出来，希望通过这种形式帮助子女找到合适的对象。

大龄未婚女性，要充分、及时利用各种机会，获得认识异性的更多机遇，要善于利用各种媒体中介机构或亲朋好友介绍平台，扩大自己的社交范围，寻求自己的幸福；社会也应积极创造条件，为广大未婚女性搭桥牵线，帮助大龄未婚女性解决她们恋爱中的困难。

不管是采用何种形式帮助大龄未婚女性，我们都要理解未婚女性，我们都要理解她们的心态。她们中固然有因择偶标准不正确而错失良机的人，但更不乏有志有为的人。造成这一社会问题的原因是复杂的，有历史的，有现实的，有自己的，有他人的，还有观念上的，所以不能笼统对待，全社会既要关心她们，又不要干涉她们的自由，让她们有一片自己的土地，在适宜的气候中该开的花总是要开的。当然真正的救星还是大龄女性自己，如果自己束缚自己，自己剥夺了自己爱与被爱的权利，那么只会让生命之树过早地枯萎。

# 第三节　失恋心理与丧偶心理

## 【案例10-4】何同学的失恋

何同学，女，大学四年级学生。与一男生相恋三年，感情较好，一直沉浸在爱情的甜蜜之中。可近日，男友突然以爱上别人为由提出分手，何同学觉得男友的话犹如晴天霹雳，撕碎了自己的心。她在感情上根本无法接受这个残酷的现实，处于痛苦、彷徨、失望和无助之中不能自拔、意志消沉，感觉自己的人生失去任何意义，甚至动过自杀的念头。

## 【案例10-5】彤彤的报复心

彤彤自诉：我与男友同事两年，相恋一年，彼此比较了解，而且快到谈婚论嫁的地步了。可现在，因为男友受不了我的脾气而分手了，但我还是很爱他。我们现在还是同事，每天都得见面，看见他，我心里很难过，总是放不下他。但他在我们刚分手那天，就和单位另外一个女孩儿传出了绯闻，我觉得他们早就好上了。我心里很不甘心，所以想报复他。

有恋爱就有可能有失恋，失恋会给女性带来挫折感，可能会产生以上两个案例中主角的类似消极情绪。但人不能长期沉浸在这种消极情绪中，这就需要我们深入了解女性失恋心理及其调适方法。

### 一、失恋心理

失恋，从心理学角度来说是恋爱中最严重的挫折之一。失恋者常常陷入紧张消极的心理状态，内心感到痛苦和焦虑、忧伤和愤怒、彷徨和惆怅，甚至茶不思、饭不想、精神不振，以致影响身体健康和学习效率。从上述两个案例中我们可以感受到失恋对女性而言无疑是一次重大的打击。女性往往比男性更向往爱情，对爱情有更多美好的期待，所以失恋的女性心理上往往会在短时间内失去平衡。在情绪受到破坏、身心受到折磨的情况下，往往使大脑调节处于一种应激状态，容易导致内分泌系统功能异常。如果失恋的女性没有进行很好的调适，长期处在失衡状态，会严重地影响人的身心健康，有些女性甚至因为失恋而放弃自己美好的人生。女性失恋后的心理大体有以下几种。

（一）女性失恋后的心理状态①

1.绝望心理

这是失恋所带来的一种极端心理反应，尤其当处于热恋中，其中一方被另一方拒绝而分手时，这种心理表现就格外强烈。失恋女性心里很难平静，这时她们可能将自己与外界隔离开，以保护自己免受更多的伤害，甚至可能发誓以后不再恋爱，对爱情绝望。

2.自卑心理

女性对他人关于自己的评价以及自我评价比较敏感。失恋使女性对自己的人际吸引力产生了极大的怀疑，怀疑自己没有能力吸引别人，也没有能力再去爱人。女性在恋爱中大多居于中心位置，处处受到男友的呵护和宠爱，自我感觉甚好。而当恋爱失败时，自尊心和自信心大受打击，容易产生自卑心理，开始重新给自我定位。

3.报复心理

这是女性激情犯罪的一个常见起因。失恋后，有的女性失去理智，把自己的痛苦全部归因于对方的抛弃，认为对方对不起自己，对于男友中断恋情的行为，不能理解和接受，对男友的人品等产生憎恶和仇恨的情绪，强烈的爱被转化为极度的恨，因此产生报复心理。自己不好过，也不能让对方好过，特别是当一方不道德而导致失恋或恋爱进程明显受他人阻挠时，更容易使当事人产生报复心理。

4.悲愤、消沉、渺茫心理

一些女性容易将爱情视为生命中最重要的事情，失恋会让她们大受打击。一旦失恋，学业、前途都不顾，终日沉浸在痛苦中，对往事点点滴滴的回忆，对曾经一起的快乐日子的留恋，触景生情时的悲伤，得到而又失去的温暖和幸福，都让女性备受折磨。有的女性甚至长期沉浸在消极情绪中，变得性格古怪，使人难以接近；有的人对自己的行为不加约束，放纵自己，借酒消愁，对他人的关心不予理解，严重的甚至导致精神分裂症；有的人什么都不考虑了，觉得人生毫无意义，消极对待生活和工作，做什么都没有兴趣。

5.一了百了的自杀念头

有些女性一旦恋爱，就会全身心投入爱情中，和现实世界脱离，失去了自我，甚至有些退化到失去了基本的生活能力，像小孩一样依赖父母。这样的女性最危

---

① 程玮，周蓝岚. 女性心理学概论［M］.北京：科学出版社，2015.

险，因为一旦恋爱失败，就会觉得天塌地陷，无法生存，不能再独立地生活，极易走上轻生之路。

6. 反常消费、反常饮食心理

有些女性，平时很节俭，而一旦遭遇失恋，则一反常态，大肆消费，买一些不需要的高档时装或高档食品等，花很多钱去美容或美发等。有的女性恋爱的时候，很注意饮食，很害怕身材走样，严格控制饮食，一旦失恋，就会暴饮暴食。无论是反常消费还是反常饮食，其目的都是以此来发泄自己内心的痛苦与烦恼，把加大消费和饮食作为发泄内心积郁的方法。

（二）失恋的心理调适[①]

失恋者精神遭受打击，被悔恨、遗憾、急怒、惆怅、失望、孤独等不良情绪困扰，可以选择一些合理的措施进行宣泄。

1. 合理宣泄

女性朋友可以闭门痛哭一场，因为痛哭作为纯真感情的爆发，是一种自我保护性反应，能释放积聚的能量，排出体内的毒素，调整机体的平稳；可以找一些好朋友，尽情发泄苦闷，获得朋友的理解和支持，并听听她们的劝慰和评说，这样心情会平静一些；还可以用书面文字如写日记或书信把自己的苦闷记录下来，或给自己看，或寄给朋友看，这样便能释放自己的苦恼，并寻得心理安慰和寄托。另外，体育锻炼和文化娱乐活动也能消除心中郁结，有助于消除失恋带来的心理压力，及时恢复心理平衡。

2. 转 移

失恋者可以把注意力分散到自己感兴趣的活动中去，如看电影、听音乐、听演讲、交流等活动，都会充满慰藉，因为活动本身就在冲淡心中的郁闷。恩格斯曾因失恋而心灰意冷过，后来他去阿尔卑斯山脉旅行，峻伟的山川，广阔的原野，使恩格斯大为感慨。世界如此宏大，生活如此美好，自己的痛苦只不过是沧海一粟而已。

3. 自我安慰

有时，失恋者可以适当运用挫折合理化心理做感情转移。一种常用的方法是"酸葡萄"心理，即为了缩小或否定个人求而不达的目标，而说其目标有各种缺点。失恋了多想想对方的缺点，去掉昔日爱人的光环，让他的缺点暴露出来，自

① 程玮，周蓝岚. 女性心理学概论［M］. 北京：科学出版社，2015.

我安慰一下：他并没有我原来想象得那么好，有这么多缺点，我跟他在一起，以后也不一定幸福，还不如现在分手了呢。对于失恋者来说，想到"失恋总比结婚后再离婚要好得多"，便可减轻因失恋带来的痛苦。

4. 升 华

不要把爱情看得太重。爱情固然是人生不可缺少的一部分，但并非人生的全部意义所在。人生如同一条长河，当站在高处俯瞰人生的意义时，就会发现爱情不过是长河中的一段插曲，不过是在人生某一阶段使人感到心旷神怡的事情。生活的内容是丰富的。失恋者应该用理智战胜痛苦，把感情和精力投入充分实现自身价值、事业进取和对生活的热爱上去，在对理想和事业的追求中弥合心灵的创伤。

5. 认知调节①

女性失恋后产生的不合理认知当中，容易导致心理危机的就是由此产生的自我否定，影响深远的是对异性和婚恋的悲观看法，所以失恋的女性应该通过"质疑"进行认知重组。

（1）质疑"我不够好，所以被抛弃"，代之以"我们不合适，所以选择分手"。恋爱，实质上就是彼此有意的男女通过进一步接触，深入了解对方并加深感情的一种交往形式。如果恋爱期间发现彼此并不合适，确定对方并非自己理想的伴侣，那么选择分手就是一个理性的决定，是让双方重新拥有选择机会的行为。被动结束关系的一方因此而体验挫折感实属正常反应，毕竟恋爱失败了；但将其归因为自己做人的失败就是认知偏差了。恋爱不成功，未必就是谁有过错，多数情况只是双方不合适而已；主动提出分手的一方也只是为了重新选择合适的对象。

（2）质疑"男人没一个好东西"，代之以"他只是想重新选择"。恋爱终止，如果不是外力影响，只是当事人自己的选择，那就只是想结束一段不合适的缘分。但是很多情侣的分手是在一系列争吵和冲突之后，因为彼此的不合适是潜在的，却以冲突的方式显现出来。这种冲突会积累一些敌意，使失恋者把自己承受痛苦这笔账算在对方头上。一直以来，因为女性的弱势形象，由男方提出终止恋爱关系，失恋女生难免会有"秦香莲"式的哀怨，产生"男人没一个好东西"的强迫观念，持这种观念的失恋女性甚至在冲动之下可能产生伤害对方的意图和行为。

（3）质疑"我不可能再去爱别人"，代之以"我今后的爱会更加成熟和理智"。恋爱是为婚姻选择合适的对象，这个选择过程可能会像个体的许多活动一样，需

---

① 苟萍. 论女大学生失恋心理困扰的认知重组 [J]. 教育与职业，2009（32）.

要经历一些失误才会有一个好的结果；和个体的许多活动一样，任何失败都会成为宝贵的经验，成为以后成功的基础。从这个意义上讲，失恋确实会给人造成痛苦，但这种痛苦是个体成长的代价；只要学会总结经验与教训，失恋就是让人因祸得福的一件事。让失恋女生认识到这一点，她们就不会把失恋经历看得这么悲观了。持"我不可能再去爱别人"这种观念的女性所经历的失恋通常是她的初恋，而且多数有完美主义倾向。

**二、丧偶心理**

对已婚妇女来说，配偶的死亡是她们一生中最致命的伤痛。妇女丧偶的可能性比男子丧妻要大，许多因素与此有关。比如，女性的寿命较长，她们通常与比自己年长的男子结婚，并且不太可能再婚。

一般而言，当一个妇女的丈夫死亡时，她会面临巨大的痛苦、伤心和悲哀的情绪情感状况。大部分关于丧偶的性别比较显示，男性比女性更容易觉得压抑。当配偶去世的时候，男性和女性都可能面对孤独、悲伤、压力和健康问题。对于那些婚姻幸福、矛盾较少的人而言，适应寡居生活尤其困难。

（一）丧偶女性的心理变化

丧偶女性的心理变化通常要经历心灵震惊、情绪波动、自我谴责、孤独绝望、恢复平衡五个阶段。丧偶女性的心理障碍主要发生在前四个阶段，因此应尽量缩短前四个阶段的时间，尽快进入第五个阶段。当然这五个阶段并不是必然的顺序，有的阶段会同时发生，或者会因人而异。

1. 心灵震惊

心理学研究表明，一对相亲相爱、风雨同舟、患难与共几十年的老年伴侣，一方的突然死去对另一方造成的创伤是难免的，有时甚至是相当严重的。他们在短期内无法接受这个事实，往往存在一定的心理障碍，总觉得故去的人并不是真正的死亡，而是暂时远去，还会回来。

当女性得知丧夫的消息或者亲身经历时，往往很难接受，内心受到强烈的冲击，处于心理强烈的震荡期，很多女性会极力否认这样的事实，甚至会矢口否认，内心也拒绝接受这样的事实。这样的否认，短期来看，利于缓解对女性内心的冲击，但是长期不接受事实就容易导致心理问题，影响日常生活。

特别是年轻女性，她们丧夫是意料之外的，是突发的。无论是重大疾病，还是其他事故，都是超出预料的。因为一般年轻女性的丈夫处在壮年，得重大疾病的概率一般比较低，而车祸或者其他事故本身就是小概率事件，所以相比较老年丧夫的女性而言，年轻女性丧夫心灵会遭受更强烈的冲击。

### 2. 情绪波动

走过心灵震惊时期，丧偶的女性会沉浸在对往事的追忆思念之中，她们或自罪自责，痛苦万分；或表现为沉默寡言，神情淡漠；或注意力不集中，对周围任何事情都不感兴趣；或食不甘味、夜不能眠，麻木迟钝；或迅速苍老，甚至一病不起。女性丧夫后产生忧郁、痛苦、焦虑和情绪压抑，这种情绪波动的现象称为"居丧综合征"。"居丧综合征"最常见的表现是出现多种心理障碍，诸如沉默寡言、神情淡漠、注意力不集中、对周围事物不感兴趣等。这些症状多数人在一段时间后逐渐好转、消失，但也有少数人在较长的一段时间没有办法平复情绪。

对于年轻女性而言，丧夫除了会忧郁悲伤外，很多人还会对未来的生活充满焦虑和担心。失去丈夫以后，年轻女性的生活还得继续，日子还很漫长，她们会反复思考生活如何继续下去的问题。比如有孩子的女性，首先会想到自己是否有能力独立抚育好孩子，对于那些依赖丈夫程度较大的女性来说，生活和心理的压力会更大。

### 3. 自我谴责

有些女性丧偶者会认为对不起死去的丈夫，甚至将对方的死归咎于自己，情绪波动的同时会出现自我谴责的心理障碍。比如，责备自己没有很好满足丈夫生前的某些愿望，没有及时发现丈夫身体的不适，出事当天没有制止丈夫出门等。由于过分自责，丧偶女性整天唉声叹气、愁眉不展，压抑忧虑，给自己施加了沉重的心理压力，形成心理障碍，有的女性甚至拒绝将死者火化或下葬。

### 4. 孤独绝望

丈夫去世后，女性在剧烈的情感波涛稍稍平息之后，会进入一个深沉的回忆和思念阶段。当清楚地意识到配偶已永远地失去了，便滋生一种绝望孤独的心理。很害怕出门，看到别人成双成对、夫妻恩爱、有说有笑，心里更加孤独。回到家里，睹物思人，想起曾经的夫妻恩爱，如今却阴阳相隔，倍感孤独绝望。

### 5. 恢复平衡

随着时间的流逝，大部分女性能顺利地进入恢复平衡期。在这个时期女性已经能够接受并坦然面对丈夫去世的事实，轻松愉快的情绪开始逐渐取代丧偶的悲伤孤独，能够适应失去丈夫的生活。

（二）丧偶女性的心理调节[①]

生离死别是人生规律，人死不能复生，而生者必须坚强地活下去，丧偶女性必须进行自我心理调节，尽快恢复心理平衡，主要调节方法有以下几种。

1. 宣泄悲伤情绪

丧偶女性应把内心的痛苦、焦虑和种种想法一股脑儿向子女或亲友倾吐。一旦将心中的痛楚倾诉出来，可使忧伤的心绪平息许多，并从亲朋好友的安抚中感受到温暖与关怀。

足够的心理宣泄是丧偶女性恢复心理平衡的基础。不要害怕别人的不理解，对于丧偶的女性，大部分人能够体谅她们的情绪状态。不要拒绝哭泣，不要刻意压抑悲伤情绪，让这样的情绪在早期就宣泄出来。

2. 接受丈夫去世的现实

多跟亲朋好友谈论自己的心理感受，增加丧偶的现实感，接受丈夫死亡的现实。"生老病死千古例，世间从无永生人"，或许这是意外，但也是自然规律，没人能够逃避。对逝者最好的怀念就是自己多保重身体，更好地生活下去。

对于严重否认事实，不愿接受丈夫去世的现实的女性，不妨进行心理学方面的"暴露疗法"。办法是将死者的遗容和生前心爱之物放在居丧者随时都能看到之处，让她自己尽量回忆与配偶共同生活时的情景。这样做，通常在开始时可能引发居丧者强烈的心理反应，难以自控，会痛痛快快地大哭一场，经过一段时间后，症状会逐渐改善直至消失。因为居丧者已明白并接受了现实，达到了心理平衡和适应。当然，这样的方法要慎重使用，最好在专业人士的指导之下进行。

3. 避免自责

有些女性丧偶后会出现自责现象，这样既伤身又伤心。其实，哪一个人不希望自己的亲人身体健康、长命百岁呢？但许多事情是由不得自己的。这既不能责备医生，更不能责怪自己。

做夫妻白头偕老当然最好，可是世事难料，至于谁先逝谁后逝，这是难以把握的事情，甚至无论怎么努力，也是办不到的，更不是一己之力可以改变的。如果长期陷入自责状态，可以去先夫的坟前或者灵位前倾诉，再说给亲朋好友听一听，看看他们是怎么分析的。

4. 调整生活方式

女性在丈夫去世后，可以暂时到子女或者亲朋好友家住一段时间，还可以把

---

① 程玮，周蓝岚. 女性心理学概论［M］.北京：科学出版社，2015.

房间重新布置一番。及时将丈夫生前常用的物品收藏起来，避免触景生情，睹物思人；将注意力转移到未来生活上去，或者将注意力转移到下一代的养育上去。减少对旧时生活方式的眷恋，与子女、亲友去建立、填补一种新的更加和谐的依恋关系。多拜访亲朋好友，多参加活动，多投入工作，多亲近自然，尽快建立新的生活模式。

# 第四节　女性健康恋爱心理的培养

恋爱在女性的生活中占有十分重要的地位，是人生的重要组成部分。恋爱的时间在女性的一生中是短暂的，但给人留下的印象却是终生难忘的。恋爱的结果，在某种意义上决定着一个女人未来生活的幸福与否。那么女性该如恋爱呢？如何经营爱情呢？如何处理爱情中的冲突和矛盾呢？……这就需要培养健康的恋爱心理，这就需要了解自身以及恋爱的对方，认识彼此的差异，学会相处之道。

## 一、女性在恋爱中常见的心理问题及对策[①]

虽然女性在恋爱中情感会高于理智，但是如果不了解自己的心理，不清楚自己的心理障碍，必然会不同程度地导致恋爱受挫，这对恋爱双方都是有害的。女性只有了解了自身的心理弊病，才能矫正心理病态，积极面对恋爱。

### （一）好奇冲动心理

年轻女性的恋爱，多是在好奇心的驱使下开始的，带有很大的盲目性。一些女性受爱情小说、影视故事的感染，一旦出现了一个自己心目中早已定格的"白马王子"，便会不顾一切地敞开自己的心怀。这种闪电式的恋爱方式，较多地偏重自然吸引，带有一定的表面性和虚假性。年轻女性在谈恋爱时，由于年纪轻，缺乏知识、经验，判断能力差，自制力弱，因此很容易上当受骗。有这种心理的女性要理智地看待爱情，培养正确的恋爱观，对不了解的人一定要多接触、多沟通，不要随便接受别人的爱情。

### （二）虚荣从众心理

女性由于自卑心理较重，因此虚荣心也比男性强。虚荣心表现在恋爱中是多

① 宋岩，崔红丽，王丽.男女有别的心理观察——女性心理学［M］.武汉：华中师范大学出版社，2008.

方面的，如在择偶中过多地强调身高、相貌、家庭地位、经济条件等，只要对方能满足自己的虚荣心，便忽略其他实际条件；同时，女性由于独立意识差，缺乏主见，比较在意周围人的评价，在恋爱中易受环境暗示。社会上流行的择偶标准、好友的对象条件、周围人的看法，都会影响女性的恋爱态度。别人说好则自觉得意，别人说不好则会觉得不理想，往往因随波逐流而断送了自己的爱情。持有这种心理的女性一定要真正想清楚什么才是自己最需要的，要认知倾听自己内心的声音，而不要被表面的假象蒙蔽。在择偶时，既要广听众议，也要有自己的分析判断，有自己的主见。

（三）逆反心理

逆反心理是指人们彼此之间为了维护自尊，而对对方的要求采取相反的态度和言行的一种心理状态。有些女性的恋爱，因不符合一般世俗的标准而受到来自家庭和社会的反对，但这往往会使她们反感，产生"你反对，我偏要谈"的逆反心理。特别是当大家批评她的恋人时，她会义无反顾地对其恋人多加维护。越反对加压，她就越反感，越要爱他，而两人之间到底合不合适，却无暇顾及。事实上，往往是周围人不反对了，两人之间的矛盾就暴露出来了。有这种心理的女性一定要让自己冷静下来，认真分析一下周围人的意见，而不能不分青红皂白地一概反着来。

（四）光晕心理

恋爱中"光晕心理"是将对方的某些优点泛化，不加分析地用来判断、推论对方其他的能力和品质也是好的。人们常说的"见其一点，不及其余"，就是光晕作用的结果。恋爱中"光晕心理"可以分为对别人和对自己两类情况。俗话说："情人眼里出西施"，热恋中的女性，往往把对方美化，对方的缺点、毛病，在自己的眼中也变成了可爱之处，从而失去了理智判断的能力。也有的女性自己某一方面的条件比较好的时候，自己产生光晕心理，自恃择偶条件优越，对他人过分挑剔，把标准定得太高，容易导致因眼高而缩小了自己的择偶范围，降低了恋爱的成功率。有这种心理的女性要尽量试着全面客观地看待别人、看待自己，要知道世界上没有十全十美的人。

（五）自卑心理

女性的自卑心理源于自信的缺乏，而非完全的自身条件不足所造成的。有些女性在外人看来条件不错，但就是不自信；有些女性的自卑心理则是由生理缺陷或职业原因或有过某些过失导致的。自卑心理易使个人孤立、离群，不愿在公开场合露面，不愿与异性交往。遇到理想异性时因担心对方看不起自己，不敢大胆追求而失去时机。即使确定了恋爱关系，也缺少安全感，时时担心别的优秀女孩会把男友抢走，常常怀疑和猜忌男友与别的女性的关系，使两人的关系经常处于紧张的状态。有这种心理的女性要客观评价自己，看到自己的长处，肯定自己的优势，培养自信、自强、自立的品质。

（六）梦幻心理

女性在恋爱时，往往幻想自己能经历一场像小说中描写的那样完美和轰轰烈烈的爱情，认为男友一旦爱上自己，就应该至死不渝、永远不会改变。在恋爱过程中，由于对男友有过高的期望值，时时刻刻希望自己成为爱情的中心，要求恋人围着自己转，听自己的话，为自己服务，迎合自己的性格需要，而不顾对方的需求、兴趣、爱好和价值，因而很容易发生摩擦和矛盾，理想和现实的差距往往使她们陷入无法满足的痛苦之中。有这种心理的女性要从理想状态回到现实世界中来，及时调整对爱情和恋人的期望值，学会互相尊重，学会相处之道。

## 二、认识彼此的差异

（一）两性的差异①

心理学研究发现，男人和女人在心理层面存在差异：他们的基本价值观不同；他们的沟通方式不同；他们的想法和感觉不同；他们的认知和反应不同；他们对爱情的需求不同。因此，他们在看待同一问题时，常常是"公说公有理，婆说婆有理"，矛盾由此产生。在现实生活中人们往往会忘记男人和女人的差异，结果男人和女人的关系充满了不必要的摩擦和冲突，男人错误地期待女人以男人的方式思考、沟通、反应；女人也错误地期待男人以女人的方式去感觉、沟通和反应。而心理学研究同时发现，清楚地认识和尊重这种差异，与异性相处时，可以大大减少困惑，消除误会，避免两性交往中强人所难的举动。

1.需求心理差异

男性和女性有不同的情感需求，如果错误地认为对方的需求和渴望是和自己一致的，由此导致的结果就是双方都没有满足感。那怎样恰当地给予对方爱，使你给予的爱是对方所需要的呢？女性需要关心，男性需要信任；女性需要理解，

---

① 程玮.大学生心理健康教育［M］.武汉：武汉大学出版社，2012.

男性需要接受；女性需要尊重，男性需要感激；女性需要忠诚，男性需要赞美；女性需要体贴，男性需要认可；女性需要安慰，男性需要鼓励。

2. 情感表达上的差异

向他人袒露自己的信息、感受时，男性和女性是会用不同的语言和方式的，如果不了解这些用语的真正含义，就会产生误会。女性在表露时的语言特点是：多使用感情色彩浓的语句，用绝对性的语句，身体语言多。在表露方式上，男性往往很少表露或者直接表露，而女性则比较含蓄，多采用非直接的方式，希望男性能猜透她的心思，她们认为直接表露出来就没有意思了。很多男性此时就会显得束手无策，女性也就扫兴结束。

3. 思维方面的差异

女性在思维方面的特点是凭直觉、喜欢分析、喜欢变化、喜欢具体事物、易依赖顺从别人的意见。遇到困难时，因不知所措需要更多的表达；男性在思维方面的特点是讲求逻辑、喜欢综合、喜欢稳定、喜欢抽象、爱发号施令，遇到问题时喜欢静思解决问题。

4. 性格差异

男性在性格方面的特点是：现实、情感内向、豁达、忍让、妥协、常沉默、较粗心大意、易冲动、粗暴、较勇敢、果断、刚毅；女性在性格方面的特点是情感外向、感情细腻、多愁善感、爱唠叨、对缺点爱用放大镜挑剔、批评爱上纲上线、较勤奋、有恒心、较柔顺。

5. 生活习惯差异

生活习惯是人类心理表现的现实舞台。女性在生活中抱怨丈夫不爱清洁是丈夫抱怨妻子不爱清洁的 2.6 倍，在时装、美容、衣服上的消费较大；男性对生活的随意性较大，对舒适的要求大于对形象的关注，在抽烟、喝酒、交友应酬方面的消费较大，但总体上，丈夫个人的消费大于妻子。

（二）两性在恋爱行为上的差异

男女两性在恋爱中的心理和行为也有明显的差异。只有认识到彼此的差异，才能更好地了解对方，才能更融洽地相处。

在恋爱初期，男性往往比较主动和强烈，戒备心理较弱，敢于率先表白自己的感情；而女性的戒备心理比男性强，显得冷静，常以审慎的态度来观察对方是否出自诚意，唯恐上当受骗，常常采取曲折、间接的方式，含蓄地表达自己的感情。男性喜欢速战速决，总希望在短期内取得成功。在对女性的追求中，男性往往在初期就表现出强烈的占有欲望。女性则享受马拉松式的漫长的恋爱过程。

在恋爱过程中，女性的自尊心比男性强，显得异常敏感，且常设法使其自尊心得到满足；而男性心胸较为宽广，一般并不在乎求爱时遭到对方拒绝而带来的尴尬。

在恋爱行为上，女性更喜欢用语言和眼睛来交流，表达爱意的行为更隐蔽一些；而男性则更喜欢肢体上的亲密接触。

女性往往是用耳朵恋爱，喜欢甜言蜜语和浪漫；而男性是用眼睛恋爱。男性在恋爱中的情感表现为热烈、外露和急切的肉体满足需要；而女性偏重感情方面，需要心理上的亲密感。

男性在追求女性时会对女性的感觉和需求很敏感，一旦拥有，热情会大减；而女性把感情当作生活的全部，男性的感情只是生活的一部分。

### 三、健康的恋爱心理

#### （一）学会相处之道

恋爱是一个过程，随着时间的流逝，甜蜜的恋爱也可能变得平淡，或者面临冲突，所以如何相处，就成为恋爱的关键。

1. 强化爱人身上的积极特征[①]

在初恋阶段，恋爱双方容易做到向对方传递更多积极的情感，而不是消极的情感。但是，随着关系的继续，初始的热情逐渐消退，于是一种共同的归因错误就起作用了。所谓行动者—观察者效应，是指个体容易将自己的行为归因于情境因素，而将对方的行为归因于个人因素。由于个体面对应当负责的问题而不愿担起责任，或者长期责怪对方，这种倾向就可能形成破坏性的习惯。有研究表明，快要结婚的伴侣，关系双方一般会对自己的伴侣而不是陌生人做更多的消极的陈述。而且，当一方实施这种行为时，另一方通常会以同样的方式做出回应，致使相互否定的行为被激发起来，所以，强调伴侣身上的积极特质，不失为一种可行的策略。

2. 发展有效的控制冲突的技能

亲密关系中不可避免地会发生冲突，学会正确地处理冲突是获得人生幸福的必要前提。我们每个人都会有自己的思想及行为方式，在有些问题的看法、处理上不可能完全一致，在亲密关系中也一样。许多时候人与人之间造成更大伤害的往往是有着某种亲密关系——恋人之间、夫妻之间、父母与子女之间等；一般的

---

① 程玮. 大学生心理健康教育与发展［M］. 北京：轻工业出版社，2018.

朋友之间则可以控制交往的"距离"，感觉不好相处时可以少相处。

有些家庭的亲人之间，习惯于用辱骂甚至动手的办法来解决争执；有些家庭则采取文明的、主要是协商的方式解决冲突，而不必借助于粗暴的方法。恋人们解决冲突的方法往往与其原生家庭直接相关，亦即与他或她的父母亲之间如何处理冲突的方式有关——他或她的父母亲之间更习惯于采取粗暴的手段解决冲突，他或她日后往往也"喜欢"用粗暴的方式解决冲突；反之亦然，如果他或她的父母亲之间习惯于用文明、理性的方式解决冲突，他或她往往也更"喜欢"采取这样的方式。因为长期受到自己父母亲"熏陶"，孩子已经把父母亲之间相处的方式"内化"了。这并不是绝对的，否则我们的人生便不可能有所"超越"，我们将永远活在前人的"阴影"里。只是其中的关联性很大，人们要超越自我不是不可能，但做起来真的挺难，恋爱中的人们不得不面对这个现实。

恋爱中的人们往往展现的是自己相对"美好"的一面，如果他或她在恋爱的时候，当与他或她发生冲突时就看出了他或她粗暴的"苗头"，建议双方能理智对待，明确表态制止，表明绝对不可容忍。希望恋人们能够真正地远离"粗暴"——包括语言暴力（如辱骂、侮辱等）和身体暴力（如殴打等）。恋人们若容忍对方的粗暴，自己将来的婚姻可能更容易远离幸福。

3. 再亲密也要尊重对方

无论多么亲密的爱情关系，对方都不是我们本身，我们仍然要适度遵循人际交往的原则。不要因为关系亲密就可以不尊重对方。任何时候都要保持对爱人的足够尊重，给予信任、宽容和理解，不要蛮横无理，以自我为中心，以为对方是自己的私人财产。

（二）走出恋爱误区[①]

1. 为爱而爱

恋爱观不纯、不正是女性恋爱失败的重要原因。一些女性恋爱不是由于发自内心地为对方的美好品德所吸引，而是由于其他种种理由去"爱"，如弥补感情空虚、从众心理、虚荣心理、找一份好工作或留在大城市等。这种不是以真挚情感为基础的爱情必然是"空中楼阁"，不可能带来持久的幸福。

2. 轻率地对待性行为

恋爱中的异性两情相悦，渴望产生亲昵的行为，这是正常的心理现象。在婚

① 程玮，周蓝岚. 女性心理学概论［M］.北京：科学出版社，2015.

前性行为这件事情上，如果你足够成熟，可以担当起对于自己以及别人的要求，那么，不管你做什么，都是无可厚非的；但是，如果你很茫然，你不知道你是否确定要涉及那个你未曾到达的领域，你没有准备好，那么应慎重考虑，爱和信任并非由确立性关系来表达。性从来都不是爱的试纸，爱的真正本性在我们怎么对待他人中显露出来。爱是信任、尊重和关心，而不是性。

3. 把恋爱当成生活的全部

恋爱是人生的重要组成部分，但不是人生的全部，生活中还有更重要的东西需要我们去品味，人生还有更重要的目标需要我们去追求。如果一味沉溺于爱情，过分看重爱情在人生中的地位，那么一旦失去爱情，就会失去人生的重心，产生心理危机，甚至出现自暴自弃、自杀等人生悲剧。因此，女性一定要摆正爱情的位置，正确处理恋爱与事业、恋爱与人际交往，做到既拥有甜蜜的爱情，又拥有丰富的人生。

（三）培养爱的能力

美国著名诗人惠特曼说："爱，不是一种单纯的行为，是我们生活中的一种气候，一种需要我们终身学习、发现和不断前进的活动。"

爱情之花是美丽而娇嫩的，人们热切地追寻它，但有时候往往不知如何去呵护它，以致它夭折了。恋爱中的许多麻烦在于人们以被人爱代替了去爱人，求爱往往是为了摆脱孤独和空虚，建立在这种前提下的情感是短暂的。

成熟的爱情以自爱为基础，知道自己需要怎样的爱，并且具有给予爱的能力和拒绝爱的能力。

1. 加速自我的心理成熟

培养积极的人生观、价值观，确立恰当的择偶标准。培养独立的人格，能体贴、关怀、尊重他人。恋爱不是一种纯粹的精神活动，它是个人生理、心理发展的需要，更是一种社会行为，体现了一个人的追求。具有独立人格的人能够正确认识自我、悦纳自己、发展自己，对自己充满信心和勇气。而人格未完全独立的人感情容易飘忽不定，一旦恋爱，就陷入激情中不能自拔，倘若失败，便对自己做出负面评价，丧失自信。

2. 培养与异性交往的能力

异性间的交往应注意：不要过分强调目的性；注意交往的范围、间距、场合、分寸，如果没有对某一对象萌发爱意，不要轻易涉入一对一的单独活动，切不可过于频繁地与某一选定对象长期交往，否则容易引起恋爱幻想。

3. 选择与自己心理特点相配的恋人

心理学家曾经调查大量幸福美满的家庭，得出爱情和谐至少需要以下三项保证：相互了解、地位背景相配、气质类型相投。要使恋爱生活和谐，减轻恋爱对心理健康的不良影响，选择与自己心理特点相配合的恋人是有必要的。

4. 学习掌握性生理和性心理卫生知识

青年男女在恋爱过程中，由于感情的深化，可能出现性冲动，这是正常的生理现象。恋爱中的女性应主动学习掌握性生理和性心理卫生知识，了解两性在性心理和行为的差异，掌握安全的性生理知识，谨慎看待婚前性行为。

## 本章内容提要

1. 美国心理学家罗伯特·斯腾伯格（1986）提出了一个关于爱情本质的三角形理论。根据他的理论，爱情由三个基本成分构成，即亲密、激情和承诺。

2. 男女择偶心理差异主要体现在：男女两性对异性外表形象气质的追求明显不同；男女两性选择恋爱对象所看重的因素不同；两性择偶偏爱存在"择偶梯度"。

3. 从性心理角度讲，"少女早恋"是少女生理与心理成熟的标志，是对性意识的明晰和体验的结果，是个体发展的一种现象。少女早恋可能会带来很多问题，可能给女性带来一定程度的危害，但对于早恋最佳的方法是正确引导，而不是野蛮压制。

4. 大龄未婚女性的存在既有社会原因，也有主观原因，比如择偶条件过高、追求完美等。有些大龄未婚女性能够正确对待自己的个人生活问题，并且以积极的态度去面对个人的生活，但有些大龄未婚女性逐渐产生一些消极心理。我们要理解未婚女性，理解她们的心态。当然，真正的救星还是大龄女性自己，如果自己束缚自己，自己剥夺了爱与被爱的权利，那么只会让生命之树过早地枯萎。

5. 失恋的女性在心理上往往会在短时间内失去平衡。在情绪受到破坏、身心受到折磨的情况下，往往使大脑调节处于一种应激状态，容易导致内分泌系统功能异常。如果失恋的女性没有进行很好的调适，长期处在失衡状态，就会严重地影响身心健康。

6. 培养健康的恋爱心理，需要了解自身以及恋爱的对方，认识彼此的差异，学会相处之道。女性在恋爱中会存在一些常见的心理弊病，比如好奇冲动、虚荣从众、逆反心理等；两性本身存在需求、情感等方面的差异，在恋爱行为上也会有所不同。

## 思考题

1. 女性择偶存在哪些偏爱？如何解释这些偏爱？
2. 少女早恋存在哪些原因？该如何处理少女早恋问题？
3. 单身女性的主要心理特征有哪些？
4. 如何培养健康恋爱的心理？

## 判断题

1. 从外表形象气质上来说，最能吸引女性的男性，一般是身材高大、宽肩阔胸、充满力量的形象。

2. 从选择恋爱对象所看重的因素来看，女性倾向于性吸引标准，男性倾向于忠诚可靠等内在性格因素和社会条件。

3. "择偶梯度"理论指男性倾向于选择与自己社会地位相当或者比自己地位稍差的女性为伴侣，而与此相反，女性往往更多地要求配偶在受教育、薪金收入和职业阶层等方面高于自己。

4. 男性的生理成熟一般要比女性早2年左右，因此他们的性意识觉醒比较早。

5. "剩女"的产生既存在社会原因，也存在主观原因。

6. 女性失恋容易产生绝望、自卑、报复、悲愤、自杀、反常消费、反常饮食等心理状态。

7. 相较老年丧夫的女性而言，年轻女性丧夫会遭受相对较弱的冲击。

8. 恋爱中，恋人不分彼此，无须遵循人际交往的原则，这样有利于恋爱的发展。

（答案：1. 对；2. 错；3. 对；4. 错；5. 对；6. 对；7. 错；8. 错）

## 【心理测验1】爱之激情量表测试

### 爱之激情量表测试

该量表测量了对所爱之人的着迷、痴恋、渴望和感情的强烈程度。陷入浪漫爱情的程度越深，个体在爱之激情量表上的得分就越高。

### 精简的爱之激情量表

本问卷要求你描述在充满激情的爱情中的感受。表达这种情感的常用词语有：

充满激情的爱、迷恋、相思病或者着魔的爱。现在就请你想象一位你爱得最有激情的人（请在空格填上爱侣的名字）。如果你现在没有谈恋爱，请考虑你过去曾狂热地爱恋过的人。如果你从来没有谈过恋爱，请考虑你以类似方式关爱过的一个人。在完成问卷的过程中要一直想着这个人。请告诉我们在你的情感最强烈时的感受。

请用以下评分标准回答每一项：

| 1 | 2 | 3 | 4 | 5 | 6 | 7 | 8 | 9 |
|---|---|---|---|---|---|---|---|---|
| 完全不对 | | | | 比较正确 | | | | 完全正确 |

1. 如果____离开我，我会感到深深的绝望。

2. 有时我会感到无法控制自己的思想，脑袋里全是____的影子。

3. 当我做了能令____高兴的事情时，我自己也很快乐。

4. 同任何人比起来，我都更愿意与____在一起。

5. 如果我想到____爱上别人，就会很嫉妒。

6. 我渴望知道____的一切。

7. 我在肉体上、情感上和精神上都需要____。

8. 我对来自____的情爱的渴望没有止境。

9. 对我来说，____是最完美的恋人。

10. 当____爱抚我时，我的身体会起反应。

11. ____似乎一直在我心里。

12. 我希望____了解我，知道我的想法、恐惧和希望。

13. 我急于找到____喜欢我的信号。

14. 我被____强烈地吸引。

15. 在与____的关系不顺利时，我会变得非常郁闷。

## 【心理测验2】基于友谊的爱情量表测试

### 基于友谊的爱情量表测试

该量表描述的情感与爱之激情量表存在很大的差异，友谊和交情在基于友谊的爱情量表上比爱之激情量表更为明显。

### 基于友谊的爱情量表

请回想你目前最亲近的爱情关系，并用以下等级来评价每一项与你相符或不符的程度：

| 1 | 2 | 3 | 4 | 5 |
|---|---|---|---|---|
| 强烈反对 | | | | 强烈同意 |

1. 我认为我们的爱情建立在深厚而又持久的友谊基础之上。

2. 通过享受共同的活动和互相关注，我能表达出对伴侣的爱恋。

3. 我对伴侣的爱恋包含了坚实、深厚的感情。

4. 我们爱情的一个重要部分就是我们能一起欢笑。

5. 伴侣是我认识的最可爱的人之一。

6. 与伴侣共同的友情是我对他／她爱恋的重要部分。

（资料来源：亲密关系）

## 补充英文参考文献

1. Bereczkei T, Gyuris P, Koves P, et al. Homogamy, Genetic Similarity, and Imprinting; Parental Influence on Mate Choice Preferences[J]. Personality and Individual Differences, 2002, 33 (5) : 677-690.

2. Bereczkei T, Gyuris P, Weisfeld G E. Sexual Imprinting in Human Mate Choice[J].Procee dings of the Royal Society B: Biological Sciences, 2004, 271( 1544 ): 1129-1134.

3. Bressan P, Stranieri D. The Best Men Are ( Not Always ) Already Taken Female Preference for Single Versus Attached Males Depends on Conception Risk[J]. Psychological Science, 2008, 19 ( 2 ) : 145-151.

4. Buss D M. Sex Differences in Human Mate Preferences：Evolutionary Hypotheses Tested in 37 Cultures[J]. Behavioral and Brain Sciences, 1989, 12 ( 1 )：1-14.

5. Buss D M, Abbott M, Angleitner A, et al. International Preferences in Selecting Mates A Study of 37 Cultures[J]. Journal of Cross-cultural Psychology, 1990, 21 ( 1 ) : 5-47.

6. Buss D M, Schmitt D P. Sexual Strategies Theory：An Evolutionary Perspective on Human Mating[J]. Psychological Review, 1993, 100 ( 2 )：204.

7. DeBruine L M. Resemblance to Self Increases the Appeal of Child Faces to Both Men and Women[J]. Evolution and Human Behavior, 2004, 25 ( 3 ) : 142-

154.

8. Eagly A H, Wood W. The Origins of Sex Differences in Human Behavior: Evolved Dispositions Versus Social Roles[J]. American Psychologist, 1999, 54（6）: 408.

9. Fehr B, Broughton R. Gender and Personality Differences in Conceptions of Love: An Interpersonal Theory Analysis[J]. Personal Relationships, 2001.

10. Fletcher G J O, Tither J M, O'Loughlin C, et al. Warm and Homely or Cold and Beautiful ? Sex Differences in Trading off Traits in Mate Selection[J]. Personality and Social Psychology Bulletin, 2004, 30（6）: 659-672.

11. Greitemeyer T. Receptivity to Sexual Offers as A Function of Sex, Socioeconomic Status, Physical Attractiveness, and Intimacy of the Offer[J]. Personal Relationships, 2005, 12（3）: 373-386.

12. Hill C T, Rubin Z, Peplau L A. Breakups before marriage: The End of 103 Affairs[J]. Journal of Social Issues, 1976, 32（1）: 147-168.

13. Humbad M N, Donnellan M B, Iacono W G, et al. Is Spousal Similarity for Personality A Matter of Convergence or Selection ? [J]. Personality and Individual Differences, 2010, 49（7）: 827-830.

14. Kenrick D T, Neuberg S L, Zierk K L, et al. Evolution and Social Cognition: Contrast Effects as A Function of Sex, Dominance, and Physical Ttractiveness[J]. Personality and Social Psychology Bulletin, 1994, 20（2）: 210-217.

15. Levenson R W, Carstensen L L, Gottman J M. The Influence of Age and Gender on Affect, Physiology, and Their Interrelations: A Study of Long-term Marriages[J]. J Pers Soc Psychol, 1994, 67（1）: 56-68.

16. Lewis M E, Haviland J M E. Handbook of Emotions[J]. Contemporary Sociology, 2010, 24（3）.

17. Luo S, Klohnen E C. Assortative Mating and Marital Quality in Newly Weds: A Couple-Centered Approach[J]. Journal of Personality and Social Psychology, 2005, 88（2）: 304.

18. Little A C, Burt D M, Perrett D I. Assortative Mating for Perceived Facial Personality Traits[J]. Personality and Individual Differences, 2006, 40（5）: 973-984.

19. Pillsworth E G, Haselton M G. Male Sexual Attractiveness Predicts Differential Ovulatory Shifts in Female Extra-pair Attraction and Male Mate Retention[J]. Evolution and Human Behavior, 2006, 27（4）: 247-258.

20. Scheib J E, Kristiansen A, Wara A. A Norwegian note on "Sperm Donor Selection and the Psychology of Female Mate Choice"[J]. Evolution and Human Behavior, 1997, 18（2）: 143-149.

21. Townsend C R. The Patch Dynamics Concept of Stream Community ecology[J]. Journal of the North American Benthological Society, 1989: 36-50.

22. Todosijevi B, Ljubinkovi S, Aran I A. Mate Selection Criteria: A Trait Desirability Assessment Study of Sex Differences in Serbia[J]. Evolutionary Psychology, 2003, 1（1）: 147470490300100108.

23. Wiederman M W. Evolved Gender Differences in Mate Preferences: Evidence from Personal Advertisements[J]. Ethology and Sociobiology, 1993, 14( 5 ): 331-351.

24. Zajonc R B, Adelmann P K, Murphy S T, et al. Convergence in the Physical Appearance of Spouses[J]. Motivation and Emotion, 1987, 11（4）: 335-346.

# 第十一章　女性的婚姻心理

**本章导航**

　　婚姻是人类社会关系中的一种特定形式，是人类社会发展到一定阶段的产物。对于社会来说，婚姻是人类社会生活中必要的组成部分；对于个人来说，婚姻是人生道路上重要的内容。婚姻对于个人的生活、事业、家庭有非常重要的影响。婚姻对于女性又有着特殊的意义。结婚、组成家庭是女性人生道路上的一个重要转折。女性都追求美满的婚姻、幸福的家庭。婚姻的幸福对女性心理健康、生活、学习与工作有着重大影响。本章重点探讨婚姻的本质，婚姻质量与满意度，以及女性婚前性行为、未婚同居、离婚等心理问题。

## 第一节　婚姻的本质

### 一、婚姻的演变及本质

（一）婚姻的演变

　　在人类社会中，婚姻不是自始存在、永恒不变的，它经历了复杂漫长的历史发展过程，它从最初的杂乱两性关系发展到用原始禁忌、习惯、道德和法律加以确认和调整以后，产生了对人们具有普遍约束力的行为规范，从而形成了人类社会的婚姻家庭制度。婚姻的演变过程分为以下几个阶段（见表11-1）。[①]

---

　　① 啜大鹏.女性学［M］.北京：中国文联出版社，2001.

表11-1　婚姻的演变过程

| 前婚姻时代的血缘团体 | 即同一原始群体内的男女，在两性关系方面是杂乱的，没有任何限制，不仅在兄弟姐妹间，而且在父母子女直系血亲间都没有禁忌。这一时期存在于人类最初数以百万年计的漫长时代 |
|---|---|
| 群婚制 | 随着原始社会不断由低级阶段向高级阶段发展，人类从最初毫无限制的两性关系，逐渐演进为各种群婚制的两性结合的社会形式，开始形成了最初的婚姻制度。群婚制，指一群男子和一群女子互为夫妻的婚姻形式，最大的特征在于，两性关系受到一定范围的血缘关系的限制。其间经历了两个发展阶段：先经历了血缘群婚制，排除了直系血亲间的两性关系，即不同辈分的男女间不得结婚；再经历了亚血缘群婚制，排除了同胞兄弟姐妹之间的通婚。这引起了母系氏族的产生，使人类婚姻由族内婚向族外婚发展 |
| 对偶婚制 | 指一男一女在或长或短的时间内，过着相对稳定的配偶生活的婚姻形式，即一个男子在许多妻子中有一个主妻，一个女子在许多丈夫中有一个主夫。其产生于原始社会晚期，是从群婚向一夫一妻制的过渡形态，从血缘结构上为父系氏族和一夫一妻制的形成奠定了基础。现居住在云南泸沽湖畔的摩梭人，其带有神秘色彩的"走婚"，其实就是对偶婚的残留形态 |
| 一夫一妻制 | 指一男一女结为夫妻的婚姻制度。它既不是自然选择规律作用的结果，也不是男女性爱的结果，而是私有制确立的必然结果，形成了以男子为中心的婚姻家庭。它经历了长期的演变过程，包括奴隶社会、封建社会、资本主义社会、社会主义社会四个历史时期 |

（二）女性在婚姻中的地位

现代考古学证明，人类历史可以追溯到三百万年前，女性的地位变化经历了四个历史时期。[①]

1. 女性崇拜时期

在漫长的原始社会，社会生产力水平极其低下，人类要在恶劣的自然环境中生存下去非常困难。而女性不仅担负着生产生活资料的任务，上天还赋予了她们生育和抚养下一代的任务，女性神奇的创造力使她们在氏族部落中享有崇高的地位。

2. 女性沦落时期

女性地位下降是从原始社会末期父权制开始的，随着生产力的发展、财富的增加、剩余产品的出现，男性在家庭中的地位开始提升。恩格斯说："母权制的被推翻，乃是女性的具有世界历史意义的失败。"[②] 随着私有制的产生，生活条件的改善，女性不再为每天的食物疲于奔命，男子为家庭提供的生活资料越来

①　啜大鹏.女性学［M］.北京：中国文联出版社，2001.

②　恩格斯.家庭、私有制和国家的起源[M].北京：人民出版社，2018.

多，于是女性从生产活动中退出，留在家庭中管理家务和抚养照料孩子。这本是一种极自然的家庭分工，然而私有制使一切关系都颠倒了，不是财富为了人而存在，而是人为了物质财富才存在，私人占有欲的恶性膨胀，把人也物化为可以占有、可以买卖的了。随着男性在家庭中经济统治地位的确立，女性在家庭中的地位逐渐丧失，变成了男性的附属品和泄欲生殖的工具。这种沦落在奴隶社会、封建社会、资本主义社会是以不同形式表现出来的。

### 3.女性觉醒时期

在人类历史长河中，困居家中是女性沦落的重大转折点，因此，走出家庭便成为女性解放的出发点，对于遭受禁锢几千年的女性来说，首要的目标是争取做"人"，享受人的权利和尊严。辛亥革命促使了女性的觉醒，涌现出一大批中国女性的先锋，她们号召女性自立，争取"平权"，普及女子教育，禁止买卖婚姻，主张女子参政等。随后新文化运动向封建礼教发起了全面的进攻，五四运动为争取男女平等前赴后继，新女性争取男女社交公开、男女教育平等、开放大学女禁、争取婚姻自主等。中国女性开始了向真正意义的"人"的回返。

### 4.女性重塑时期

中华人民共和国成立后，中国女性开始成为社会生活的积极参与者，开始享受婚姻生活的自主权，走入社会寻求经济自立，接受文化知识的教育等，从而确立了中国女性"半边天"的形象。

### （三）婚姻的含义

爱情与义务的统一是婚姻的伦理学基础。首先，爱情是婚姻的灵魂。婚姻是包括人们爱情生活在内的特定的共同体，如果缺少爱情，就如马克思所说，只能是"没有灵魂的家庭生活"，而这样的家庭生活，不过是"家庭生活的幻觉"。其次，义务是婚姻的纽带。在婚姻关系中，义务是一种普遍存在的关系和要求，婚姻义务指个人对婚姻家庭所承担的责任，婚姻成立后，即产生了对配偶、子女及社会的权利和相应的义务。

婚姻心理学研究指出：一个幸福和谐的婚姻包含三个组成部分，用数学公式来表示就是"婚姻=生理+心理+社会"。[①]这里的生理指的是婚姻中的夫妻性生活；心理指的是夫妻间的感情因素；社会指的是联系到婚姻的各个方面——姻亲、孩子、朋友、同事、工作、人际关系、家务生活等。

---

① 宋岩，崔红丽，王丽.男女有别的心理观察［M］.武汉：华中师范大学出版社，2008：79.

爱情是现代婚姻的基础，但爱情不是婚姻的全部。恋爱仅仅涉及两个人，而婚姻却涉及更多的人和关系，包含更多的责任和义务，这是婚姻和恋爱的本质区别，如果不能认识婚姻和恋爱的不同，就容易产生错误的婚姻心理，与配偶出现种种矛盾和摩擦。

### ◀▍▶▶【资料卡 11-1】婚姻与恋爱的差异

第一，恋爱，往往是不知不觉地坠入情网，不一定需要自觉性和判断力；结婚则不然，结婚必须意识到自己的责任并确定承担责任，这是契约。

第二，结婚与恋爱的差异体现在责任感上。恋爱是感情的随意交流，从一开始就存在分手的可能性，并不稳定；结婚是彼此以契约的形式约定共同生活一辈子，不以具有分手的可能性为前提。因此，诸如财产、职业、住房都为两个人的生活服务，为双方所共有，甚至连人际关系都相互制约。

第三，恋爱有时是脱离现实、自由奔放的；结婚则刚好相反，结婚是现实的、柴米油盐的，结婚必须在平凡琐事上下功夫。

第四，结婚与恋爱的不同在于社会性。恋爱的时候，互爱的双方即使与世隔绝也不会遭到责难；可一旦结婚，双方必须与对方的直系亲属、非直系亲属、同事、朋友形成一定的关系。

第五，结婚与恋爱的差异体现在双方所承担的责任上。恋爱的时候，心情不好可以不与对方见面，结婚则不行，结婚后，即使心情不好也必须上班挣钱、照料孩子，不管怎么厌烦也不能不做自己应该做的事情，这是结婚必须履行的契约，与感情无关。

婚姻双方需承担的责任，至少有 7 种：①作为伴侣，如一起郊游，一起逛街；②共担家庭经济，如上班挣钱、增加储蓄；③家务劳动，洗衣做饭；④协商决策，如果家中有大事需要决定，如买房子、调动工作，都需要夫妻协商决定；⑤养育子女；⑥社会生活的责任，如夫妻双方要和对方的家人、朋友交往相处；⑦性生活，不同配偶以外的人有性关系。

### 二、婚姻对象的选择

（一）择偶的主要因素

寻求一个配偶，只考虑爱就够了吗？大部分美国人会毫不犹豫地说：爱是选择配偶的主要因素，但是有许多国家的人则认为爱并不是婚姻的首要考虑因素。

在一项对大学生的调查中，当询问他们是否会和自己不爱的人结婚时，几乎所有美国、日本和巴西的大学生都表示不会；但有相当一部分的巴基斯坦和印度大学生则认为，没有爱情的婚姻是可以接受的（Levine，1993）。

如果爱情不是婚姻唯一重要的因素，那么还有哪些因素呢？这些其他因素的重要程度因文化而异。例如，对来自世界各地近10000人的调查发现：美国男性和女性都认为爱和彼此间的吸引是婚姻最重要的因素；而中国男性则认为健康是最重要的，中国女性认为情感的成熟和稳定性才是最重要的（Buss，1990）。

另外，婚姻的重要因素具有跨文化的一致性。例如，"爱和彼此间的吸引"这一项，在特定文化中不一定是最重要的一项，但它在所有文化中大多居于比较重要的地位。此外，可靠性、情感的稳定性、令人愉悦的性情、才智等特性，在各种文化中普遍受到高度重视。

在选择配偶的首要特征中，存在一定的性别差异，且这种性别差异具有跨文化的一致性。这一发现在其他调查中得到证实（Sprecher，1994）：相对女性而言，男性在选择配偶时，更加注重对方身体方面的吸引力，相反，女性在选择配偶时，更加注重对方是否具有雄心壮志，是否勤勉刻苦。

对这种性别差异跨文化一致性的一个解释是演化因素。根据心理学家戴维·巴斯（Buss，2004）及其同事的观点，我们人类作为一个物种，寻求配偶的过程，也是在寻求能够使基因演化达到最优化的某些特性。他认为，人类男性尤其在遗传上被预先设定为要寻求具有最佳生育能力特性的配偶，因此，身体方面的吸引力，以及能够有更长时间生育孩子这些因素，使年轻女性往往更容易受到男性的青睐。相反，女性在遗传上被预先设定为要寻求有能力提供各种稀缺资源，以提高后代存活率的配偶，因此，女性往往被那些能够提供最好经济福利的男性吸引（Walter，1997）。

有学者对成年男女的择偶标准进行了一项这样的实验：给他们一定数额的钱，去购买他们心中看重的十个品质。实验结果发现预算的多少会对他们的选择产生影响，当所给的预算很少时，男性将大量的钱花在身体魅力上，女性将大量的钱分配在智商和收入上，随着预算的增多，在选择配偶偏好上出现的性别差距逐渐减小。因此，在选择配偶有"大"的预算或可供选择配偶的范围更大时，身体魅力和经济能力就不再是最重要的因素。也就是说，一个人有很大的预算，可以理解为自身获得的资源已经可以独立生活，而不需要另一个人帮忙管理家务或是提供经济保障，这时可以更多地参照自己的内心感受和情感需求来寻找配偶。此时男女寻找配偶的标准不存在差异性，说明性别外显的差异更有可能是社会建构的结果，不同性别的内在需求有很大的一致性。

男女关系的严肃性也对男女择偶偏好产生影响。一项比较了多种关系下男女择偶偏好的研究中，研究者选定了大学生对确立下面四种关系的最低标准，分别是：一晚的关系、一周的关系、稳定的恋爱关系，以及婚姻关系。在所有的关系中，女性对每一个标准的要求都比男性高，这也就意味着女性开始一段男女关系时考虑的事宜更多。男女关系的稳定性和情感的欢愉性是男女都认可的关系中的积极因子。在一晚关系的确立标准中两性存在的差异最显著。在恋爱关系和婚姻关系的确立中两性差异最小，这也就意味着，在严肃的关系中，男女的择偶偏好更相似（Helgeson，2005）。

（二）婚姻梯度理论

在婚姻关系中，男女在人格特征的各方面存在着或多或少的差别，这种差别一般表现为"男高女低"，美国社会学家杰西·伯纳德（Jessi Bernard）将这种现象称为"婚姻梯度"。在这种婚姻梯度中，男女差异一般表现为：年龄上男大女小，学历上男高女低，职业上、经济条件上男优于女，如此等等。

婚姻梯度对于伴侣的选择有一些不利影响。

一方面，对于女性而言，这一倾向限制了潜在配偶的数量，尤其当女性上了年纪以后；而当男性上了年纪以后，这一倾向反而增加了潜在配偶的数量。此外，这也导致了一些男性没有办法结婚，可能是他们找不到符合婚姻梯度原则的地位足够低的女性，或者是他们找不到与自己地位相仿或地位更高而愿意委身下嫁的女性，用社会学家杰西·伯纳德（Bernard，1982）的话说：他们是"桶底"男人。

另一方面，一些女性也没有办法结婚，可能是她们地位太高，或者是她们潜在的配偶中找不到地位足够高的男性，她们是"精华"女人。

（三）婚姻的筛选模型

虽然调查有助于我们识别潜在配偶身上哪些特性是非常宝贵的，但在如何选择特定个体作为配偶这一问题上，助益不大。心理学家所创建的筛选模型（Handa et al.，1980）有助于解释这方面的问题。他们认为，人们选择配偶的过程，就像使用一把日益精致的筛子，对可能的配偶候选人进行筛选，正如我们筛面粉以除去不想要的杂质一样，模型假设人们首先筛选那些对吸引力具有主要决定作用的因素，当这一任务完成后，再使用更精细的筛子，最后的结果是基于双方相容性的选择。

那么，这种相容性是由什么决定的呢？这不仅仅是具有令人愉悦的人格特征就可以了，若干文化因素也在里面起着重要的作用。例如，人们往往基于同质相婚原则进行婚配，同质相婚是指人们往往选择那些与自己在年龄、种族、教育、宗教以及其他人口统计学方面相似的人结婚，也就是我们常说的门当户对。但在当前，同质相婚原则的重要性也在不断下降，桑亚杰（2010）对大学生婚恋观的调查结果表明，对门当户对的看法，选择"完全赞成"的占5.97%，"比较赞成"的占22.01%，"一般"的占27.24%，"不太赞成"的占29.48%，还有15.30%的学生选择"完全不赞成"。[①]

### 三、婚姻观念的变迁

人们在婚姻中的行为和表现取决于所持的婚姻观念。婚姻的意义不只是男女的结合或两性关系的确立，还受到人、事、制度等的影响。在我国社会急剧变革和转型的当下，经济制度变化、价值观多元和分化、计划生育政策变迁、人口老龄化加剧以及城镇化速度加快等都会对青年的婚姻观的变化产生明显的作用。杨善华采用问卷调查的方式，通过对择偶标准、结婚动机、贞操观、对家庭和婚姻的评价等方面的调查，发现城市青年的婚姻观念变化的主要特点是个人价值的增长和自我意识的增强，对传统的家庭联姻结亲的否定。卢淑华研究了人们的婚姻价值观及其变迁，人们仍然坚持传统的婚姻伦理道德观念，坚持婚姻中婚姻与性行为的统一，充分肯定婚姻对人生的价值，重视婚后感情与性生活的专一。但是人们生育意愿有所下降，婚姻观念呈现多元化的特点。[②]肖武2006年在全国进行大样本调查发现，青年的婚姻观呈现多样性和差异性。婚姻基本观念层面，"相互扶持"是结婚的最主要目的，"个人品质"是最重要的择偶标准，六成左右的受访者认为理想的结婚年龄是26～30岁，超过五成的人不能接受同性恋，六成左右的人能接受"裸婚"，四成左右的人能接受"闪婚"；婚姻经济观念层面，女方家庭更重视对方的经济状况，超过四成的人要求先有房才能结婚，接近六成的人认为买房应由男女双方共同负担；生育观念层面，延绵子嗣和老有所依仍是重要的生育目的，性别平等已成为生育中的基本共识，超过五成的受访青年表示在法律和政策允许的情况下想生两个孩子。[③]这些研究表明，随着我国经济的飞速发展，人们的婚姻观念与传统的婚姻观念相比产生了很大的变化：以传宗接代

---

① 桑亚杰.大学生婚恋观调查分析及对策［J］.卫生职业教育，2010，28（13）.

② 李涛，王蕾.我国婚姻心理研究及其发展趋势［J］.山西高等学校社会科学学报，2019(8).

③ 肖武.中国青年婚姻观调查［J］.当代青年研究，2016（5）.

---


---

为目的的婚姻观念被以追求个人幸福为目的的观念取代，性别平等已成为生育中的基本共识；"个人品质"是最重要的择偶标准；女性在婚姻中地位有较大的提高；男性的婚姻受经济状况的影响较大。

### 四、家庭的发展

20 世纪 30—40 年代，杜瓦尔和希尔两位社会学家开始用发展的构建来研究家庭，提出了他们的家庭发展理论。杜瓦尔认为，就像人的生命那样，家庭也有其生命周期和不同发展阶段上的各种任务。她于 1957 年提出了包含八个相互联系的阶段的家庭生命周期模型（见表 11-2），并指出"家庭生活中出现的一定阶段是和人们成长的需要相联系的，成功地满足人的需要，会为以后带来认可和成就感，不能如此则导致家庭生活中的不快，被社会所反对并带来家庭继续发展下去的困难"。

表11-2　家庭生命周期的八个阶段[①]

| 阶　段 | 特　征 |
| --- | --- |
| 阶段一 | 婚后夫妻二人家庭（没有孩子） |
| 阶段二 | 抚养孩子家庭（第一个孩子出生到2岁半） |
| 阶段三 | 学前儿童家庭（第一个孩子2岁半到6岁） |
| 阶段四 | 入学儿童家庭（第一个孩子6岁到13岁） |
| 阶段五 | 青少年子女家庭（第一个孩子13岁到20岁） |
| 阶段六 | 发射站家庭（第一个孩子到最后一个孩子陆续离家） |
| 阶段七 | 中年夫妇家庭（空巢到退休） |
| 阶段八 | 老年夫妇家庭（退休到死亡） |

家庭生命周期的各个阶段之间都处在一个转折点上，这时家庭需要能够顺应或适应某种改变，如果家庭面临转折却缺乏弹性去适应这种改变时，就会出现家庭功能失调问题。

巴希尔和朗格根据杜瓦尔的家庭发展八个阶段，在各个阶段间区分出特别需要协调的转折点（见表 11-3），认为家庭和个人一样会固着或停留在家庭发展的某个阶段，从而无法在适当的时候做出必要的转变；而且在压力下，家庭可能

---

[①]　郑日昌，江光荣，吴新春．当代心理咨询与治疗体系［M］．北京：高等教育出版社，2006.

会退化到先前已度过的生命阶段的转折点上。在他们看来，任何家庭成员身上出现"症状"，都和目前家庭发展任务没有完成有关。

表11-3 家庭生命中的一般转折点①

| 阶　段 | 达成主要的转变 |
|---|---|
| 1.夫　妇 | 彼此承诺 |
| 2.育有小孩的家庭 | 发展亲职的角色 |
| 3.育有学龄前的小孩 | 接受孩子的人格 |
| 4.育有上小学的小孩 | 引导孩子进入公共机构（学校、教堂、运动团体） |
| 5.青少年 | 接受青春期（社会及性别角色的转换） |
| 6.踏入社会的小孩 | 尝试青少年末期的独立 |
| 7.中年父母 | 接受孩子独立的成人角色 |
| 8.老年的家庭成员 | 让孩子们离开——再度面对现实，接受老年现实 |

# 第二节 婚姻质量

◀◀▶ 【资料卡 11-2】婚姻幸福调查

中华全国妇女联合会发布的《中国和谐家庭建设状况问卷调查报告》显示，得到家长支持的婚姻幸福比例较高，六成以上的家庭夫妻感情很好，七成以上的家庭都很和谐，"情感不忠诚，有外心或外遇"是婚姻关系的最大威胁……调查数据显示，45.6%的受访者对自己的婚姻感到"比较幸福"和24.6%的受访者感到"很幸福"，合计为70.2%。婚姻由"本人决定，征求父母意见"（42.8%）和"本人决定"（28.6%）的比例共达到71.4%，表明自主婚姻是现代婚姻的主流。有60%以上的家庭夫妻感情很好，64.5%的被访者对夫妻性生活感到满意。调查还显示，家庭所在区域、家庭经济状况、家庭成员受教育程度、夫妻婚姻决定方式是影响家庭幸福感的重要原因。

（资料来源：殷泓从中国和谐家庭建设状况问卷调查报告得到的启示 [EB/OL]. http：//Ssjt. wenming. cn/ssjt / content / 2010-05/18/ content_125114.htm）

---

① 郑日昌，江光荣，吴新春. 当代心理咨询与治疗体系［M］.北京：高等教育出版社，2006.

## 一、婚姻质量

随着传统婚姻的经济、政治和繁衍功能日趋减弱，婚姻关系构建和解体自由度的不断提升，婚姻品质和满意度成为维系婚姻关系的主导因素。婚姻品质和满意度还影响着伴侣的身心健康，不幸福的婚姻容易引发抑郁、酗酒和厌食等一系列心理问题，婚姻关系中充满愤怒和指责的伴侣容易患高血压和免疫功能减退（Bercheid & Reis，1998）。

西方有关婚姻质量的研究始于 20 世纪 20 年代，自 20 世纪 70 年代以来，婚姻质量逐渐成为家庭婚姻领域的一个研究热点。我国学者对婚姻质量的研究从 20 世纪 90 年代开始，研究人群涉及教师、护士、飞行员、中年夫妻、离婚者等。

### （一）婚姻质量的概念

婚姻质量是一个复杂、多样的概念，是婚姻生活中许多生活事件、婚姻互动和婚姻机能的大量特征的连续反映。[①] 如何界定婚姻质量的概念、如何进行测量及其相关因素的问题一直是心理学家研究的热点。[②] 我国学术界关于婚姻质量的定义基本上持两种不同的看法：一种是把婚姻质量视为一个混合性的指标；另一种则把它看成一个概括性的概念。持混合性看法的学者认为：婚姻质量犹如一个充满气的气球，它涵盖了婚姻生活的各个方面。例如，学者徐安琪把婚姻质量的定义表述为夫妻的感情生活、物质生活、余暇生活、性生活及其双方的凝聚力在某一时期的综合状况。它以当事人的主观评价为主要尺度，并以夫妻调适方式和结果的客观事实来描述。高质量的婚姻表现为当事人对配偶及其相互关系的高满意度，具有充分的感情和性的交流，夫妻冲突少及无离异意向。从概括性角度进行研究的学者则是把婚姻质量这个气球放完气，仅剩下一个空壳，认为对婚姻关系的描述和对婚姻关系的评估不能混为一谈，婚姻质量的定义主要侧重于已婚夫妇对自己婚姻关系的总体性的、综合性的评价。例如，学者沙吉才（1995）把婚姻质量表述为"夫妻间的各种关系的和谐程度，包括夫妻关系的矛盾、矛盾表现形式与解决方式等"。[③] 卢淑华和文国锋（1999）把婚姻质量定义为"与社会发展相一

① 袁莉敏，许燕，王斐，等.婚姻质量的内涵及测量方法［J］.中国特殊教育，2007，（12）：85-90.

② 程菲，郭菲，陈祉妍，章婕.我国已婚人群婚姻质理现况调查［J］.中国心理卫生杂志，2014，28（9）：695-700.

③ 沙吉才.当代中国妇女家庭地位研究［M］.天津：天津人民出版社，1995.

致条件下的人们对自身婚姻的主观感受和总体评价"。[①]

（二）关于婚姻质量的测量

徐安琪等在对婚姻质量进行测量时，采用主客观综合度量法，但不对婚姻质量计算一个单一的总括指标，而是借助因素分析确定反映婚姻质量的多元侧面或复合指标，并检验它们的测量信度。

（三）关于婚姻质量的评估

目前中国人的婚姻质量究竟处于什么水平？是否如同一些学者或传媒所推测和定性的那样，是"高稳定、低质量"或"凑合型"的？中国的夫妻关系有哪些特征？不同的学者给出了不同的回答。

沈崇麟等（1995）对7个城市的抽样调查以"夫妻感情"为变量，得出约1/4的城市夫妻感情一般或破裂的结论。张贵良等（1996）通过电视观众调查网调查得出城市夫妻的"婚姻幸福"状况属于中等及中等以上水平。李银河（1996）对北京市婚姻质量的研究以描述为主，得出北京市居民自我感觉夫妻感情非常好、对自己的婚姻非常满意的大约占一半的结论，而未对北京市的婚姻质量做出全面评估。徐安琪（1999）对婚姻质量6个侧面的打分进行排序分等，结果显示夫妻关系满意度、性生活质量、夫妻内聚力、夫妻调适结果这4个侧面可评为中等水平，物质生活满意度和婚姻生活情趣2个侧面属于低下水平，总体评价为中等水平，将每对夫妻的婚姻质量总体排序后得出，22%的婚姻属于低质量，75%的婚姻达到中等水平，只有3%的夫妻关系可称为高质量的、完美型的。程菲等（2014）对我国已婚人群婚姻质量现状进行调查，结论是目前我国已婚者的婚姻质量平均状况较好，其中城市户籍、收入水平和受教育程度较高、无子女和与配偶一起居住的已婚者婚姻质量较高，婚姻质量随结婚年限增长呈"U"形趋势。[②]

**二、婚姻满意度**

（一）个体人格与婚姻满意度

个体人格对婚姻满意度的影响结果复杂不一，唯一一致的结论是神经质对婚姻满意度有负影响。Karney等（1995）对115项研究的元分析发现，神经质与婚

---

① 卢淑华，文国锋.婚姻质量的模型研究［J］.妇女研究论丛，1999（2）.

② 程菲，郭菲，陈祉妍，章婕.我国已婚人群婚姻质量现状调查［J］.中国心理卫生杂志，2014，28（9）：695-700.

姻满意度呈中等负相关，开放性、宜人性和尽责性与婚姻满意度有正相关。关于外向性的结论不一：有研究者认为外向性和婚姻满意度的关系可以忽略，而有研究发现两者之间呈正相关。Watson（2000）研究发现人格特质对关系满意度的影响存在婚姻地位效应，宜人性和尽责性在恋爱关系中较重要，而外向性则与已婚伴侣的婚姻满意度有关。

Botwin（1997）发现伴侣的高宜人性、开放性和情绪稳定也能够预测个体的婚姻满意度。Watson（2000）采用不同评定方式考察个体及伴侣人格对婚姻满意度的影响发现，伴侣自评人格对婚姻满意度的预测作用最小，个体对伴侣人格评定的作用最强。伴侣人格自评和他评之间的显著差异表明，个体对伴侣认知存在积极偏差，具有理想化倾向，影响个体婚姻满意度的不是伴侣的真实人格，而是个体对伴侣人格的积极感知。

目前关于婚姻满意度影响因素的理论主要集中于个体模型和人际交互理论模型。个体模型关注个体和伴侣的人格特质，认为他们直接影响伴侣关系满意度；人际交互理论模型则主要考察伴侣在婚姻关系中的交互行为，认为伴侣间不良沟通方式和冲突解决类型是婚姻满意和稳定的破坏因素。近年来，研究者注意到伴侣稳定的行为交互方式也源于个体自身人格特质，因而人格对婚姻的影响可能有两条路径，一是人格对关系的直接影响；二是人格通过行为交互这一中介变量影响关系满意度。[①]

（二）夫妻相似性与婚姻满意度

尽管在夫妻相似性和婚姻满意度方面有大量文献，但结论却模棱两可。Luo（2005）采用以夫妻为中心（couple-centered approach）的统计方法发现，夫妻人格相似性与婚姻满意度之间呈倒"U"形曲线关系，伴侣人格的中等相似性与最高水平的婚姻满意度相关。[②]

（三）婚姻期待与婚姻满意度

婚姻期待指在婚姻关系中，个体对配偶和关系本身所期望达到并认为可以达到的标准。日本研究者发现，相对于丈夫分担家务的数量而言，妻子对丈夫分担家务的期待满足程度更能对妻子婚姻满意度产生影响（Lee，2008）。Seiger和Wiese（2011）针对瑞士分娩后重返工作的女性开展追踪，研究揭示，这些女性

---

① 张小红，陈红．人格特质对婚姻影响的研究综述［J］．中国临床心理学，2008（4）.
② 张小红，陈红．人格特质对婚姻影响的研究综述［J］．中国临床心理学，2008（4）.

期待配偶提供情感性支持、工具性支持、信息支持和陪伴支持，其中情感支持的期待满足程度对女性的情感健康的影响最大。研究还发现，随着时间的增长，这些期待对女性情感健康影响加大。另一项研究也发现，妻子对丈夫在照顾孩子方面的期待满足程度影响夫妻双方的婚姻满意度（Khazan et al.，2008）。

　　婚姻期待的满足程度影响婚姻质量评价和婚姻满意度，但受到期待弹性、夫妻沟通及归因风格等因素的调节。一项针对印度、巴勒斯坦裔的加拿大夫妻的研究发现，共情性倾听（empathic listening）可以调节婚姻期待与婚姻满意度之间的关系（Ahmad & Reid，2008）。Kirby 等的研究则发现，当期待未满足时，积极的归因和积极的沟通行为有助于保持高的婚姻满意度（Kirby et al.，2005）。德国的研究者认为夫妻的应对风格，尤其是压力情境下的支持行为（supportive behavior）在婚姻期待和婚姻满意度之间起调节作用（Wunderer & Schneewind，2008）。能给予伴侣高回报的个体（有更高的社会地位、外表有吸引力等）更易令伴侣期待受挫，但也较易得到原谅（Bachman & Guerrero，2006；Guerrero & Bachman，2010）。

　　当婚姻期待受挫时，个体如何应对？Fletcher 和 Simpson 认为个体会有以下行为表现：一是放弃婚姻；二是改变配偶以满足自己的期待；三是改变对配偶、婚姻以及自己的看法使之更贴合自己的期待；四是降低或改变自己的期待以贴近现实（Fletcher et al.，2000）。很多婚姻的解体究其根本是因为婚姻期待落空而产生了挫折感、绝望感，最终选择放弃婚姻。很多家庭治疗师在治疗实践中发现，可以通过帮助来访者觉察自己的婚姻期待、做出调整来提升婚姻关系质量和个体自尊（Sullivan & Schwebel，1995；Epstein，Baucom & LaTillade，2006）。

（四）婚姻满意度的变化

　　拥有美好婚姻关系的夫妇表现出一定的特征。他们彼此表达爱意，较少进行负面交谈。拥有幸福婚姻的夫妇往往把彼此视为相互依存的夫妻，而非两个独立个体。他们经历了社会同质婚，即休闲活动和角色偏好的相似性。他们拥有相似的兴趣爱好，对各自的角色分工（如谁打扫家务、由谁照顾孩子）达成共识。

　　即使对于一对幸福的夫妇来说，婚姻仍然有起起伏伏，满意度在婚姻过程中时升时降。调查发现，尽管存在很大的个体差异，但在所有的年龄段中，年轻的新婚夫妇可能是感觉最幸福的。在结婚后 1 ~ 2 年后，很多人会觉得少了浪漫，不满增加。他们可能发现各自对婚姻有不同的期待，女性可能会抱怨她们做的家务活和照顾孩子比丈夫多。在此期间，女性对婚姻显然不是很满意。结婚

20 ～ 24 年的人对婚姻最不满意。但是，在此后的 10 年中，孩子离开家后，婚姻满意度会渐渐上升。结婚至少 35 年的夫妇也说，他们几乎没有什么感情冲突。所以，我们可以看到，人们对于婚姻的满意度随结婚年头的增长变化呈现"U"形变化，即在新婚后不久最满意，在婚姻的最初几年开始下降，并持续下降至孩子出生时为最低点，不过从这一时段开始，满意度开始回升但相对仍较低，然后在孩子离开家后回升至和新婚差不多的满意度水平（Karney & Bradbury，1995）。

国内徐安琪等的研究发现，婚姻满意度随着结婚年数的增加呈"U"形变化的规律在城市模型中表现较明显，婚后 3 ～ 13 年的夫妻更多地表示婚姻不尽如人意；在农村模型中虽仍显示"U"形变化趋势，但夫妻关系低谷期延至婚后 14 ～ 19 年，并于婚后 20 年起再度上升，然而变化幅度较小，统计显著性呈弱相关趋向。[①]

对于某些夫妇来说，婚姻满意度在最初的下降之后没有回升，而是继续下降，对于一些人而言，他们的不满最终导致离婚。

性生活满意度与总体婚姻满意度有关。对已婚夫妇来说重要的不是多久进行一次性生活（Spence，1997），因为如果性生活的数量是关键因素的话，那么大多数夫妇将会不满意，因为性的频率会随年龄而下降，相反，满意度和他们关于性生活的一致意见有关（Goleman，1985）。

中年夫妇有一些特定的满意来源。例如，在一项调查反馈中，男性和女性都认为配偶是自己最好的朋友，他们都喜欢自己配偶那样的人。他们还将婚姻视为长期的忠诚和追求一致的目标的过程。最后，大多数人还觉得在婚姻的过程中配偶变得更有趣（Levenson et al.，1993）。

### ◀▶▶【学习专栏 11-1】婚姻中的情绪表达

情绪表达和情绪表达冲突（ambivalence over emotional expression）影响着婚姻关系中伴侣的互动品质。一般认为，情绪表达对个体的社会适应和身心健康有积极影响，心理病理学发现情绪的压抑会引发情绪障碍和身心疾患，如焦虑和抑郁等（Bait et al.，2008）。

情绪表达对婚姻满意度亦有促进作用。情绪表达多的伴侣遇到的婚姻问题相对较少，因为沟通有益于伴侣了解彼此的感受，为伴侣改善自己提供了可能性。

---

① 徐安琪，叶文振.中国婚姻质量研究［M］.北京：中国社会科学出版社，1999.

当丈夫表现出对彼此关系的理解时，妻子感到更幸福和满意，可能因为这表示了对她的关注和为婚姻美满而努力的意愿。此外，情绪表达者能够更有效地理解他人的情绪，而不至于感到困惑不解（King & Emmons，1991）。

研究发现，已婚的男女要比未婚的更幸福（Marano，1998），而且已婚个体较少体验到抑郁症状，总体上对生活更满意（Mookherjee，1997）。

为什么已婚个体比单身的更幸福呢？首先，他们可以从配偶身上获得情感支持，尽管我们已经知道女性提供的支持比她们得到的更多。其次，已婚的夫妇通常在经济上受益，因为他们在家庭责任上联合起来，通常有两份收入。最后，已婚个体的身体比未婚的更健康，因为夫妻双方通常会彼此督促从事有益的活动，身体健康反过来又能提供总体的幸福感。

#### ◀▮▶【学习专栏 11-2】幸福、稳定婚姻的特征

在幸福、长久的婚姻中，妻子和丈夫都觉得他们的情感需要得到了完全满足，彼此都使伴侣的生活更加充实，两人互相理解并尊重对方。研究人员发现，一些心理学上的特点和婚姻的幸福稳定有关（Brabury et al.，2001；Cobb et al.，2001；Cutrona et al.，2005）。

（1）交流技巧和理解力。

（2）大量积极的评价和感情的表达，而不是消极的指责和反应。

（3）解决冲突的能力很强。

（4）信任对方。

（5）互相支持。

（6）相信任何一方都真心关心对方。

（7）灵活性。

（8）平等分工做家务。

（9）平等做决定。

幸福的夫妇和不幸福的夫妇对对方同一种行为的理解是不同的。比如，假设杰克送给妻子玛丽一件礼物，如果玛丽的婚姻很幸福，她可能会想："多好啊！杰克想为我做些什么！"但如果玛丽不幸福，她可能就会想："他送我这些花可能是因为他做了什么事感到内疚。"从正面或者负面的角度都可以对令人不快的沟通进行解释。这些解释会使幸福的婚姻更加幸福，同时却加剧了不幸婚姻中的矛盾冲突（Fincham，2004；Karney & Bradbury，2004；Karney et al.，2001）。

### 三、家务分工

（一）两性家务分工的差异

工业革命时期，男性在工厂挣钱比女性在家务农或做杂工赚的钱更多，女性自然更多地承担起家务的责任。然而，20世纪以来，女性参加工作的人数在不断增加，女性同样能为家庭的收入做出贡献。但是20世纪70年代发表的一项研究成果表明，当妻子工作时，丈夫并没有承担更多的家务。

在家务劳动分工问题上，女权主义提出了双重负担理论：女性总受家务拖累，要在工作与家庭中选一样，男性则不必，男性只做20%的家务，如果将家务劳动累计在内，平均每周劳动时间女性比男性多21小时（美国）。但是也有研究显示，比较20世纪70年代和90年代的家务分工状况，虽然男性单独从事某项家务活动的比例没有明显改善，但是各项家务由夫妻一起参与的比例在增加，如果把这两项人数都算成丈夫家务量的指标的话，那么相比70年代，丈夫参与家务的比例有明显提高，但就整体而言，妻子仍然是家务的主要负责人。有研究显示，我国城市职业女性家务劳动日均3.97小时，已接近发达国家女性家务劳动的平均时间。但是与男性相比，女性家务劳动负荷偏重，比已婚男性职工平均多1.25小时。[①]

女性的家务工作量比男性具体多在哪些方面呢？在各项具体家务活中，丈夫做得最多的是体力活，而对于女性，除体力活外，参与其他家务类型的比例远远高于男性，比如洗衣、洗碗、打扫卫生、照顾子女等，女性参与的家务更为耗时，而且频率非常高。

（二）影响家务分工差异的因素

不平等的家务分工是夫妻冲突的根源之一，然而，有很多因素也影响着家务分工的平等性。

1. 传统角色定位

社会文化建构了两种性别各自的理想角色，男性是"养家糊口"任务的主要承担者，而女性是"持家理家"职责的主要负责人。这就意味着家务劳动主要是女性的责任，男性只是家务劳动的辅助人员，那些既耗时又工作频率高的家务，一般在传统定位中是女性的职能。对家庭角色持有非传统态度的男性和那些持有传统观点的相比，在家务劳动中花费的时间更多；而持有非传统态度的女性和持

---

① 李银河.两性关系［M］.上海：华东师范大学出版社，2005：188.

有传统态度的相比，在家务劳动中花费的时间更少。

2. 家庭中的权利

家庭中的权利因素也会影响家务分工。女性在婚姻中处于较弱的地位，因此女性对家务劳动有过多的承担。婚姻权利部分源于与工作有关的资源，像职业威望和收入，夫妻一方相对另一方拥有的资源越多，其对另一方的权利影响就越大。因为人们通常不喜欢做家务，现今社会并没有赋予家务适当的价值，拥有权利的人会尽量少做这些事情。然而，得到丈夫的帮助并不容易，即使丈夫承认妻子收入的重要性，他们也常常不愿意做家务以及照顾孩子，而以工作忙或者工作需要为借口来逃避家务。[①] 可见社会对男权的认定是如此牢固地根植于社会对性别的塑造之中，以至于它不能轻易地被资源平等性根除。

3. 妻子的收入状况

妻子的工作与收入情况与家务分工密切相关。女性有工作以后，理论上应该可以少做点家务，当妻子有较高的社会地位、高薪水时，她在婚姻中的权利地位就有所上升，这种地位上升意味着女性可以拥有较少做家务的时间。但是高收入并不意味着高的权利，当妻子赚的钱并不是家庭收入的主要来源时，妻子可能仍要承担很重的家务，相比经济收入，家务分工与权利联系更为密切，但是赚钱多对于女性来说，确实是婚姻中的一个优势。

4. 其他人口学因素

许多人口学因素也起到影响作用，比如婚姻关系、教育背景以及孩子出世。结婚以后，女性做的家务增多，男性做家务的时间减少。教育因素对男女的家务观有不同的影响，女性学历越高，做家务越少；而男性学历越高，可能做越多的家务。孩子出世以后，女性的家务量增多，男性的家务量减少，这可能是由孩子出世带来夫妇双方的想法改变造成的。

研究显示，对于婚姻关系最不满的问题是关系不平等，包括家庭与工作的冲突以及家务不公平分工，25%～33%的妻子认为，丈夫没有完成相应的家务，而且希望他们能分担一部分。即使拥有共同分担家务的愿望，夫妻可能也不能很好协商从而使双方得到满足。[②] 的确，当女性已经承担了部分经济责任，可是家务的相应部分却没有减少，相当于从事两份工作，如果此时男性不在家务上有所分担，必然会影响女性婚姻的满意度，从而影响婚姻质量。丈夫尽力协助妻子从

---

① ［美］琳达·希兰农.性别：心理学的视角［M］.北京：北京大学出版社，2004：235-238.

② 徐安琪.女性家务贡献与婚姻满意度的关系［J］.中国妇女，2005（6）.

事家务劳动，既能反映夫妻之间相互的关怀与体贴，又能促进夫妻之间的交流，加深感情。男性喜欢通过活动来建立亲密关系，除了性爱，做家务理论上也可以看成一种活动，如果两性均接受家务活动的沟通方式，将为建构良好亲密关系开辟一条新的渠道。

### 四、婚姻中的权利关系

处于恋爱期的情侣们认为，婚姻中应该分享平等权利与决策权，但是纵向研究发现，家庭中权利不平衡现象非常明显，即使在报告夫妻权平等的家庭中，权利的平等也并不是体现在每次的决策上。决策权与传统性别角色分工是对应的，也就是说家务上有关事宜的决定由女性负责，经济上有关事宜多是男性负责。夫妇报告中家庭权利的平等，只限于各自的决策领域，这种分化反映出女性实际缺乏实权，女性能做决策的领域，大多是男性不屑于花时间的地方。比如，女性可能可以决定晚餐吃什么，选什么牌子的清洁用品，而丈夫可能决定买哪栋房子，以及居住地点。[①]　然而，这种不平等的权利是如何形成的呢？

#### （一）外显原因

外显原因指我们很容易看到的因素，也就是现有社会经济资源分配的不均衡，进而对权利关系的失衡产生直接的影响。男性一般是家庭经济收入的主要提供者，他们在外上班，更容易获得经济来源，在家料理家务而没有家庭收入的女性只有依附于男性来获得经济资源，或者女性可能要依附于男性才能获得更多的经济资源。对关系有依赖性就意味着个体拥有的权利较小，当女性更多依赖男性获得经济来源时，也就意味着男性对女性有更强的控制权。许多男性认识到这一点，于是会利用这种权利进一步控制配偶可能得到的获取资源的渠道，缩小配偶获取其他资源的机会，使其配偶更加依附于他，比如经济能力强的男性可能坚持要求妻子不去工作来维持其现存关系的权利结构。事实上，有一些研究表明丈夫的成就会给妻子的成就设立一个上限，让妻子不可能超越丈夫（Philiber，1990）。

#### （二）内隐原因

随着女性经济地位的不断提高，女性的收入占家庭整体收入的份额越来越大，但是却没有看到女性的权利地位呈线性上升的趋势。究其原因还有更为本质的隐性因素在影响着权利的控制——父权制文化，这种文化赋予了男性传统上的权威和决定权，直接导致两性从结婚一开始，甚至从恋爱关系开始就处于不平等的关

---

① 　方刚.性别心理学［M］.合肥：安徽教育出版社，2010.

系之中，因此当一名女性的收入超过家庭总收入的50%时，她是否能够获得平等的权利，还要取决于她的丈夫是否承认女性这份收入的重要性，并愿意将潜在的权利优势让出一部分。

除了直接影响着权利的分配，内隐的文化因素还会对外显因素产生影响。传统的文化建构"男主外，女主内"的模式，使男性更容易获得经济资源。然而当女性逐渐从家里走出来，参加工作时，还是会遇到一些性别歧视问题。父权制在一定程度上控制着工作职位、工作性质的分配，从而影响着经济因素对权利不平等的控制。通过收入来获得婚姻中的权利，对于女性来说太难，对于男性来说却很容易。

第二期中国妇女社会地位调查资料显示，农村家庭丈夫拥有更多实权的为最多，而城市平权型家庭为最多，九成以上男女对自己的家庭地位感到很满意或较满意，但妻子的满意度低于丈夫。对夫妻权利模式与女性家庭地位满意度的关系及其影响因素的路径分析结果显示：资源假说、文化规范论、相对的爱和需要理论都在夫妻权利影响因素的回归模型中有一定的解释力。但个人拥有实权仅对妻子的家庭地位满意度有微弱影响，被访者对家务分工和婚姻是否满意是最重要的家庭地位满意度的预测指标，夫妻沟通时不被对方尊重、配偶动手打人与家庭地位满意度呈负相关，并在妻子模型中有更强的解释力。[1]

**五、婚姻冲突**

我们对幸福婚姻中夫妇特征的了解，并不能帮助我们预防所谓的"流行性离婚"，尽管我们会在下一节探讨离婚的后果，但是，离婚的根源可能形成于早期婚姻生活。统计资料表明，将近一半的新婚夫妇都经历过一定程度的冲突，主要原因是，新婚夫妇通常最开始将对方理想化，正如俗话所说的"情人眼里出西施"，但是，双方经过日复一日的共同生活和深入交往后，逐渐发现对方身上的缺点。事实上，夫妻双方对婚后十年婚姻质量的知觉，大多数是最初几年感觉婚姻质量下降，随后几年趋于稳定，接着再继续下降（Kurdek，1999；2002；2003），离婚大多发生在婚后最初十年。

（一）归因和冲突

当我们认识或应对冲突的时候，我们常常关心的是如何解释自己和伴侣的行为，这些对于原因的解释被称为归因。对亲密关系的研究发现，我们对自己及伴侣行为的解释是冲突的一个重要原因，这几乎与实际说的和做的一样重要。

---

① 徐安琪.夫妻权利模式与女性家庭地位满意度研究［J］.浙江学刊，2004（2）.

有研究者在有关影响亲密关系冲突的认知因素的早期著作中，提出了以下几个观点。

（1）冲突期间的归因过程要比其他时候更活跃，冲突会促使人们寻找自己或别人行为的原因。当人们同意彼此观点时，原因并不重要。已婚伴侣对关系中负面的、令人不愉快的事情要比对积极的、令人愉快的事情做更多的归因。

（2）在冲突期间，每一个人都辩解说自己的行为的出发点是善意的，这就使得冲突过程中我们思考行为原因的方式存在明显的倾斜。这时候的归因过程是不客观、不公正的，它们反映了一种自我服务的偏见，大多数时候，我们中的多数人认为我们的动机是好的，我们对那些较不尊重的行为几乎总有好借口。

（3）冲突过程中所做的归因会产生归因性冲突——对动机的不同意见——这通常是无法解决的。多数冲突最初关心的是特定行为的事实——谁对谁做了什么，但是，对事实的不同意见往往演变成动机冲突，人们不再争论都做了些什么，而是关注为什么那样做，这种对于动机的争论很难解决。

（二）归因差异

幸福和不幸福的婚姻中一方会对其伴侣的行为做出不同的归因。幸福婚姻中的伴侣做出的是积极的、善意的归因，相比之下，痛苦婚姻中的伴侣做出的是消极的、维持痛苦的归因。在不幸福的伴侣中，积极的行为由于外部的、不稳定的、特定的归因而经常被忽视；而消极的行为则被看作内部的、稳定的和普遍的。整体而言，不幸福的伴侣往往夸大了坏处而缩小了好处。

责任归因也因为伴侣关系的不同而有所不同。原因归因涉及的是影响事情发生的因素，责任归因则表明一个人对事情应负的责任。对某一行为所归结的责任通常指的是，行为人是故意的，是由自私目的推动的，理应受到谴责。从经验出发，原因和责任归因通常联系在一起，但它们并不完全相同。一般地，不幸福的伴侣比幸福的伴侣更可能认为对方是有自私目的的，带有消极意图。不幸福的伴侣也往往强调坏处而忽略好处。对他们而言，玻璃杯中的水总是半空的，而不是半满的。侯娟等（2010）的研究发现，在婚姻归因上，妻子比丈夫表现出了更多的消极归因，妻子更倾向于认为婚姻问题是由配偶造成的。婚姻归因与婚姻质量存在显著负相关，这表明，当婚姻事件发生时，如果个体做出更多的消极归因，将导致更低的婚姻质量[①]。

---

① 侯娟，蔡蓉，方晓义. 夫妻依恋风格、婚姻归因与婚姻质量的关系［J］. 应用心理学，2010，16（1）.

对幸福和不幸福伴侣这种原因和责任的归因研究发现，这些归因起的是过滤器的作用，将与关系状态相一致的行为放大，将与关系状态不一致的行为过滤，随着时间的推移，这样的过滤器可能会强化起初的感情质量。幸福的伴侣应会更幸福，而痛苦的伴侣会更痛苦。这一解释认为归因会造成不同的满意度，但也可能存在其他的可能性，如满意的婚姻会导致更多的积极归因。

整体而言，对痛苦伴侣的归因研究揭示了一个日益紧张严重的怪圈，做出维持痛苦的归因会破坏对婚姻的满意度；反过来，较低的婚姻满意度又会加强这一类的归因，从而进一步加重痛苦，这一恶性循环很难被打破。

（三）争吵

即使我们承认冲突在亲密关系中是不可避免的，然而，大多数人仍会希望没有争吵、分歧或争论。这一看法也许是错误的，社会学家戈特曼认为，冲突是促进亲密关系的一个基本因素。《亲密的敌人》一书中详细探讨了这一命题，作者认为，如果得到公平的、有技巧的处理，争吵会提高亲密性。当出现分歧的时候，没有比努力地好好争吵一番的方法更好。

如果没有分歧，避免争吵是合情合理的，但婚姻中是不可能没有分歧的，回避争吵会将问题"掩盖"，逃避关系中的严重问题。这类避免冲突的技巧可能出现的好结果是，创造出一种相对舒适但越来越肤浅的关系，而可能出现的最坏结果是，这些未经解决的积怨在某一时刻会愤怒地爆发。

不要将冲突看成令人担忧恐惧的问题，而应该将之看成一个充满挑战的机会——了解伴侣和自己的机会、关系的强度和亲密度进一步提高的机会。在下一次你的沟通技巧受到考验的时候，请记住你从公平的争吵中所悟出的道理。

◀▮▶【资料卡 11-3】婚姻中的五个致命伤

1）不愿意讨论自己与对方的内心感觉

在婚姻生活中，一个人的情绪常导致争吵或者关系疏离，更危险的是一些夫妻之间有"不带情绪回家"的协议。当自己有情绪时，应该对配偶坦白说出。很多人愚蠢地认为不把情绪说出来是为了不让配偶担心，事实上，不说出来会使配偶更担心，并且给对方一个信息：我们还不能甘苦与共、白头到老。把情绪说出来与把情绪发泄在对方身上是两回事。一个人有情绪，同时自知有情绪且能和别人讨论自己的情绪状况，是思想成熟的表现。

2）托付心态

对婚姻关系最具有杀伤力的心理模式，就是"托付心态"，"托付"就是把照顾自己的责任交给另一个人。虽然今天的社会不再要求女人"三从四德"，但是许多人对爱情的态度和婚姻的看法仍普遍存在类似的态度。"托付心态"更容易在女性身上造成创伤，女性往往因此完全停顿下来，再没有成长提升，当有一天她忽然醒悟过来，明白事情的严重性时，双方的差距已经很大了！正确的心态是：双方都有足够的能力照顾自己的人生，而两个人在一起的时候，更能增添额外的火花，产生一些独自一人不能获得的成功和快乐。

3）坚持"我是对的"

一个人如果没有准备放弃一些自己的看法，并准备接受一些与自己不同的看法，是无法成功地与任何人共同生活的。对有这一致命伤的朋友，我的建议是：除了两三点绝对不能放松的要求外，在所有其他事上降低你的标准，这是给对方空间和爱的表现。"我是对的"不是对婚姻关系最具有杀伤力的心理模式，却是打开婚姻致命伤之门的钥匙。这一关过不了，是看不到自己的其他问题的。

4）维护"苹果皮式的和谐"

我们的确是追求和谐的民族，在不惜代价维持的和谐环境中长大的人，会错误地以为无论什么情况，不忍让总是不应该的，同时不顾一切地维持一份表面的和谐，我们称之为"苹果皮式的和谐"，这样的和谐是导致关系最终破裂的方法。这样的忍让造成心中的一份不满，君不见那些中年感情破裂而要离婚的男女，不都是说"我忍了你几十年"吗？两人在心平气和、情深意浓的时候，便应该约好一个双方可以讨论矛盾问题的机制，这个机制应该能够让两个人平静地说出自己不能接受对方怎样的语言行为，并且商定如何解决。

5）不知如何处理冲突

我们从小被教育谦逊忍让，却没学过如何去处理冲突，很多夫妻吵架之后就是冷战，这是很危险的——因为唯一的发展方向是更疏远。有些夫妻，一方情绪冷却后想修补受伤的关系，于是用一种"失忆症"的态度主动和解，一场风波便成为过去。但是冲突在心底却还有痕迹，如果积累得太多，就会爆发出来，在一对对夫妻中，有很多人用一种类似"原谅"的态度去处理吵架。其实，这样的态度可能对两个人的感情关系有更深的伤害，因为"原谅"是把自己放在比对方优越的位置。

（资料来源：李中莹. 爱上双人舞 [M]. 北京：世界图书出版公司，2011）

### 六、夫妻暴力

#### （一）夫妻暴力的概念及现状

家庭暴力是指对家庭成员进行伤害、折磨、摧残和压迫等人身方面的强暴行为，其手段有殴打、捆绑、凌辱人格、残害身体、限制人身自由、精神摧残、遗弃以及性虐待等。家庭暴力作为一个全球性现象，早在20世纪70年代就受到了国际社会的关注。

1975年，美国进行了首次全国性的流行病学调查，发现28%的夫妇曾经经历过家庭暴力。英国的调查资料显示，有近1/3的妇女遭受过男性同伴至少一次的暴力攻击，而且当前正在遭受家庭暴力行为的妇女将近10%。[1]

加拿大多伦多大学妇女健康研究中心调查了8771名妇女，在过去的5年曾经遭受过当前的或以前的亲密伴侣人身自由限制的有1483人，这1483名妇女中遭受精神暴力的占27.1%；遭受重度躯体暴力的占7.3%；性暴力的占3.5%（Cohen，2005）。2010年全国妇联和国家统计局联合开展的第三次中国妇女社会地位调查显示，在整个婚姻生活中曾遭受配偶侮辱谩骂、殴打、限制人身自由、经济控制、强迫性生活等不同形式家庭暴力的女性占24.7%，其中，明确表示遭受过配偶殴打的比例为5.5%，农村和城镇分别为7.8%和3.1%。[2]

夫妻暴力是家庭暴力最常见的类型之一。它是指夫妻之间一切形式的躯体暴力、精神暴力和性暴力行为。[3]

在家庭中男女可能都会使用暴力来对待配偶，但是暴力行为中女性身体上不占优势。婚姻关系中男女暴力行为比例基本相当，但是男女受害比例不一样，女性更可能长期被虐待而成为暴力受害者。夫妻暴力的后果具有严重性，可影响受虐者及其他家庭成员的心理健康，如焦虑、抑郁、人际关系障碍等发生率明显增高；可造成有形的躯体伤害，严重到使其致伤、致残，甚至出现配偶自杀或他杀。许多研究显示夫妻暴力与躯体伤害、残疾、杀人、性攻击、孕期并发症、重度抑郁症、自杀和物质滥用密切相关。

---

[1]　Straus M A, Richard J G, Suzanne K. Behind Closed Doors: Violence in the American Family [M]. New York: Anchor.1980.

[2]　第三期中国妇女社会地位调查课题组. 第三期中国妇女社会地位调查主要数据报告 [J]. 妇女研究论丛, 2011.

[3]　邹邵红, 张亚林. 夫妻暴力及其心理社会高危因素 [J]. 中国临床心理学杂志, 2007（15）.

（二）夫妻暴力的高危因素

婚姻关系中，与冲突最密切相关的是不平等的权利。当伴侣拥有平等权利时，暴力事件就不太可能发生，而伴侣无论哪方拥有更多的权利，都可能对没有权力方施暴，导致暴力家庭剧目的上演。不平等权利的存在，提高了冲突产生的可能性，使伴侣处于危险处境的机会增高。

除了权利不平等的影响之外，父权文化中赋予男性强支配性的气质，也是家庭暴力产生的更深层次的原因。在文化给予他们的角色定位中，他们逐渐迷失作为一个个体真正丰富的发展需求，只能被动地去做符合社会期望的那种男性。在承受巨大的压力下，他们同样恐慌地生活着，唯恐自己成不了真正的男性，唯恐自己不比女性优秀……男性念念不忘让自己显得像个男性，显得重要和优越。然而当他们感觉到无法获得成就时，他们所承受压力的能量，就很容易转化到妻子身上，并通过家庭暴力的形式发泄出来。家庭暴力的男性潜意识深处埋藏着对"不像一个男人"的深深的恐惧，由于女性在权力地位中常常处于劣势，因此成为家庭暴力最大的受害者，然而对她们造成身心伤害的男性同样也是受害者，只不过他们是父权文化的牺牲品。

研究发现，配偶间虐待概率的提高与某些特定的因素是相关的：①压力事件，如失业或计划外怀孕；②社会经济地位低，包括低收入或受教育程度低等因素；③家庭背景，包括在暴力家庭长大（Barling，1990）。最后一个因素受到了研究者和媒体的广泛关注。有人在其研究中声称："个体成长的家庭环境中的暴力行为，也许是伴侣暴力行为发生的最为广泛认可的预测风险指标。"（Stets，1990）在儿童时期目睹过父母间暴力的人更有可能虐待配偶，成为施虐的一方，或者受害的一方，他们也更可能虐待自己的孩子。

配偶间发生虐待行为会对婚姻关系产生怎样的影响呢？国外在对向妇女庇护所求助的女性进行研究表明，40%以上的女性又回到了伴侣身边（Rusbult & Martz，1995：559）。为什么许多受害者仍维持关系呢？对这一问题的研究发现了三个重要的因素（Gelles，1976；Strube，1988）。首先，受害者的经济地位是关键因素。脱离虐待关系的女性比留下来的女性更不容易找到工作。其次，对关系的承诺可能变成一种束缚。在对受虐妇女的一项研究中发现，处于持续时间较长的关系中的那些人与处于较短时间关系中的人相比，较不可能脱离其婚姻关系（Strube & Barbour，1983）。最后，自动地将"爱情"作为留下来的原因的女性将不可能脱离其婚姻关系。这些女性投入更多的时间和情感，她们对关系的承诺越大，也就越难脱离关系。

　　除经济依赖和心理承诺外，对更严重暴力行为的恐惧可能也会阻止受虐方离开。在一些施虐丈夫中存在着所谓的"对抛弃的恐惧感"，如果妻子试图脱离婚姻关系，他们可能恼羞成怒地对妻子施暴。研究者认为，这种暴力反应出现的可能性"强有力地证明了有必要对试图离开虐待关系的女性给以最大程度的保护"。

### 【拓展阅读 11-1】消除和防止针对妇女暴力的措施

　　1）个人层面

　　（1）童年期的预防。鉴于儿童有遭受虐待的经历会同时增加其成为施虐者或遭受亲密伴侣暴力和性暴力的风险，所以预防童年期虐待可减少成年后暴力的发生。

　　（2）对施暴者的心理干预。跨理论模型认为个体的行为改变是一个连续的过程，改变包括前意向阶段、意向阶段、准备阶段、行动阶段和保持阶段 5 个阶段，Buike 与 Taft 等应用该理论模型指导亲密伴侣暴力受虐者和施暴者的行为干预取得了一定效果。

　　（3）对暴力受害者的心理支持。遭受如暴力这样的创伤性事件后可能会导致创伤后应激障碍和抑郁等精神问题。世界卫生组织指出应向遭受性侵犯的妇女提供以下支持：对她们关系的问题提供建议，但不要侵犯她们的自主权；倾听但不要逼问；提供安抚和帮助缓解她们的焦虑。

　　2）关系层面

　　（1）生活技能培养。生活技能指适应性的、积极的行为能力，使个体能够有效应对日常生活的需求和困难，提高生活技能的措施包括认知、情绪、人际交往和社会技能的培养。发展孩子的生活技能能够改善他们在学校的表现，增加他们的就业机会，可以帮助他们在童年和以后的生活中免受暴力。

　　（2）对夫妻的干预。国内外均有研究显示，对夫妻共同干预能够减少暴力的发生。邹邵红等于 2005—2006 年在长沙市的两个辖区对夫妻暴力的高危人群新婚夫妇开展心理健康教育及预防暴力的心理辅导训练，结果显示干预组妻子报告的受虐低于对照组，预防性心理干预改善了新婚夫妻对家庭暴力的态度，可以减少夫妻暴力的发生。

　　3）社区层面

　　（1）建立庇护所。妇女庇护所提供一个临时的、安全的住宿环境，将妇女和儿童与施虐者隔离，其在家庭暴力的干预中发挥了一定作用。受害者居住在庇护所感到安全、抑郁程度减轻并且希望能够在庇护所多停留两周。妇女庇护所在我国江苏、陕西、湖北、辽宁、贵州、广东、云南、上海等地均有建立，在遭受暴力的妇女的救助上发挥了一定作用。

（2）医院角度探索。世界卫生组织对妇女健康和家庭暴力的多国研究报告建议，预防针对妇女的暴力应加强医疗机构的反应，对暴力造成的多种影响提供急诊、生殖健康、精神卫生等服务，利用妇产医院识别和支持处于虐待中的妇女。在性健康服务机构为妇女提供性侵犯后的法医检验、急救、性交后避孕、预防、管理性传播感染和社会心理支持的服务是可行的。

（3）减少酒精有害使用。开始饮酒年龄偏小、经常饮酒、大量饮酒都是暴力的危险因素，酒精的有害使用既与施暴者相关也与暴力受害者相关。制定限制酒精政策对于暴力预防是具有成本效益的。

4）社会层面

（1）法律保护。以法律形式制止针对妇女的暴力所传达的信息是针对妇女的暴力被认为是犯罪，将不会被社会容忍，立法是改变暴力的有效手段。为了预防和制止家庭暴力，2015年12月27日，我国第十二届全国人民代表大会常务委员会第十八次会议通过《中华人民共和国反家庭暴力法》，并自2016年3月1日起施行。

（2）改善支持暴力的社会规范及文化。社会规范及文化会对个体的信念和行为有很大影响，预防暴力应考虑到社会压力和社会期待如何影响个体的行为。美国一项社会营销活动发放了一系列有关减少性暴力的宣传海报，看到海报者与没看到者相比，表现出更强烈的防止性侵犯意识，更愿意参与减少性暴力行动。此外，澳大利亚开展了"真正的男人不打女人"的运动，尼加拉瓜开展了"我们是不同的，我们是平等的"促进性别平等的教育项目，促进了社会男女平等的观念。

# 第三节　婚前性行为与婚外恋心理

## 一、婚前性行为

20世纪的一个人口学事实是：青少年的性成熟期明显提前，而青年男女的结婚年龄大大推后，少男少女的"性待业期"延长，其间所受的性信息刺激、淫秽物品引诱十分严重，而与此同时，家庭和学校都很少针对青少年这一成长特点进行良好的性教育。于是青少年便在迷茫中自行其是，或跟着媒介走，出现了大量毁及健康、毁及人生的现象：性乱、吸毒、性暴力等。

2005 年，中央民族大学西部发展研究中心所做的《西部五省区各民族校外青少年高危行为与艾滋病易感性研究总报告》中，在对新疆、云南、四川、广西、贵州五省区 2150 个校外青少年的调查中，有 689 人回答了有关性交往的问题。调查使研究者惊讶地看到，发生性行为的青少年中，最早的年龄是 10 岁，初次性行为的年龄是 15～20 岁。614 名青少年回答了有关他们性伙伴的问题，其数量从 1 个至多个，其中，60% 的青少年有 2 个以上的性伙伴，平均为 4.19 个性伙伴，性伴侣超过 5 个的占 16.9%，10 个以上的有 6.7%[①]。

蔡闽等（2007）对女大学生的调查结果表明，74.4% 的女大学生认为贞操比较重要和重要，21.6% 的人认为一般和无所谓。有 58.3% 的女大学生认为强调配偶的贞操是传统道德思想，20.8% 的女大学生认为是封建落后观点，有 28.6% 的女大学生认为是人类文明的表现。而对于"同居试婚"这个问题有 55.7% 的女大学生认为可以接受，只有 11.3% 的人认为不道德，有 11.7% 的认为无所谓。这里似乎有点矛盾，一方面 74.4% 的女大学生认为贞操比较重要，58.3% 的女大学生认为强调配偶的贞操是传统道德思想；另一方面对于婚前性行为又有 55.7% 的女大学生认为可以接受，采取比较宽容的态度。[②] 因此，在考察性行为时，是不可能不考察监控性行为的社会规范的。几十年以前盛行的关于性的社会标准是双重标准，在这种双重标准中，婚前性行为对于男性来说是允许的，但对女性来说却是禁止的，社会告诫女性"好女孩是不能有婚前性行为的"。而男性听到的是，男性婚前性行为是允许的，尽管他们要确保娶到的是处女。

今天，双重标准开始让位给新的标准，称为"爱的纵容"。根据这个标准，如果婚前性行为发生在长期的、忠诚的或者亲密的关系中，那么对于男女双方来说都是允许的。但是目前远远还未达到"双重标准"完全让位于这一新标准的程度。对性行为的态度仍然是对男性比女性更宽容，甚至在相对更自由的文化中也是如此。

青少年发生性行为的理由各种各样，一些人是因为想表达对伴侣的爱与情感

---

① 张文凌. 调查表明：校外青少年更易感染艾滋病［EB/OL］.（2009-05-0）[2021-09-10]. https://www.chinacourt.org/article/detail/2009/05/id/357598.shtml.

② 蔡闽，王兵，左绿化. 当代女大学生恋爱观和性观念调查分析. 中国性科学，2007（1）.

才发生性行为的，另一些人则是因为好奇、想体验一下性的快乐，还有一些人则屈服同伴压力，或想取悦伴侣。

## 二、未婚同居

在过去的 30 年里，结婚的人数有所减少，而那些没有结婚但住在一起的伴侣数量却急剧上升，后者就是所谓的同居，如今占美国所有情侣的 10% 左右（Doyle，2004）。同居者一般比较年轻，几乎 1/4 的同居女性和 15% 以上的同居男性不到 25 岁（Tucker，1995）。

中华女子学院教授、中国婚姻家庭研究会理事罗惠兰直言不讳地说："现在没有一项官方统计能说明中国有多少人在同居。对于享受其中的年轻人来说，同居的感觉是天堂，对于深受其害的人来说，它却是地狱。唯一可以肯定的是，流行于全球的同居现象，是最脆弱的两性关系。"①

为什么这些情侣选择同居而不结婚呢？有些人可能觉得自己还没有做好承诺一生的准备，另一些人认为，同居生活为婚姻提供前期练习。与其相反的是，一项调查结果是，美国 90% 的同居关系的结局是分手。有一种说法，同居时间越长，越不容易结婚。还有一些人则抵制婚姻制度，他们认为婚姻已经过时了，并且要求一对伴侣终生在一起生活是不切实际的（Martin，2001）。

有些人认为同居可以提升随后婚姻生活的幸福感，这种想法是不正确的。自 20 世纪 80 年代后期以来，美国新泽西州罗杰斯大学就有两位教授，大卫·波彭诺和巴巴拉·D.怀特赫德，对同居关系进行了长达 10 年的研究。结果表明，经同居而结成的婚姻，比未经同居而结成的婚姻，离婚率高 46%。婚前同居时间越长的夫妇，就越容易想到离婚，他们的性关系也同样脆弱。并且，同居时间越长，双方将更追求独立自主，更不情愿受婚姻的约束，因此永不结婚的可能性越大，同居关系的破裂率也比婚姻关系的破裂率更高。关于美国和西欧社会的一项调查数据也显示：婚前同居的夫妇，离婚率高于婚前没有同居的夫妇（Brown，2003）。

## 三、婚外恋心理

### （一）婚外恋的现状

婚外恋是指婚姻关系存续期间，夫妻中的一方与他人发生"爱情或性行为"，

---

① 读图时代.情爱私语［M］.北京：中国轻工业出版社，2006.

作为他人即第三者，扮演了第三者插足的角色。婚外恋的原因多种多样，但从根本上说，婚外恋是违背道德的，因为它是把个人的幸福建立在别人的痛苦和破坏他人家庭的基础上。

婚外恋现象到底有多普遍，各国的调查可见一斑。"美国婚姻家庭治疗联合会2011年的统计数据证实，有25%的丈夫和15%的妻子承认有过婚外恋。《今日美国报》2011年对1025名成年人做的调查显示，54%的受访者声言自己知道生活中某个熟人有出轨行为。"①《法国一瞥》一书统计表明，法国男子一生中平均有近12个性伴侣，女子平均有4个。据称，这个浪漫国度有39%的男子和25%的女子背叛过自己的配偶。而英国国家统计局2008年的数字公告，该国一年间有14万对夫妇离婚，婚姻关系平均仅能维系11.5年，相当于中世纪英格兰农民的婚姻维系的时长。所不同的是，中世纪时，丧偶是婚姻关系结束的最大杀手，而今，半数夫妇离婚是因为婚外恋。在亚洲，研究婚外恋现象的日本女作家龟山早苗表示，日本超过80%的已婚男子曾经有过婚外恋经历。韩国成人门户网站"yesbl.com"的调查称，该国四成已婚者有婚外恋。②

（二）婚外恋的后果

背叛亲密伴侣的人常常低估这一行为带来的危害性后果。背叛者常常认为自己的行为无关痛痒，不会产生什么不良后果，他们会很快地将自己的行为归因于某种情境因素。然而受害者却很难持同样的观点，通常他们比背叛者更认为越轨行为严重，也更刻骨铭心。

这两种视角导致人们对背叛的看法迥然不同。被背叛的一方几乎从来不会认为发生这样的事情对关系没有影响，他们中93%的人认为背叛会损害关系，导致较低的满意度和挥之不去的猜忌。"事实上，近几年西方对婚外恋的忍耐度一直在下降。自从20世纪70年代以来，我们越来越接受同性恋行为、离婚和私生子女，但在忠诚问题上变得非常严苛。"全球婚外恋调查的首个实施者德鲁克曼说。一项调查显示，美国92%的受访者认为，婚外恋最不道德。而盖洛普的一项民调也显示，在美国人看来，婚外恋在道德上甚至比人类克隆更恶劣。《今日美国报》2010年5月公布的一组数字表明，40年前，63%的男性和73%的女性

① 美国人婚姻状态面面观 男人为什么容易出轨［EB/OL］（2010-04-25）[2021-09-10]. https://fashion.ifeng.com/emotion/family/detail_2010_04/25/1084216_0.shtml.

② 美国人婚姻状态面面观 男人为什么容易出轨［EB/OL］（2010-04-25）[2021-09-10]. https://fashion.ifeng.com/emotion/family/detail_2010_04/25/1084216_0.shtml.

认为婚外恋是"错误的",而如今这一比例分别为78%和84%。<sup>①</sup>

相形之下,只有50%的背叛者承认他们的行为是有害的。甚至每5个人里就有1个人认为自己的越轨行为使彼此的关系反而改善了,显然,这样的看法是不对的。认为偶尔的背叛无关大局也许会让我们的感觉好一些,但明智的是应面对这样的事实:背叛关系几乎总会产生负面的甚至是持久的影响,其直接导致的严重后果是离婚。

**【拓展阅读11-2】婚外恋的原因**

男人发生婚外恋的常见理由如下。

1)喜欢拈花惹草的男人。有些男人生性就喜欢到处找女人,占便宜,满足自己的需要,较少考虑对自己配偶的损伤或对婚姻的影响,可说是缺乏道德感、没有忠贞心的结果,是不尊重婚姻契约的男人。

2)喜欢偷情满足心理。有部分男人,心理上喜欢偷着去跟别的女人交往,发生关系,因而感到兴奋,偷情的对象不仅是独身女性,有时还特别喜欢已婚女性,犹如从别的男人那里抢来女人而感到心理上的情结满足。

3)满足男人的权威与信心。找了许多女人就可以满足男人的成就感、征服感,证实自己的权威、有钱、有势力,增强自己的信心。

4)对自己婚姻的不满。由于从自己的配偶那里得不到情感上的需要,特别是不被尊敬、不被体贴与照顾,得不到支持,就另外找女人,弥补从自己配偶那里得不到的心理与情感上的需要。

5)从配偶那里得不到性的满足。由于种种原因,丈夫从妻子的性关系里得不到满足,就到外面找女人,比如,妻子对性没有兴趣,由于怀孕或生病而回避性生活,或是妻子长期不在身边。

以上这些都是男人发生婚外恋的常见理由。而对女人来说,其理由多半也可以适用,只是还有其他特别的理由让女人发生婚外恋,比如:

1)丈夫对自己不够温柔体贴。由于丈夫性格呆板,不会温柔对待妻子,妻子无法得到感情上的需要,结果对情人型的男性会特别迷恋。

2)丈夫不关心妻子的生活与存在。由于丈夫常出外工作,不在家,或是以

① 美国人婚姻状态面面观 男人为什么容易出轨［EB/OL］.（2010-04-25）[2021-09-10].
https://fashion.ifeng.com/emotion/family/detail_2010_04/25/1084216_0.shtml.

工作忙或应酬多为理由，很晚才回家，少跟子女一起过全家的生活，或是在家但不关心妻子的存在与需要，让妻子感到寂寞，因此会对照顾她的男性感兴趣，靠别的男人来填补其生活上的空虚。

3）对丈夫的报复性行为。发现自己的丈夫不规矩，搞婚外恋，因此想向丈夫报复，自己也到外面找男人。

4）对年老的担忧。由于感到年老貌衰，想靠别的男人对她的迷恋而满足自己的女性信心，特别是去找年纪比自己轻的男性，好像自己还年轻似的。

◀▮▶【学习专栏 11-3】如何应对背叛

接受背叛是很难的，如果当场发现或别人告知伴侣背叛了你，这比伴侣直接承认过错对关系的伤害更大。但是，无论背叛是怎样被发现的，它对婚姻关系的质量一般都会产生负面的影响。不过，当背叛发生的时候，某些应对方式可能比另外的一些更有帮助。当要求大学生回顾过去的背叛行为时，他们表示如果试着①直面背叛而不是否认其发生；②以积极的方式对事情重新解释，把它当作个人成长的一次历练；③向朋友寻求帮助，那么他们就会体验较少的焦虑，能够更好地应对背叛行为。如果假装背叛没有发生，独自承受所有负面情感，或者依靠药物或酒精来麻痹痛苦，人们就会应对得较差。女性常常比男性有更为积极有效的应对方式，更可能向别人寻求帮助或更为积极地思索面对的境况。而男性更容易麻醉自己以减轻烦恼。

如果一个人经历了一次令人痛苦的婚姻背叛而关系仍然持续的话，那原谅就是非常必要的了。原谅别人并不容易，需要做出很大的努力，但当存在两个条件的时候，原谅就比较容易做到了。第一个条件是真诚道歉。如果背叛的人承认做错了并真诚地道歉，那么受害者更有可能予以原谅。如果随便找一个借口，道歉也不真诚，或者背叛者只是简单地要求理解和宽恕，那么原谅就较难发生。第二个条件是受害者一方的共情。如果能够设身处地地想一想伴侣为什么会那样做，并对伴侣还有某种程度的同情，则相比于那些缺乏共情的人更有可能原谅伴侣。在婚姻关系中，原谅更有可能发生，一方面是因为婚姻关系使共情更容易产生，另一方面背叛者也更容易道歉。

# 第四节　离婚与再婚心理

## 一、离　婚

在现代社会中，婚姻制度受到前所未有的冲击。许多夫妻可能在携手走上红地毯时不会想到以后会分手，然而，离婚率在我国却年年增高，由女方提出离婚的比例高于男方提出的比例是普遍现象。2/3 的离婚是女方先提出的（Brannon，2004）。提起离婚诉讼的女性年龄段较为集中，要求离婚的女性 86.5% 的年纪在50 岁以下，"70 后"仍是如今离婚的主力军，占到全部离婚案件的 37.8%。

女性提出离婚的原因主要是与丈夫性格不合、在日常生活中为琐事争吵，故难以继续生活下去，这类离婚诉讼的比例为 35%。除此之外，家庭暴力及婚外恋已成为破坏婚姻稳定性的两大杀手，女性以此作为理由提出离婚的比例均在27% 左右。人们的婚姻为什么会解体，原因有很多。

从个体层面看，一种可能性是人们对婚姻的预期过高，已婚的配偶感觉今不如昔。20 世纪 70 年代初以来，芝加哥大学进行问卷调查，要求个体用"很快乐""比较快乐"或"不太快乐"评价他们的婚姻。报告婚姻"非常快乐"的人在 1996 年比 1973—1976 年所占百分比显著降低（Popenoe & Whitechead，1999）。在一项补充研究中，1992 年访谈的人群比 1980 年访谈的人群有更多的婚姻冲突、更多的婚姻问题，以及更少的婚姻互动。因此，证据一致表明，20世纪 70 年代早期以来婚姻质量下降了，从婚姻冲突和不满意到离婚只差一小步。如果不满意影响离婚率，那么影响对婚姻不满意和离婚二者的更微妙变化是什么呢？研究发现，1992 年的人群在一些重要的方面与 1980 年的人群不同。1992 年的研究被试经历了更多的工作—家庭冲突，而且对性别角色的态度上更少了些传统，例如，他们不大认可如"生活中女人最重要的任务就是照顾孩子"。这两种因素都与婚姻的较低质量有关，可能对离婚率的上升有所影响。①

与工作—家庭冲突和妇女角色转变相关的是妇女经济地位的变化。跨文化的比较表明，社会经济发展水平和妇女在劳动队伍中的参与水平同离婚率呈"U"形关系。离婚率在连续体的两端发生得较频繁：①社会经济发展水平低和妇女很少工作的地方；②社会经济发展水平高和多数妇女工作的地方。看来可能的情况是，这两种文化状况下的离婚类型很不同。在第一种状况下，妇女地位很低，男

---

① ［美］莎伦·布雷姆，等.亲密关系［M］.3 版.郭辉，肖斌，刘煜，译.北京：人民邮电出版社，2005：314.

人较易离婚。在第二种状况下，妇女在经济上较少依赖男人，这使得离婚从经济上更容易接受。

一方面，每周工作35小时或更长时间的妇女比那些每周工作时数较少的妇女有更高的离婚率；另一方面，挣钱较多的妇女比挣钱较少的妇女有更低的离婚率。结合这两种效应，每周工作35～40小时而收入又低的妻子离婚的风险最大。对于这些妇女，有偿雇用可能既不能给其自由，也无助于稳定，相反，有偿雇用可能恰恰是另一个压力源，它使生活更艰难，婚姻冲突更可能发生。

其他广义的变化也可能影响离婚率。为适应人们日益增加的离婚愿望，离婚法也做了修订以使离婚更加容易。随着离婚的日益盛行，人们对离婚的态度变得更包容，这进一步减少了离婚的社会制约因素。此外，像许多其他社会习俗一样，离婚可以代代相传，经历了父母离婚的孩子，长大后本人也更可能离婚。

离婚的另一个原因是激情的爱会随着时间而消退。因为当前的文化强调浪漫和激情的重要性，因此如果婚姻中激情不再，丈夫或妻子就会觉得这是一个充足的离婚理由。最后，如果夫妻双方都工作，夫妻双方就会因为家务产生诸多矛盾，从而在婚姻中造成紧张局面，过去指向家庭和维系关系的能量中，现在有相当一部分指向工作和家庭之外的地方。

**二、离婚的预测指标**

研究者提出了一个简单但有用的模型，可以用来概括离婚的原因。第一类影响是吸引力。亲密关系提供的回报（如令人愉快的伴侣关系、性满足、安全感、社会地位、认同感）使吸引力得到增强，成本（如烦恼、时间和精力的投入）的加大使吸引力减弱。第二类影响关系破裂的因素是存在可获得的替代性选择，最明显的是有其他伴侣。除了另一种亲密关系，替代性选择可能包括成为单身或取得事业成功。第三类影响是亲密关系周围的许多障碍或牵制使得亲密关系很难脱离，包括维持婚姻的法律和社会压力、道德约束，以及离婚和维持两户人家的成本。一般而言，伴侣间越有吸引力，障碍越大，替代性选择的吸引力越小，夫妇俩越可能生活在一起。反之，伴侣间的吸引力越小，障碍越脆弱，替代性选择越诱人，夫妇俩就越有可能分手。①

在对30位离婚者的深入细致的访谈中，研究者发现大多数离婚经历的特征

---

①  [美]莎伦·布雷姆，等．亲密关系［M］．3版．郭辉，肖斌，刘煜，译．北京：人民邮电出版社，2005：314．

为：一段长期的不满、对伴侣不遂其愿的诸多抱怨，以及对分手的矛盾心态。研究的参与者说，大多数亲密关系不是一夜之间结束的，从发现不满到关系结束，平均要经历 30 周时间。对于以离婚结束的婚姻，试图分手的平均周期可能要更长。

### 三、离婚的后果

#### （一）心理适应

为了评估幸福感和心理适应情况，研究人员在起初和随后的访谈中就受访者体验的情绪和压力问题询问了他们。不足为怪，刚申请离婚后不久，受访者的主观幸福感比他们后来体验到的还要低。他们可能感到焦虑、沮丧、困惑和敌意，男女双方都担心"独处"。有人对卷入离婚程序的人们的驾驶记录进行了研究，发现这些人在申请离婚之后的六个月内通常有更多的事故，收到更多罚单（McMurray，1970）。

#### （二）人际关系

在分手之初，大多数受访者保持同朋友们的频繁接触。这表明，离婚后同朋友们在一起的社交时间增加了，在离婚后第一年尤其如此，在分手期间，朋友、各种亲属是人们最重要的支持来源。大体上，女性比男性更依赖社会支持，只是男性比女性更可能从新的恋爱伴侣那里获取支持。

#### （三）经济资源

研究中，2/3 的母亲表示其财政状况在离婚后恶化，这是惯常的发现。例如，在全美家庭调查中，1987 年访谈了 13000 多人，其中大多数在 1993 年又接受了访谈，审视这些数据后发现，两次访谈间离婚的妇女家庭收入下降了 20%，更细致的分析表明，离婚后家庭收入急剧下降（Hanson et al.，1998）。

男性在离婚后的经济状况与女性相比下滑的可能性较小。通过使用一个全美大样本调查发现，离婚男人的收入比已婚男人的收入大约低 10%，但是离婚后，男人更可能独自生活，而女人更可能在家里抚养孩子（Stroup & Pollock，1994）。

单身母亲会遇到什么问题呢？由于生活在贫困之中的单身母亲比例很高，以及和男性相比女性的收入较低，经济问题是主要的困难。而且由于她们要完成家务、抚养孩子以及完成工作，单身母亲不得不好好计划时间和进行不同活动的协调。

（四）分开之后的关系

在某些情况下，分手后的前伴侣将不再联系，但是，对大多数人来说，联系不会立刻打断。"多数婚姻结束之后……还持续有一种对前配偶的依恋感"，这种依恋感慢慢消退，就像孩子同父母的依恋情结一样。无论在童年还是成年，依恋的失去都会导致分离的痛苦，激起一些情绪和反应，如狂怒、对被弃的抗议、焦虑、不安、恐惧和惊慌的感觉，他们仍然相互依恋，同时又相互怨恨。

尽管如此，这些冲突的情感中仍然存在一定的模式。研究者区分出四类婚后关系：势不两立的仇敌、愤怒的熟人、合作的同事、完美的朋友。对于势不两立的仇敌和愤怒的熟人这两种关系，配偶间的愤怒仍是他们关系的一部分。愤怒的熟人仍有某种容忍度来共同抚养孩子；势不两立的仇敌关系几乎完全没有容忍度。合作的同事不是好朋友，但他们能成功地合作来完成抚养孩子的任务。最后，完美的朋友维持了"带有相互尊重的强大友谊，且不会因为决定分开生活而受损"。在对美国某个中西部地区的离婚父母的调查中，研究者发现，离婚后一年，半数的前配偶保持友善关系（38%的合作同事关系、12%的完美朋友关系），还有半数关系紧张（25%的愤怒熟人关系和25%的势不两立的仇敌关系）（Ahrons，1994）。

◀▮▶【学习专栏 11-4】父母离异的孩子

尽管已经离婚的母亲认为离婚比维持一段存在严重冲突的婚姻更好，但离婚后独自抚养孩子是很艰难的，婚姻解体会使母亲和子女产生许多问题。他们要控制自己强烈的情绪反应，如悲伤、愤怒和内疚的情绪，日常活动也主要和自我调节有关。经济压力需要母亲开始或拓展工作，在家庭责任方面也会有一些重要的调整，家庭可能需要改换居住地点。

有关父母离婚与孩子福利关系的探讨日趋活跃，概括起来，这个领域的研究主要侧重于两方面，一是估计父母离婚对婚生孩子生存和发展的影响；二是对其影响予以理论解释。众多研究主要得出两种结论：一是"严重影响说"，认为父母离婚将对孩子产生深远的伤害（Krantz，1988）；二是"有限影响说"，首肯离婚确实会给孩子造成一些后果，但在父母离婚的家庭中，问题特别严重的孩子并不是多数，而且大多数孩子会从父母离婚的阴影中走出来，并很少有持久的负面影响，也就是说，父母离婚对孩子的影响并非如人们所想象的那样严重（Emery，1988）。

持"严重影响说"者较多地证实，父母离婚对孩子生活和发展机会的负面影响不是暂时的而是持续长久的。与一直在完整的家庭里长大的成年人相比，孩提时候经历过父母离婚者的教育背景比较差，收入水平比较低，也有更大可能依赖于福利制度的帮助（McLanahan，1988）。他们对所出生的家庭更多地持负面态度，并对离婚更加宽容，或产生不结婚的意识（Tasker & Richards，1994）。这些孩子还有更大的可能在婚外生育孩子，或更多地遭遇婚姻的失败或成为单亲家庭的户主，而这又往往导致心理健康的日益恶化（McLanahan，1988）。此外，性行为提前、有更多的性伙伴或婚前同居以及中断学业等非传统的行为更多地出现在父母离婚的成年孩子身上（Fursten berg and Teither，1994）。一项对美国孩子的全国抽样调查中的 1147 个 1965—1970 年出生（即 18 ～ 22 岁）年轻人的追踪资料，证实了父母离婚的影响不是暂时的，即使到了一二十年以后对孩子仍有消极作用，它表现在与父母之间的代际关系不佳、较高概率的行为问题、高中逃学，以及有更多的人接受心理方面的帮助（Zill，1993）。

国内徐安琪等对上海 500 名父母离异的孩子及其家长、班主任定量研究的分析结果，支持了西方学者的"有限影响说"，即婚姻破裂虽对学龄子女的生活福利、学业、品行、心理发展和社会适应有消极影响，但其负效应并非如一些学者所推测或传媒所渲染的那么严重，不少孩子在家庭变故的挫折经历中成长、成熟。一些促进孩子正向性改变指标的统计结果，提供了离异家庭孩子在逆境中成长的定量研究报告，其中，家长自述子女的生活安排较差或心理缺陷严重及有严重偏差行为的比重都不高，承认亲子关系欠佳的更为少见，而认为孩子自理能力比一般孩子强、更体贴父母、较节俭、适应性较强及富于同情心的则分别占 30%、40%。[①]

人是有弹性的。正如罗伯特·埃默里所述："离婚对于一些重要问题来讲的确是一个风险因素，但是某些问题在分手前就出现了。而在任何情况下，大多数离婚家庭的孩子都成功地适应了新家庭和新的生活环境。然而成功调适并不意味着孩子没有既要直接地同离婚压力做斗争，又要同内心的恐惧、担忧和遗憾做斗争。用一个熟悉的比喻，某些孩子不可挽回地受到了离婚的伤害；多数孩子的伤痕愈合了，但即使疗好的伤也会留下疤痕。"对于埃默里的观点，我们需要补充的是，分析离婚对孩子的影响只是一方面，另一方面需要弄清楚的是，孩子所需是

---

① 徐安琪，叶文振.父母离婚对子女的影响及其制约因素——来自上海的调查［J］.中国社会科学，2001（6）.

否得到满足了。离婚或再婚的父母需要记住的是，孩子最需要的是爱、养育、父母和睦、没有贫困。

## 四、再婚心理

需要强调的是，离婚男女可能只是对他们配偶不满，而不是对婚姻本身不满，大部分人会通过再婚来表示他们对婚姻是认可的。75%～80%的离婚者最终会在2～5年内再婚，他们更可能和同是离婚者的人再婚，部分原因是离婚者更有可能成为可供选择的人选，还有一个原因是离婚者都享有共同的经历。

尽管总体再婚比例比较高，但某些群体的再婚率远高于另一些群体。对于女性来说，再婚就比男性困难，尤其是岁数较大的女性更是如此，25岁以下的离婚女性有90%的人再婚，而40岁以上的离婚女性只有不到1/3的人再婚（Besharow & West，2002）。造成这种年龄差异的原因是我们前面讨论过的婚姻梯度：社会规范促使男性选择比自己年轻、体格更矮小、社会地位更低的女性。结果就是，女性年龄越大，被社会规范认可的可供选择的男性就越少，因为和她同一年龄段的男性更可能去寻找更年轻的女性。此外，女性在关于外表吸引力的社会双重标准面前处于劣势，年龄较大的女性会被认为是没有吸引力的，而年龄较大的男性则更可能被看作"与众不同的""成熟的"。

还有很多原因导致离婚人士认为再婚比单身更具吸引力。首先，比如其中一个动机就是避免社会压力，即使在21世纪离婚很普遍，但是离婚还是会造成一些消极影响，人们试图通过再婚来消除；其次，离婚人士怀念婚姻提供的伴侣关系，离婚男性更多的是感到孤独，或是面对更多的躯体问题和心理健康问题；最后，结婚肯定具有经济上的益处，比如共同分担买房的花费等。

第二次婚姻和第一次婚姻有所不同。大龄夫妇倾向于更加成熟，对于伴侣和婚姻的期待也更加现实。他们对待婚姻不像年轻夫妇那样追求有多么浪漫，他们倾向于更加谨慎。他们对于角色和责任显示出更大的灵活性，他们更公平地分担家务琐事，并以更参与的方式进行决策（Hetherington，1999）。

然而，不幸的是，这些并没有使第二次婚姻更加稳定。一般情况下，再婚婚姻维持时间比初次婚姻维持时间更短，再婚的离婚率略高于第一次婚姻，有一些因素可以解释这种现象。一个原因是再婚可能遭受到第一次婚姻中所没有的压力影响，比如不同家庭混合在一起造成的紧张局面。另一个原因是曾经经历过离婚并最终抚平伤痛的人，他们在第二次婚姻中可能不会全身心投入亲密关系中。离过婚的人知道婚姻具有积极和消极两面效果，当目前婚姻只有痛苦和消极的一面时，他们自然会选择离婚，因为离婚后至少还有积极一面的可能。最后，离过婚的人可能有一些人格或情绪问题，使他们不太容易相处。

尽管第二次婚姻有很高的离婚率，很多人的再婚也是相当成功的，在这种状况下，再婚夫妇的婚姻满意度和幸福的初婚夫妇的满意度一样高。

### 本章内容提要

1. 婚姻心理学研究指出：一个幸福和谐的婚姻包含三个组成部分，用数学公式来表示就是"婚姻=生理+心理+社会"。

2. 在婚姻关系中，男女在人格特征的各方面存在或多或少的差别，这种差别一般表现为"男高女低"。

3. 人们对于婚姻的满意度随结婚年头的增长变化呈现"U"形，即在新婚后不久最满意，在婚姻的最初几年开始下降，并持续下降至孩子出生时为最低点。不过从这一时段开始，满意度开始回升但相对仍较低，然后在孩子离家后回升至和新婚差不多的满意度水平。

4. 婚外恋是指婚姻关系存续期间，夫妻中的一方与他人发生"爱情或性行为"，作为他人即第三者，扮演了第三者插足的角色。婚外恋的原因多种多样，但从根本上说，婚外恋是违背道德的，因为它是把个人的幸福建立在别人的痛苦和破坏他人家庭的基础上。

5. 女性提出离婚的原因主要是与丈夫性格不合、在日常生活中为琐事争吵，故难以继续生活下去，除此之外，家庭暴力及婚外恋已成为破坏婚姻稳定性的两大杀手。

6. 一般而言，伴侣间越有吸引力，障碍越大，替代性选择的吸引力越小，夫妇俩越可能生活在一起。反之，伴侣间的吸引力越小，障碍越脆弱，替代性选择越诱人，夫妇俩就越有可能分手。

### 思考题

1. 婚姻与恋爱的择偶观有什么差异？
2. 影响婚姻质量的因素有哪些？
3. 离婚会带来什么样的影响？

## 判断题

1. 人们对婚姻满意度通常会在结婚的前20年中下降，但此后就会明显上升。

2. 在婚姻梯度中，男女差异一般表现为：年龄上男大女小，学历上男高女低，职业、经济条件上男优于女。

3. 婚姻中最好没有争吵、分歧或争论。

4. 不管是分道扬镳还是继续凑合下去，父母之间持续不断的严重敌对和抗争，对孩子而言都是一场伤害深重的灾难。

（答案：1. 对；2. 对；3. 错；4. 对）

## 微课题研究

1. 调查研究：婚姻期待对婚姻满意度的影响。
2. 调查研究："00后"大学生婚姻观调查。

## 英文参考文献

1. Ahmad S & Reid DW. Relationship Satisfaction among South Asian Canadians：The role of "Complementary-Equality"and Listening to Understand[J]. Interpersonal，2008，2（2），131–150.

2. Ahrons C.The good divorce[M]. New York：Harper Collins，1994.

3. Bachman G F & Guerrero LK. Relational quality and Communicative Responses Following Hurtful Events in Dating Relationships：An Expectancy Violations Analysis[J]. Journal of Social and Personal Relationships，2006（23）：943–963.

4. Buss D. International Preferences in Selecting Mates：A Study of 37 Cultures[J]. Journal of Cross Cultural Psychology，1990（21）：5–47.

5. Botwin M，Buss DM，Shackelford TK．Personality and Mate Preferences：Five Factors in Mate Selection and Marital Satisfaction[J]. Journal of Personality，1997（65）：107-136.

6. Cohen MM，Forte T，Du Mont J，et al. Intimate Partner Violence among Canadian Women with Activity Limitations[J]. J Epidemiol Community Health，2005，59（10）：834–839.

7. Fletcher G J O，Simpson J A，Thomas G. Ideals，Perceptions，and Evaluations in Early Relationship Development[J]. Journal of Personality and Social

Psychology, 2000（79）: 933-940.

8. Goleman D.Mourning: New Studies Affirm Its Enefits[N]. The New York Times, 1985, CI, C6.

9. Guerrero L K, Bachman G F. Forgiveness and Forgiving Communication in Dating Relationships: An Expectancy-investment Explanation[J]. Journal of Social and Personal Relationships, 2010（27）: 801-823.

10. Hanson T L, Mclanahan S S, Thomson E. Windows on Divorce: Before and after[J]. Social Science Research, 1998, 27: 329-349.

11. Hetherington E M. Coping With Divorce, Single Parenting, and Remarriage: A Risk and Resiliency Perspective[M]. Mahwah N J: Erlbaum, 1999.

12. Huston T L, Caughlin J P, Houts R M, et al. The Connubial Crucible: Newly Wed Years as Predictors of Marital Delight, Distress, and Divorce[J]. Journal of Personality and Social Psychology, 2001, 80: 237-252.

13. Karney B R, Bradbury T N. The Longitudinal Course of Marital Quality and Stability: A Review of Theory, Method, and Research[J]. Psychological Bulletin, 1995（118）: 3-34.

14. Khazan I, McHale J P, Decourcey W. Violated Wishes about Division of Childcare Labor Predict Early Coparenting Process During Stressful and Nonstressful Family Evaluations[J]. Infant Mental Health Journal, 2008（29）: 343-361.

15. Kirby J S, Baucom D H, Peterman M A. An Investigation of Unmet Intimacy Needs in Marital Relationships[J]. Journal of Marital and Family Therapy, 2005（31）: 313-325.

16. Levine R V. Is Love a Luxury? [J]. American Demographics, 1993: 29-37.

17. Luo S H, Klohnen E C. Assortative Mating and Marital Quality in Newly Weds: A Couple-centered Approach[J]. Journal of Personality and Social Psychology, 2005, 88（2）: 304-326.

18. McMurray L. Emotional Stress and Driving Performance: The Effect of Divorce[J]. Behavioral Research in Highway Safety, 1970（1）: 100-114.

19. Philiber W W, Vannoy-Hiller D. The Effect of Husband's Occupational Attainment on Wives's Achievement[J]. Journal of Marriage and the Family, 1990

（52）：323-329.

20. Popenoe D, Whitehead B D. The State of Our Unions: The Social Health of Marriage in America[M]. New Brunswick N J: Rutgers University, The National Marriage Project, 1999.

21. Seiger C P, Wiese B S. Social Support, Unfulfilled Expectations, and Affective Well-being on Return to Employment[J]. Journal of Marriage and Family, 2011（73）：446-458.

22. Spence S H. Sex and Relationships[M]. In: W K Halford, H J Markman. Clinical Handbook of Marriage and Couple Intervetions. Chichester, England: Wiley, 1997: 73-105.

23. Sprecher S, Sullivan Q, Hatfield E. Mate Selection Preference: Gender Differences Examined in A National Sample[J]. Journal of Personality and Social Psychology, 2010（66）：1074-1080.

24. Stroup A L, Pollock G E. Economic Consequences of Martial Dissolution[J]. Journal of Divorce and Remarriage, 1994（22）：37-54.

25. Walter A. The Evolutionary Psychology of Mate Selection in Morocco: A Multivariate Analysis[J]. Human Nature, 1997（8）：113-137.

26. Watson D, Hubbard B, Wiese D. General Traits of Personality and Affectivity as Predictors of Satisfaction in Intimate Relationships: Evidence from Self- and Partner-ratings[J]. Journal of Personality, 2000（68）：413-449.

27. Wunderer E, Schneewind K A. The Relationship Between Marital Standards, Dyadic Coping and Marital Satisfaction[J]. European Journal of Social Psychology, 2008（38）：462-476.

# 第十二章　女性的职业心理

**本章导航**

随着社会的进步，广大女性所接受教育水平的提高，女性在各行各业中的职业参与度也越来越高，职业生涯成为女性个人价值实现的有效途径之一，在提高女性在社会中的经济地位与提升女性自身的幸福感方面扮演了重要的角色。由于女性在职业发展方面仍然会受到社会和自身的约束，在家庭和社会之间扮演着多重角色，所以本章将着重探讨女性的职业心理，以及怎样进行合理的职业生涯规划，做一名优秀的职场女性。

## 第一节　女性职业发展概述

女性就业是女性参与社会经济发展的基本途径，是女性获得经济独立的重要渠道，也是女性与男性享有平等权利、拥有独立人格的重要条件。恩格斯说："妇女解放的第一个先决条件就是女性重新回到公共的劳动中去。近二百年妇女解放所争取的目标是男女平等，特别是男女就业的平等。"[①] 要提高女性的社会经济地位，改善女性的生活状态，真正实现女性的自立（包括经济的自立和精神的自立），就必须关注女性就业这一全球性问题。

### 一、女性就业的历史回顾

在人类历史发展演变的历程中，女性曾长期处于受压迫、被奴役的地位。女性真正大规模走出家庭、参加社会劳动是在 18 世纪末工业革命以后。一方面，西方各国的生产力迅速发展，资产阶级追求高额利润和高速发展生产的需要，使女性参加社会劳动成为必需；另一方面，工业革命的发生与发展，使大批失去了土地的农民转变为雇用劳动力，其中也包括大批走出家门的女性，她们成为廉价

---

①　马克思恩格斯选集：第 4 卷［M］.北京：人民出版社，1972：70.

的劳动力，只能干单调、繁重的体力活。

第二次世界大战期间，妇女纷纷走出家门参加社会工作，以填补劳动力的不足。女性就业人数猛增，就业范围较广。如第二次世界大战期间，美国妇女就业人数增加了 600 多万人，已婚妇女的就业率从 1940 年的 30% 上升到 1945 年的 40%。妇女就业领域包括飞机、卡车和农机制造厂、陆战队等传统"男性职业"。但是，战争结束后，"妇女回家"的浪潮兴起，大批妇女被解雇，妇女就业率急剧下降。①

与西方女性相比，中国女性自觉争取平等就业的历史并不长。我国古代妇女自西周初《周礼》制定以来，一直服从"男主外，女主内"的性别分工，尽管自秦汉以来在小农自给自足的自然经济模式下，我国妇女参与了"男耕女织"的经济活动，与男性一样承担了赋税义务，但女性并未摆脱依附性人格，并未真正获得经济上的独立。

我国女性大规模参加社会劳动，真正实现经济独立改变自身地位、实现男女平等是在中华人民共和国成立以后。1949—1952 年，国民经济迅速恢复和发展，吸收了大批女劳动力，女职工以每年 40 多万人的速度增长，到 1952 年底女职工人数达 184.8 万人，比 1949 年增长了 2 倍。第一个五年计划期间，我国妇女开始大规模走向社会。女职工增加了 143.8 万人，到 1957 年底达 328.6 万人。农村广大妇女在中华人民共和国成立后三年恢复时期积极参加农业生产和副业生产、兴修水利、植树造林等多种劳动。1953—1957 年，国家对农业进行社会主义改造，引导农民走集体化道路。到 1956 年底，有 1.2 亿农户中的妇女同男子一样参加了集体农业生产，并且有许多妇女掌握了农业生产技术，成为生产能手和骨干，参与了农业合作社的领导工作。1958 年，由于经济建设上的"大跃进"，妇女就业也出现了"大跃进"。1958 年一年增加女职工 482.2 万人。1960 年底女职工总数达 1008.7 万人。到 1962 年底国民经济调整时期减少到 673.8 万人，之后回升到 1965 年底的 786.1 万人。② 这一时期，由于盲目追求高就业率而不顾生产力发展水平和妇女自身的生理条件，许多女性从事与男性一样的重体力劳动。改革开放后，我国经济秩序得到恢复和发展。特别是改革开放给女性提供了多渠道

---

① 陈淑荣.从日托所问题看"二战"中美国妇女地位〔J〕.石家庄师范学院学报，2004（5）.

② 国家统计局社会统计司.中国劳动工资统计资料 1949—1985〔M〕.北京：中国统计出版社，1987.

的就业机会，妇女就业领域十分广泛，行业分布也发生了较大变化。

## 二、女性就业的现状

首先，随着当今世界经济的持续发展、妇女地位的提高和女性自主意识的觉醒，全世界妇女的就业率得到了显著提高。就全世界范围来说，女性的平均劳动就业率为34%；就世界各国的就业情况来看，一般就业女性占该国全部女性的30%左右。我国女性保持了较高的就业率。根据《中国妇女报》2001年9月5日所公布的《第二期中国妇女地位抽样调查主要数据报告》统计，2000年中国城乡妇女从业人员达到了3.3亿，占全国就业人员总数的46.7%，高于世界妇女平均就业率12个百分点，与发达国家41%～48%的就业水平相近。[1]

其次，女性的就业领域正在走向多元化。过去，女性多从事无酬家务劳动或者多从事手工业和农业生产，现在，女性走出传统就业领域，进入制造业、服务业、金融业、商业、通信业等职业领域，从而获得了更多的就业机会，同时也提高了妇女的就业层次。

近年来，各职业中女性所占比例的数据在不断变化，但总体来看，女性的就业领域更加广阔，职业结构渐趋合理。所谓职业结构，是指男女两性在业者在各种职业中所占的比例和状况，它是衡量在业者就业质量和就业程度的重要指标，也是历来学者们研究女性就业情况和女性社会地位的首要指标。2000年中国城镇在业女性中，商业服务业人员的比例为30.8%，比1990年提高了7.1个百分点，男性中这一比例为21.4%；各类专业技术人员占22.8%，比1990年提高了5.4个百分点。[2]从行业分布来看，女性在批发零售、社会服务、教育、文化、卫生等领域工作的比例超过男性，在金融保险、科学研究和综合技术服务和党政机关、社会团体工作的比例接近男性。随着社会从工业化向信息化过渡，以往女性因身体、生理条件的制约而不能从事的工作逐渐减少，与新科技、新的生活方式等有关的各种职业有了越来越多的女性参与者。例如，网络技术、广告策划、自由撰稿人、证券经纪人、律师、翻译、模特、房产销售代理人等职业并没有性别要求，而且有些岗位女性较男性更具优势。另外，女性的就业层次也得到了较大提高。2000年中国城镇在业女性当中，各类负责人占6.1%，比1990年提高了3.2

---

① 全国妇联，国家统计局. 第二期中国妇女社会地位抽样调查主要数据报告［N］. 中国妇女报，2010-9-5.

② 全国妇联，国家统计局. 第二期中国妇女社会地位抽样调查主要数据报告［N］. 中国妇女报，2010-9-5.

个百分点；女性在各类专业技术人员中占 22.8%，比 1990 年提高了 5.4 个百分点。而与此同时，男性的各类专业技术人员只提高了 1.5 个百分点。1990—1999 年，女企业家群体发展迅速，在被接受调查的女企业家的高层管理者中，有 98% 的人是在改革开放之后走上企业管理岗位的。[①] 在金融、证券交易等行业，女性这一群体开始引人注目。据有关数据统计，在上海银行、证券交易处以及一些著名的大公司中，女职工占比在 50% 以上，不少公司中的女职工超过 60%，其中担任行政管理部门工作及部门主管的女性人数占比也超过 50%，有的在 60% 以上。

### 三、女性就业存在的问题

随着社会的发展和妇女解放运动的推进，全球女性就业状况已得到极大的改善，女性的就业权利受到了国家法律、法规、政策的保护，女性的就业领域更加宽广，就业方式多种多样。但是女性就业仍面临许多问题。

一般来说，女性的就业问题包含两个重要的方面：一是她们是否有同等的就业机会，即是否与男性"同民同工"；二是在获得就业机会时，她们是否得到与自己能力相符的工资报酬，即是否与男性"同工同酬"。从这两方面去研究女性就业状况，可以发现就业中的性别歧视是全世界女性面临的共同问题。

#### （一）就业中的歧视

受传统性别分工意识的影响，女性在社会劳动领域受歧视是一个普遍存在的问题。在择业的过程中，女性受到的歧视有多种表现形式。我国女性择业中的性别歧视主要表现为以下几个方面。①年龄歧视。表现为用人单位在招聘中强调年龄界限，将年龄作为是否录用的重要标准。一般用人单位对女性年龄要求更为苛刻。②身份歧视。指由于身份、户籍、居住区域的不同而在就业中受到区别对待。③性别歧视。主要表现为：一是公开以性别为由拒绝招用，如在招聘启事中随处可见"只招男性"的标语；二是提高女性录用标准，如一些用人单位在招工考试时人为提高女性分数线；三是招用女性附加条件，如有的企业规定合同期内女性不得结婚或生育，一旦出现这种情况，合同自动终止。④身体条件歧视。主要指用人单位在招聘时对应聘者身体等自然条件的限制，尤其对女性的身高、体态、相貌等提出苛刻要求。[②]

---

① 全国妇联，国家统计局.第二期中国妇女社会地位抽样调查主要数据报告［N］.中国妇女报，2010-9-5.

② 韩贺南，张健.女性学导论［M］.北京：教育科学出版社，2005.

就业中的歧视成为女性就业面临的障碍之一。它使女性就业的机会不能与男性平等，劳动就业率要低于男性。如在全世界范围内，女性在 1980 年、1995 年、2000 年的就业率分别比男性低 30.1%、25.9%、24.9%，而且女性就业地位低、职业稳定性差、失业率偏高。

我国当前在市场经济条件下进行经济结构的调整和劳动资源的重组。就业中的性别歧视使女性正在成为中国就业压力最大的人群，其中女大学生和城市下岗女工这两个群体的就业问题尤为突出。

尽管有统计表明，目前我国高等学校女生比例已达 44%，基本上撑起校园的"半边天"，但就业机会却远远低于男生。西安市妇联曾对西安理工大学、西北政法学院、西安财经学院 3 所高校的 2003 届毕业生进行了调查，结果显示，75% 的女生在求职过程中遭遇到性别歧视，除此之外，还有 32% 的女生遭遇到地域歧视，13% 的女生遭遇到外貌歧视。[①]

（二）就业中的性别隔离

国际劳工局曾指出："全世界劳动者中约有一半是在某一个性别主导的职业中工作，男性主导型职业在全国普遍是女性主导型职业的七倍以上。另外，'女性'职业与'男性'职业相比往往是缺乏价值的，所提供的收入低、地位低和提升机会少。这一结果表明女性在劳动力市场受到比男子更多的限制，而且缺乏吸引力。"[②] 造成这一男女就业不平等现象的主要原因是在不同的职业和行业间存在因性别而设置的隔离。联合国在 1993 年的一份题为《世界妇女状况》的报告中指出："在世界各地，工作场所是按性别分开的。"也就是说，因性别造成的工作的隔离，包括行业上的隔离和职业的隔离。

所谓行业上的隔离，即一些行业属于男性行业，以男性为主，一些行业属于女性行业，以女性为主。所谓职业的性别隔离，是指在同一行业内女性居于低职位、低收入，而男性居于较高的职位。所谓行业的性别隔离，是指劳动力市场存在以女性为主的"女性行业"（如服装业、纺织业）和以男性为主的"男性行业"（如建筑业、交通运输业、钢铁业），并形成了"男人的职业"（如科学家、军事家、银行家）和"女人的职业"（如护士、秘书、打字员、幼儿教师）。[③]

---

① 西安市妇联．女性就业调查报告［N］．西安晚报，2004-3-10.

② 国际劳工局．世纪就业报告（1998—1999）［M］．北京：中国妇女出版社，1990.

③ 联合国妇女发展基金会，儿童发展基金会等．世界妇女状况：1970—1990 趋势和统计数字.

职业性别隔离可分为水平隔离和垂直隔离两种。[①]

水平隔离是指男女劳动力在社会声望和地位等处于同一水平的不同职位、职业和行业的就业隔离分布状况，这体现了男女之间的性别差异。在传统的工业社会，这种隔离尤其明显，一些行业带有明显的女性特征，如纺织工业，而像近代新兴的汽车工业则是典型的男性职业。

垂直隔离是指男女劳动力在社会声望和地位等不同的职位、职业和行业间的隔离分布状况，这体现了男女之间的性别等级。我们应该看到，正是男女之间的性别差异，才导致了性别等级的出现。

虽然自 20 世纪 70 年代以来，随着妇女解放运动的发展和女性社会地位的提高，全球越来越多的女性走出家门，参与到社会劳动中，但是受传统性别分工的影响，女性就业中的性别隔离现象仍然普遍存在。这具体表现在以下几个方面。

第一，女性主要集中在某些所谓"适合于女性"的工作领域，如图书管理员、健康护理、秘书、打字员、数据输入员、护士、银行出纳员、电话接线员、幼儿护理员、裁缝和牙医助手等。这些行业多具有非技术性、非管理性、辅助性且收入较低的特点。女性想要打破固定化的性别分工体系，进入传统的"男性职业"，就会受到主流社会的排斥。

我国女性就业主要集中于制造业、批发和零售、贸易、餐饮业、卫生体育和社会福利业等。在这些经济类型中，服装制造、零售、餐饮、旅馆、娱乐服务等行业中女性从业者比例占到 50% ~ 60%，而这些行业大多属辅助性、技术层次低、就业门槛低、收入低和难以有升迁机会的行业。[②]而国家机关政党和社会团体、科学研究和综合技术服务业、建筑、房地产业、交通运输等属主导性、技术层次高、收入高且有较多升迁机会的行业，女性所占比例远低于男性。女性即使在这些领域就业，也难以得到重视。

第二，女性在非正规部门的就业率远远高于男性。所谓"非正规就业"，多指"非全日制、非固定单位、临时性、季节性就业和钟点工"，如社区服务、家政服务等，也包括正规部门的临时雇用人员和自雇用者。全球采用非正规方式就业的女性比男性更为普遍。

---

① 资料来源：https://baike.baidu.com/item/%E6%80%A7%E5%88%AB%E9%9A%94%E7%A6%BB.

② 蓝李焰.女性就业的边缘化：中国目前的职业隔离及其理论解释 [J].中共福建省委党校 ( 福建行政学院 ) 学报，2004（09），

第三，女性在就业中普遍处于低职位。无论是在发达国家还是发展中国家，与男性相比，女性在同一行业中担任的职位偏低，升迁机会也明显低于男性。国际劳工局在 2001 年国际劳动妇女节前夕公布的一份调查报告显示，在全世界就业人口中，妇女已占 40%，但是在经营管理方面的各级领导人当中妇女只占 20%，大企业最高级领导人当中只有 3% 是妇女。[①] 即使是在信息技术等技术高度密集的行业中，男性在决策部门中依然占据着绝对优势。而且在很多信息技术公司中，创新的核心部门往往是男性独占的领地，其中包括工程师、计算机科学家、数学家以及其他技术学科中的专家。女性则被认为在学识和能力方面都不如男性，她们很难进入高层决策和管理部门。始终存在一种看不见说不出的障碍阻挡她们进入高层决策和管理部门，这即被称为"玻璃天花板"的性别隔离。性别隔离作为一种制度性障碍，极大地限制了女性施展才能和个人自由发展的领域，造成了女性在职业选择与发展上与男性存在明显差距。

（三）两性收入的差距

由于社会劳动领域普遍存在着性别隔离，女性就业率要低于男性，而且女性就业多集中于低技能、低收入、非全日制的工作当中，使男女两性的收入并不平等。即使女性就业层次得到改善，但由于社会对女性的偏见，女性在接受专业技术培训及进修、升迁等方面的机会比男性要少得多，从而影响到她们的竞争能力和晋升资格，使女性的工资水平与男性形成差距。

女性就业率及就业层次比男性低、就业年限短、男女同工不同酬等造成了女性平均收入水平比男性低。以 20 世纪 90 年代初世界部分国家（地区）非农行业女性占男性员工工资比例为例，韩国妇女的收入是男性的 53.5%，日本是 41%，孟加拉是 42%，男女两性的收入差距较大。尽管有一些国家男性和女性收入比较接近，但是没有一个国家妇女的平均收入水平达到或超过男性。我国是世界上男女工资差距较小的国家，女性工资收入约为男性的 80%。1990—1999 年这 10 年间，我国就业女性的经济收入有了大幅提高，但值得注意的是，女性与男性收入的差距也在明显拉大。我国加入世贸组织后，工业部门中女性与男性的收入差距进一步扩大。因为大量外贸企业凭借其产品和服务的竞争优势，以高薪吸引更多的高素质人才，从而导致中国劳动力市场上从事高技术和高智力服务的脑力劳动者供不应求。与此同时，简单的体力劳动者却面临着供大于求的状况。

---

① 新华社.妇女担任大企业高级职务者甚少［EB/OL］.http://news.sohu.com/25/55/news144275525.shtml.

目前，男性在高技术、高层管理等高收入层次所占比重较大，而女性在简单劳动层次所占比重较大，这一趋势将有可能拉大男女之间的收入差距。

总之，女性择业时的性别歧视、就业中的性别隔离等极大地打击了女性就业的热情和积极性，造成了女性就业的行业和职业结构的不合理，进而影响到女性的收入水平和收入的稳定性，使女性在经济上难以自立，社会地位难以提高。

◀▶▶【学习专栏 12-1】积极促进妇女就业　大力开发女性人才　切实保障妇女儿童合法权益

贯彻落实好《中国妇女发展纲要》和《中国儿童发展纲要》，人力资源和社会保障部门肩负着重要职责，我部对此高度重视，过去五年，在落实两个纲要方面主要做了以下几个方面的工作。

在积极促进妇女就业方面。一是积极致力于消除性别歧视，促进男女平等就业。围绕这一目标，我们积极推进制度建设，在《就业促进法》《劳动合同法》及其配套政策中，都对防止性别歧视作出了明确规定，如用人单位招用人员，不得以性别为由拒绝录用妇女或者提高对妇女的录用标准，用人单位在劳动合同中不得规定限制女职工结婚、生育的内容。为推进这些规定落到实处，各地加大执法监察力度，检查用人单位落实情况，及时纠正各种性别歧视行为，有效地维护广大妇女平等就业的权利。二是采取多项措施，积极促进妇女就业。五年来，积极的就业政策体系更加完善，含金量更高，针对性更强。通过实施针对女性的就业服务专项行动、大力开发公益性岗位等措施，较好地促进了妇女就业和 40 岁以上女性就业困难人员再就业。2005 年至 2010 年，全国女性就业人数占总就业人数的比例保持在 40% 以上，2010 年占 45% 左右。三是完善就业服务，促进以创业带动就业。积极组织有创业意愿的妇女参加创业培训，提供政策咨询、项目推荐、开业指导、后续支持等"一条龙"创业服务；进一步提高了妇女小额担保贷款额度，提供财政贴息，简化贷款程序，鼓励妇女自谋职业和自主创业。对女性农民工返乡创业的，小额担保贷款给予特殊优惠，贷款额度提高到 8 万元。组织开展"女大学生创业导师"活动，为女大学生创业提供指导和支持。

在社会保障和保障妇女儿童权益方面。一是积极推动妇女参加社会保险。五年来，随着社会保障事业的快速发展，女性参加各种社会保险的比例进一步提高。到 2010 年末，职工基本养老保险参保女性占 43.6%；职工医疗保险参保女性占

41.0%；失业保险参保女性占 38.5%；工伤保险参保女性占 35.3%。生育保险参保人数达到 1.23 亿人，职工生育保险覆盖面已超过 90%，享受生育保险人数和待遇水平都有较大幅度提高。二是加强妇女儿童权益保护的制度建设。会同有关部门修改《女职工劳动保护条例（草案）》；发布《机关事业单位工作人员带薪年休假实施办法》，促进女职工产假假期和产假待遇等有关政策的落实；实施《非法用工单位伤亡人员一次性赔偿办法》，对非法用工单位使用童工造成童工伤残、死亡的情况，明确了一次性赔偿办法，加大了对儿童的保障力度。同时在劳动执法监察中，将妇女平等就业和禁止使用童工作为检查的重点内容，依法查处侵害女职工合法权益和使用童工的行为。三是不断加强女职工劳动保护。大力推进集体协商制度，指导企业签订女职工劳动保护专项集体合同。截至 2010 年底，全国女职工专项集体合同签订数 71 万份，覆盖 124 万家企事业单位，涉及 5425 万女职工，有效地维护了广大女职工的劳动保障权益。

在女性人才培养工作方面：不断加强女性人才培养和使用力度，在我国公有经济企事业单位的专业技术人员中，女性占总人数的 45.1%。全国各地共招录公务员中，女性公务员占 42.5%。全国接受职业培训的人员中，女性占总人数的 40% 以上。在享受政府特殊津贴人员中，女性占 11.5%。在"全国技术能手"和"中国高技能人才楷模人物"中，女性都占 10%。

为贯彻落实国务院新发布的《中国妇女发展纲要》和《中国儿童发展纲要》，我部将按照职责分工要求，认真履行职责，重点做好以下几个方面的工作。

一是更加牢固地树立性别平等意识，努力消除妇女就业性别歧视。严格贯彻执行相关法律法规，在劳动监察、争议仲裁以及执法实践中逐步完善反性别歧视的办法；加大劳动保障监察执法力度，规范用人招聘行为，依法查处性别歧视问题；加强宣传教育，创造平等就业的社会氛围，提高女性劳动者的维权意识和能力。

二是扩展就业渠道，积极促进妇女就业。加强与妇联、工会、共青团等部门的协调配合，继续开展"女大学生创业导师行动""春风送岗位"等促进妇女就业的专项活动，特别是加强面向高校女大学生的就业指导、培训和服务，引导女大学生树立正确的择业就业观，落实公益性岗位政策，扶持大龄、残疾等就业困难妇女就业。完善创业扶持政策，支持和帮助妇女成功创业。

三是积极创造条件，更好地满足妇女参加职业培训需求。完善国家技能人才培养、评价、激励等政策，提高技能劳动者女性比例。加强职业技能培训服务，为妇女接受职业培训提供更多的机会和资源，重点扶持失业妇女、边远贫困地区妇女和残疾妇女接受多种形式的职业培训，不断提高妇女就业、创业和再就业能力。

四是扩大妇女参加社会保险覆盖面，逐步建立统筹城乡的生育保障制度。完善覆盖城乡的养老保险、医疗保险制度，扩大妇女参保覆盖面，逐步提高保障水平。将有劳动关系的女性劳动者全部纳入工伤保险。逐步建立统筹城乡的生育保障制度，扩大生育保险覆盖面，努力实现应保尽保；继续推动生育保障试点工作，研究城镇居民生育保障方式和新生儿医疗费解决办法，做好各种基本医疗保险之间有关政策衔接。

五是加大监察执法力度，切实维护妇女儿童合法权益。加大劳动人事监察执法力度，依法查处侵害女职工合法权益的违法行为，指导用人单位依法加强女工保护，提高女职工专项集体合同签订率，坚决打击使用童工的违法行为，切实维护妇女儿童合法权益。

六是创新人才体制机制，加强女性人才队伍建设。按照中央人才规划，积极探索建立多渠道、多层次的妇女人才培养体系。依托国家重点实验室、重大科研项目和重大工程建设项目，聚集、培养各类女性人才。继续加强对女性公务员的培养，加大对女性公务员的培训力度，提高综合素质，促进女性在经济社会发展中发挥更大的作用。

〔资料来源：信长星. 积极促进妇女就业 大力开发女性人才 切实保障妇女儿童合法权益 [J]. 中国妇运，2012（1）：13-15.〕

## 第二节 女性职业心理问题及其调适

### 【案例12-1】机遇偏爱有准备的人

师大中文系毕业生小齐到一家研究所去面试，但是，她白领丽人、青春靓丽的打扮，从一开始就没有得到招聘人员的认可。面试时，她包里的化妆品撒落一地的尴尬，更注定了她的失败。为了到上海一家大型网站应聘编辑，小齐的好朋友小陈做好了所有的准备。虽然她不是新闻系的学生，也不是学电脑专业的，小齐也劝她要掂量一下自己的分量，可是，小陈还是想用自己的实力来证明自己，决心通过自己的努力找到自己满意的工作。面试时，招聘人员问了她一个问题："其实我们这次想要一个男生，你怎么想？"小陈语气平静地说："对此我能够理解。网站是个新兴行业，尤其是新闻部，每日更新的新闻量特别大，工作压力大，男生可能更合适。但是我认为，做新闻编辑还是女生更好，女生有韧劲，能吃苦，女性心思细腻，更容易做一些细致的工作。而且，网络的优势就是和网民之间的互动，我相信，女性编辑与网民沟通和交流会更容易！"她还用自己的学习成绩补充道，"这是我新闻学辅修的结业论文，里面有我对网络新闻媒体的一些看法，曾经在校刊上发表过，请老师们指教。"招聘人员接过小陈递过来的论文，一边看，一边不住地点头称赞。不久，小陈将求职过程的不可能变成了现实，接到了这个网站的录用电话。①

女大学生在面临就业时，应该保持良好的心态。在就业准备过程中，女生更应该充分备战，深入地挖掘自己的优点，自信地选择能够发挥自身潜力的职业。在求职竞争中，成绩优秀、能力强的女性，在任何时候都能受到用人单位的欢迎。在择业过程中，女性要有自信心，尽量发挥和运用自己的优势；举止要端庄大方、彬彬有礼，谈吐要优雅平和、不卑不亢，善于倾听对方谈话，并能简洁地陈述自己的观点；要敢于接受挫折，及时总结经验教训，调整择业期望值。

## 一、女性职业发展中常见的心理问题

据世界卫生组织调查，女性异常心理发生率高于男性。而在女性人群中，职业女性比非职业女性更容易产生心理疾病（见表 12-1）。医学心理学研究表明，长期的精神紧张、反复的心理刺激及恶劣情绪得不到及时疏导化解，在心理上会造成心理障碍、心理失控甚至引发心理危机，在精神上则会造成精神萎靡、精神恍惚甚至精神失常，引发多种身心疾患，如紧张不安、动作失调、失眠多梦、记忆力减退、注意力涣散、工作效率下降等，以及引起诸如偏头痛、荨麻疹、高血压、缺血性心脏病、消化性溃疡、支气管哮喘、月经失调、性欲减退等疾病，甚至诱发癌症。②

---

① 宋建新. 大学生就业指导与实务［M］. 武汉：武汉理工大学出版社. 2005.

② 梁成洪. 职业女性心理健康状况探略［J］. 广西社会科学，2005（12）.

表12-1　女性职业心理问题主要表现

| 形　式 | 具体表现 |
| --- | --- |
| 工作倦怠 | 有一定工作经历的女性大多数曾有过"疲惫、身体状态不佳"等相关症状，对工作提不起精神，甚至产生转换角色、到完全陌生的环境或从事完全不同职业的想法 |
| 缺乏职业安全感 | 职业女性普遍缺乏安全感，心理承受力不强，有一种朝不保夕的危机感；同时，长年的艰辛劳作又常常使她们感到劳累而心生厌烦。长此以往，会使她们心理失衡，健康状况过早走下坡路 |
| 缺乏自信 | 事业发展不顺利的时候，很多女性会怀疑自己的能力，否定自己，而否定自己的同时会否定别人，不容易看到别人的长处，这种自信心不足过多地消耗了她们的精力和时间，因而也就减弱了她们追求成功的动力 |
| 缺乏乐观精神 | 许多职业女性遇事只看到事物不好的一面，总是预测自己可能遭遇不顺和失败，常因抱怨而失去施展才华的机会 |
| 紧张症 | 中年职业女性是社会的中坚力量，是单位的组织者、业务能手、技术骨干，是家庭的栋梁，上要照顾老人，下要抚育子女，在社会和家庭中都处于承上启下的角色。她们参与的社会活动较多，为事业、家庭和子女而奔波，是最繁忙最劳碌的人群。还要在上下级、同事、姻亲、家庭等纵横交错的人际关系中角逐。她们承受的各种压力较大，工作、生活节奏也较快。诸多的社会心理因素，常常使她们处于某种紧张状态之中，有的学者称其为职业女性"紧张症" |

## 二、职业女性心理调适

（一）职业女性心理调适

（1）学会换位思考。有些压力只要改变一下分析角度，就能得出不同的结论。现实中，人们的许多情绪困扰不一定都是由诱发事件直接引起的，而是由经历者对事件的非理性认识和评价引起的。这种非理性认识和评价的根源在于每一个人都坚持自己的想法或意见，无法站在别人的立场去思考问题，因而冲突与争执也就在所难免，矛盾和烦恼也就由此而生。如何消除这种烦恼？不妨进行换位思考，力图客观一些，试着去了解他人的感受，这样就能获得全新的视角和感觉，很多不必要的冲突与争执也就可以因此避免，从而减少许多烦恼。

（2）面对现实的积极心态。压力可能并非来源于生活困境，而是来源于人们对这些生活经历所采取的态度。所以，在面对心理压力时，保持乐观的心态是控制心理压力的关键，应将挫折视为鞭策人们前进的动力，努力在消极情绪中加入一些积极的思考。

（3）学会自我暗示。自我暗示主要是指通过语言引起或抑制人们的心理和行为。自我暗示对人的情绪乃至行为有着奇妙的作用，既可用来松弛过分紧张的情绪，也可用来激励自己。而积极的心理暗示在很多情况下能驱散忧郁和怯懦，使人恢复快乐和自信。

（4）正确认识自我，学会欣赏他人。具有忌妒心理的女性，总认为自己比别人强，看不到别人的优点和长处。实际上，一个人受主客观条件的限制，不可能只有优点没有缺点，也不可能只有缺点没有优点，因此，要接纳自己，认识自己的优点和长处。同时，也要正确地评价、理解和欣赏他人。

（5）加强自身修养，培养宽阔心境。心胸狭窄是一种会使人不择手段地压制人才和打击成功的阴暗心理。要克服这种病态心理，就要培养宽广的胸襟，树立公平竞争、互助前进的观念。

（二）职业女性缓解和疏导心理压力的调节方法（见表 12-2）

表12-2　职业女性心理压力疏导方法

| 方　法 | 简易操作 |
| --- | --- |
| 放松疗法 | 即深呼吸疗法。当工作繁重、心理压力过大的时候，可抽出5～15分钟的时间来做深呼吸：选择安静、光线不太强的地方坐下，放松身体，然后做深长的呼吸，每次缓慢吸入空气，达到最大肺活量时，尽可能保持一段时间，然后再缓慢地把气体彻底呼出来，在这一过程中可感受肢体肌肉由紧张渐渐放松的感觉。这是一个非常简便而有效的心理放松方法 |
| 音乐疗法 | 可以帮助人们驱散消极情绪，缓解压力。如焦虑、紧张、烦躁者，可以选择《春江花月夜》《梅花三弄》等优美的古典乐曲；而情绪低落、消沉、抑郁者可以选择《喜洋洋》《步步高》等欢快轻松的钢琴曲 |
| 自我倾诉法 | 即在心情焦躁、紧张而无法保持冷静时，将这种心情和感受写下来，用文字表现出来。自我倾诉法有利于宣泄心中的不快，从而使人重新找到心理平衡的支点，使心情重新愉快起来 |
| 向朋友家人倾诉 | 职业女性在紧张的工作之余，应扩大自己的生活圈子，多结交一些朋友，遇到问题时主动找朋友、家人倾诉，及时化解不愉快的情绪，获得别人的情感支持。宣泄、倾诉对心理紊乱、压抑、焦虑等有奇效。但宣泄应注意适度，注意时间、场合和对象，否则会有不良倾向和后遗症 |
| 寻求心理医生的帮助 | 如果心理压力过大，产生扭曲心理，特别是这些问题与本人的个性有关，那么，就应当及时进行心理咨询，寻求心理医生的帮助，这样才能从根本上改变消极认知，解除心理障碍和疾病，以稳定的情绪、健康的心理状态、高度的工作效率投入工作和生活中 |

### 三、女大学生择业心理问题调适

（一）女大学生择业的心理优势

由于女性自身的心理特点和生理特点，女大学生在职业选择上有相当强的心理优势。

1. 出众的语言表达能力

在口头表达能力和书面表达能力上，女大学生大多比男大学生有明显的优势，尤其是在口头表达能力上。一般来说，女性从事文字整理、编辑、翻译、播音工作以及教育、接待洽谈工作等，更能发挥其特长。

2. 独特的思维能力

女大学生擅长形象思维，处理问题时注意细节，她们在制订工作计划、构思设计方案时，不像男性那样因粗心大意而易露出破绽。因而适合于形象设计方面的工作，如服装设计、文学创作、文艺表演等方面。

3. 善于交往的天赋

女大学生对人与人之间的关系很敏感，也很注意自己和别人的容貌、举止和内心世界。女大学生普遍具有温顺、和蔼、容易与人相处、感情丰富且善于体谅别人的特点，在社交场合或工作协作中表现出较强的人际交往能力，因此，适合从事行政管理、办公室、公关、推销等工作。

4. 意志的坚韧性

女大学生的忍耐能力要超过异性，外表很柔弱而内心却很坚强。心理和生理上都是如此。女大学生这种忍耐力的优势使她们工作耐力持久，态度认真，有较强的工作责任心，能在单调乏味的条件下孜孜不倦地长期工作，因此，女大学生能在财务管理、计算机操作、勘测设计、资料整理、图书情报、档案管理及办公室等工作中很好地发挥自己的优势。

5. 独有的人格魅力

女大学生在生理、心理、性格上与男大学生有着一定的区别，天生的丽质、活泼的风采、温柔的性格，这些都是女大学生独有的人格魅力。

6. 管理能力的优势

受过高等教育的女大学生，有个性，有思想，勇于创新，且有知识，有文化，善解人意，品格高尚，个人修养好，能广泛听取各方面的意见，善于与他人合作共事，因此，适合机关和企事业单位的管理工作。

（二）女大学生在择业时的心理弱势

1. 成就意识偏弱

由于在个人发展上缺乏目标，学习失去了动力，一些女大学生变得胸无大志、懒懒散散，进取意识日趋淡薄。她们在考虑未来时，很少想到自己的社会责任，只想将来能有一个令人羡慕的丈夫。

2. 心理素质欠佳

许多调查表明，女大学生在智力上并不低于男大学生，但在心理素质上的某些不足却直接影响了女大学生的发展与成才。在这方面突出的表现是，她们对挫折的承受能力弱以及抗干扰能力差。

3. 自信心不足

面对激烈的择业竞争，不少女大学生容易在"女大学生择业难"的影响下产生自卑心理和示弱心态，如"我能竞争过男同学吗？""要是碰钉子多丢人！""万一失败了怎么办？"等。这些给自己设置的心理障碍往往使女大学生缺乏竞争的勇气和获胜的信心。没有打算做得更出色，自然不可能干好，害怕失败，更降低了她们成功的概率。

4. 依赖心理

一些女大学生平时养成了对学校和家长的依赖心理，面临职业选择，也容易产生"反正学校得给我们想办法""反正父母会给我找工作"的依赖思想。试想，一个缺乏自立、自主、自强意识的大学生，怎么能做出符合自己特点的职业选择呢？

5. 优柔寡断

从学校到社会，是人生的一个重要转折。面对这一转折，毕业生既应做到知己知彼、权衡利弊，又要不失时机，抓住转折的机遇，当机立断。优柔寡断、犹豫不决的心理弱点往往会使一些女大学生产生"这山望着那山高""不识庐山真面目"的困惑与迷茫，以致白白失去择业的良机。

那么，在现代社会里，女大学生在择业时，如何克服自身弱点，如何做到"巾帼不让须眉"，最大程度地发挥自己的潜能和优势呢？

第一，充分认识自身的特点，认真做好求职的准备。

女大学生要想使自己在择业竞争中保持良好的竞争状态，自如地应对所遇到的各种问题，必须充分认识自身的特点，做好各种思想准备、心理准备，增强心理承受力，不要一遇到挫折就心灰意冷，自暴自弃。要知道，在择业中遇到挫折是很正常的，应该把挫折看成锻炼意志、增强能力的机会，放下思想包袱，认真找寻失败的原因。

第二，充满自信，战胜自我。

作为女大学生，要坚持自尊、自信、自立。首先，在心理上要有自信心，要相信自己和男性一样有实力，要敢于竞争，克服自卑、胆小、怯懦等不良心理状态；其次，在行为上，要保持热情、端庄的仪表，切忌羞涩、扭捏，或过于泼辣、随便、无所顾忌。种种心态充分表明，女性成功的主要障碍不是别人，而是自己。增强自信、战胜自己的软弱是女大学生发掘自我潜能的关键。

第三，勇于竞争，善于竞争。

女大学生是现代女性中最优秀的群体，应该勇于向强者挑战，并决心超过他们，即便在竞争中处于劣势或暂时失败，也不能埋怨自己无能，或者降低自己的人格，更不能怨天尤人，而应该理智地、客观地审时度势，寻找新的突破、新的方法，把精力和目光盯在下一轮的较量上。敢于竞争、掌握竞争的方法和技巧、积累竞争的经验，对女大学生择业来说显得更为重要。

第四，保持女性的魅力和风度。

如前所述，天生的丽质、活泼的风采、温柔的性格是女性的优势，女大学生在求职时要正确表现和强化这种优势。求职陷入困境的原因其实并不是因为性别，而往往是因为忽略了性别的优势，把自己中性化甚至男性化。在毕业生"供需洽谈会"上，有的女大学生换掉了平时俏丽的服装，而平时邋邋遢遢的男生却穿得衣冠楚楚。她们错误地认为女性的俏丽容易产生妖艳之嫌。其实，保持女性特有的魅力和风度，克服交往中的羞怯感，不仅与亲密者心神相随，也能与一般合作者促膝攀谈，还能与众多的陌生人寒暄谈天。有了这种豁达的品质，加上自身的才华，必然能受到用人单位的青睐。

◀▮▮▶【资料卡 12-1】变革性的女性领导

心理学的研究表明，男女气质双性化是一种理想的性别角色模式，它要求男女两性分别学习和获取对方的长处，鼓励男性既要有阳刚之气，又要能刚中带柔，而女性则要能柔中见刚，摆脱以往的性别刻板印象的束缚，促进男女两性各自潜能的充分发挥和健康发展。作为成功的女性领导者应具有双性化气质，这是因为双性化气质的女性同时具有两种气质，既有女性的温柔、细致、情感丰富的特征，又有男性的勇敢、坚定、果断的品质，因此，经常能做出跨性别行为，能够更加灵活、更有效地对各种情境做出反应，且自我评价高、独立性强、自信心高、适应能力强。这种双性化气质是女性能够取得成功的一大优势，也是女性领导者必须具备的性格特征。

新时代的女性领导者除了必备的双性化优势外，还担负着为个人及其他女性的发展开拓更加广阔空间的任务，所以领导者必须转变领导风格，适应环境的变化，成为变革性的领导人才。

变革性领导不仅影响下属的工作绩效，也影响下属最大潜能的发挥。变革性的领导者有着非常强烈的内在的价值感和观念体系，她们能有效地激励下属实现最大的利益而不是仅仅局限在个人利益上。女性领导者应从以下几个方面入手去锤炼自身的领导风格。

1）魅力。女性领导者应给下属树立角色榜样，使下属认同领导者，并愿意仿效她们。领导者在大众的眼中，通常是有较高的道德标准、道德行为的，所以下属期望她们能够正确行事，期望她们给下属提供一个目标远景，给予下属一种使命感，这样才能受到下属的信赖和尊重。

2）鼓舞动机。女性领导者对下属寄予很高期望，通过动机激励他们投身于实现组织远景的事业中去。实践中，领导者利用信条和情绪感染力来凝聚组织成员的力量，以取得比个人能力更大的成就，这种类型的领导增强了团队精神。

3）智力激发。它包括领导激发下属创造和革新，鼓励下属对自己和其他领导者的信念与价值观质疑，对组织的信念与价值观质疑。这种类型的领导支持下属尝试新理论、创造出革新性的新方法来解决组织的问题，她们鼓励下属独立思考问题和仔细解决问题。

4）个别化关怀。女性领导者应创造一种支持性情感氛围，仔细聆听下属的个别需求，可以采取委派方式帮助下属进步并为其提供自我挑战获得成长的平台。领导者在帮助个体自我实现时扮演着教练和建议者的角色。

总之，变革性女性领导风格的特点是鼓励参与，分享权利与情报，强化他人的自我价值，促使他人乐于工作。这种人性化的管理模式是一种组织变革的潮流，女性以其独特的性别优势与这种潮流自然地融为一体，从而推动着女性自身及整个社会的发展。[1]

## 四、职业女性的心理问题

职业女性在社会生活中占据着特殊的地位，她们的职业状况和生活状态预示着妇女发展的未来，甚至影响着整个社会的发展，关系到 21 世纪的人类走向。当前，面对瞬息万变的社会发展和日益加快的生活节奏，职业女性所承受的压力与日俱增，影响到职业女性的心理健康。

---

[1] 宋岩，崔红丽，王丽．男女有别的心理观察：女性心理学［M］．武汉：华中师范大学出版社，2008.

　　女性进入结婚生育年龄段后所面临的障碍会更多。"三十而立"对男性来讲或许是人生、事业的一个崭新起点，但对许多职场女性而言则更像一道门槛，面对社会和家庭构筑的重重压力，有些女性被磨炼得越来越坚强，她们在不断的学习和持续的成长中坚守在自己所擅长的领域；而有些女性在遭受打击之后，便会产生一种挫败心理，开始怀疑自己，丧失信心。职场中的女性可能会出现以下心理问题。

　　年龄恐慌　由年龄而产生的恐慌心理在职场女性中很普遍，这主要是因为她们担心可能随时会被老板解雇，又因年过35岁而被众多招聘信息排斥。

　　心理疲劳　随着阅历的增长，职业女性对工作的新鲜感逐渐减少，不少人出现了莫名的疲劳感，这种来自心理的疲劳感降低了工作效率，也会削弱职业女性未来发展的竞争力。

　　自信心不足　事业发展不顺利的时候，很多女性怀疑自己的能力，这在很大程度上是因为她们信心不足，过多地消耗了她们的精力和时间，减弱了她们追求成功的动力，影响了工作效率。随着年龄的增长，女性的精力、体力甚至容颜都如流水东逝，与身边生龙活虎的男同事或者年轻女性相比，大龄职业女性会产生很大的压力和失落感，这更加导致她们信心不足。

　　目标游移　许多职业女性爱跟别人比较，总觉得自己处处不如别人。这种来自内心的干扰容易使职业女性被外界的目标吸引。而对于那些吃"青春饭"的职业女性来说，则面临着更大的挑战。30多岁的女性已经没有吃"青春饭"的本钱。特别是成了家，有了孩子，精力和能力都不允许她们再陷入无休止的职场"厮杀"中。在她们眼里，继续待在目前的公司，与其说是在等待晋升的机会，倒不如说是一种习惯使然。一些职场女性知道自己在目前的公司干下去也没有多大发展前景，迟早会被新人替代，但渴望成功的心理又使她们不知道该何去何从，于是开始迷惘。

　　知识更新不快　信息时代需要更新更快、更系统化、理论化的知识人才，而这正是许多职业女性所欠缺的。

　　心态紧张　中年职业女性上有老，下有小，她们在社会和家庭中都处于承上启下的角色。她们承受的各种压力较大，随着社会竞争的不断加剧，职业女性需要承担和面对的压力也越来越重。对一些天性要强的女性来说，她们既想在工作中出类拔萃，又想成为家庭中的贤妻良母。然而一个人的承受能力有限，如果忽视健康知识的学习，不掌握自我调节的技巧，必然无法摆脱工作压力和不愉快情绪，最终身心俱损。

　　女性出现以上心理问题的主要原因有以下几个方面。

第一，双重角色冲突　进入职场的已婚女性面对来自职业和家庭的双重压力，时常会经历双重角色的强烈冲突。譬如，已经到了不得不考虑要孩子的年龄，然而生孩子却意味着要跟自己的工作、自己的社会角色脱离一段时间，意味着发展会停滞一段时间，等生完孩子回来之后，可能不再适应自己的工作，可能自己的位置已经被取代，提升可能会被延误甚至错过时机等，这些都令女性望而却步，从而不敢下决心去履行母亲的职责。如果女性是家中的顶梁柱，需要将更多的精力投注在上有老下有小的家庭生活上，而自己的工作责任和压力也很大，常常需要加班，作为一个既重感情又重事业的现代女性常常身陷其中，似乎无法看到出路。

社会的变化给女性带来了新的机会，带来了成功。可是，现实生活中的职业女性不仅面临社会及男性世界的压力，而且承担着家庭的重任。在职场中，她们必须付出更多的努力才能获得与男性同样的成功；在生活中，她们必须照顾父母，关爱子女，维系家庭。

我国职业女性的双重角色冲突是由于职业女性价值定位时其价值取向的双向性而导致的。追溯历史，在农业文明时期，相对于男性，女性的价值被定位于家庭中，因此，女性是通过操持家务、养儿育女来体现自己的存在的。这种明确且单一的价值定位与角色分工使得在当时无论是女性还是男性对于女性的角色规划、角色行为都处于一种心理平衡之中——女人把自己以男人为中心、以家庭为半径的人生看作天经地义，男人视女人在社会事务中的无所作为为理所当然。新中国成立后，女性的价值取向出现转型，从单一的贤妻良母开始倾向于以职业女性的社会成就确定女性的价值地位，同时出于传统性别角色分工的惯性思维，男性自然要求女性成为家庭生活和子女教育的主角，职业女性的价值趋向呈双向性：贤妻良母兼社会职业劳动力者。社会成就需求和家庭职责需求的同时强化，使职业女性陷入事业和家庭双重角色、双重性格的冲突之中，对她们的心理产生了极大的影响。实际上，尽管夫妻双方共同承担家务的比例大大增加，但"男主外，女主内"这样的传统性别角色观念仍占据重要位置。人们把主持家务，照顾老人、丈夫和孩子作为女性"义不容辞"的责任。女性受这种观念支配，在做好家务的基础上再完成社会赋予的职业工作，受体力和精力的限制，要想同时做好，就必然面临双重角色冲突。

双重角色冲突的内在矛盾突出地表现在两个方面。一是两者的价值实现的方式不同。社会角色的回报是按劳付酬，女性在物质生产劳动中的付出，以货币的形式得到回报。而女性在人类自身再生产中的劳动付出却得不到肯定和补偿，几乎所有社会都把抚养子女看成个人私事。二是向女性提出要求的主体不同，职业要求女性精通业务，献身社会；家庭要求女性善理家务，奉献家庭。于是，女性角色的内在矛盾表现为两种性质的冲突：一方面是外显性冲突，如时间冲突、空间冲突、精力冲突、行为方式冲突；另一方面是内隐性冲突，如主体的角色需要与角色能力的冲突、主体的角色愿望与社会对角色的期待冲突、主体的决策能力与社会角色需求的冲突。由于女性主体能力的有限性和需求的多样性，社会对女性角色期待的理想化与女性主体能力的现实性之间便产生了种种矛盾，而这些矛盾又引发了女性主体不同程度的焦虑。

　　第二，事业带来的压力感　主要表现为以下三方面。一是竞争带来的压力。随着社会的快速发展，人们的生活节奏正在日益加快，竞争越来越激烈，职业女性时刻面临着下岗的危机。由于科学技术的飞速发展，知识呈爆炸式增长，同时当今是一个知识改变命运的时代，这迫使职业女性不断地进行知识更新，学习"充电"成为职业女性业余时间的重要项目。这不仅使职业女性总感到时间不够用所导致危机感和紧迫感，同时她们又担心自身的竞争能力不能跟得上社会发展而产生焦虑感。时代赋予职业女性更多工作的权利、机会和动力，也留给女性激烈竞争所带来的巨大心理压力和心理负担。二是成功恐惧感。现代职业女性大多重视自己的事业，渴望事业有成，因为事业的成功意味着经济独立、物质财富的增长、社会名誉以及自我价值的实现。然而社会现状是由于社会文化的刻板印象，以及人们习惯用男性标准来评价女性，丈夫往往接受不了"女强人"，因此，一些事业有成的女性回到家中还要装出"男强女弱"的模样，而一些渴望事业成功的女性因为担心失去所谓的女性形象，害怕被冠以"女强人"的头衔，对成功产生了恐惧，从而放弃了对事业的更高追求。三是性别歧视的困扰。在社会变革的大潮中，职业女性在就业和工作的选择与发展中越来越受到性别歧视的困扰和限制，这使职业女性事业心较强、比较自信、对自己的期望较高与期望难以实现的矛盾加剧，也势必增加职业女性的危机感和心理压力，引起现代知识女性的自信心滑坡。目前，社会上男女就业机会不同，男女向上一个阶层流动的机会不同，男女收入差距加大。有统计表明，近年来上海专业技术人员中女性多于男性，可是女性的收入却只占男性的 62.4%。由全国妇联和国家统计局联合组织实施的一项抽样调查显示，女性在经济领域就业层次 10 年来有所提高，职业结构趋于合理，但女性在业率降低，两性收入差距逐步扩大。2000 年底，城镇 18～49 岁女性在业率为 72%，比 1990 年扩大了 7.4 个百分点。女性较多地集中在收入偏低的职业，在相同职业中女性的职务级别又比男性偏低，这是城镇男女两性收入差距拉大的原因。[①] 四是"玻璃天花板"的存在。"职场玻璃天花板"是一种形象的比喻，指"为女性的提升人为设置的障碍"，这些障碍反映了"歧视"。玻璃天花板看不见，然而却是女性登上组织阶梯上层的不可逾越的障碍——不管她们的资格或成就如何。玻璃天花板是真实存在的，它实际上由男性组成。当出现一个受过同样教育、具有同样能力、拥有同样工作热情的女性，威胁到男性的安全、尊严以及对社会秩序一种先入为主的观念时，男性会本能地排挤入侵者，而女性自然的反应也是自我保护，于是两者之间的冲突不断升级。女性要想在家庭和工作中获得平等权利，必须首先改变男性的态度；要想与男性完全平等，就需要投入更多的努力。

第三，恋爱和婚姻问题带来的困扰。《工人日报》2003年12月17日的文章《宁波部分知识女性认为活得累》报道了浙江省宁波市妇联针对该市中高级知识女性所处的社会环境以及家庭生活、成长经历、教育情况、思想动态、现实需求等方面开展的专题调研。调查显示，对自己的婚姻生活表示不满意，但认为感情基础还在，只是时间久了，婚姻生活趋于平淡，可以继续维持的占30%；处于婚姻破裂边缘，勉强维持的占1%；离婚的占4%；另有个别人丧偶多年一直未再婚。

婚恋对于未婚职业女性的困扰，是因为理想的婚姻与现实的差距使职业女性感受到一种无以名状的失落。职业女性随着社会劳动参与水平和经济收入的不断提高，对自身的估价随之升高，情感的需求也较为复杂，对婚姻的期望值比较大，也就相应地提高了择偶的标准。有的职业女性由于对自己心目中的"白马王子"的要求过于理想化而"高不成低不就"，从而走入了大龄单身的行列，成为"单身贵族"。现代职业女性普遍看重婚姻质量，宁缺毋滥。但为了满足情感的需求，有些女性采取网络恋爱、虚拟婚姻或是未婚同居的方式来缓解孤独感和回避家庭生活的现实矛盾。在角色冲突、事业压力以及家庭婚姻等各方面矛盾的冲击下，职业女性所面临和承受的心理压力往往很大，如何进行调适成为职业女性自我心理保健的重点问题。

## 第三节　女性职业生涯规划

### 一、职业及职业生涯

职业的种类、内涵、功能与社会生产力发展水平有密切关系，整个社会的协

---

① 陈晓煌. 反思青年知识女性价值观回归传统［J］. 零陵学院学报，2004（4）.

调运转与持续发展，依托于所有职业岗位的有效运转和所有在岗人员在时间、智慧、精神、才能与体能上的付出。职业特性可以概括为五个特性。①社会性，指职业是社会生产力发展和社会分工的产物。每一个社会成员都需要在充分了解各种职业的特性和需求的基础上，根据自己的个性特征和才能来选择职业。②经济性，指职业是个人获得经济收入的主要手段，也是个人生存和维持家庭生活的物质基础。劳动者在承担职业岗位职责并完成工作任务后，可以获取相应的报酬。③技术性。任何一个职业，对从业人员都有相应的职责要求。包括职业道德、责任义务及相应的职业能力与技术水平。④连续性。职业的连续性是指劳动者持续地从事某一社会工作，或者从事该项工作相对稳定，也即只有在一定期间持续地从事一项工作，而且能够维持生计的社会实践活动才能被视为职业。⑤发挥个性。能最大程度地发挥自己的个性和才能的职业是必要的，只有这样才能满足自己的职业需要，使自己能够成长，进而才能充分扮演社会角色，从而获得心理上的满足。

职业生涯是一个人一生连续担负的工作职业和工作职务的发展道路。在日常生活中，我们很多时候会用"生涯"来描述一个人职业的全过程；用"职业生涯规划"来描述一个人对自己的职业过程的设计。就生涯的定义而言，不同的学者对生涯有不同的理解和观点。

舒伯（Super）1957 年的观点：生涯指一个人终身经历的所有职位的整个历程。

韦伯斯特（Webster）1986 年的观点：生涯指一个人一生职业、社会和人际关系的总称，即个人终身发展的历程。

从生涯的含义来看，生涯有以下几种特性。①终身性。生涯发展是一生当中连续不断的过程。生涯概括了一个人一生中所拥有的各种职位、角色，因此，生涯不是个人在某一阶段所特有的，而是终身发展的过程。②独特性。每个人的生涯发展都是独一无二的。生涯是一个人依据自己的人生理想，为了自我实现而逐渐展开的一种独特的生命历程，不同的个体有不同的生涯，也许某些人在生涯形态上有相似的地方，但其实质可能是完全不同的。③发展性。人是生涯的主动塑造者。生涯是一个动态的发展历程，个人在不同的生命阶段中会有不同的企求，这些企求会不断变化和发展，个体也就不断地成长。④综合性。生涯以个人事业角色的发展为主轴，也包括了其他与工作相关的角色。生涯并不是个人在某一时段所拥有的职位、角色，而是个人在其一生中所有职位、角色的总和，这个总和不仅局限于个人的职业角色，也包括学生、子女、父母、公民等涵盖人生整体发展的各个层面的各种角色。

## 二、生涯发展理论

### （一）舒伯的职业生涯发展理论（表12-3、图12-1）

表12-3　舒伯的职业生涯发展理论表

| 命 名 | 年龄段 | 特 点 |
|---|---|---|
| 成长期 | 出生至14岁 | 该阶段的孩童开始发展自我概念，开始以各种不同方式来表达自己的需要，且经过对现实世界的不断尝试，修饰自己的角色。这个阶段的发展任务是，发展自我形象，发展对工作的正确态度，并了解工作的意义 |
| 探索期 | 15～24岁 | 该阶段的青少年，通过学校的活动、社团休闲活动、打零工等机会，对自我能力及角色、职业做了一番探索，因此选择职业时有较大的弹性。这个阶段的发展任务是，使职业偏好逐渐具体化、特定化，并实现职业偏好 |
| 建立期 | 25～44岁 | 经过上一阶段的尝试，不适合者会谋求变迁或做其他探索，因此该阶段较能够确定在整个事业生涯中属于自己的"位子"，并在31～40岁开始考虑如何保住这个位子，从而固定下来 |
| 维持期 | 45～65岁 | 个体仍希望继续维持属于他的工作"位子"，同时会面对新的人员的挑战。这一阶段发展的任务是，维持既有成就与地位 |
| 衰退期 | 65岁以上 | 65岁以上，由于生理及心理机能日渐衰退，个体不得不面对现实，从积极参与到隐退。这一阶段往往注重发展新的角色，寻求不同的方式以替代和满足需求 |

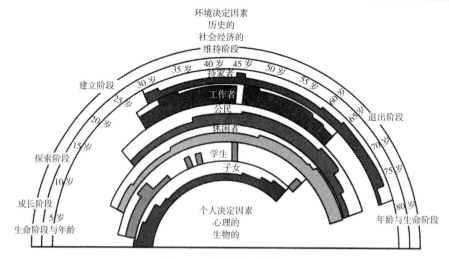

图12-1　舒伯生涯彩虹图

（二）施恩的职业生涯发展理论

美国的施恩教授立足于人生不同年龄段面临的问题和职业工作主要任务，将职业生涯分为9个阶段（见表12-4）。

表12-4　施恩的职业生涯发展理论

| 命　名 | 年龄段 | 特　点 |
|---|---|---|
| 成长、幻想、探索阶段 | 0～21岁 | 主要任务是发现和发展自己的需要和兴趣、能力及才干，为进行实际的职业选择打好基础；学习职业知识，寻找现实的角色模式，获取丰富信息，发现和发展自己的价值观、动机和抱负，做出合理的受教育决策，将幼年的职业幻想变为可操作的现实；接受教育和培训，开发工作世界中所需要的基本习惯和技能。在这一阶段所充当的角色是学生、职业工作的候选人、申请者 |
| 察看工作世界 | 16～25岁 | 个人通过察看劳动力市场，谋取可能成为一种职业基础的第一项工作；同时个人和雇主之间达成正式可行的契约，个人成为一个组织或一种职业的成员，充当的角色是：应聘者、新学员 |
| 基础培训 | 16～25岁 | 个体在此阶段要担当实习生、新手的角色，即已经迈进职业或组织的大门。主要任务是了解、熟悉组织，接受组织文化，融入工作群体，尽快取得组织成员资格，成为一名有效的成员；并能适应日常的操作程序，应付工作 |
| 早期职业的正式成员资格 | 17～30岁 | 面临的主要任务有：承担责任，成功地履行与第一次工作分配有关的任务；发展和展示自己的技能和专长，为提升或察看其他领域的横向职业成长打下基础；根据自身才干和价值观，根据组织中的机会和约束，重估当初追求的职业，决定是否留在这个组织或职业中，或者在自己的需要、组织约束和机会之间寻找一种更好的配合 |
| 职业中期 | 25岁以上 | 主要任务是选定一项专业或察看管理部门；保持技术竞争力，在自己选择的专业或管理领域内继续学习，力争成为一名专家或职业能手；承担较大责任，确实自己的地位；开发个人的长期职业计划 |
| 职业中期危险阶段 | 35～45岁 | 主要任务为：现实地评估自己的进步、职业抱负及个人前途；就接受现状或者争取看得见的前途做出具体选择；建立与他人的良好关系 |
| 职业后期 | 45～55岁 | 职业状况或任务：成为一名良师，学会发挥影响，指导、指挥别人，对他人承担责任；扩大、发展、深化技能，或者提高才干，以担负更大范围、更重大的责任；如果求安稳，就此停滞，则要接受和正视自己影响力和挑战能力的下降 |
| 衰退和离职阶段 | 55岁～退休 | 不同的人在不同的年龄会衰退或离职。此阶段主要的职业任务一是学会接受权利、责任、地位的下降；二是基于竞争力和进取心下降，要学会接受和发展新的角色；三是评估自己的职业生涯，着手退休 |
| 离开组织或职业——退休 |  | 在失去工作或组织角色之后，面临两大问题或任务：保持一种认同感，适应角色、生活方式和生活标准的急剧变化；保持一种自我价值观，运用自己积累的经验和智慧，以各种资源角色，对他人进行"传帮带" |

### 三、影响职业生涯发展的心理因素

职业生涯发展与多种因素有关，有自身因素和条件的影响，也有外部客观因素和条件的影响。从职业心理的角度分析影响个人职业生涯发展的因素，可以分为心理动力因素、心理效能因素和心理风格因素三个方面。

（一）心理动力因素

心理动力因素一般包括需要和兴趣等。它们影响着职业活动的方向和力度，在个人职业生涯发展中至关重要。

1. 职业理想

职业理想是人们在职业上依据社会要求和个人条件，借想象而确立的奋斗目标，即个人渴望达到的职业境界。它是人们实现个人生活理想、道德理想和社会理想的手段，并受社会理想的制约。职业理想是人们对职业活动和职业成就的超前反映，与人的价值观、职业期待、职业目标密切相关，与世界观、人生观密切相关。[①] 职业理想不是幻想和空想，它是在现实发展可能性的基础上，通过职业劳动来实现职业目标的精神力量，是人的职业活动的动力因素之一。

2. 职业需要

美国学者马斯洛在《动机与人格》一书中系统地阐述了"需要层次论"。需要由低级向高级共分为五个层次。合理更新、不断提高职业需要层次是职业发展的根本动力，追求需要的满足是行为的动力，是活力之源、成功之始，职业需要是职业生涯发展的动力因素之一。

3. 职业兴趣

"兴趣是最好的老师"是一句至理名言。兴趣可以自我导向，兴趣可以自我激励，兴趣可以自我发掘。职业兴趣是个体心理倾向性对职业生涯发展的动力之一。职业理想、职业需要、职业兴趣是职业生涯发展的个体心理倾向，分别构成了自我意识、行为机制、心理倾向的三项动力。

（二）心理效能因素

影响职业生涯发展的心理效能因素主要是能力。能力是成功地完成某种活动所必需的个性心理特征，外显为人的各种本领。能力是完成职业活动的必要条件，

---

① 资料来源：https://baike.baidu.com/item/%E8%81%8C%E4%B8%9A%E7%90%86%E6%83%B3.

直接影响进行职业活动和行为的效率和效果。

1. 认知能力

认知过程是人的基本心理过程。认知能力是人在感觉、知觉、记忆、思维、想象等心理活动过程中，伴随着对心理状态的关注、活动方向的控制、个人行动的协调，经过反复而形成的稳定的个性心理特征，通常用智力商数（IQ）来表示。

2. 情感能力

情感过程是人的常见心理过程。情感能力是人在认识世界而产生这样或那样的情感体验过程中，了解自身感受、控制冲动、理智处事，面对各种考验时保持平静和乐观心态的能力，通常用情感商数（EQ）来表示。情感商数，在个人修养方面，强调拥有坚强的意志和毅力的重要性，在与外界接触方面，则强调擅长与他人融洽相处的意义与作用。

3. 职业实践能力

职业实践能力是人在改造客观世界的实践活动中，保证实现主体职业实践活动的特殊心理功能，是在自觉发挥主观能动性、提出职业目标、克服困难、完成职业任务的过程中，经过反复而形成的稳定的职业个性心理特征，通常用实践商数（FQ）来表示。以上分析说明：能力有表现出来的实际能力，也有没有表现出来的潜在能力，潜在能力每一个人都有，是需要挖掘的；能力是可以提高的，且必须在社会实践过程中进行；从认知、情感、实践来阐述能力，有利于从心理学和教育学两方面来分析自我职业优势，发展自我优势，有利于职业生涯发展所需的心理效能因素的发挥。

（三）心理风格因素

影响职业生涯发展的心理风格因素有气质和性格等。气质和性格等心理特征共同作用，反映了个人职业活动不同于他人的行为方式，对职业发展产生着重要影响。

气质是表现在心理活动的强度、速度、灵活性与指向性等方面的一种稳定的心理特征，是在先天遗传的基础上，在长期的社会化过程中形成的。气质调节着人的活动，影响职业活动的动力、效率。性格主要体现在对自己、对别人、对事物的态度和所采取的言行上。性格影响职业活动的倾向性、创造精神，影响职业的选择和职业成就。

有研究表明，当前大学生的气质类型以多血质占多数，性格集中在混合型，其中多血质的学生明显偏外向。学生的专业认同度较高，职业兴趣与专业比较相关。[1]

### 四、女性职业生涯规划的步骤

一个完整有效的职业生涯规划应包括自我评估、外部环境分析、目标确立、实施策略和反馈评估五个环节，每一环节都包括具体内容。这里只重点分析前三个环节。

#### （一）自我评估

自我评估指通过科学认知方法，对自己的职业兴趣、性格、气质、能力等方面进行认识，分析自己的优势与特长、劣势与不足。自我评估的目的是认识和了解自己。只有认识了自己，才能对自己未来的发展做出最佳的选择。在进行自我评估时，要做到客观、全面，既要看到自己的优点和长处，又要看到自己的缺点和不足。只有这样，才能使职业生涯规划具有实际意义。

自我评估的主要内容为与个人有关的所有因素，也就是每个人的个性特征，包括自己的气质、性格、兴趣、能力、特长、学识水平、思维方式、价值观、情商等。下面从气质、性格、兴趣、能力和价值观五个方面来谈谈女性如何进行自我评估，帮助女性了解个性特征与职业的关系。

1.气质与职业的选择

气质是指人们心理活动的速度、强度、稳定性和灵活性等方面的心理特征。气质并没有好坏之分，每种气质都有积极、消极的一面。不同气质的人适合从事不同类型的职业，气质和职业匹配会有助于职业选择的成功，应该说，气质是选择职业时的重要因素。一般说来，气质类型主要分成四种：胆汁质、多血质、黏液质和抑郁质（具体参见第六章）。

2.性格与职业的选择

性格是一个人在个体生活过程中所形成的、对现实较为稳固的态度以及相应的行为方式。性格影响着人的行为。职业心理学研究表明，性格影响着一个人对职业的适应性，一定的性格适合于从事一定的职业，同时不同的职业对人有不同的要求。作为一定个性的载体，人们要想在职业生活中充分地施展自己的个性特点，获得尽可能大的自由感、满意感和适应感，那么就应该了解自己所属的性格类型及其职业适应性，实现人职的匹配。女性在求职过程中，一定要考虑自己的

---

① 刘小英. 大学生气质性格兴趣及对职业规划意义的研究［J］. 重庆电子工程职业学院学报，2014，23（5）.

性格特点，考虑职业对人的要求，从而根据自己的性格特点选择最易于适应的职业，或者改变自己的性格特点来适应职业的要求。

性格中的意志特征与职业的选择有密切的关系，缺乏坚强意志的人常常不能顺利地选择职业，今后也难以胜任工作，往往一事无成或成就平平。缺乏坚韧性的人无法从事要求耐力很强的工作，如科研人员、外科医生等，而缺乏自制、任性、怯懦的人也不适宜从事管理和社会工作。

一般说来，开朗、活泼、热情、温和的性格，比较适合从事外贸、涉外、文体、教育、服务等方面的工作以及其他同人交往的职业；多疑、好问、倔强的性格，比较适合从事科研、治学方面的工作；深沉、严谨、认真的性格，比较适合从事人事、行政、党务工作；勇敢、沉着、果断与坚定是新型企业家和管理者不可缺少的性格。

### ◀▶【学习专栏 12-2】霍兰德的职业性向理论

美国心理学家霍兰德是著名的职业指导专家，他提出了性格类型—职业匹配理论。他认为，学生的性格类型、学习兴趣和将来的职业密切相关。他将人的性格分为六种基本的"人格性向"：现实性向、研究性向、艺术性向、社会性向、企业性向和常规性向，不同的人格性向适合从事不同类型的职业。

表12-5　劳动者类型与职业类型匹配表

| 类　型 | 劳动者 | 职　业 |
|---|---|---|
| 现实性向 | ①使用工具从事操作性工作。②动手能力强，做事手脚灵活，动作协调。③不善言辞，不善交际 | 主要是指各类工程技术工作、农业工作。通常需要一定体力，需要运用工具或操作机器。主要职业：工程师、技术员；机械操作、维修、安装工人，矿工、木工、电工、鞋匠等；司机、测绘员、描图员等 |
| 研究性向（调研型） | ①抽象思维能力强，求知欲强，肯动脑，善思考，不愿动手。②喜欢独立的和富有创造性的工作。③知识渊博，有学识才能，不善于领导他人 | 主要是指科学研究和科学实验工作主要职业：自然科学和社会科学方面的研究人员、专家；化学、冶金、电子、无线电、电视、飞机等方面的工程师、技术人员；飞机驾驶员、计算机操作员等 |
| 艺术性向 | ①喜欢各种艺术形式的创作来表现自己的才能，实现自身的价值。②具有特殊艺术才能和个性。③乐于创造新颖的、与众不同的艺术成果，渴望表现自己的个性 | 主要是指各类艺术创造工作主要职业：音乐、舞蹈、戏剧等方面的演员、艺术家编导、教师；文学、艺术方面的评论员等 |

（续表）

| 类 型 | 劳动者 | 职 业 |
|---|---|---|
| 社会性向 | ①喜欢从事为他人服务和教育他人的工作<br>②喜欢参与解决人们共同关心的社会问题，渴望发挥自己的社会作用<br>③比较看重社会义务和社会道德 | 主要是指直接为他人服务的工作，如医疗服务、教育服务、生活服务等。<br>主要职业：教师、保育员、行政人员；医护人员；衣食住行服务行业的经理等 |
| 企业性向（事业型） | ①精力充沛、自信、善交际，具有领导才能<br>②喜欢竞争，敢于冒险<br>③喜欢权力、地位和物质财富 | 主要指那些组织与影响他人共同完成组织目标的工作<br>主要职业：经理企业家、政府官员、商人、行政部门的单位领导者、管理者 |
| 常规性向 | ①喜欢按计划办事，习惯接受他人的指挥和领导，自己不谋求领导职务<br>②不喜欢冒险和竞争<br>③工作踏实，忠实可靠，遵守纪律 | 主要是指各类与文档档案、图书资料、统计报表之类相关的各类科室工作<br>主要职业：会计、出纳、统计人员，打字员，办公室人员、秘书和文书，图书管理员 |

资料来源：MBA 智库。

3. 兴趣与职业的选择

兴趣是个体积极探究事物的认识倾向，这种倾向带有稳定、主动、持久等特征。如果一个人对某种工作产生兴趣，那么人的智力潜能就能得到充分发挥，在工作中就能调动更高的自觉性和积极性，再枯燥的工作也不会觉得是负担，反而会觉得是种享受，从而对自己感兴趣的工作全身心投入，最后一步步走向成功。如果一个人对所从事的工作没有兴趣，个人积极性发挥就会受到影响，甚至可能一事无成。走自己的路，做自己喜欢的事情，选择自己感兴趣的职业，是当今社会最具有典型性的择业观念。

一般来说，兴趣是在后天生活实践中形成的，但兴趣有相对的稳定性，它与一个人的个性有内在的联系，个体在进行职业规划时，要对自己的兴趣做一个客观的分析，同时还要树立正确的人生志向，调整自己的兴趣爱好，适应社会的需要，争取找到适合自己兴趣的职业，使自己的才智得到最大限度的发挥。根据有关资料，可以把劳动者个人比较稳定地表现出的兴趣归纳成下列 10 种类型（见表 12-6）：

表12-6　个人兴趣的类型

| 职业兴趣 | 职业类型 |
|---|---|
| 愿与物打交道 | 制图、勘测、建筑、机械制造、会计、出纳 |
| 愿与人打交道 | 记者、推销员、教师、服务员、行政管理人员、外交工作者 |
| 愿干有规律的工作 | 如图书档案管理员，习惯在预先安排好的程序下工作 |
| 喜欢从事社会福利和助人工作 | 律师、医生、护士、咨询 |
| 愿做领导和组织工作 | 行政人员、企业管理 |
| 喜欢研究人的行为 | 心理学、政治学、人事管理、思想政治教育 |
| 喜欢从事科学技术事业 | 对分析、推理的活动感兴趣，喜欢通过实验发现新问题，独立解决问题 |
| 喜欢抽象、创造性工作 | 经济分析、各类科研、化验、社会调查 |
| 喜欢操作机器的技术性工作 | 机械制造、驾驶员、飞行员 |
| 喜欢具体的工作 | 愿从事看得见、摸得着，能很快看到自己劳动成果的工作，如手工、装饰、维修 |

4.能力与职业的选择

能力是在先天素质的基础上，在生活条件和教育的影响、熏陶下，在个体的生活实践中形成和发展起来的，能力对从事任何职业都是十分必要的。能力与择业的关系十分重要，是择业的重要依据，是求职者开启职业大门的钥匙。因此，女性对自己的能力要有一个自我评价，在择业时，应根据自己的能力，扬长避短，选准与自己职业能力倾向相同的职业，才能在竞争中立于不败之地。在我国，人们对能力的评价，对择业者个体来说，主要是自我体验；由他人做评价，主要是"听其言，观其行"。用这样的方法所使用的能力因素指标，主要是更为直接的诸如理论思维能力、逻辑推理能力、动手操作能力、创造能力、语言文字表达能力、社会交往能力、组织管理能力等。

5.职业价值观与职业的选择

价值观是指当人们认识和评价客观事物和现象对自身或社会的重要性时所持有的内部标准。价值观在职业选择上的体现就是"职业价值观"。职业价值观是一个人对各种职业价值的基本认识和基本态度，是因人而异的。不同时代、不同制度环境甚至不同自然条件下的人们会有不同的职业价值观。即使是在同一年代、同一地区的人，也会因各自的成长环境、教育背景、个性追求等的差异而各有所好。

职业价值观在女性择业决策中起着指导和决定性作用。职业价值观在女性选择职业的过程中就像一个"过滤器"，使每个人的择业行为带有一定的选择性和指向性。有些人钟情于社会地位高的职业；有些人看重物质利益，追求优厚的收入；有些人喜欢工作环境轻松愉快。不过大部分年轻人看重自我发展，把充分发挥自己的才能作为择业的第一标准。

（二）外部环境分析

外部环境分析主要是分析各种环境因素对自己职业生涯发展的影响。我们只有顺应外部环境的需要，才能最大程度地发挥个人优势，才能实现个人目标。外部环境分析主要包括两个方面的内容，首先要评估分析社会大环境，其次要对自己可能选择企业的外部环境进行评估分析。

1.社会环境分析

所谓社会环境分析，包括对社会政治环境、经济环境、法律环境、科技环境、文化环境等宏观因素的分析，还包括职业环境的分析。

社会环境对我们的职业生涯乃至整个人生发展都有着重大的影响。通过对社会大环境的分析，了解国家和地区的政治、经济、科技、文化、法治建设等政策要求与发展方向，以寻找各种发展机会。在社会环境分析当中，求职者需要注意的是职业环境分析。职业环境分析是所选择职业在社会大环境中的发展状况、技术含量、社会地位和未来发展趋势等。

2.组织环境分析

女性在进行职业生涯规划时，最终需要进入某个行业中的某个企业。对行业和企业进行全面的分析评估是外部环境分析的核心所在，毕竟要选择的行业和企业是与自己的未来紧密相连的。组织环境分析主要包括行业环境分析和企业环境分析。

（1）行业环境分析。行业环境分析指对将来想从事的目标行业的环境进行分析。分析内容包括行业的发展状况，国际国内重大事件对该行业的影响，目前行业的优势与问题、行业发展趋势等。分析行业环境时，一定要结合社会大环境的发展趋势。例如，科技的飞速发展使某些行业变成了"夕阳"产业，又将一些行业变成"朝阳"产业。

（2）企业环境分析。企业是每个员工生存发展的土壤。企业发展的好坏直接关系到每一个员工的个人事业发展、经济利益收入等，选择一个企业作为未来的从业单位时，有必要进行企业环境分析。企业环境分析具体包括以下三个内容。

①企业实力。选择单位，一定要对这个单位的综合实力进行全面了解。女性在选择企业时，重点需要注意企业市场、企业规模与技术装备水平，领导及职工文化素质，地理位置。最好能选择那些有可持续发展战略、科技含量高、较正规的企业。这些企业基础坚实，资金技术力量到位，比较有生命力，年轻人置身其中更能充分发挥自身价值。②企业领导人。企业领导人的思想和能力决定了一个企业能否快速健康发展。明智的领导人不仅重视人才，还会使用人才。虽然我们很难很快接触到高层领导，但领导的英明是可以反映在下属身上的。如果整个单位井井有条，工作人员精力充沛，心情愉快，那么在很大程度上说明领导有方。③企业文化和企业制度。企业文化是全体员工在长期经营活动中形成的目标、价值标准、基本信念和行为规范。如果个人的价值观与企业的文化有冲突，那么作为个人就难以适应企业的文化，在组织当中就无法发展。企业制度包括企业的管理制度、用人制度、培训制度等。在选择企业时，要尽可能地多了解企业这些方面的制度措施，分析这种制度安排可能给自己带来哪些影响。比如，为了今后的发展，择业者应考虑单位是否具有学习深造的条件，包括学习环境、学习用品、科研设备、图书等，能否为进一步学习提供机会。再如，企业的用人制度如果合理，求职者就可以有一个大的发展和晋升的空间，有担任更高职位的可能。总之，通过对环境的分析，求职者应当理出一条清晰的线索，以确定自己在一个行业、一个企业的发展空间的大小，衡量自己的目标能够在企业实现的可能性。

（三）目标确立

在对自我和外部环境有了清楚的了解后，广大女性必须确立职业目标。目标抉择是职业生涯规划的核心。一个人事业的成败，很大程度上取决于有无正确适当的目标。只有树立了目标，才能明确奋斗方向，一步步走向成功。目标确立包括选择个人职业生涯路线、确定个人职业生涯目标两个内容。

1. 选择个人职业生涯路线

职业生涯路线，是指一个人选定了职业后，为了实现理想而选择的路径。不同的发展路线对个人的素质要求不一样，对今后的发展阶梯的影响也不同。在进行职业生涯路线选择时，有三个问题应该仔细考虑。

我想往哪一路线发展？

我能往哪一路线发展？

我可以往哪一路线发展？

第一个问题，是通过对自己的兴趣、价值、理想、成就动机等因素的分析，确定自己的目标取向。也就是说，自己的兴趣是在哪一方面，自己非常希望走哪条路线。

第二个问题，是通过对自己的性格、特长、智能、技能、情商、学历、经历等因素的分析，确定自己的能力取向。也就是说，自己走这一路线，是否具有这方面的特长，是否具有这方面的优势。

第三个问题，是通过对自身所处的组织环境、社会环境、经济环境的分析，确定自己的机会取向。即内外环境是否允许自己走这条路线，是否有发展的机会。

对这三个问题要进行综合分析，以此确定自己的最佳职业生涯路线。

个人职业生涯发展路线一般有专业技术、行政管理和自主创业三条路线。

（1）专业技术发展路线。专业技术发展路线是指工程、财会、销售、生产、法律等职能性专业方向。要求从事此路线的人具有一定的专门技术知识，具备良好的分析能力。专业技术发展路线是：助理工程师、工程师、中级工程师、高级工程师、总工程师。

（2）行政管理发展路线。行政管理发展路线是指在行业（企业）中管理类的方向。要求从事此路线的人喜欢与人打交道，处理人际关系得心应手，热衷于管理工作，考虑问题理智，善于从宏观角度考虑问题，并善于影响、控制他人。这条路线对个人素质、交际能力要求较高。行政管理发展路线是：助理、主办、主管、项目经理、部门副经理、部门经理、总经理助理、副总经理、总经理。

（3）自主创业。要自主创业，就要求创业人主观上有强烈的创造与成就愿望，而且心理素质良好，能够承担风险；客观上，有良好的机会和适宜的土壤，即创业的外部环境要成熟。当前，国家对自主创业给予了很多优惠政策和鼓励政策，可以充分利用良好的政策环境在创业路上大胆尝试。

传统的职业生涯路线是单线条的。但人生的发展并非沿着一条路线发展，也可以先沿着一条路线走，发展一个时期后，再转入另一条路线，也有很多人选择多重职业生涯路线。例如，技术人员可以有机会进入不同的职业生涯路线，如科研生涯路线和管理生涯路线。在进行职业生涯规划的过程中，可以根据个人兴趣、技能等情况以及未来的发展机会，设计考虑采用单线条或是多重职业生涯发展路线。

2. 确定个人职业生涯目标

职业生涯目标是指可预想到的、有一定实现可能的目标，包括人生目标、长期目标、中期目标和短期目标。人生目标是对整个职业生涯的规划，时间可以为数十年。长期目标一般为 10 ~ 20 年，中期目标一般为 5 ~ 10 年，短期目标一般为 3 ~ 5 年。

职业生涯目标的确定是以自己的最佳才能、最优性格、最大兴趣、最有利的环境等信息为依据的。很多成功的个人早早就定下了明确的职业目标，然后在求职过程中不断向那个目标看齐，这对于个人的职业发展起着至关重要的作用。在进行实际的职业生涯规划时，我们应该进行理性的、系统性的思考，以明确自己的目标。要充分认识到人们的职业生涯并不是单一静态的，而是一系列的动态发展历程。所以，在确定职业生涯目标时，并不要求一次成型，随着人的身心发展，我们可以不断形成数个暂定的长期目标，以期不断实现人生的价值，实现自我。

3. 确定职业生涯目标的策略

那么，如何制订适合、明确而有效的职业生涯目标，保证自己顺利地走上成功之路呢？下面介绍一些确定职业生涯目标的策略。

表12-7　职业生涯目标的策略

| 策略 | 内涵 |
| --- | --- |
| （1）目标要明确具体 | 无论做什么工作，做到什么程度，都应该有明确具体的要求，比如从事某一管理工作，在什么时间、达到什么能力、达到什么级别等。从职业生涯规划的角度讲，选择单位时，所考虑的问题归纳起来主要有三个：第一，个人是否喜欢，是否有内心动力；第二，是否有好的物质回报；第三，工作是否有可持续发展。以上三个方面可以说是个人在事业上取得成功的三大标志。但是，人们在工作当中往往容易忽视第三点，即本人在职业生涯上的可持续发展。很多时候人们往往为了过分追求物质收益而频繁且毫无计划地跳槽，而缺乏长远考虑，他们应当明确这种行为对自己总体的职业目标会产生什么样的影响。今天的工作是为明天的工作打基础的，下一步工作要向哪个方向发展，应该在当前的工作当中有重点有计划地做准备，并为未来的竞争打下基础 |
| （2）长期目标要与短期目标相结合 | 长期目标要与短期目标相结合，这样才能做到既不偏离职业发展方向，又能用不断达到的短期生涯目标所获取的乐趣、信心和成就感来激励自己前进。长期目标为未来的发展指明了方向，短期目标为发展奠定了一步步向上的坚实基础，两者必须紧密结合。要根据个人认定的需求，自己的优势、劣势、可能的机遇来勾画长期目标，保证在发展的过程中能够看到未来的目标。此外，也需要对长期目标进行详细分解，制订可操作的短期目标与相应的教育或培训计划 |

（续表）

| 策略 | 内涵 |
|---|---|
| （3）幅度不宜过宽 | 奋斗目标有高有低，专业面有宽有窄。就行政管理来讲，分高级主管、中级主管，又分生产主管、经营主管、人事主管、财务主管等。就专业技术而言，其范围更大。例如，医学专业，是西医还是中医，专科之中的牙科、眼科、耳科，还是外科、皮肤科等。在目标选择中是专业面宽一点好，还是窄一点好？一般来说，专业面越窄，所需的力量相对越小。也就是说，用相同的力量对不同的工作对象，专业面越窄的，其作用越大，其成功的机会越多。所以，职业生涯目标的专业面不宜过宽，集中精力，较易取得成功 |
| （4）优势分析 | 即你已有的人生经历的体验，如你的受教育程度、专业技能、社会实践能力等，这些可以从侧面反映出一个人的素质状况。在受教育期间，你从学习的专业课程中获得了什么？接受了什么样的培训？自学过什么？有什么独到见解和想法。专业也许在未来的工作中并不起多大作用，但在一定程度上决定着你的职业方向。你可能做过很多事情，但最成功的是什么？为何成功？是偶然还是必然？通过分析，可以发现自我性格中优越的一面，如坚强、果断，以此作为个人深层次挖掘的动力之源和魅力闪光点，这是职业规划的有力支撑 |
| （5）劣势分析 | 性格弱点，如不善交际、感情用事等。如一个独立性强的人会很难与他人默契合作，而一个优柔寡断的人很难担当企业管理的重任 |
| （6）机会分析 | 对社会大环境的认识与分析：当前社会政治、经济、文化、科技环境是否有利于职业的发展，具体在哪些方面有利。对所处环境和以后所选择的单位的外部环境分析：目前哪些因素对自己有利，将来所选择的单位在本行业中的地位和发展趋势如何，市场竞争力如何。人际关系分析：哪些人对自己的职业发展有所帮助，作用有多大，会持续多久，如何与他们保持联系 |
| （7）威胁分析 | 对所处环境和以后所选择的单位内部各种危机进行分析。行业是否萎缩，单位是否重组或改制，有无空缺职业，竞争该职位需要哪些具体条件，有多少人和自己竞争这个职位，目前哪些因素对自己不利等 |
| （8）确定目标，形成目标方案 | 经过分析后，确立自己的职业目标，并形成目标方案。目标方案的基本内容包括：个人基本情况，包括个人的基本情况、优劣势、机会和威胁等；目标规划；人生目标和阶段目标，以及其他具体目标，如家庭目标、健康目标、收入目标和学习目标等；阶段目标的要求、指导思想和行动方向 |

## 本章内容提要

1. 20世纪60年代以来，女权运动高潮的掀起和新技术革命的飞速发展，给女性就业提供了有利的条件。世界各国妇女的就业率普遍出现了持续增长，但是女性进入的多为辅助性、低收入的行业，女性的就业层次低，就业结构并不合理。

2. 中国女性大规模参加社会劳动，真正实现经济独立改变自身地位、实现男女平等是在中华人民共和国成立以后。

3. 随着当今世界经济的持续发展、妇女地位的提高和女性自主意识的觉醒，全世界妇女的就业率得到了显著提高，女性的就业领域正在走向多元化。

4. 女性的就业问题包含了两个重要的方面：一是她们是否有相等的就业机会，即是否与男性"同民同工"；二是在获得就业机会时，她们是否得到与自己能力相符的工资报酬，即是否与男性"同工同酬"。

5. 如何改变就业领域中依然存在的歧视女性的现状，打破职业的性别隔离，真正有效地保障女性的就业权利，积极推进女性广泛就业，提高女性的经济收入，是各国政府都必须面对的一个重大而普遍的问题。

6. 女性存在职业压力的原因主要有：社会因素、就业压力和不公平竞争、家庭因素、生理因素、自身因素。

7. 女性职业心理问题主要有：工作倦怠、缺乏职业安全感、缺乏自信、缺乏乐观精神、紧张症。

8. 职业女性进行心理调适的方法有：学会换位思考，面对现实的积极心态，学会自我暗示，正确认识自我，学会欣赏他人，加强自身修养，培养宽阔心境。

9. 职业女性缓解心理压力的方法有：放松疗法、音乐疗法、自我倾诉法、向朋友家人倾诉、寻求心理医生的帮助。

10. 从职业心理的角度分析影响个人职业发展的因素，可以分为心理动力因素、心理效能因素和心理风格因素三个方面。

11. 完整有效的职业生涯规划应包括自我评估、外部环境分析、目标确立、实施策略和反馈评估五个环节，每一环节都包括具体内容。

## 思考题

1. 什么是就业中的性别隔离？它对女性就业产生了哪些影响？
2. 知识经济时代女性就业的优势在哪里？
3. 作为一名女大学生，请根据自己的优势谈谈如何进行职业生涯规划。
4. 职业性别隔离产生的原因及影响有哪些？作为一名女性，你怎样看待职业性别隔离现象？
5. 女性职业发展过程中存在哪些心理障碍？原因是什么？

判断题

1. 女性就业问题中的"同工同酬"，即女性是否与男性一样拥有相等的就业机会。

2. 舒伯将职业生涯划分为5个阶段，分别为成长期、探索期、建立期、维持期、衰退期。

3. 随着当今世界经济的持续发展、妇女地位的提高和女性自主意识的觉醒，全世界妇女的就业率得到了显著的提高，女性的就业领域正在走向多元化。

4. 在职业生涯规划过程中，一旦制订了职业生涯的规划，在职业发展的过程中就要严格执行，不能变更。

5. 影响个人职业生涯发展的心理动力因素，可以分为职业理想、职业需要、职业兴趣和职业实践能力。

6. 对自己职业生涯发展影响的外部环境分析先要评估分析社会大环境，其次要对自己可能选择企业的外部环境进行评估分析。

（答案：1. 错；2. 对；3. 对；4. 错；5. 错；6. 对）

微课题研究

采访1~2位你心目中理想的职业女性，分析她的人格特点和职业发展规划路线，以及对自身职业发展的启发。

案例分析

丁某，女，20岁，汉族，大一学生，物流管理专业。该生性格积极向上，做事实事求是、有原则，责任心强，人际关系良好。家庭氛围和谐，父母之间关系良好，与本人的关系平等，在一些重大决定时能充分讨论，尊重孩子的意愿。丁某在报考志愿时，考虑到商科是本校的优势专业，选择了物流管理专业进行学习。目前，丁某对物流管理这个专业还比较感兴趣，但听说学长、学姐们找工作并不容易，本科毕业的薪资水平也不高，丁某感到前途渺茫，不知道自己应该朝哪个方向发展。

请运用职业生涯规划的理论与方法，为其确定职业发展方向，并为实现这一目标做好行之有效的安排。

# 第十三章 女性心理疾病与心理健康

**本章导航**

近年来随着社会的发展，人们所面对的心理问题越来越突出，从整体而言，男性和女性心理疾病的发病率相同，但某些心理疾病的流行程度存在显著的性别差异，本章将着重介绍女性常见的心理障碍。女性常见心理障碍包括进食障碍中的神经性厌食症；女性特殊时期易患的心理疾病，如产后抑郁、更年期焦虑、更年期抑郁，还包括癔症、性创伤后障碍；女性易患的神经症包括抑郁症、强迫症、焦虑症、恐惧症、疑病症、躯体化障碍以及神经衰弱等。

## 第一节 女性常见心理障碍

【案例 13-1】

一名 18 岁的大一女生多次在军训中晕倒，去医院检查却未发现任何心脏病变，也无电解质的改变（排除低钾血症）。通过了解发现，她从小就是一个非常听话的孩子，心肠软，细心体贴。在中学阶段有个同桌好友，那个女孩子有低钾血症，偶尔会在教室晕倒，她总是陪着好友去医院检查。几次以后，她遇到稍微紧张刺激的场合也会晕倒。军训时，该女生听见周围的人喊口号或听见整齐的步伐声就会晕倒。因为已经排除了生理问题，加上该女生受暗示性非常强，故诊断为癔症。

（案例来源于互联网 www.thea.cn/wx810/，2017）

世界卫生组织调查表明，女性异常心理发生率高于男性。在美国，患功能性精神病、神经症、心身失调症、暂时性精神失调和失恋后抑郁症等的比例，女性均高于男性。在我国，有关研究也表明，女性的心理问题发生率高于男性。

国内外研究均显示女性患心理障碍的风险较男性更大，究其原因，与两性生物学方面的差异、两性承受社会和心理痛苦的脆弱性、对应急事件的应付方式、寻求帮助的行为的差异均有关系。另外，两性担任的社会角色不同也影响了男性、女性在心理疾病罹患率上的差异。心理学家认为，在社会生活中，男性角色的社会价值易得到社会的承认；而女性角色，主要指家庭妇女角色的社会价值不易被社会重视，更难得到社会的赞赏。而且，男性所承担的各种角色之间的冲突比女性少，男性事业失意可从家庭生活中寻求安慰与补偿，家庭生活不如意可从事业上得到寄托。而随着社会的进步，当今社会女性步入职场，实现经济独立，社会对女性的要求变成双重标准，一方面希望女性在职场上有所发挥；另一方面，人们不能摆脱传统观念的影响，仍期望女性在家庭方面能胜任贤妻良母角色。最后，较低的教育水平、低经济收入、家庭婚姻冲突、社会性别歧视等社会因素的影响作用，使女性承受较之男性更大的压力，以致女性易患心理疾病。

常见心理障碍包括许多，女性作为普通人，符合大众群体心理健康的特征。与此同时，女性作为特殊的群体，罹患相关心理障碍又具有该群体的特征。本节内容将选择几种有代表性的女性易罹患的心理障碍做重点介绍。

## 一、神经性厌食症

◀▌▶【资料卡 13-1】

据英国《每日邮报》2015 年 5 月 26 日报道：蕾切尔·法洛克（Rachael Farrokh），美国加利福尼亚州 37 岁女演员。10 年前患上神经性厌食症，骨瘦如柴，虚弱至无法走动，体重仅剩 18 千克。她曾通过视频网站 YouTube 向全世界发起求助，2015 年 5 月她再次发布视频，感谢好心人的捐助，感谢他们给她"再活一次的机会"。在这段 YouTube 视频中，法洛克表示，公众已经向其捐资近 20 万美元（约合人民币 124 万元），用来支付她在南加州的治疗费用。穿着黑色背心、坐在床上的法洛克说，"我要感谢所有人为我所做的一切，你们让我有了再活一次的机会"。

神经性厌食症（Anorexia Nervosa，AN）是进食障碍中的一类，指由长期的心理社会因素引起的食欲不振，是一种精神和躯体疾病，患者以女性居多。其界定特征为，拒绝维持最低的正常体重（正常体重的 85%），对于体重增加抱有强烈的恐惧，扭曲的自我体像（即使已经很瘦，仍然觉得自己肥胖），女性会闭经，为了降低体重而节食、禁食和过度锻炼（Reijonen et al.，2003）。有数据显示，超过 95% 的 AN 患者是女性，也有数据显示神经性厌食症以青少年为主，发病率女性为男性的 10 倍。国外资料报道，青少年及青年女性 AN 患病率分别为 1%

和 10%①。据全美饮食失调协会估计，2011 年美国共有 1000 万少女和妇女患有神经性厌食症，而男性病患的数量则是 100 万。② 英国的青少年女性中 AN 有 1% 的发病率，南非的在校女孩中 2.9% 的人患 AN，AN 患者多见于富裕家庭中的青春女性，较高发病的年龄段为 13 ~ 14 岁及 17 ~ 18 岁，白人比黑人多（Am J Psychiatry，2000）。尽管青春期是 AN 的高发期，但是女性可能在任何年龄患上厌食症（Currin et al.，2005）。

神经性厌食症的病因目前尚不明确。大多数专家认为，生理的、心理的、社会心理及文化因素都在此类障碍的发展形成过程中扮演了重要的角色。

首先，生理因素方面的线索主要来自同卵双生子和异卵双生子的对比研究。如果双胞胎中有一人患有进食障碍，那么同卵双生子和异卵双生子相比，另一个患病的概率更高（Jacobi et al.，2004）。尽管这项研究表明了遗传的影响，但是同样说明了同卵双生子有高度相似的社会与文化环境。另外，厌食症患者大脑中调节心情和食欲的化学物质 5-羟色胺水平较低。

其次，一些心理特征也会导致年轻女性患 AN 的风险增高。包括低自尊、高水平的焦虑、抑郁、完美主义、要强、强迫思维和行为、与父母分离困难、强烈需要他人的支持，感到缺乏对自己人生的掌控力等（Cohen & Petrie，2005；Jacobi et al.，2004；Keel，2005；Stice et al.，2004）。多数神经性厌食症患者一方面具有易感素质，如常争强好胜、做事尽善尽美、喜欢追求表扬、以自我为中心、神经质，而另一方面又常表现出不成熟、不稳定、多疑敏感、对家庭过分依赖、内向、害羞等。厌食症也会反映出家庭问题，如父母过度呵护自己的孩子，过分地强调孩子的成就或外表等。

心理学研究表明，神经性厌食症的个体与健康人相比，在人格特征上显得更内向，情绪更不稳定，更容易产生心理压力。国外研究者通过调查发现，神经性厌食症患者比健康人常常表现出过分地喜好整洁和担心失败，更具有孤僻、好幻想、完美化、固执、刻板、虚荣、敏感、疑病和癔病一样的人格特点③。

最后，社会心理及文化因素方面，青春期是个体生理及性心理发展最快的阶段，对于性心理发育尚不成熟的女孩，对自身的第二性征发育和日益丰腴的体形

---

① 陈超然，卢光莉，耿文秀.女性神经性厌食症与其人格的关系[J].心理科学，2009(6).

② 钟智勇，等.神经性厌食症与抑郁症在内隐记忆方面的差别研究[J].中国医药，2011（2）.

③ 陈超然，卢光莉，耿文秀.女性神经性厌食症与其人格的关系[J].心理科学，2009(6).

缺乏足够的心理准备，容易产生恐惧不安、羞怯感，有强烈的愿望要使自己的体形保持或恢复到发育前的"苗条"；另外，如今社会审美以身材苗条作为有能力、高雅、有吸引力的标志对此也有影响。

### （一）神经性厌食症的临床表现

此种病征患者 90% ~ 95% 为女性，体重比正常人轻 15% 以上，同时还表现为强迫性参加体育锻炼，服用泻药或利尿药，内分泌紊乱（如女性闭经）等。据研究者总结，神经性厌食症患者的临床表现主要有以下几点：①病态面容，由进食少、营养不良造成；②少发、脱发等秃头症表现；③皮肤干燥，指甲易碎；④心率减慢，低血压表现，严重者可致心衰；⑤胃排空减慢导致便秘；⑥停经表现；⑦电解质和体液平衡的破坏导致肌肉减轻及关节腔积液。

美国《精神病诊断和统计手册》第 4 版（DSM-IV）还将神经性厌食症分为"限制型"（AN-R）和"暴食型"（AN-BP）。限制型指在过去 3 个月内个体没有反复的暴食或清除行为（即自我引吐或滥用泻药、利尿剂或灌肠）。此亚型所描述的体重减轻主要通过节食、禁食或过度锻炼来实现。暴食型/清除型是指在过去 3 个月内，个体有反复的暴食或清除行为。

### （二）神经性厌食症的治疗方法

由于对神经性厌食症的发病原理还没有彻底明确，所以还没有特效的治疗方法，目前主要采用的是对症治疗，其治疗原则是在入院初期为患者控制食量和体重，让患者通过学习掌握新方法，集中精力克服饮食紊乱的心理因素，随着患者恢复至目标体重，将饮食和体重的控制权逐渐转交给患者，便于让患者学会如何控制自己的饮食和体重，整个康复过程会持续 2 ~ 7 年，具体方法有以下几种。

#### 1. 营养治疗

其治疗目的是重新建立患者正常的饮食行为习惯，恢复患者的营养状况，维持患者的正常体重，其方法包括每天提供大约 6250 千焦热量的食物，可适当增加每天进餐的频率，对其饮食进行监督，可允许吃一些零食，嘱咐患者高纤维或低钠饮食。

#### 2. 心理治疗

心理治疗包括家庭治疗和患者治疗。家庭治疗可以帮助医生了解家庭及生活成长环境与患者心理特点的关系，掌握患者发病的心理诱因和精神障碍。在家庭治疗中也可引导患者父母帮助其进食，然后逐渐将进食的权利返还给患者。病情如果是由患者客观原因（如精神性疾病或家庭环境）引起，则应进行相应的心理治疗；若是主观因素，如为了追求所谓的"骨感美"，则应该及时纠正错误的想法，使用认知行为疗法，帮助患者改变行为，同时改变他们看待自己和他人的思考方式。

3. 药物治疗

有研究表明抗抑郁的药物能够预防神经性厌食症患者在康复后复发，患者服药时需要进行监测。[①] 也有研究表明，5-羟色胺再摄取抑制剂对 AN 患者有一定疗效，主要通过抑制患者的厌食冲动来发挥其药理作用。

## 二、产后抑郁

怀孕和分娩不仅给妇女带来显著的生理变化，也给她们带来心理上的变化，尽管躯体方面的危险由于医学的发展逐渐减少，但人们对心理上的影响仍旧估计过低。目前在我国，产妇多为初产妇，由于缺乏分娩知识、分娩心理准备不充分等，分娩时焦虑不安，当了母亲后常常会感到无助，婴儿成了她们牵肠挂肚的无尽头的根源，哪怕是孩子极轻微不适都会引起她们的恐惧，她们感到不能胜任母亲这一角色，缺乏安全感，指责自己的种种不是，经常失去控制而哭泣不止。因此，产后妇女易发生抑郁。

产后抑郁（postpartum depression，PPD），是产后 6 周内发生的抑郁，在症状学方面与非产后抑郁无明显差别，病人情绪不稳，并常有严重焦虑、惊恐发作和哭泣。产后抑郁多在产后 2 周发病，产后 4 ~ 6 周症状明显，80% ~ 90% 的产后抑郁病人可通过专业治疗，在 3 ~ 5 个月康复，且预后较好[②]。产后抑郁作为最常见的分娩后并发症，占产后女性的 13%。以美国为例，每年患 PPD 的妇女有 50 万人，而被发现者达 50%。PPD 不但影响患病的母亲，而且还会影响婴儿的认识和语言发展至少 4 年。一般认为，产后抑郁的预后较好，大多数产后抑郁病人可在 3 ~ 5 个月康复，约 2/3 的病人可在 1 年内康复，如再次妊娠则有 20% ~ 30% 的复发率。[③]

### （一）产后抑郁的临床表现

产后抑郁主要临床表现为：焦虑、恐慌、对日常生活失去兴趣、睡眠障碍、压抑哭泣、悲观、食欲减退、头痛、易疲劳、易于责备自己、无原则地担心、不

---

① 吕静波. 浅谈神经性厌食的病因、临床特点及治疗方法［J］. 中国实用医药, 2010（35）.
② 陈燕杰，钟友彬. 产后抑郁症［J］. 实用妇产科杂志, 2000（1）.
③ 梁婷. 产后抑郁症临床现状及心理护理［J］. 护理研究, 2010（11）.

能妥善有效地处理事情，工作能力下降，甚至有自残自伤倾向。总体上症状程度较轻，持续时间较短，部分病例可以自行缓解。有 1‰~2‰ 的女性会出现产后精神错乱，这是一种更为严重的状况，包括出现错觉、幻觉、有要伤害自己或孩子的想法或行为（Carlson et al., 2004）。整体来说，产后抑郁造成的损害及影响不容忽视，尤其是社会功能受损及消极悲观厌世的观念，会不同程度地影响产妇产褥期的身体康复，会影响到产妇履行母亲的职责，间接地影响到对婴儿的哺乳及婴儿的情感及身心发育等，甚至整个家庭功能和气氛受到一定程度的影响。

（二）产后抑郁的原因分析

国内有研究者通过对近万名被试者的研究发现，产前抑郁情绪、产前焦虑、易感个性、负性生活事件以及缺少社会支持会直接导致产后抑郁。而手术分娩、教育水平等危险因素虽不会直接导致产后抑郁，但它们会通过其他因素起作用从而加剧产后抑郁的发生。

产后抑郁患者有情绪不稳定、对外界反应敏感等人格方面的缺陷，其中脆弱敏感、缺乏自信、神经质型的产妇，产后抑郁发生率高。一般来讲，产妇在孕期和产后 1 个月内均有暂时性心理"退化"现象，她们的行为变得原始化，行为适应能力差。另外，产妇本人在少年或青年时期与父母亲一方分离，或与双方分离等不良的青少年时期的经历对未来人格可能有一定塑造作用，从而决定了成年后有些生活遭遇会产生致病性的应激影响。孕期以及分娩前后的负性生活事件越多，患产后抑郁的可能性越大，特别是发生在怀孕期或产后 6 个月之内的重大生活事件，如离婚、失业、亲人死亡、大手术、死胎、畸胎、生女婴被冷落等，使抑郁发生概率提高 6 倍以上。这些事件都会使孕产妇产生应激性压力与负性情绪，是促发产后抑郁的重要诱因。[①]

（三）产后抑郁的治疗

1. 认知行为治疗

为产妇制订活动计划，其中包括认知排练、自我独立排练、角色扮演、积极配合体育锻炼、社会交往、工作、游戏、感觉想象训练等，确立治疗目标，明确孕妇的认知、行为与人际因素均与抑郁的发作和维持密切相关，强调解决"此时此地"的问题和治疗医生的积极干预。

2. 家庭治疗

---

① 陈起燕,张荣莲,李艳华,等.产后抑郁症相关因素调查研究[J].中华护理杂志,1999(3).

家庭治疗是在家庭治疗师指导下全家人一起参与的心理治疗，不仅对产妇本人有直接的治疗作用，对其家庭成员也会有所帮助，从而促进整个家庭建立一种更加积极、健康的互动关系，间接地使每个家庭成员获益。通过治疗，产妇可以了解抑郁同家庭生活之间存在复杂而强有力的关系，认识到家庭能够影响抑郁症的发病和病程。家庭成员对待抑郁病人的方式不但影响每个成员的生活，也影响作为一个整体的家庭的存在。

3. 其他心理干预方法

有研究表明应用夫妻沙盘游戏疗法可有效地干预产妇产后抑郁情绪，且产妇夫妻的接受度良好，心理体验更深刻持久[1]。也有研究发现产后抑郁症患者接受正念疗法的抑郁水平显著低于只接受常规护理的患者，说明了正念疗法在产后抑郁患者的焦虑、抑郁情绪改善方面有较好的效果。[2]另外，可以对产妇进行放松训练、自信心训练，提高应对各种应激问题的能力。比如，教会产妇进行个别放松训练，强调通过在静坐和静卧姿势下有意识地对身体某一部分或某几部分肌肉进行收缩—放松训练，配合产妇喜欢的舒缓音乐，最终达到可以有意识地放松紧张部位肌肉的目的。训练时间通常为每天中午和晚上入睡前各 30 分钟。

## 三、更年期焦虑

更年期是人生中的一个重要阶段，这个阶段的人在生理上变化很大，抵抗疾病的免疫功能降低，神经内分泌系统的功能逐渐衰退，常常带来一系列的躯体疾病和情绪上的变化，因而在心理上也会发生明显的变化。女性更年期主要发生在绝经前后期，与雌激素水平降低、卵巢功能弱化等因素有直接关系，常伴有神经、心理等方面的症状表现。更年期是人体衰老尤其是生殖功能逐渐减弱的一个特殊生理阶段，一般男女均会出现，女性症状更为明显[3]。女性因性别和生理上的差异，更容易出现更年期焦虑和更年期抑郁。

1. 更年期焦虑

更年期焦虑症患者常因某些躯体或精神因素等诱因而发生生理、心理方面的改变，出现许多临床症状，如焦虑、恐惧、心悸、头昏、乏力、失眠等。更年期女性处于人生旅途中的一个交叉点，既要应付外界的各种压力，又要料理家务、

---

①　孙莲莲.夫妻沙盘游戏对产妇抑郁情绪的干预研究［J］.黑龙江医药，2019（6）.

②　陈可.正念疗法对产后抑郁患者干预效果的 meta 分析［J］.中医心理卫生杂志，2020（1）.

③　刘新华，何立华.女性更年期综合征中医研究进展［J］.中医临床研究，2019（32）.

服侍老小，同时面临着子女长大、求学、就业、婚姻等，在生活上常有一些无法解决的烦恼和失望，形成心理刺激，加重内分泌失调和自主神经功能紊乱。这些心理因素加上生理上的剧烈变化，导致心理障碍，或紧张焦虑、情绪低落、絮叨多语、无端烦恼和恐惧。

研究者在分析更年期高焦虑妇女时发现，她们个性表现多愁善感、易激动、拘谨小心及情绪不稳，说明此类个性表现不仅是发生高焦虑感受的原因，还是形成焦虑症的重要病理基础[①]。家庭成员少，生活孤独单调，缺乏必要的人际对话和情感交流也是引起或加重更年期女性焦虑感受的一个原因。诸如婚变、经济困难、健康状况差、不良心境、严重躯体疾病、人际关系紧张、下岗、失业及生活中遭遇重大事件等，都是引起或加重更年期女性焦虑感受的原因。总的来说，平稳度过更年期的妇女，往往是那些身体健康、性格平和、家庭幸福、工作满意的妇女，而那些性格消极、精神上比较孤独的妇女，在更年期比较脆弱，更容易受到刺激而发生心理障碍。

### 四、更年期抑郁

更年期抑郁是指初次发病在更年期，早期多有神经症表现，逐渐发展成以情绪抑郁为主，伴有焦虑、紧张、疑病和猜疑等症状，并伴有自主神经紊乱和内分泌功能障碍。近年来，更年期抑郁的发病率呈上升趋势。从全球范围看，发病率为5%~8%。另有数据显示，更年期女性中抑郁症的发病率为46%，大部分的患者为轻度。更年期抑郁症的发病原因和妇女体内神经内分泌的变化和卵巢功能的衰退有关，女性更年期适应环境的应激能力下降也是原因之一。患者病前常具有敏感、多疑、胆小的性格特点，因此很多人在某些精神因素的诱发下发病[②]。

◀▮▶【学习专栏 13-1】更年期抑郁早期特征及疗法

1.生理异常。表现为头痛、头晕、心悸、胸痛、失眠、多汗、面部阵阵潮红、四肢麻木、食欲减退、胃肠功能紊乱、便秘、月经紊乱和性功能减退。

2.心理异常。表现为情绪不稳定、敏感、多疑、烦躁、易怒、注意力不集中等。随着病程的延长，病情逐渐加重，表现为情绪忧郁、坐立不安、搓手顿足、惶惶不安、有大祸临头的感觉。对细小之事过于计较，对自身变化过于敏感，甚

---

① 夏作理.妇女心理卫生［M］.北京：中国妇女出版社，1991：168.

② 唐晓艳.更年期抑郁症患者心理社会因素对照分析［J］.中国妇幼保健，2007（17）.

至出现消极厌世观念和自伤、自杀行为。

更年期抑郁症的疗法：首先，更年期女性自身要加强心理防护和调适能力，家人也应给更年期女性多一些关怀和理解，帮助她们平稳度过更年期；其次，应该提前做好预防，尽量防止更年期抑郁症的发生。主要应做到以下几点。

（1）抑郁症患者要有良好的心理状态，对更年期的到来要有正确的认识和思想准备，出现一些自觉症状时，只要通过检查未发现异常，就应认识到这是自身正常生理变化过程的表现，不要惊慌，也不要紧张，要保持轻松愉快的情绪。

（2）抑郁症患者要保持良好的人际关系，亲人和同事应多关心、谅解和照顾处于更年期的人。

（3）处于更年期的人更应注意劳逸结合，减轻身心压力，不要整日忙于工作，要有张有弛，多参加体育活动，常与亲人谈心、散步，以去除诱发抑郁症的因素。

女性在更年期时由于内分泌的变化而影响心理状态，有时候易导致嫉妒妄想，部分妇女会怀疑丈夫有外遇而跟踪丈夫，不允许丈夫和别的女性说话，影响丈夫的工作，造成夫妻关系紧张；加上部分妇女面临退休，难以适应从单位的工作人员转变为家庭妇女的角色，觉得自己被社会抛弃了；再加上子女也长大成人，离开家庭，所以整日闷闷不乐，对日常生活毫无兴趣。

女性更年期抑郁症的发病机制，多数学者认为与内分泌因素有关，但心理社会因素在该病发病中的作用已引起关注，无论从女性更年期抑郁症的病因还是临床表现都可以看到心理因素对患者的影响。有研究者对更年期抑郁症患者做过个性调查，结果表明，女性更年期抑郁症患者性格偏于内向，情绪不够稳定、易怒、好焦虑、紧张且好掩饰。[①]

社会支持一是作为社会心理刺激的缓冲因素或中介因素，对健康起间接保护作用；二是在于维持个体良好的情绪体验，从而有益于健康。有调查研究表明，女性更年期抑郁症患者所获社会支持总分低于普通人，同时女性更年期抑郁症患者对社会支持的利用度不够。

另外，生活事件也是一个不可忽视的影响因素。有调查结果显示，女性更年期抑郁症患者生活事件高于普通人，特别是负性生活事件。于是，专家学者提示，负性生活事件是导致女性更年期抑郁症的一个危险因素。[②]

女性更年期抑郁症不仅是因为自主神经功能紊乱和内分泌功能障碍，同时还

① 唐晓艳.更年期抑郁症患者心理社会因素对照分析［J］.中国妇幼保健，2007（17）.

② 邓国花 妇女更年期抑郁状况探讨及分析［I］.中华现代护理学杂志，2005（19）.

是一个心理紊乱过程，心理社会因素在其发生、发展、转归中起着重要作用。在药物治疗女性更年期抑郁症的同时，必须注重心理社会干预的积极作用。

## 五、癔 症

癔症（hysteria）又称歇斯底里，是由于明显的心理因素，如生活事件、内心冲突或强烈的情绪体验、暗示或自我暗示等引起的一组病症，目前国际上称之为分离转换障碍，有统计资料显示，患病率女性为 3%～6%，男性罕见。

癔症的典型临床主要表现有感觉障碍、运动障碍或意识改变状态等，缺乏相应的器质性基础。其症状可具有做作、夸大或富有情感色彩等特点，各种不愉快的心境、愤怒、惊恐、委屈等精神因素是初次发病的诱因，以后因联想或重新体验初次发病的情感可再次发病，有时可由暗示诱发，也可因暗示而消失，有反复发作的倾向[①]。发病过程中无自知力，病程短，恢复快，但易复发。有些患者癔症的发生、症状和病程与患者患病前的性格特征有关。癔症患者特有的性格如高度情感性、暗示性、丰富的幻想、以自我为中心等，有明显的精神因素与由此引起的情感体验。

### （一）临床表现

癔症症状复杂多变，多在精神因素的促发下急性起病，并迅速发展到严重阶段，临床表现复杂多样，归纳起来可分为癔症性精神障碍、癔症性躯体障碍、癔症的其他特殊表现形式障碍。

1.癔症性精神障碍

癔症性精神障碍又称分离性障碍，以精神方面的症状为主要表现，是指不同精神活动之间的分离。其表现形式如下。

意识障碍　癔症患者的意识障碍包括对周围环境意识障碍和自我意识障碍。对周围环境的意识障碍又称意识改变状态，主要指意识范围的狭窄，以朦胧状态或昏睡较多见。严重者可出现癔症性木僵，也有的患者表现为癔症性神游；自我意识障碍又称癔症性身份障碍，包括交替人格、双重人格、多重人格等，也较常见。

情感爆发　是癔症发作的常见表现，患者表现为在精神刺激之后突然发作，时哭时笑，捶胸顿足，吵闹不安。有的患者有自伤、伤人、毁物的行为，有明显的发泄情绪的特征。在人多时，可表现得更明显，内容更丰富。历时数十分钟，可自行缓解，多伴有选择性遗忘。

---

① 刘力.癔症性神经症［J］.中国实用乡村医学杂志，2006（1）.

癔症性痴呆　为假性痴呆的一种。表现为对简单的问题给予近似回答，称Ganser综合征；表现为明显的幼稚行为时称童样痴呆。

癔症性遗忘　又称阶段性遗忘或选择性遗忘，其遗忘往往能达到回避的目的。表现为遗忘了某阶段的经历或某一性质的事件，而那一段经历或某一事件往往与精神创伤有关。

癔症性精神病　为癔症性精神障碍最严重的表现形式。通常在有朦胧意识或漫游症的背景下出现行为紊乱、思维联想障碍或片断的幻觉妄想，以及人格解体症状，发作时间较上述各种类型长，但一般不超过3周，缓解后无遗留症状。

2.癔症性躯体障碍

癔症性躯体障碍又称转换性障碍，以躯体方面症状为主要临床表现，是指某些被压抑的精神能量可以被转换为躯体障碍，而且躯体症状一旦出现，其精神症状就消失或减轻。躯体症状的出现是以疾病获益为目的的，表现为运动障碍与感觉障碍，其特点是多种检查均不能发现神经系统和内脏器官的器质性损害。

表13-1　癔症类型及临床表现

| 类　型 | 解　释 |
|---|---|
| 分离性障碍 | 分离性障碍包括意识障碍、情感爆发、遗忘、神游症、癔症性痴呆、身份识别障碍、癔症性精神病和分离性木僵 |
| 转换性障碍 | 转换反应是受压抑的心理冲突的作用向躯体症状的转变，转换反应的症状是突出的象征性表达，其目的是疾病获益。转换性障碍包括感觉障碍、癔症性失明、癔症性耳聋、癔症性抽搐、癔症性瘫痪、癔症性失音以及流行性癔症 |

（二）癔症的治疗

1.心理疗法

1）支持性心理治疗

因为这类患者常深信自己患有严重疾病，家属如因紧张而有言行不当，常使病人的病情恶化。在患者症状发作时，应避免周围人造成的紧张及过分关心的不良气氛所产生的暗示影响。作为亲属，要关心病人，了解病史，送其接受检查，通过检查，可排除器质性疾病，要让患者知道，其所患疾病的本质是功能性而非器质性，是可以治愈的。

2）精神分析疗法

精神分析疗法是癔症对因治疗的根本方法。主要是通过精神分析的具体方法，引导患者把压抑到无意识层的内心冲突提到意识层，使患者意识到现实中的矛盾、冲突、挫折是客观存在的，只有通过努力，直接面对，才有可能解决矛盾和挫折，任何压抑的态度不但不能使问题得到解决，反而使问题复杂化。具体的方法有疏泄、释梦和阐释等。另外，催眠疗法被认为是治疗癔症性神经症的最主要、最有效的方法。

2. 对症治疗

（1）暗示疗法

暗示疗法是消除癔症症状的经典疗法，特别是癔症性感觉障碍，如失听、失明；癔症性运动障碍，如瘫痪、失语等。其分为普通催眠暗示和药物催眠暗示两种。在催眠状态下，医生结合患者的症状，用语言引导患者对所患症状进行有针对性的暗示。如瘫痪患者，可将其患肢慢慢抬起，若能动，则可增强患者信赖感，同时患者情绪也会松弛下来，然后让其逐渐锻炼患肢，有时甚至会起到立竿见影的效果。

（2）药物治疗

对癔症的精神发作、激情或兴奋状态、抽搐发作等最好做紧急处理，如注射氯丙嗪或安定，待安静后，可口服弱安定剂或进行心理治疗。

（3）物理治疗

针刺或电兴奋治疗对癔症性瘫痪、耳聋、失明、失音或肢体抽动等功能障碍都有良好的效果，可以根据患者实际情况选用。

# 第二节　女性常见神经症

【案例 13-2】

王某，女，大学三年级学生，21岁，无重大躯体疾病史，家中有父母及外婆，较为和睦，父母工作忙，多与外婆在一起，外婆原是一名校长，为人要强。父母在事业上非常努力，因此对王某的要求也严格，特别是考试名次，总是说"你的条件多好啊！要好好学习才是"。母亲为人谨慎，加之职业为护士，对个人卫生要求非常严格，在35岁时生下王某，对王某的各方面要求均非常严格，尤其是卫生，每次都要求洗手消毒后才能用餐。在学校午餐都是用随身携带的酒精棉先擦拭餐具，从不和同学一起用餐。中学时有一次同学过生日，王某也参加了，第二天有个同学感冒发烧没来上学，母亲知道后立即带王某去检查身体，在检查过程中，王某开始呕吐，从此不参加同学聚会。大学时，她睡下铺，有一次一位女生坐了她的床铺，她知道后，立即将床单被套等清洗一遍，到后来，只要人家碰到她用过的东西，都要小心清洗。最近面临考试，她更是无法专心学习，反复擦洗的行为更加严重，她用从妈妈那拿来的消毒液擦洗桌椅，因为味道过浓，让同学们无法忍受，同学关系比以前更为紧张，同学们纷纷表示不愿意跟她同住。辅导员建议她回家休息一段时间，回家后，父母白天工作忙，很晚才回家，但每次回家都发现她在洗衣服和床单。洗手次数也非常多，只要碰了东西就要洗手，每次洗手时间长，一天至少洗手 20 遍，每次至少 8 分钟。心理咨询师建议其完成 SCL-90 测试，显示中等程度强迫、焦虑和抑郁。

（案例来源于互联网 http://blog.sina.com.cn/liyingmian "雨蔓心理咨询师"，2008）

神经症旧称神经官能症，是一类大脑功能失调疾病的总称。包括神经衰弱、焦虑症、疑病症、恐惧症、强迫症等。神经症是一种很常见的心理疾病，它们有下列共同特点。

一是不健康的心理特点，个性心理特点中的不良性格是构成发病的心理基础；二是心理因素特别是强烈的心理刺激是发病的重要诱因；三是症状比较复杂，可表现为精神症状和躯体症状，但检查不能发现器质性病变；四是对自己的病有充分的自知力，能主动求医，人格一般没有障碍，也不会把自己病态的主观体验和想象的东西与外界现实相混淆，行为虽可有改变，但一般仍然可以保持在社会许可的范围之内；五是生活能力、学习能力、工作能力基本没有缺损。

神经症的发病率为 2.2% ~ 8%，其中女性的发病率比男性高 5 ~ 8 倍，以中年女性的发病率为最高。女性出现神经症症状较男性多，除了受女性生理功能、生殖功能和内分泌有关外，也与社会、心理因素有关。女性在社会中往往处于弱势，在社会竞争日益激烈的今天，女性朋友们会面临更大的压力和挑战。工作与家庭的关系，需要她们去权衡；爱情与亲情，也需要她们付出更多的精力去呵护。一旦这些复杂的关系网出现冲突，就会带来巨大的压力，这些压力可能诱发神经症。另外，女性的心理活动比较丰富和细腻，她们时常会感受到更多的情绪体验，往往也会从心理认知上对一些无关紧要的情绪做一些评判，因此加大了她们身体的负荷。长此以往，就会衍生出许多心理上的疾病。

## 一、抑郁性神经症

抑郁性神经症简称抑郁症。根据《中国精神疾病分类方案与诊断标准》（第 2 版），神经症分类中包括了抑郁性神经症，而 2001 年修订的《中国精神疾病分类方案与诊断标准》（第 3 版）中，把抑郁症从神经症中独立出来，纳入心境障碍的一种，与其他类型的心境障碍，如躁狂症、双相障碍、环性心境障碍和恶劣心境等同类。但是，抑郁症作为一种典型的心理疾病，在如今许多文献及资料中，仍然沿用"抑郁性神经症"这一说法，本章仍把"抑郁性神经症"当作神经症的一种。

抑郁症属于高发性的心理疾病，是世界第二大疾病；但我国对抑郁症的医疗防治还处在识别率较低的局面，地级市以上的医院对其识别率不足 20%，只有不到 10% 的患者接受了相关的药物治疗；同时，抑郁症的发病（和自杀事件）已开始出现低龄（大学乃至中小学生群体）化趋势[1]。

抑郁症是以显著而持久的情感或心境低落为主要特征的疾病。临床上常伴有相应的认知和行为改变，可有精神病性症状，如幻觉、妄想。大多数病人有反复发作的倾向，部分可有残留症状或转为慢性。

有研究表明，在患抑郁症的人群中，女性是男性的 2 倍，抑郁症的易感人群包括工作压力大的白领女性、更年期女性、孕妇、产妇以及刚刚经历了负面事件又没有得到及时排解的女性人群。有学者认为，抑郁症患者有一半以上有自杀想法，其中有 20% 最终以自杀结束生命。虽然在抑郁症的患病率上，女性要高于男性，但在因抑郁症而自杀的人群中，男性要明显高于女性[2]。在女性中，抑郁症的高发首先出现在青春期早期，然后一直持续到成年。国外一项关于青少年的纵向研究发现，25% 的女性在青春期后期有过抑郁症的经历。研究者提出过很多理论试图解释男女在抑郁方面的差异，如生理方面的差异，女性比男性产生的 5-羟色胺少，所以女性更容易感到抑郁；另一种可能是对女性而言，激发抑郁症发作的心理因素，除事业、理想带来的压力外，情感问题不容忽视，表现为亲密关系或依赖心理被破坏；第三种解释是女性角色更容易使女性感到无助，女性被认为是能力弱的、更需要帮助的，她们的努力和成就容易被忽略或低估。实际上，各种因素的共同作用造成了男女在抑郁方面的差异，这也是为什么女性更容易患抑郁症。

---

① 抑郁症："心灵感冒"可治愈［EB/OL］（2017-03-29）[2021-09-10].http://health. people.com.cn/n1/2017/0329/c14739-29176601.html.

② 杨放如. 抑郁障碍的病因、诊断与鉴别诊断［J］. 中国医刊，2005（9）.

抑郁症的发生与遗传因素、神经生化因素和心理社会因素有明显相关性。抑郁症患者的家族中，与其血缘关系越近，患病概率也越高。神经化学和药理学研究发现，抑郁症患者脑内 5-羟色胺、去甲肾上腺素和多巴胺功能活动降低，中枢神经系统主要的抑制性神经递质 γ-氨基丁酸也与抑郁症的发生有关[1]。应激性生活事件与抑郁症的发生密切相关。负性生活事件，如丧偶、离婚、婚姻不和谐、失业、严重躯体疾病、家庭成员患重病或突然病故，均可导致抑郁症的发生。

（一）抑郁症的临床表现

临床上，抑郁症是以思维迟缓、情感低落、意志活动减退和躯体症状为主（见表 13-2）。

表13-2　抑郁症的临床表现

| 形　式 | 具体表现 |
| --- | --- |
| 思维迟缓 | 患者思维联想速度缓慢，反应迟钝，表现为话少、语速明显减慢、声音低，患者感到脑子不能用了，常诉"脑子好像是生了锈的机器""脑子像蜡一样开动不了"，工作和学习能力下降。患者自我评价低，自感一切都不如人，常产生无用感、无希望感、无助感和无价值感。在悲观失望的基础上，产生孤立无援的感觉，伴有自责，将所有的过错归咎于自己，觉得自己连累了家庭和社会，严重时可出现罪恶妄想；在躯体不适的基础上可产生疑病观念，怀疑自己身患绝症等；还可能出现被害妄想以及幻觉等 |
| 情感低落 | 主要表现为显著而持久的情绪低落、抑郁悲观。患者终日忧心忡忡、郁郁寡欢、愁眉苦脸。轻者感到闷闷不乐，无愉快感，凡事缺乏兴趣，提不起劲；程度重者悲观绝望，度日如年，常觉"活着没有意思""生不如死"等。部分患者，特别是更年期和老年患者可伴有焦虑、激越症状。典型的病例其抑郁心境具有晨重晚轻的节律特点，即早晨情绪低落较为严重，而傍晚时可有所减轻，有助于诊断。更严重者可伴有强烈的自杀观念，出现自杀行为，患者甚至千方百计试图了结自己的生命。这是抑郁症最危险的症状，一定要提高警惕，并进行自杀危险性评估 |
| 意志活动减退 | 患者的意志活动呈显著、持久的抑制。临床表现为行为缓慢、生活被动、不想做事、不愿和周围人接触交往、不愿外出、不愿参加活动、不想去上班。常独坐一旁或整日卧床，严重时，连吃、喝、个人卫生都不顾，甚至发展为不语、不动、不食，可达木僵状态，称为抑郁性木僵 |
| 躯体症状 | 主要有睡眠障碍、食欲减退、体重下降、性欲减退、便秘、身体任何部位的疼痛、闭经、乏力等。躯体不适可涉及各脏器，但以自主神经功能失调的症状较常见。睡眠障碍的典型表现是早醒，一般比平时早醒2~3小时或更多，醒后难以再入睡，这对抑郁症的诊断具有特征性意义。有的表现为入睡困难，睡眠不深、多梦；少数患者表现为睡眠过多。体重快速明显减轻，少数患者可出现体重增加 |

---

① 马欢.抑郁性神经症［J］.中国实用乡村医生杂志，2006（1）.

抑郁症大多数也表现为急性或亚急性起病；好发季节为秋冬季；平均病程为6～8个月。抑郁症的预后一般较好，但反复发作、慢性、老年、有心境障碍家族史、病前为适应不良人格、有慢性躯体疾病、缺乏社会支持、未经治疗和治疗不充分者，预后往往较差。

（二）抑郁症的治疗与预防

抗抑郁药是当前治疗抑郁症的主要药物，能有效解除抑郁心境及伴随的焦虑、紧张和躯体症状，有效率为60%～80%。

1. 常用的抗抑郁药

目前已在临床应用的有氟西汀、帕罗西汀、舍曲林、文拉法辛、米氮平、阿米替林及多塞平等，常见的不良反应有恶心、呕吐、厌食、便秘、腹泻、口干、震颤、失眠、焦虑、体重增加及性功能障碍等。

2. 无抽搐电休克治疗

对于有严重消极自杀言行或抑郁性木僵的患者，无抽搐电休克治疗应是首选；对使用抗抑郁药治疗无效的患者，也可采用无抽搐电休克治疗。无抽搐电休克治疗见效快、疗效好，6～10次为一疗程。无抽搐电休克治疗后仍需药物维持治疗。

3. 心理治疗

对有明显心理社会因素作用的抑郁症患者，在药物治疗的同时常需合并心理治疗。心理治疗可通过倾听、解释、指导、鼓励和安慰等，帮助患者正确认识和对待自身疾病，主动配合治疗。认知疗法、行为治疗、人际心理治疗、婚姻及家庭治疗等一系列的治疗技术，能帮助患者识别和改变认知歪曲，矫正患者适应不良性行为，改善患者人际交往能力和心理适应功能，提高患者对家庭和婚姻生活的满意度，从而减轻或缓解患者的抑郁症状，调动患者的积极性，纠正其不良人格，提高患者解决问题的能力和应对及处理应激的能力，节省患者的医疗费用，促进康复，预防复发。

二、焦虑性神经症

【案例13-3】

魏某某，女，现年21岁，法律院校大学四年级学生。身材高挑，五官端正俊秀。尤其是手指修长、手形漂亮，曾在一家影楼兼职手模。身体健康，无重大躯体疾病史，家族无精神疾病史。家庭条件优越，家人感情和睦。自述从小父母对其娇生惯养，性格敏感，追求完美。高中时曾经历一场车祸，导致其面部多处骨折，后经手术修复，非常成功，基本上没有对原先美丽的容貌造成影响。但其重新回到学校后，认为大家都在议论她脸部不对称，最终私自决定退学，放弃了当年的高考，参加了同年的成人高考，考上了目前就读的院校学习法律。大学二年级的暑假，父母托各种关系找到了当地规模最大、最具影响力的涉外律师事务所实习，目的是让魏某某认真实习，给律师事务所的各位领导留下好印象，将来大学毕业顺理成章到该律师事务所工作。刚到律师所实习，魏某某看到周围的律师基本上是名牌法律院校的毕业生，还有一些硕士和博士，感觉压力很大，但她工作勤奋努力，能够胜任一些文案的打印复印工作。在其实习期间，经过律师事务所全体员工的一致努力，终于谈成了一笔与当地最大规模外贸公司的合作项目。魏某某也参加了隆重的谈判签字仪式，签字仪式上外贸公司董事长突然宣布拒签合同，他说："我们公司的名称是'嘉禾'而不是'嘉和'。"此时律所所有在场人员的目光一齐转向了负责打印文稿的魏某某，签字仪式就此结束。魏某某顿时感到脸部灼热，但还是坚持回到了律师事务所里。但当她去洗手间时，在门口忽然听到律师事务所的同事在议论："新来的那个女的是谁介绍来的？怎么什么也不会……"从此以后，魏某某虽然还是硬着头皮去律师事务所实习，但当别人聚在一起讨论业务或是聊天，她总认为大家在议论她，以前半小时能打印完的文稿，现在一个半小时也完成不了，总在不停地检查是否有错字。她的心情越来越烦躁，回家也不愿意和父母说话，易疲劳，躺在床上很难入睡，睡不着觉就只好在房间里走来走去，半夜醒来经常一身大汗，坐立不安。白天没有精神，食欲不振，人越来越消瘦。近似煎熬的两个半月的实习终于结束了，她却变得沉默寡言，以前青春靓丽的手模不愿意见人，总说自己头晕、头痛、失眠、食欲不振，家里人不能提起她实习的那家律师事务所以及律师事务所的人，如不小心提到了，她立刻心烦意乱、心悸、心慌。男朋友建议带她到心理咨询所咨询、求助。魏某某自述"我现在整天提心吊胆、忐忑不安，感觉很害怕，觉得不好的事情马上就要发生，但我却不知道是什么事。总担心自己的东西会丢，晾衣服怕从阳台上掉下去……经常头痛、头晕。我现在对什么都不感兴趣，以前经常保养我的手，平时总戴着手套，总想着减肥，办了健身卡去减肥，现在觉得这些都特别没意思。我现在听到大的响动甚至同学说话声音大都会觉得很害怕，有时感觉胸闷气短、心慌，甚至双手还会不由自主地颤抖。入睡很困难，即使睡着了，很轻的响动也能把我惊醒。我也不敢想将来的事情。我认为自己一无是处，什么都不会，将来怎么办？我这样下去毕不了业怎么办？"

（案例来源于刘贡新. 焦虑性神经症案例剖析 [J]. 中国公证，2008，12：38）

焦虑性神经症又称焦虑症，以焦虑、紧张、恐惧的情绪障碍并伴有自主神经系统症状和运动性不安等为特征。其发作并非由实际威胁或危险所引起，或其紧张不安、惊恐程度与现实事件很不相称。该症较为常见，据美国有关资料报道，人群中终身患病率为5%；据国内报道，其患病率为2%～3%。本症女性较男性多见，约为2∶1，大多数病例发生年龄为20～40岁。对女性焦虑症早期识别和提供有效治疗极为重要，焦虑症心理治疗效果好，药物治疗也有确切的疗效。

临床上焦虑症分为惊恐障碍（panic disorder）和广泛性焦虑障碍（generalized anxiety disorder）两种类型。惊恐障碍是以反复出现显著的心悸、出汗、震颤等植物神经症状，伴以强烈的濒死感或失控感，害怕产生不幸后果的惊恐发作为特征的一种急性焦虑障碍。其继发症状可见于多种不同的心理障碍，如恐惧性神经症、抑郁症等。惊恐障碍应与某些躯体疾病，如癫痫、心脏病发作、内分泌失调等鉴别。广泛性焦虑障碍是以持续的显著紧张不安，伴有自主神经功能兴奋和过分警觉为特征的一种慢性焦虑障碍。

（一）焦虑症的临床表现（见表13-3）

表13-3　焦虑症类型及临床表现

| 类　别 | 名　称 | 具体表现 |
|---|---|---|
| 惊恐障碍 | 惊恐发作 | 当出现惊恐障碍时，病人会突然产生强烈的恐惧感，感觉自己好像马上就要死了（濒死感），或者马上就要疯了（失控感），同时还感到心跳加快，似乎心脏要从口腔里跳出来，因而大喊大叫、高呼救命等。此发作一般持续5～20分钟，很少超过1小时，即可自行缓解，或以哈欠、排尿、入睡结束发作。发作之后，患者自觉一切正常，但不久又可突然再发 |
| | 间歇期预期焦虑 | 大多数患者在反复发作之后的间歇期出现预期焦虑，担心再次发病，惴惴不安，可以出现一些自主神经活动亢进的症状 |
| | 求助和回避行为 | 由于强烈恐惧再次发作，因而患者常回避一些热闹的场合，以免在大庭广众之下发作；同时，不愿单独出门，害怕发作时得不到帮助 |

（续表）

| 类　别 | 名　称 | 具体表现 |
|---|---|---|
| 广泛性焦虑障碍 | 焦虑和烦恼 | 表现为对未来可能发生的、难以预料的某种危险或不幸事件的经常担心。可以在没有明确对象和内容的情况下自由浮动性焦虑，表现为一种提心吊胆、惶恐不安的心境；也可表现为担心某一两件非现实事件的威胁，比如担心子女出门会发生车祸等。这类焦虑和烦恼的程度与现实不相称，是广泛性焦虑的核心症状。这类患者终日忧心难安，注意力难以集中，效率下降，影响日常工作、生活 |
| | 运动性不安 | 表现为来回走动、全身紧张、不能放松。可见面部绷紧、眉头紧皱、表情紧张、唉声叹气 |
| | 自主神经系统反应性过强 | 焦虑症患者的交感和副交感神经系统常常超负荷工作。患者出汗、晕眩、呼吸急促、心跳过快、身体发冷发热、手脚冰凉或发热、胃部难受、大小便过频、喉头有阻塞感 |
| | 过分警惕 | 表现为惶恐、易惊吓，对外界刺激易出现惊跳反应；无法集中思想，无法思考；夜间难以入睡和易惊醒，影响睡眠 |

（二）焦虑症的治疗

研究显示，焦虑症的成因可能与以下因素有关：具有特殊的体质，焦虑症患者中枢神经系统中某些神经递质系统可能与常人不同，容易引发焦虑症；特殊的性格倾向，即神经质型人格；社会生活事件，多个报告研究发现，经济上的困难和压力、感情及婚姻上的挫折和人际交往、集体融入上的受挫都是容易引发焦虑性神经症的社会生活事件。

根据其成因，最新的治疗模式为心理治疗合并药物治疗，迄今已获得了肯定的疗效，并发现心理治疗可减少药物治疗的剂量，并比单纯药物治疗的效果好，长期随访预后更好。

1. 药物治疗

目前常用的药物有以下几类：苯二氮䓬类、三环类抗抑郁药、单胺氧化酶抑制剂、选择性 5- 羟色胺再摄取抑制剂类和丁螺环酮。此外，普萘洛尔、抗组胺药物等也可作为抗焦虑治疗的辅助用药。

2. 心理治疗

焦虑性神经症是一种心理性疾病，治疗上以心理治疗加药物治疗效果为佳，而心理治疗是首要的。焦虑性神经症患者存在众多的疑虑观念，这些观念构成了焦虑症的原因。要消除这些观念，就要采用心理治疗的方法，如使用支持性心理治疗，向患者说明疾病的性质，以减轻患者的精神负担，鼓励患者坚持治疗计划，组织同类患者参加团体心理治疗，在互动中获得心理支持。也可采用认知行为治疗方法，进行放松训练或认知重建等。其他治疗技术对焦虑症也大有益处，如放松训练及生物反馈等，对减轻焦虑症的躯体性反应具有良好的效果。充分而深入的心理治疗，结合抗焦虑药物的应用，将会获得相当理想的疗效。

### 三、强迫性神经症

**【案例 13-4】**

　　一名 20 岁的大一女生，为家中独生女。自述在做作业的时候常出现杂念，注意力无法集中，越是强迫自己不想，情况就越严重。对自己做的任何事情都有一种不完善感，要一遍遍地检查，比如关上门以后常怀疑自己没有关门，考试时也会反复检查名字有没有写等。对物品的摆放要求绝对有序，比如要看放在地上的鞋是否完全并排平行。这样一来，她心情常常焦躁不安，无法正常地生活学习。她朝家里人发泄自己的不安情绪，但过后又因此感到内疚。她由于长时间无法集中精力正常学习而不安，又由这种不安引起精神兴奋，夜里难以入睡。病程为一年。

　　（案例来源于胡芳芳.改良家庭式森田疗法治疗强迫症的个案分析 [J]. 社会心理科学，
2010，9-10：198）

　　强迫症是以强迫观念和强迫行为等强迫症状为主要临床表现的一类神经症，与遗传、心理因素、神经生化、神经解剖等多方面因素有关。强迫观念是以刻板形式进入意识的思想、想象或意向，患者意识到这些是自己的思想，但却与自身的愿望和人格不符合，是不必要的或多余的；患者试图控制或摆脱这些强迫观念，但又无能为力，因此感到非常痛苦。强迫行为是患者为减少强迫观念所引起的焦虑情绪而出现的刻板行为或仪式动作，患者明知不合理，但又不得不做。以强迫检查和强迫清洗最常见，常继发于强迫怀疑。流行病学调查显示，强迫症的患病率国内约为 0.5%、国外为 2%～3%，男女患病率相近。国外的流行病学调查显示，强迫症或强迫倾向发病在两性间并无差异。而在儿童强迫症中，男孩患病率为女孩的 3 倍。但是，国内的流行病学调查显示，女性的比例要略高于男性，在白领中，女性略多于男性。[①]

---

　　① 刘茹.强迫性神经症的研究进展［J］.中国健康心理学杂志，2001（4）.

（一）强迫症的临床表现（见表13-4）

表13-4  强迫症类型及临床表现

| 类型 | 种类 | 具体表现 |
|---|---|---|
| 强迫观念 | 强迫怀疑 | 患者对自己言行的正确性产生反复怀疑。如怀疑出门时是否关好水、电、煤气、门窗等，反复检查，仍不放心；怀疑与人交往中由于疏忽，会造成误解或其他不良后果而反复考虑、担心等；怀疑周围充满细菌、灰尘而反复清洗等 |
| | 强迫性穷思竭虑 | 患者对日常生活中一些事物无意义地寻根问底，如"1加1为什么等于2，而不等于3" |
| | 强迫联想 | 患者脑子里出现一个观念或看到一句话，便不由自主地联想起另一个观念或语句。如果联想的观念或语句与原来相反，如想起"和平"，立即联想到"战争"；看到"拥护"，立即联想到"打倒"等，称为强迫性对立思维。由于对立观念的出现违背患者的主观意愿，常使患者感到苦恼 |
| | 强迫表象 | 在头脑里反复出现生动的画面（表象），内容常涉及恐怖、淫秽等，具有令人厌恶的性质，无法摆脱 |
| | 强迫回忆 | 患者经历过的事件，不由自主地在意识中反复呈现、无法摆脱 |
| | 强迫意向 | 反复体验到要做出与自身意愿相违背的行为的强烈冲动。如在楼上、窗前、车上时，出现一种往下跳的冲动；拿刀时出现伤人的冲动；抱着心爱的小孩走到河边，出现想把小孩往河里扔的意向等。尽管这种内心冲动十分强烈，却从不会付诸行动 |
| 强迫行为 | 强迫清洗 | 因强迫怀疑周围充满细菌、灰尘等脏东西，为消除被污染的担心而反复洗手、洗澡、洗衣物，甚至要求家人也按其要求清洗 |
| | 强迫询问 | 患者为求确定及减轻强迫观念所引起的焦虑，要求他人不断地给予解释与保证。如患者出现伤害父母的强迫意向时，要求家人给予反复解释并保证他不可能那么做；有的患者表现为在自己的头脑里自问自答，反复进行，以增强自信 |
| | 强迫检查 | 为消除强迫怀疑导致对出门时水、电、煤气、门窗等是否关好的担心，反复检查仍不放心；为消除出错的担心，反复检查作业、信件等 |
| | 强迫性仪式动作 | 患者反复做一些在他人看来不合理的或荒谬可笑的动作，却可减轻或防止由强迫观念引起的紧张不安。如患者出门时，必先向前走两步、再向后退一步，然后才走出门，否则患者便感到强烈的紧张不安；强迫性计数也属仪式动作，如计数台阶、窗格等，本身并无现实意义，患者完成计数，只是为了解除某种担心或避免焦虑的出现；有的患者只在自己头脑里计数，或重复某些语句，以解除焦虑 |
| | 强迫性迟缓 | 因仪式动作而行动迟缓。例如，早晨起床后反复梳洗很长时间，患者迟迟不能出门，以致上班经常迟到。强迫性迟缓也有可能是原发的，例如患者看书时，目光常停顿在第一行第一个字，不能顺利阅读以下的内容 |

（二）强迫症的治疗

1. 药物治疗

氯丙咪嗪、选择性5-羟色胺再摄取抑制剂,如氟西汀等,常见副作用有:口干、震颤、镇静、恶心、便秘、排尿困难和男性射精不能。使用其中一种药物已达最高治疗剂量,且疗效观察达足够长时间,仍无明显效果者,可试用另一种药物。

2. 心理治疗

心理治疗的目的,是使患者对自己的个性特点和所患疾病有正确客观的认识,对周围环境、现实状况有正确客观的判断,丢掉精神包袱,以减轻不安全感;学习合理的应激方法,增强自信,以减轻其不确定感;不好高骛远,不过分精益求精,以减轻其不完美感。同时动员其亲属、同事,对患者既不姑息迁就,也不矫枉过正,帮助患者积极从事体育、文化娱乐、社交活动,使其逐渐从沉湎于穷思竭虑的境地中解脱出来。行为治疗、认知疗法、精神分析治疗、家庭治疗等均可用于治疗强迫症,而心理治疗当中的森田疗法更为业内人士所推崇,该治疗技术提倡"顺其自然,为所当为"的治疗理念对于治疗强迫症效果较佳。

3. 精神外科治疗

对极少数慢性强迫症患者,经系统规范的药物治疗和心理治疗均失败,而患者又处于极度痛苦之中,在患者和其亲属的要求下,经专业权威机构严格评估后,可以考虑手术治疗。如内囊前肢切开术、边缘白质切断术和尾核下束支切断术等。手术治疗可能引发癫痫等不良反应。研究和实践表明,药物治疗结合心理治疗的疗效好于单一方法治疗。

## 四、恐怖性神经症

## 【案例 13-5】

柳某,女,21 岁,某科技大学三年级学生。柳某诉说了近年来的苦恼,她认为自己是个怪人,有个害羞的怪毛病。入大学两年多来,从不多与人讲话,与人讲话时不敢直视,眼睛躲闪,像做了亏心事。一说话脸就发烧,低头盯住脚尖。心怦怦跳,肌肉起鸡皮疙瘩,好像全身都在发抖。她不愿与班上同学接触,觉得别人讨厌自己,在别人眼中是个"怪人"。最怕接触男生。即使在寝室里,只要有男生出现,也会不知所措。对老师也害怕,上课时,只有老师背对学生板书时才不紧张。只要老师面对学生,就不敢朝黑板方向看。常常因为紧张,对老师所讲的内容不知所云。更糟糕的是,如今在亲友、邻居面前说话也"不自然"了。由于这些毛病,极少去社交场所,很少与人接触。她曾力图克服这个怪毛病,也看了不少心理学科普图书,按照社交技巧去指导自己;用理智说服自己,用意志控制自己，但作用就是不大。后来她哭诉，这个怪毛病严重影响了她各方面的发展：学习成绩下降；交往失败，同学们说她清高。她正在争取入党，同学关系不好肯定不行。眼看就快毕业了，这样下去怎样适应社会呢？从柳某的叙述和她与心理医生的面谈经过中，心理医生分析她有一种常见的心理障碍——社交恐惧症。心理医生结合了柳某的实际情况，用认知领悟疗法、系统脱敏法和放松训练法帮助她克服社交恐惧症。

（案例来源于互联网，www.psyzg.com，"走出社交恐惧"，2011）

恐惧性神经症是一种以过分和不合理地惧怕外界某种客观事物或情景为主要表现的神经症。病人明知这种恐惧反应是过分的或不合理的，但在相同场合下仍反复出现，难以控制。恐惧发作时，常常伴有明显的焦虑和自主神经症状。病人极力回避恐惧的客观事物或情景，或是带着畏惧去忍受，因而影响其正常活动。一般来说，女性患者多于男性[1]。

1982 年我国精神疾病流行病学调查，在 15～59 岁居民中，恐惧症的患病率为 0.59‰，占全部神经症病例的 2.7%，城乡患病率相近。1996 年 Magee 等报告，在美国 3 种恐惧症亚型的终生患病率中，广场恐惧症为 6.7%、社交恐惧症为 13.3%、特殊恐惧症为 11.3%，3 种恐惧症起病年龄的中值依次为 29 岁、16 岁和 15 岁[2]。

（一）恐惧症的临床表现（见表 13-5）

表13-5　恐惧症类型及临床表现

| 类　型 | 种　类 | 具体表现 |
|---|---|---|
| 广场恐惧症 | 广场恐惧症无惊恐发作 | 这类患者在广场恐惧症症状出现前和病程中从无惊恐发作。其主要表现有：害怕到人多拥挤的场所；害怕使用公共交通工具；害怕单独离家外出或单独留在家里；害怕到空旷的场所等。当患者进入这类场所，就感到紧张、不安，出现明显的头昏、心悸、胸闷、出汗等自主神经反应，严重时可出现人格解体体验或晕厥。由于患者有强烈的害怕、不安全感或痛苦体验，常随之而出现回避行为。每当患者遇到上述情况，便会感到焦虑紧张，极力回避或拒绝进入这类场所。有人陪伴时，恐惧可以减轻或消失 |
| | 广场恐惧症有惊恐发作 | 这种情况要考虑两者何为原发、何为继发，或者是合病。通常，治疗原发病后，二者的症状都会消失，或分别予以治疗 |

① 吴枫，马欢.恐惧性神经症［J］.中国实用乡村医生杂志，2006（1）.
② 吴枫，马欢.恐惧性神经症［J］.中国实用乡村医生杂志，2006（1）

（续表）

| 类 型 | 种 类 | 具体表现 |
|---|---|---|
| 社交恐惧症 | | 常起病于少年或成年早期，较广场恐惧起病年龄早。通常为隐渐起病，无明显诱因。一般病程较慢，约半数患者有一定程度社会功能障碍。主要表现为害怕处于众目睽睽的场合时大家注视自己，因而害怕当众说话或表演；害怕当众进食；害怕去公共厕所解便；当众写字时控制不住手发抖；或在社交场合结结巴巴不能作答。有赤面恐惧、对视恐惧、对人恐惧、异性恐惧等。有的患者可同时伴有回避型人格障碍 |

（二）恐惧症的治疗

1. 一般心理治疗

多采用心理教育、保证和支持疗法。治疗目的在于减轻患者的预期焦虑，鼓励患者重新进入害怕的场所。减少回避行为则需要采取有针对性的认知行为疗法。

2. 行为疗法

行为疗法主要有三种技术：系统脱敏、认知重建和社交技能训练等。系统脱敏宜从默想暴露开始，即由治疗者用语言诱导患者，想象他进入恐惧的情境。让患者的焦虑情绪逐渐减轻以后，再转为现场暴露，即鼓励患者重新进入其恐惧的情境，让其逐渐适应。认知重建主要针对自我概念很差、害怕别人负面评价的患者，与系统脱敏疗法合并使用效果较好。对于社交恐惧症的患者还可以使用社交技能训练：采用模仿、扮演、角色表演和指定练习等方式，帮助患者学会适当的社交行为，减轻在社交场合的焦虑。

3. 药物治疗

多种药物对恐惧症都有效。如单胺氧化酶抑制剂类，有报告苯乙肼对 2/3 的社交恐惧症患者有效；对广场恐惧症及惊恐发作等均有效。另外选择性 5- 羟色胺再摄取抑制剂类，如帕罗西汀等对恐惧症有较好疗效。药物的主要作用在于减少病人焦虑，尤其是可增强病人接受行为治疗的信心。药物治疗用于单纯恐惧症通常效果不佳，但有惊恐发作者，则应同时给予抗惊恐药物治疗。

**五、疑病性神经症**

【案例 13-6】

患者，46 岁，工人，自觉全身疼痛不适一年余，自疑中毒。一年前因操心儿女工作开始失眠，继而出现全身疼痛难忍的症状，反复就诊于各大医院内科、外科、神经科以及疼痛专科。经常规检查，包括头部 MRI、神经肌肉电生理均未见器质性病变。服用多种神经营养药物及止痛药物，疼痛症状均无改善。患者坚持认为自己患有某种不治之症，联想到 10 年前在工厂工作期间与硫酸、油漆等化学物质有过接触，疑为慢性中毒引起，故而坚定病理信念，严重影响情绪，发展至焦虑不安、失眠，曾先后 2 次因难以忍受痛苦和绝望而企图服药自杀。患者既往体检，个人史及家族史均无特殊记载。入院时心肺及神经系统详细检查均未发现异常。主诉疼痛部位无异常改变，其范围包括四肢及躯干前后，其具体部位不定，疼痛性质不恒定，自诉有不能用语言描述的痛感，难忍受，表情痛苦，伴焦虑不安，有时伤心落泪。患者对治疗失去信心，一般抗焦虑药物也不能有效改善其睡眠。根据其症状特点，结合体检及辅助检查，入院时明确诊断为疑病性神经症，以心理治疗、小剂量抗抑郁剂结合康复治疗，共住院 40 天，患者疼痛完全消失，情绪改善，治愈出院。

（案例来源于魏方艳 . 疑病性神经症的诊断与治疗 [J]. 中国民康医学，2006，6：452）

疑病性神经症在《中国精神障碍分类与诊断标准》（第 3 版）（CCMD-3）中被列入躯体形式障碍，因其表现较为特殊，且"疑病性神经症"作为较常见的神经症为大众所了解，本章将其单独划分出来介绍。

疑病性神经症是一种以担心或相信患严重躯体疾病的持久性优势观念为主的神经症，患者因为这种症状反复就医，各种医学检查阴性和医生的解释，均不能打消其疑虑。即使患者有时存在某种躯体障碍，也不能解释所诉症状的性质、程度，或患者的痛苦与优势观念，常伴有焦虑或抑郁。对身体畸形（虽然根据不足）的疑虑或优势观念也属于本症[①]。

疑病性神经症与患者的人格因素有关。有研究者采用 MMPI（明尼苏达多项人格测试）量表对 46 例疑病性神经症患者进行测试，结果显示疑病性神经症患者在疑病、抑郁、癔病、精神衰弱各方面均高于正常人，根据 MMPI 的结果解释，疑病性神经症患者有明显的抑郁情绪、多虑、紧张、担心、夸大或曲解等。与此同时，研究者还证明了女性人群较男性更具有易发生疑病性神经症的人格特征[②]。

---

① 中国精神科学会 . 中国精神障碍分类与诊断标准 CCMD-3［M］. 济南：山东科学技术出版社，2001：62.

② 郑华，马建东，梁岩，等 . 疑病性神经症患者个性特征分析［J］. 中国健康心理学，2007（15）.

疑病性神经症患者的心理特点是存在严重的疑病观念，过度关注各种躯体不适，过度担心疾病与健康，极度恐惧死亡等疑病心理。同时极易接受暗示，尤其是疾病与健康的暗示，与抑郁性神经症大相径庭的是对死亡的态度，前者极度恐惧死亡，后者常常出现自杀。生的欲望是人的本能，但疑病性神经症患者却对生的欲望过度强烈，内省力过强，常过度追求完美。诸多心理、人格因素的交织，使患者产生疑病的症状。

（一）疑病性神经症的临床表现

最初往往表现为过分关心自身健康和身体任何轻微变化，做出与实际健康状况不相符的疑病性解释，伴有相应的疑病性不适，逐渐出现日趋系统化的疑病症状。疑病症状可为全身不适、某一部位的疼痛或功能障碍，甚至是具体的疾病。症状以骨骼肌肉和胃肠系统多见，就部位而言，以头、颈、腹部居多。常伴有焦虑、忧虑、恐惧和植物神经功能障碍症状。这种疑病性烦恼是指对身体健康或所怀疑疾病本身的纠缠，而不是指对疾病的后果或继发性社会效应的苦恼。患者也知道烦恼于健康不利，苦于无法解脱、不能自拔。四处求医、陈述病情始末，又不相信检查结果和医生的解释或保证。

（二）疑病性神经症的治疗与预防

1.心理治疗

心理治疗是疑病症的主要治疗形式，以支持性心理治疗为主，在耐心倾听患者陈述与仔细检查之后，以事实说明所疑疾病缺乏根据，切忌潦草检查与简单解释。如配合其他治疗，疗效可能更好。对暗示性较高的患者，在支持性心理治疗的基础上进行催眠暗示可能获良效。

具体可采用认知疗法和森田疗法等。认知疗法的目的是使患者对自己的性格、疾病状态有一个清晰而又明确的认识，使患者在生活中不断纠正自己的不良行为和思维方式，真正做到顺其自然，对生活"为所当为"，带病坚持工作、生活，战胜自我；在新的生活体验中不断增强和领悟自我力量，增强战胜自我、战胜疾病、重建社会功能的信心和勇气。

疑病性神经症患者存在显著的神经症特征，如敏感、多疑，对躯体的高度关注等。心理治疗的重点就是针对患者的心理弱点进行，目标是矫正患者的不良人格习惯和不良思维、行为方式，使患者对自身疾病有真正的认识和了解，使患者能够积极配合治疗和主动矫正自己的不良心理状态，保持良好的心态和战胜疾病的信心和勇气。通过恰当的心理治疗，不但能取得良好的临床效果，同时可以减少复发，极大地提高患者的生存质量和社会活动能力。在治疗实践中还需要注意医患关系，对患者的疾病和症状不要急于否认，需要认真检查是否确实存在躯体疾病，以免漏诊误诊，延误治疗。

2.药物治疗

一方面，用抗焦虑与抗抑郁药可消除患者焦虑、抑郁情绪；另一方面，可针对患者诉说的躯体症状做恰当的对症治疗。但患者对药物较敏感和怀疑，因此用药时一定要对患者做恰当的解释，使其既不完全依赖药物，又对药物有良好的接受性，这样才能取得好的治疗效果。同时应该提出的是，药物治疗和心理治疗要综合应用，以心理治疗为前提和主要手段，治疗过程中要善于把握患者的心理良性互动时机，充分利用综合心理治疗的手段，使患者的躯体、心理全面康复。

### 六、躯体化障碍

**【案例 13-7】**

刘某，女，28岁，育有一女，半年前开始皮肤起环状红斑，最初仅局限于一处，逐渐扩展至身体大部，偶有烧灼、虫爬或蚁行感觉。疲惫、情绪低落时病况加重。到当地各医院就医均难判断属何种类型皮肤病，用皮肤相关药物后稍有好转，但无法根治。后经朋友提醒后前往心理门诊，判断为"神经症"的躯体化障碍。刘某向心理医生透露，半年前曾被计生部门要求"上环"节育，刘某非常希望可以再生育一儿，内心抗拒上环，加之不了解上环节育手术的相关知识，对此相当恐惧，手术后一直有异物感。不久，皮肤大腿处出现环状红斑，后遍及身体其他部位。

（案例来源于编者咨询工作）

在《中国精神障碍分类与诊断标准》（第 3 版）（CCMD-3）中，把躯体化障碍与上述疑病性神经症共同列入神经症中"躯体形式障碍"的分类，但由于这两者在女性身上的表现较为常见且特殊，本章编者特别单独谈及。

躯体化障碍表现为不能完全用躯体疾病解释的反复发作的躯体不适，包括疼痛和胃肠道不适，以及神经系统的症状。本病病因不明，具有家族高发性。自恋性人格特征，如明显的依赖性和不能承受挫折等与此病有密切联系。潜意识中患者以躯体症状获得注意和照料。该病女性发病率较高。

（一）躯体化障碍的临床表现

躯体化障碍是一种经多种多样、经常变化的躯体症状为主的神经症。症状可涉及身体的任何系统或器官，最常见的是胃肠道不适（如疼痛、打嗝、返酸、呕吐、恶心等）、异常的皮肤感觉（如瘙痒、烧灼感、刺痛、麻木感、酸痛等），皮肤斑点、性及月经方面的主诉也很常见，常存在明显的抑郁和焦虑。常为慢性波动性病程，常伴有社会、人际及家庭行为方面长期存在的障碍。该病女性患者远多于男性，多在成年早期发病。

### （二）躯体化障碍的治疗与预防

躯体化障碍的治疗首先应做出正确诊断，排除可能存在的器质性躯体疾病或其他精神障碍，然后针对患者的焦虑及抑郁症状给予对症处理。支持性心理治疗是治疗本病的基础，应详细了解病人的性格特点，建立良好的医患关系，对疾病的性质进行科学合理的解释，并引导患者把注意力从对自身的关注中转移向外界，通过参加工娱疗和社交活动逐渐从疾病观念中摆脱出来。对于某些患者，躯体化障碍的治疗用暗示疗法效果较佳。

### 七、神经衰弱

### 【案例 13-8】

王某，大学四年级女生，从高中始患有神经衰弱，时好时坏，现在就要考研了，对学习感到吃力，容易疲劳，稍温习功课就哈欠连天，头昏脑涨，分心，眼花，嗜睡。无法集中精力，学习兴趣明显下降，记忆力也大不如前。经常觉得乏累，无精打采，做什么都感到有心无力。虽觉困倦，但晚上一躺下，就回忆、联想，头脑异常活跃，有时候还想着自己是怎么入睡的，结果越睡越清醒，自己控制不了，很痛苦。有时候到凌晨四五点才睡着，早上六点左右就醒了，梦多。睡醒后仍感到疲劳不堪，头昏昏沉沉，有疼痛感。白天没精神，脑袋涨得很厉害，血管怦怦跳得很快，学不进去东西。时间紧迫，学习效率又低，越想到这些越是急躁。现在白天情绪不稳定，很烦躁，很容易冲动。该女大学生属于典型的神经衰弱。

（案例来源于编者咨询工作）

神经衰弱一词是 1869 年美国神经病学专家乔治·比尔德（Georrge Beard）提出的，他当时认为神经衰弱是一种原因不明的器质性障碍。当时神经衰弱的概念几乎包括了所有现代的神经症，此后，医学界不断衍生出新的名称。由于神经衰弱的症状包罗万象，致使这一诊断名称在 DSM-Ⅲ中被取消。而在中国，20世纪 50 年代以来神经衰弱是一种应用最广泛的诊断，虽然我国学者也认为过去神经衰弱的诊断范围有扩大化的倾向，包括了一些神经症的诊断，但是作为一种临床上确实存在的疾病，不会因为 DSM-Ⅲ的取消而消亡。因此，ICD-10 中仍然保留了神经衰弱这个诊断类别。

神经衰弱指一种以脑和躯体功能衰弱为主的神经症，以精神易兴奋却又易疲劳为特征，表现为紧张、烦恼、易激惹等情感症状，及肌肉紧张性疼痛和睡眠障碍等生理功能紊乱症状[1]。这些症状不是继发于躯体或脑的疾病，也不是其他任何精神障碍的一部分，多缓慢起病，就诊时往往已有数月的病程，并可追溯导致长期精神紧张、疲劳的应激因素。

长期的心理冲突和精神创伤引起的负性情感体验是本病另一种较多见的原因。学习和工作不适应，家庭纠纷，婚姻、恋爱问题处理不当，以及人际关系紧张，大多在患者思想上引起矛盾和内心冲突，成为长期痛苦的根源。又如亲人突然死亡、家庭重大不幸、生活受到挫折等，也会引起悲伤、痛苦等负性情感体验，导致神经衰弱的产生。

在正常人群中，遭受意外事故打击的人有很多，但人们并没有普遍地产生神经衰弱，因此，精神因素并不是引起神经衰弱的唯一因素，因为这些因素能否引起强烈而持久的情感体验，进而导致发病，在很大程度上与个体素质，包括遗传因素，后天形成的个性心理特征和生理特征，以及受世界观支配的认识事物的态度等有关。临床上所见到的多数神经衰弱者的个性具有下面某些特点：或偏于胆怯、自卑、敏感、多疑、依赖性强，缺乏自信心；或偏于主观、任性、急躁、好强、自制力差。一个具有明显易感素质的人，尽管是来自外界一般的别人也可遇到的精神因素刺激，也可诱发神经衰弱。从以上内容可以看出，精神创伤、易感素质是神经衰弱发病的决定因素；有时暗示和自我暗示也起一定的作用；至于躯体疾病，则为一种发病的附加因素或诱因。

生活忙乱无序，作息不规律和睡眠习惯破坏，以及缺乏充分的休息，使紧张和疲劳得不到恢复，也为神经衰弱的易发因素。

感染、中毒、营养不良、内分泌失调、颅脑损伤和躯体疾病等也可成为本病发生的诱因。

---

[1] 中国精神科学会．中国精神障碍分类与诊断标准 CCMD-3［M］．济南：山东科学技术出版社，2001.

（一）神经衰弱的临床表现

它的常见症状为：精神容易兴奋与疲劳，经常感到疲乏，注意力不集中，或专注在某一主题，患者觉得"脑子乱极了"，且记忆不佳；感觉阈值下降，对刺激尤其是声光刺激过度敏感，遇事不顺心，易激惹甚至暴怒；有睡眠障碍，白天思睡，夜间难眠，多梦易醒，醒后再难入睡，次晨感到疲倦；心境不佳，疑病和焦虑；伴有神经功能紊乱，表现为头痛、头昏、胸闷、气短、心悸、多汗、厌食、尿频及腹胀等。

神经衰弱是比较迁延的疾病，患者常因上述症状长期不愈而焦虑，甚至产生继发的疑病或抑郁症状。诱发因素明显而又能及时获得治疗者，病程较短；个性或遗传因素较明显者，病程长。

（二）神经衰弱的治疗与预防

1. 心理治疗

可以通过解释、疏导等向神经衰弱病人介绍神经衰弱的性质，让其明确本病并非治愈无望，并引导其不应将注意力集中于自身症状之上，支持其增强治疗的信心。另外还可采用自我松弛训练法，也有心理医生采用催眠疗法治疗。

也有心理学家分析神经衰弱患者患病的心理机制后，提倡用森田疗法的原理去帮助患者。他们认为，一个人一旦患有神经衰弱，便会对自己的病情忧心忡忡，心理负担越来越重，结果加重了情绪消极反应。反过来，消极情绪又会强化病情，结果造成恶性循环。与此同时，病症一旦出现，患者便把全部的注意力集中到症状上来，结果感觉愈发敏锐，烦恼愈发增多，很多患者不再把兴趣集中到工作和生活上去，就像有些患者所说的那样"一旦我的病好了，我什么都可以做"。患者想尽快从疾病中出来，结果却陷得越深。森田疗法提倡"带着症状生活"，做到"顺其自然，为所当为"，一方面坚持与以往一样地工作和生活，另一方面加强体育锻炼和参与其他娱乐活动。这也是神经衰弱的其中一种治疗理念。

2. 药物治疗

采用一些药物稳定病人焦虑烦躁或抑郁情绪，收到明显效果后再结合心理治疗，与此同时，药物治疗能有效改善睡眠。

3. 中医治疗

中医认为神经衰弱多系心脾两虚或阴虚火旺所致，治疗时应按辨证施治原则，选择不同的处方。同时，中医治疗副作用小，临床上也有不少中成药用于治疗神经衰弱而达到不错的效果。此外，针灸、气功、推拿、拔罐等传统的中医疗法对部分神经衰弱也有一定疗效。

4. 物理治疗

有经络导平治疗、电磁场治疗、脑功能保健治疗、生物反馈治疗等多种治疗方式。

最近 20 年国内外有关神经症研究主要涉及探讨神经症的病因、防御机制、应对方式和心理治疗及药物治疗等。研究成果显示，神经症患者多内向，情绪明显不稳定，神经质影响心理症状最大；他们的父母较正常人的父母对子女缺乏情感温暖，并有过度拒绝或过度保护倾向，家庭不和睦，其在发病前一年内负性生活事件数目与严重程度均高于对照组；情绪表达受限，生活单调乏味，父母采取不良教养方式，人际关系紧张等。患者存在防御上的不适当，多使用不成熟或中间型防御机制，缺乏良好的应对方式。心理疗法主要有支持心理治疗、森田疗法、认知领悟疗法和精神分析疗法；而药物以三环类药物、苯二氮卓类为主。药物与心理疗法相结合的疗效比单纯应用心理治疗或药物治疗要好。[1]

## 本章内容提要

1. 神经性厌食症（Anorexia Nervosa，AN）指由长期的心理社会因素引起的食欲不振，是一种精神和躯体疾病，患者以女性居多。

2. 产后抑郁症（postpartum depression，PPD），是产后6周内发生的抑郁发作，在症状学方面与非产后抑郁症无明显差别，病人情绪不稳，并常有严重焦虑、惊恐发作和哭泣。产后抑郁症多在产后2周发病，产后4~6周症状明显，80%~90%的产后抑郁症病人可通过专业治疗，在3~5个月康复，且预后较好。

3. 癔症是由明显的心理因素，如生活事件、内心冲突或强烈的情绪体验、暗示或自我暗示等引起的一组病症。

4. 抑郁症是以显著而持久的情感或心境低落为主要特征的疾病。临床上常伴有相应的认知和行为改变，可有精神病性症状，如幻觉、妄想。大多数病人有反复发作的倾向，部分可有残留症状或转为慢性。"女性比男性更容易患有抑郁症和饮食失常，抑郁症在女性中的发生率是男性的2~3倍，这种性别差异在北美和其他许多国家的许多族群中都存在。"[2]

①　彭焱. 神经症的研究进展［J］. 中国健康心理学杂志，2008（6）.

②　［美］玛格丽特·W. 马特林. 女性心理学［M］. 6版. 赵蕾，吴文安，译. 北京：中国人民大学出版社，2010.

5. 焦虑性神经症又称焦虑症，以焦虑、紧张、恐惧的情绪障碍并伴有自主神经系统症状和运动性不安等为特征。

6. 强迫症是以强迫观念和强迫行为等强迫症状为主要临床表现的一类神经症，与遗传、心理因素、神经生化、神经解剖等多方面因素有关。

7. 恐惧性神经症是一种以过分和不合理地惧怕外界某种客观事物或情景为主要表现的神经症。病人明知这种恐惧反应是过分的或不合理的，但在相同场合下仍反复出现，难以控制。

8. 疑病性神经症是一种以担心或相信患严重躯体疾病的持久性优势观念为主的神经症，病人因为这种症状反复就医，各种医学检查阴性和医生的解释，均不能打消其疑虑。

9. 神经衰弱指一种以脑和躯体功能衰弱为主的神经症，以精神易兴奋却又易疲劳为特征，表现为紧张、烦恼、易激惹等情感症状，及肌肉紧张性疼痛和睡眠障碍等生理功能紊乱症状。

## 思考题

1. 简述神经性厌食症的症状及原因。

2. 导致女性产后抑郁症的因素包括哪些?

3. 谈谈你对更年期抑郁和更年期焦虑的看法，解释为什么有些女性能够平稳度过更年期，而有些女性在更年期易产生心理问题。

4. 癔症的主要形式包括哪些? 用什么治疗方法最为有效?

5. 女性易患神经症具有哪些共同特点?

6. 作为亲友，应如何帮助女性神经症患者应对困境?